人性
能达到的境界

[美] 亚伯拉罕·马斯洛 著　刘晓丹 译

团结出版社

图书在版编目（CIP）数据

人性能达到的境界 /（美）亚伯拉罕·哈罗德·马斯洛著；刘晓丹译. -- 北京：团结出版社，2022.7

ISBN 978-7-5126-9404-0

Ⅰ.①人… Ⅱ.①亚… ②刘… Ⅲ.①人本心理学—研究 Ⅳ.①B84

中国版本图书馆CIP数据核字（2022）第079080号

出版：团结出版社

（北京市东城区东皇城根南街84号 邮编：100006）

电话：（010）65228880 65244790（传真）

网址：www.tjpress.com

Email：zb65244790@vip.163.com

经销：全国新华书店

印刷：北京天宇万达印刷有限公司

开本：145×210 1/32

印张：18

字数：415千字

版次：2022年7月 第1版

印次：2022年7月 第1次印刷

书号：978-7-5126-9404-0

定价：58.00元

亚伯拉罕·马斯洛曾执教于布鲁克林学院、西方行为科学研究所，曾担任布兰迪斯大学心理学系主任。1967年至1968年，马斯洛曾任美国心理学会主席，是第三势力心理学流派的代表人物，曾发表《需要与成长：存在心理学探索》《宗教、价值和高峰体验》等专著及多篇文章。

序

本书各章皆为马斯洛1969年亲自选定的文章。马斯洛曾计划在本书中增添一些新的内容，为之作一篇序言和后记，并计划对全部内容进行修改和更新。1970年初，在文稿准备初期，由迈尔斯·维奇（Miles Vich）担任本书的顾问编辑与技术编辑。

1970年，马斯洛刚要动笔新添内容时，突然心脏病发作，不幸于同年6月8日逝世。

1970年秋，我面临这样一个抉择：是按照马斯洛的独特格式进行大量的编排工作，还是将文章原件以文集的形式出版？我最终选择了后者。应我的请求，迈尔斯·维奇重新着手工作，对本书的编辑工作做出了重要贡献。我们的编辑工作仅限于纠正必要的技术错误，删除偶尔的重复论述，以及（按照马斯洛原来的计划）把两篇文章合并组成第十三章。

虽然已在他处对选文的原出版者表达了谢意，但我还是要特别对迈尔斯·维奇（《人本主义心理学杂志》的前编者）表示衷心感谢，他对本书出版所提供的帮助已远远超出了编者的职责范围；我还要感谢安东尼·苏蒂奇（《超个人心理学杂志》的编者），因他的许可，本书中许多标题才得以使用。

我还要感激埃萨伦研究所的迈克尔·墨菲（Michael Murphy）

和斯图亚特·米勒(Stuart Miller),以及维京出版社理查德·格罗斯曼(Richard Grossman)提供的帮助。我特别要向凯·彭求斯(Kay Pontius)致谢,在马斯洛担任劳夫林基金会常驻研究员期间,她是马斯洛的私人秘书。她对本书做出了很大贡献。W.P.劳夫林,基金会的董事长、萨迦行政法人董事长,以及威廉·克罗克特,都为本书出版提供了鼓励、友谊和切实的支持。

马斯洛认为,亨利·盖格尔(Henry Geiger)是少数几位能够深刻理解他作品的人士之一。他能执笔本书的引言,我非常高兴。

贝萨·马斯洛

加利福尼亚州帕洛阿托市

1971年6月

引言：亚伯拉罕·马斯洛

　　毋庸置疑，几乎马斯洛的所有著作都有一个共同特点——它们都是火花四射的。要理解这一点，我们就不能把他看作一位简单的心理学家，我们必须首先将他视为一个人，然后将他视为一位勤奋攻研心理学的学者，或者不如说，马斯洛将他身为一个人的成长和成熟过程融为一种新的心理学思维。这也正是他的主要成就之———他赋予了心理学一种全新的概念体系。

　　他说，在他职业生涯早期，就发现现行的心理学语言——也就是它的概念结构——无法服务于他的研究方向，因此，他决心对其进行改变和改善。于是，他着手创新。如他所说："我提出合理的疑问，我必须发明一种新的研究心理学问题的方法，来解决我的疑问。"他所提出的关键性概念有"自我实现"、"高峰体验"和"需要的层次系统"，其范围涵盖了"缺失需要""存在需要"等概念。还有很多其他概念，但以上可能是最重要的。

　　可能需要指出这样一点：马斯洛心理学成就的内核，是他从自身中所发现的。从他的著作中可以明显看出，他研究自身。他能像我们平常所说的那样，"客观地"认识自己。"我们必须记住，"他曾说，"个体对于自身深刻本性的认识，同时也有助于加深对普遍人性的认识。"我们在这里可以插一句话，马斯洛的的确确是一个朴实无华的人。他理解他的事业，深知它的意义，但他终生保持着他所景仰的谦虚，始终如一（但用"谦卑"一词来形容他的话，则不太合适）。在他与他人及自己相处时，他过人的幽默感也增添了不少治愈感和趣味。

本书所摘的一篇文章介绍了马斯洛是如何开始研究自我实现的。他有两位导师，对于这两位导师，"他不只满足于崇拜他们，更渴望理解他们。"为什么这两个人"和芸芸众生如此不同"？他寻找答案的决心逐渐明确，他将研究方向确定为心理学，同时也开始领悟人生的意义。作为一位学者，他力求概括他在两位导师身上所发现的长处。他开始搜寻类似的其他人，将其作为研究对象——并穷尽一生来认识和研究这类人。他常说，这类研究使他对人类有了一种崭新而又鼓舞人心的看法。这类研究可以告诉我们，人可以成为什么。他用"健康人"来描述这些人，后来又指出，他们体现出了"完满人性"。

自我实现的巅峰是高峰体验。"高峰体验"是一个极其自然主义的措辞，可以涵盖宗教和神秘主义领域中的类似意义，但不受它们的局限。高峰体验是当你真正升华为一个人时所感受到，甚至意识到的那种状态。我们不知道高峰体验是如何实现的；它和任何有意设置的程序之间都不是简单的一对一的关系；我们只知道它是以某种方式获得（earn）的。它如同彩虹，给人以希冀。它来了，又去了，给人留下深刻的印象。在一定程度上，与其试图抓住某种转瞬即逝的状态，持续回想其带来的印象反而可以让个体对其有更深刻的理解。高峰体验即为进入一种领悟状态，一旦身处其中，便无须渴望，无须紧张，自然而然地便可以认识到什么是"应该追求的"。它告诉我们有关自身和有关世界的重要事情，即同一的真理、价值的支点、统筹整个意义体系的原则。它是主体和客体的融合，不会对主体性有任何损毁，甚至似乎可以将其无限地延伸开来。它是摆脱了孤立状态的个体性。高峰体验为超越这一概念提供了经验基础。高峰体验在自我实现者身上反复出现，这为马斯洛提供了一种科学的证据，它使得具有完满人性的人所拥有的正常心理和内心生活得以展现。尽管在理论上，马斯洛的思想和理论中的规范因素已经逐渐呈现，但自我实现者的行为方式仍然有待核实与补充。马斯洛希望有朝一日可以这样声明，"以上就是自我实现者在大多数情况下、困境中和冲突中的行为和反应"，并证明这些研究的心理学的（教育的）意义。他著有多篇文章，均对这类研究的发现做出了阐述。以他的研究成果为基石，一门由颇具对称性的完满人性、健康、智慧和抱负等概念所组成的心理学得以形成。

马斯洛所做的研究并没有忽略弱点、恶行，或通常被称为"恶"的东西。他自然而然地采取了苏格拉底式的观点——人类的恶，即便不是全部，至少大多数也都是由于无知。他——从自我实现和高峰体验的"已知"中所得出的——赖以做出解释的原则，有助于理解软弱、失败和卑劣。他没有任何无视这些现实存在的苗头。他并非感情用事之人。

当然，在阅读马斯洛的著作时也会遇到一些困惑，尤其对于那些初次接触他而对于那些纯分析和描述研究比较陌生的读者。对于马斯洛而言十分清楚的事情——或是对于他已经日渐明晰的事情——可能在读者看来并不显而易见。马斯洛跳跃着前进，对于他的落脚点和要去的方向有十足的把握。而对于读者而言，他们却只能看到几个熟悉的意义的关键词。马斯洛所说的是确实存在的吗？他可能自己都拿不准。此时，我们应该看到，马斯洛看透了许多与人性及其可能性相关之物之间的内部联系，因为他做过长时间的思考和研究。他的研究已达到一种难能可贵的高度，在此基础上，他可以内化各个概念之间的联系。也正因为如此，我们可以担保，他所谈到的那些统一性是真实存在的。但是要像他那样看到或感受到这些存在，却需要我们做与他相同的准备工作，需要我们沿着同一条路线进行独立的、思辨的研究。不过，通读他的著作，我们可以发现一些裸露的节点，可供我们进行直觉的验证。这对于任何急切求知的人都大有裨益。事实上，正是那些裸露出来的论点——也就是我们称为"真知灼见"的那些观点——使人们始终想阅读马斯洛，使他的作品大受欢迎、经久不衰。（一些大学出版社很难理解这一点，它们往往只肯印三千本马斯洛的书，就认为完成了任务。但马斯洛的精装本其实能售出一万五千或两万册，平装本则可达到甚至超过十万册。如果我们真的读了马斯洛的书，这样的销量其实不足为奇。马斯洛的心理学，是能在读者身上切实应用的。）

我似乎无须多言，马斯洛已经写了几百页，以供读者探索回味。在这些文章中，我们可以发现，马斯洛的后期思想已超出了心理学的传统疆界，甚至也超越了他自己的心理学疆界。不过，我还可以就他的写作方式再谈几句。他想写的东西是不太容易表达出来的。他宁愿站在后面，向读者发射文字"波"。他妙语连珠，写作好似巴赫谱曲那样自如。他熟练地操纵文字，让文字来回跳跃，直到它们可以准确地表达出他的意思。不过，他并非在玩文字游戏；这绝不是游戏，而是使他的想法能为人所理解而进行的不懈努力。努力与认真并没有使他的文字显得沉闷，因此，他取得了相当大的成就。他的措辞和表达如鱼得水、兴味盎然，因此读他的文字简直是一种乐趣。马斯洛的作品可以让我们得出这样一个结论：所有妙趣横生的文章都必然值得一读。在心理学界，唯有威廉·詹姆斯和亨利·默里可堪此评价。

　　还有一点不得不提，要想得出一个艰难但有价值的结论，有两种方法可以选择。我们可以顺着梯子攀登，一步一步地理解相关的演绎推理。在攀登的过程中，通过体味那些确切的表述来抓紧栏杆。另一个方法是一步登天，避开使人分心的障碍，观察逻辑攀登的最后阶段，同时俯瞰其他可以到达同样高度、同一地点的通道。并且，由于我们已经站在了那里，我们便能自由地环顾四周，不必不安地攀附理性的梯级，寄希望于它不会颠覆。我们常常会感到，马斯洛已经站在了那里，他站在那里已经很长时间了，他对那里已经如指掌了。他之所以还在运用逻辑推演，更像是在做"练习"，或者只是为了启发教育。

　　那么，科学家是否有必要像马斯洛那样用个人的、无法解释的手段去得出他所得出的结论呢？可能是；也可能不是。但是，假如科学家所研究的对象——人——的确在保持着最佳状态、稳步前进，科学家又怎么可能一边研究着人，而一边不在自己身上去执行或尝试这种状态呢？或许马斯洛只是忍不住要这样做，他情不自禁；或许宣布并证明这些能力的必要性（尽管这种能力显得有些神秘），是心理学改革基本且必要的精髓。归根结底，文化充其量不过是少数成功人士——也就是我们所说的自我实现者——所达成的共识。从这类人身上，我们可以最容易地，甚至快活地学习知识。假如这类人就是最优秀的人，那么，所有心理学都该致力于揭示其中的奥秘，否则，便有自欺欺人的嫌疑。

　　一个杰出的乐队，是高超技巧者们的组合，是一支由许多熟练运用乐器并比大多数人更懂音乐的乐师所组成的队伍。当他们内部讨论音乐时，我们连其中一半的话都听不懂。但当乐队演奏时，我们就会发现，他们所讨论的每一句话都富有意义。其实对于每一个成功人士而言，都是如此。他的言谈是以他的成就为底蕴的。他言谈的内容虽然不总是直接明了的，但他的高度和造诣是真实的。即使我们不能完全把握它的意义，也可以感受到它的存在。具有完满人性的人往往都是这样，他们总给人留下一种朦胧的印象。研究完满人性的心理学——是有资格谈论人的，有方法测度人、评价人的，是可以阐释人的动态特征的——则有必要研究这种朦胧，有必要超脱朦胧，去深入探究其背后的本质。有时，读者会觉得有些茫然。这是自然的。或许可以这样说，一门心理学若想发展，就必然或多或少地会使初学者有这样的感觉。

在马斯洛的晚期思想中，有一个方面值得我们注意。他年纪渐长，也变得越来越"哲学化"。他发现，心理学的真理与哲学问题是无法分割的。一个人的思考方式，与他是怎样的人密切相关；而他对自己的认识，与他的实际情况也是分不开的。尽管在理智上，这个问题可能是无法解决的。马斯洛认为，在研究开始之际，科学没有权利将任何一个经验论据拒之门外。就像他在《科学心理学》中所说的那样，心理学需要容纳人类认知的一切产物，"即便是矛盾的、不合逻辑的、神秘的东西，或是模糊的、含混的、过时的、无意识的以及其他一切难以言传的存在。"即便是混乱的、本质含糊的东西，也仍然是我们对于自身认识的一部分："低可信性的知识也是知识。"人对自身的认识基本都可以归入此类知识，而且，对于马斯洛而言，要想增长这类知识，就要像"探险家"那样，沿着四面八方去探寻，不拒绝任何可能性。"在认识的开始阶段，"他写道，"不能沿用知识'终结阶段'的标准。"

这是一位具备科学精神的哲学家的观点。确实，如果说科学哲学家的任务是在一个特定的研究领域中找出一个合适的研究手段，那么，马斯洛就是一位不折不扣的科学哲学家。他一定会双手赞成普莱斯

(H.H.Price) 的观点，后者在三十年前曾就心理潜能这一问题称："对于任何研究而言，如果在早期阶段就在事实的科学研究和哲学反思之间划定严格而牢固的界限，那必将是错误的做法……但在后期阶段，这种区分是正确的、恰当的。但假如这个界限划定得太早、太严实，那么研究就永远无法发展到后期阶段。"或直接或间接的，马斯洛很大一部分的工作都在致力于扫除心理学向"后期阶段"发展道路上的哲学障碍。

关于马斯洛的内心世界，关于他的思想主旨，关于他的抱负，我们只能从他的描述中管窥一二，或是据此做出猜测和推论。他写的书信不是很多。然而，显而易见的是，人道主义关怀精神贯穿了他的一生。即便在晚年，他也曾为一种社会心理学的建立不断思考，希望借此让这个世界变得更好。马斯洛晚期论文中曾提过，本尼迪克特的"协同社会"概念为他的探索奠定了基础。从他为数不多的写给朋友的信中，我们或许可以对他的私人生活管窥一二。他提到，他常常记不得他思想的源头，他常常怀疑，是不是思考给他带来的喜悦太过强烈，或是太多次地反复咀嚼观点，抑或是总是想在思绪之间建立相关性，以至于一定程度上磨蚀了他对思想源头的记忆。在1966和1968年间的一封信中——这封信未注明日期——他这样写道：

我还是常常因健忘而感到苦恼。有一次我甚至被我的健忘吓到了——我似乎表现出一些脑瘤患者的症状，但后来，我感到自己慢慢习惯了……我好像过多地活在自己柏拉图式的本质世界里，同柏拉图和苏格拉底交谈，想要在某些问题上驳倒斯宾诺莎和柏格森，生洛克和霍布斯的气。因此，在他人眼里，我仅仅是个活物而已。我有很多烦恼……我甚至可以与人正常交谈，而且看起来熟练老到，因为我一直在假装清醒，装作爱交际。但这样的后果就是彻底丧失记忆——导致我总和家人闹矛盾！

没有一个人可以断言这些对话是"不真实的"，它们已结出了丰硕的果实。

亨利·盖格尔

目　录

第一编
健康与病态

第一章　人本主义生物学初探[1]

在心理学领域，我已然涉猎四野。我的足迹有时已踏出了传统心理学的疆域——至少已经踏出我所接受的学术训练中定义的心理学疆域。

在20世纪30年代，我渐渐对一些心理学问题产生了兴趣，而且我发现，当时的传统科学体系（行为主义的、实证主义的、"科学的"、价值中立的、机械的心理学）无法高效地解决这些问题。我提出这些合理的疑问，并开始设想一种新的研究心理学问题的方法，以解答我的疑惑。我的研究逐渐变成一种具有普遍性的心理学体系、一种通用的科学理念，一种宗教思想、工作理念、管理哲学，如今甚至是一种生物学体系。事实上，它已成了一种世界观。

当下的心理学已经四分五裂。事实上，心理学可以说已经成为三门（甚至更多）独立的、相互隔绝的科学，或者说是三个派

1.本章是从一系列备忘录中摘录得来的。备忘录写于1968年3月和4月，是应沙尔克生物研究所主任的邀请而作，意在促进心理学由价值中立的技术路线转向人本主义生物学。在这些备忘录中，我刻意对生物学中所有炙手可热的前沿问题避而不谈，仅讨论了我认为被忽略或被误解的那些问题——所有的讨论都是基于我作为一个心理学者的特殊立场。

别。第一个派别是行为主义的、实证的、客观主义的、机械论的。第二个派别集合了所有以弗洛伊德和精神分析为起源的心理学分支。第三个派别则是人本主义心理学，或像大家所说的那样，"第三势力"。这个派别将心理学领域许多分散的小派别合为一体。我想谈论的正是第三个派别。我认为，第三个派别涵盖了前两个派别，我将它定义为"在行为主义之上"（epi-behavioristic）和"在弗洛伊德学说之上"（epi-Freudian）的。第三派别也有助于规避那种幼稚的二元论倾向，比如，必须在赞成弗洛伊德学说和反对弗洛伊德学说中二选一。我是弗洛伊德派的，我是行为主义派的，我是人本主义派的，而且我正在建立一种可以被称为第四派别心理学的超越心理学。

此处，我所谈的是我自己的看法。即便在人本主义心理学家中，也有不少觉得自己是反对行为主义和精神分析的。他们难以用一个更博大的体系来涵盖这些心理学分支。我认为，这些心理学家正徘徊在反科学乃至反理性的边缘，被所谓"经验"的喜悦冲昏了头脑。但是在我看来，经验只不过是认知的第一步（必要但不充分）；我还认为，知识是一门比科学还要广袤的科学，促进知识进步是我们唯一终极的目标。因此，我最好仅代表自己发表意见。

就我个人而言，我选择去"自由地思索"，去建立理论，去运用预感和直觉，总而言之，试着去推断未来。这项任务需要的是深思熟虑、全神贯注，需要开创、探寻和发明，而非应用、证实、核对和检验。当然，后者才是科学的脊梁。但我也认为，科学家们不能仅仅把自己当作验证者。

通常来说，开拓者、创造者和探险者都是单枪匹马的。他们往往忍耐着内心的矛盾、恐惧，抑制着内心的傲慢、自负以及妄想，在孤军奋战。他必须是一个勇气十足的人，不怕做出头鸟，甚至也不怕犯错；他非常清醒，知道自己在某种意义上就像波兰尼（126）[1]所说的那样，是一个赌徒——他在还没有事实的情况下得出试探性的结论，然花费数年验证自己的直觉是否正确。只要他还没疯，他必然会被自己的直觉和轻率吓倒，并清醒地意识到自己的断言或许无法被证实。

正是在这样的情况下，我决定将我个人的预感、直觉和断言介绍给大家。

我认为，我们不能逃避或回避标准生物学的问题，哪怕这个问题意味着要质疑整个西方科学史和科学哲学。我们从物理学、化学和天文学那里承继了一种价值自由的、价值中立的、逃避价值的思维模式。虽然对于上述三个领域来说，要保持论据的纯粹性，并使其免受宗教对科学的干扰的思维模式是必要且合适的，但是它完全不适合以生命为研究对象的科学研究。更严重的是，这种价值自由的理念对于研究"人的问题"的科学显然是更不合适的。当研究人的问题时，个人的价值观念、目标、意图和计划对于理解整个人类群体，甚至对于科学、预言和控制的传统目标，都是至关重要的。

我知道，在进化论中，有关方向、目标、目的论、活力论、终极因等相似概念的论证曾盛极一时。但是，我必须说，我认为这些讨论已然陷入了混乱。尽管如此，我还是必须提出我的观点：

1.括号内的数字指本书后附的文献编码。

我认为，在人类心理学的层面上讨论这些问题，可以使问题的焦点更明确，更无可回避。

如今，对于进化中的自然发生问题，或是纯粹的偶然配置是否能说明进化的方向，仍可以进行拉锯式的辩论。但当我们研究人类个体时，这种辩论就显得太过奢侈了。我们绝不可能说，一个人之所以成为一代名医，是纯粹出于偶然的。是时候对类似的说法嗤之以鼻了。至于我个人，我向来对一切关于机械决定论的辩论退避三舍，甚至连眼皮都懒得抬一下。

优秀样本和"成长尖端统计学"

我认为，我们应当讨论如何将精心挑选出来的优秀样本（高级样本）作为生物学的试金，以此来研究人类所拥有的最大能力。我来举几个例子：有一次，我在试探性调查中发现，自我实现者，即心理更健康、"更好"的人，往往是优秀的认知者和知觉者，即便仅仅在感官层面上也是如此，例如，我们或许会发现这类人能够更敏锐地区分不同颜色之间的细微差别。我曾组织过一次实验，虽未完成，但可以将其作为这种"生物学试金"实验的一个模型。我计划用当时可使用的最佳技术——精神病学的面谈、投射测验和运动能力测验等方法——在布兰迪斯大学对所有新生班级进行总体测试。从整个样本中，我选出2%最健康的、2%中等健康的和2%最不健康的学生作为被试。我们计划让这三组被试使用一系列约十二种感觉、知觉和认知工具，以检验临床上得出的人格学结论——健康度高的人对现实世界有更好的认知能力。

我预料到，实验结果会支持这类结论。我接下来的计划是继续追踪这些个体，且时间跨度不仅限于大学四年。在大学四年中，我计划对大学生活各个方面的表现和成就与最开始的测试评分进行比对研究。若要建立长期跟踪研究，可以成立一个有组织的纵向研究组。我想通过追踪被试的全部生命历程，来为我们对于健康所下的结论寻找终极证据。有些问题是显而易见的，比如，长寿对心理疾病的抵抗力，对传染性疾病的抵抗力，等等。同时，我们也期待这种追踪可以揭示一些尚未预见的问题。在精神实质上，这个研究和特曼（Lewis Terman）的研究十分相似。约四十年前，特曼在加利福尼亚挑选了一些高智商儿童，用多种方法对他们进行测试，这些测试持续了几十年直到现在。他的主要发现是，智力高超的儿童在其他所有方面也都很优秀。他得出了这样一个推论：人类的所有优良特点之间都是正相关的。

这类研究设计意味着传统的统计学概念发生了改变，尤其是抽样理论的改变。对此，我毫不掩饰地支持"成长尖端统计学"。我之所以如此明媚，是基于这样一个事实：最显著的遗传作用往往发生在植物的生长尖端处。就像一些青年人所说的那样，"那便是作用的所在之处"。

如果我这样发问，"人类能够做到什么？"我所提问的对象其实是精心挑选出来的少量优越样本，而不是人类这个整体。我认为，历史上享乐主义价值理论和伦理学说之所以以失败告终，其主要原因是哲学家们将病态驱动的快乐和健康驱动的快乐牢牢地捆在了一起，并进行了平均。这就相当于无差别地混淆了疾病与健康，优秀样品与次品、精于选择者与不会选择者、生物学上健康的样品与生物学上不健康的样品。

如果我们想要回答人类能够长到多高，那么，显而易见，最好是挑选出已经长得最高的人并对他们进行研究。假使我们要知道人类能够跑多快，那么，计算出总体"大量样本"的平均速度将是毫无意义的，最恰当的办法是将奥运会金牌获得者作为研究对象，看他们能够达到的极限速度。假使我们想要知道人类精神成长、价值成长或者道德发展的可能性，那么，我坚信，唯有研究我们当中最具道德感、最具伦理或最接近圣人的个体，才能有最好的收获。

大体上而言，我认为可以这样说：在人类历史的记载中，我们一直低估了人性。实际上，人性的最高可能性总是被评价过低。即便有些研究将圣人和历史上的伟大领袖等"优秀样本"作为研究对象，也往往容易走偏，认为这些人是非人类的、具有超自然禀赋的。

人本主义生物学和良好社会

至此，我们已经讲述清楚了，人只有在"良好条件"下才有可能（大规模地）实现最高潜能。或者，说得再直接一点儿，优秀的人一般而言都需要一个良好的社会来作为其成长的环境。反过来说，我们应该清楚地认识到，一门规范的生物学必须包含有关良好社会的理论。所谓"良好社会"，就是能够促进人类潜能最充分地发展、促进人性最充分地发展的社会。猛地一看，这个字眼可能会让传统的描述性生物学家有些惊诧，毕竟他们受到的教育是, 要避免说 "好" 和 "坏" 这样的字眼。但是, 稍微再想一想, 就会明白, 类似的概念早已在生物学的某些传统领域中见怪不怪。比如说, 把基因叫作 "潜能", 认为它们的实现会受到基因自身、细胞质、有机体以及有机体自身所处的地理环境等作为直接环境的作用影响。

只要引用一组实验 (11) , 我们就可以得出这样的结论: 对于白鼠、猴子和人来说, 个体早期生活中刺激性的环境, 对大脑皮层沿着——我们一般称为合乎需要的——方向发展, 会产生特定的影响。哈洛的灵长目实验室中所进行的行为研究也得出了同样的结论。被隔离的动物会丧失种种能力, 超过了某个点, 这种丧失往往会变得无法补救。在杰克逊设立在巴尔港的实验室里, 研究发现, 让狗脱离与人类的接触, 在旷野中流浪和狗群中撒野久了, 就会丧失驯化的可能, 无法再成为宠物狗了。

最后, 如果印度儿童像新闻报道里所说的那样, 由于饮食中缺乏蛋白质而发生不可挽回的大脑损伤, 再假设印度的政治制度、历史传统、经济水平和社会文化, 都与这一匮乏的形成有关, 那么显而易见, 人类样本需要一个良好的社会来允许他们成为优秀样本, 实现自己的潜能。

我们是否可以设想, 有一种生物学理念能在与社会隔离的状态下得以发展, 做到彻头彻尾的政治中立, 且无须是理想的、健康的、改革的, 或革命的? 我并不是说, 生物学家的任务是直接参与社会行动。这取决于个人兴趣, 而且我也知道, 的确有一些生物学家, 出于知识被废置不用的愤懑, 踏入政坛, 使自己的发现得到认可。但我要说的跟这些无关。我要向生物学家提出的直接建议是，他们应该认识到，一旦他们选择对人种或其他物种进行规范研究，一旦他们把研究优秀样本作为他们的责任，那么，研究所有能促进优秀样本发展的条件以及限制发展的条件，也同样将是他们的研究责任。显而易见，这意味着走出实验室，走进社会。

种群的选择者代表：优秀样本

经过一系列从30年代就开始的探索性研究，我认识到，最健康的人（或最富有创造力、最坚强、最聪明、最圣明的人）可以作为生物学的试金。或者可以这样说，他们可以担任前哨的侦察员，或更敏锐的观察员。他们可以告诉我们这些较不敏锐的人，什么才是值得我们珍视的。我的意思是：我们可以很容易选择出，比如说，那些在审美上对颜色、样式敏感的人，然后顺从、听取他们对色彩、样式、材料、装饰等的判断。我的经验告诉我，假如我放手不管，不去干扰那些卓越的观察家，那么我可以自信地说，他们一眼选中的东西我也会慢慢地——或许在一两个月内——开始喜欢。就好像他们就是我自己，不过比我更敏感些，也可以说他们就是我，但少了我的那些怀疑、迷茫和挣扎。我可以像艺术收藏家雇用专业艺术家来帮忙收购珍品一样，我能利用他们，先暂且这样说，让他们当我的专家顾问［查尔德的研究（22）支持了这个观点。他证明，有经验的和老练的艺术家往往有相似的品味，甚至在跨文化语境中也是如此］。而且，我设想，这种敏感者不像一般人那样容易受时尚的影响。

同样，我发现，假如我选择一些心理健康的人，那么他们所喜欢的，也将是其他人喜欢的。对此，亚里士多德曾有言："如果优秀的人认为是好的，那就真的是好的。"

比如说，经验证明，自我实现者往往在是非问题上比一般人有更少的怀疑。他们不会只因为有95%的人不同意他们的看法就动摇或迷茫。我可以说，至少我研究的被试往往有一致的是非概念，就好像他们在观察某个真实存在的身外之物，而不是在比较那些可能因人而异的喜恶趣味一样。总而言之，我曾利用他们来作为价值的试金者，或者更准确地说，我从他们那里学到了什么是可能的终极价值。或者，再用另一种方式来说，我学到了优秀人类所珍视的东西，我将来必将也会认可、珍视值得追求的东西。就好像身外的有价之物一样，这些东西最终也将为"论据"所支持。

我的超越性动机论（第23章）从根本上是以这样的操作为依据的，也就是说，选取优秀的人，也就是优秀的观察者（他们对事实的观察和对价值的观察都十分敏锐），然后将他们选择的终极价值作为整个人类的终极价值标准。

此处，我可以说是故意要引起争议。假如我愿意，我可以用远比这更无辜的方式措辞，我可以只提出这样一个问题："假如让你选出心理上健康的人，他们会喜欢什么？是什么驱动着他们？他们为什么而奋斗？他们追求的是什么？他们珍视什么？"但我还是认为，此处应当阐述得更加明白无误。我是有意向生物学家（以及心理学家和社会科学家）提出这些规范问题和价值问题。

或许，从另一个角度来看，可以更好地说明这些问题。假如，就像我已充分说明的那样，人是一种正在选择着、决定着、追寻着的动物的话,那么,要给人类下定义,就要理解选择和决心。不过,抉择是一个有关程度的问题,它涉及智慧、有效性和效率。那么问题接着出现了:谁是善于抉择之人? 他从哪里来? 他有怎样的生活经历? 选择的技巧可以传授吗? 怎样做才能做好抉择? 什么事会不利于做出抉择?

自然,这些问题只不过是古老哲学问题的新问法:"谁是圣人? 圣人是什么? "另外,也是古老价值论问题的新问法:"什么是善? 什么是合乎需要的? 什么是值得渴望的? "

我必须再强调一次:我们在生物学历史进程中已经到达了一个转折点,我们是时候要对我们自己的演化负责任。我们已经变成自我演化者。演化意味着选择,因此也意味着做出抉择,这也就是进行评价。

心身相关性

我隐约感觉到,我们马上就要迈出新的一步,我们的主观生活将要与外部客观指示物关联起来。我期待这些新的标志可以让神经系统相关研究产生巨大的进展。

有两个例子可以证实我们已经为未来研究做出了准备。奥尔茨的研究(122)如今已经人尽皆知,他在内侧前脑束埋入了电极,证明这里实际上是一个"快乐中枢"。实验中,白鼠一旦发现自己可以通过这些植入的电极刺激自己的大脑,它就会一再重复这种自我刺激,只要电极依旧放置在这个特定的快乐中枢。可以想见,不愉快或痛苦区域也已经被发现,这时,动物即便有刺激该区域的机会,也不会这样做。显然,对于动物来说,刺激快乐中枢非常"珍贵"(或者说是被渴望,或有加深和奖赏作用,或者是任何可以用来描述这种情境的词),因此,动物宁愿放弃其他所有已知的外部快乐,包括食物和性,等等。现在,我们已经有了足够的、相似的人类数据,据此推测,人类也有一些主观而言可称为快乐的体验,可以通过这种方式产生。相关研究目前处于初始阶段,但已经可以区分相同类别的不同中枢,例如睡眠中枢、食物餍足中枢、性刺激中枢、性厌腻中枢,等等。

如果我们把这一类实验和另一类实验,比如卡米亚的实验结合起来,便可以发现新的可能性。卡米亚(58)的研究利用了脑电图和操作条件,当被试者脑电图中α波频率达到一个特定的点时,便给被试一个可见的反馈。用这种方法,可以让被试者将某一外部事件或信号和某一主观感受相关联。这样一来,卡米亚的被试就可能对自己的脑电图建立随意控制。也就是说,卡米亚证明了,人可以控制自己的α波频率,使其达到自己想要的水平。

卡米亚有一个重大的、激动人心的幸运发现:如果将α波稳定在一定水平,被试者将会进入一种宁静的、冥思的,甚至幸福的状态。一些跟进研究将那些学会东方禅坐和冥想的人作为被试,结果表明,此类被试可以自发放射出来,和卡米亚的被试做到的一样。也就是说,我们可以教会人怎样去感受幸福和宁静。这些研究具有多方面、极其明显的革命性意义。不仅对人类进步,而且对生物学和心理学的理论都具有关键作用。在这个领域,有太多的研究值得去做,足够让下一个世纪大批科学家为之奋斗。心与身之间的关系问题,从前一直被认为是无法解决的,如今终于显露出可以被研究的迹象了。

对于建立一门规范的生物学，这些数据具有关键性意义。毋庸置疑，我们现在已经可以这样说：健康的有机体自身可以发出明确的、响亮的信号，来说明自身的偏好、选择和渴望。如果我们把这些偏好、选择和渴望直接称为"价值"，不知道是否有些激进。或者可以将它们称为生物学上的内在价值，或类似本能的价值？假如我们做出以下描述性的声明："如果让实验室里的白鼠在两种自我刺激按钮之间选择一个来按压，白鼠几乎每次都会按压快乐中枢按钮，不会去碰任何其他能引起刺激或引起自我刺激的按钮。"这跟说"白鼠偏爱对快乐中枢进行自我刺激"有什么显著区别吗？

不得不说，是否使用"价值"一词对于我而言并没有多大区别。我不用"价值"这个词，就能将以上段落完全表述出来。或许，就科学策略而言，或者至少是就科学家和一般公众之间的沟通策略而言，为了避免搅乱讨论，避而不提"价值"一词是更圆滑老到的。但我觉得，说不说没有什么区别。真正重要的是，我们要严肃认真地对待心理学和生物学领域中有关选择、偏爱、强化、奖赏等问题的研究进展。

不仅如此，我也应当指出，我们将必须面对一定程度的循环论证的困境，这种困境是此类研究和理论建设所固有的。这种情况在人的研究中最明显，但我认为，研究其他动物时也会遇到这样的问题。这种循环论证暗含在这样的说法之中："优秀样本或健康的动物选择或是偏爱某事物。"我们应该如何解释虐待狂、行为反常者、受虐狂、同性恋者、神经症患者、精神病人、自杀者做出的选择与"健康人"所做出的选择的不同之处呢？我们可以将其与实验室中切除肾上腺的动物做出的和所谓"正常动物"不同的选择相类比吗？明确地说，我并不认为这个问题无法解决。我只是想要说明，这个问题我们必须正视它，处理它，而不能回避它，或忽视它。对于人类被试，我们可以用精神病学和心理学方法选出"健康人"，然后指出，（在罗夏测验中，或是在智力测验中）得到某个分数的人，将作为善择者参加自选（食物）实验。这样一来，筛选的标准可能与行为标准完全不同。不仅如此，以下是完全有可能的（在我看来事实上很有可能）：通过神经学的自我刺激方法，我们马上就可以证明，反常者、谋杀者、虐待狂、恋物癖的所谓"快乐"，与奥尔茨或卡米亚的实验中的"快乐"并不是同一意义上的快乐。当然，我们已经借助主观的精神病学方法得出了这个结论。任何一个有经验的心理治疗师迟早都会发现，隐藏在神经症或反常状态下的"快乐"，实际上是汹涌的烦恼、痛苦和恐惧。单就主观领域而言，我们已经可以从那些既体验过不健康的快乐，也体验过健康的快乐的人那里，得出这个结论。他们总是反馈说，宁愿选择后者的快乐而惧怕前者的快乐。柯林·威尔逊（161）曾清晰无误地表明，性犯罪者的性反应是极其微弱的，他们不具备强烈的性反应。克尔肯达尔（61）也证明，与无爱之性相比，伴有爱情的性在主观上更愉悦。

我目前正在研究上文所概述的人本主义心理学观点所生发出的一系列问题。我的研究可以用来阐明人本主义理念下的生物学带来的影响和启示。我们可以肯定地说，这些论据有力地支撑了有机体的自我调节、自我管理、自我选择等观点。有机体比起一个世纪前我们所设想的还要更趋向于选择健康、成长、生物意义的成功。整体而言，这意味着反专制、反操控。这些结论使我回过头来重新开始认真考虑道家的整个学说。道家学说远不仅限于当代生态学和习性学研究所告诉我们的，要学会不要去打扰和控制；它更指示我们，对于人的培养，我们应该更信赖孩子，相信他们自身所具备的趋向成长和自我实现的推动力。这意味着，我们应该更加着重强调自发性、自律性，减少预测和来自外部的控制。此处，我要引述我的《科学心理学》中的一个主要论点(81)：

在这样的事实面前，我们真的还能继续将科学的目标定义为预测和控制吗？显然，恰恰相反。至少对于人类而言是如此。我们自己真的想被预测，或是成为可以被预测的吗？我们真的想成为被控制的和可控制的吗？此处还必然涉及古老的传统哲学形式中自由意志问题，不过我不想离题太远。我要说的是，现在问题出现了，并亟须处理。这些问题的确与我们主观上的自由感而非被决定感有关，与自行选择而非受外界控制有关……无论如何，我可以肯定地说，我们描述为健康的人并不喜欢被控制。他们喜欢感到自己是自由的，喜欢自己真正是自由的。

这一系列思考有另一个普遍的"气氛性"后果：它必然会改变科学家的形象，不仅是科学家自己眼中的形象，还有科学家在一般人眼中的形象。已经有一些论据(115)表明了这点。比如，女高中生认为科学家是怪物和恶魔，对科学家感到恐惧。比如，她们认为科学家不是好的伴侣。我要说的是，这种印象不仅仅是好莱坞电影"疯狂科学家"造成的结果，这种印象的确有其真实性、客观性因素（当然，其中也有夸张性）。毕竟，在传统的科学概念中，科学家是控制者、掌管者，他操纵着人、动物和事物。他是他所研究的对象的主人，这种印象在观察"医生形象"时尤为明显。大众在观察医生时，往往处于半意识或无意识的状态，医生一般被认为是主人、控制者、持刀者、无惧痛苦者……医生一定是老板、权威、专家，是掌管万物者，他负责告诉人应该做什么，不应该做什么。我想，这种印象中的"形象"现在对于心理学家而言是再坏不过的了。大学生们现在普遍认为心理学家总是操控者、说谎者、隐藏真相者和控制者。

如果有机体被视为具有"生物智慧"的呢？如果我们学会给予它更大的信任，认为它是自主的、自我管理的、自我选择的，那么很显然，我们作为科学家（更不用说作为医生、老师，乃至父母），必须将我们的形象转变为更加道教的形象。这是我所能想到的最恰当的词，它可以简洁地概括一个更具人文主义的科学家的形象的诸多要素——道家的内核在于询问而非告诉，也就是不打扰，不控制。它强调的是无干扰的观察，而不是控制性的操作。它是承受的和被动的，而不是主动的、有力的。这就像是在说，如果你想了解鸭子，那你最好向鸭子发问，而不是告诉鸭子什么。对于人类来说也是如此。如果我们要规定"什么对他们来说是最好的"，似乎最好是找出一些办法，让他们告诉我们，什么对他们是最有利的。

实际上，在优秀的心理医师群体中，已经有了这样的榜样，他们就是如此工作的。他们所做出的有意识的努力不是把他们的意愿强加于患者, 而是帮助患者——不明确的、无意识的、半意识的——发现他自身 (患者) 内部的东西。心理医师帮助患者发现他自己所渴望的或希求的究竟是什么, 帮助患者发现对于患者来说什么是有益的, 而不是对于医师是有益的。这是传统意义上的控制、宣传、塑造、教导的对立面。毫无疑问, 这种方法正是以我上段所提及的内容为基础, 虽然我不得不说, 持有相似想法的学者还是很少。比如说, 我们应该相信大多数人都有趋向健康的驱动力, 应该期待他们会选择健康而非疾病; 我们应当相信主观上的幸福状态可以作为一个良好的向导, 指导人趋向于 "人之最佳状态"。这种态度意味着倾向于选择自觉而非控制, 意味着信赖有机体而不是怀疑, 这种态度暗含着这样一种假设: 人总是倾向于成为完满人性的, 而不是变成生病的、痛苦的, 或是死亡的。我们作为心理医师, 确实发现了死亡愿望、受虐狂、自我挫败行为、自寻痛苦的存在, 我们已经学会把它们假设为 "疾病", 也就是说, 这个患者如果曾亲身体验过另一种较健康的状态, 就会宁愿选择那种较健康的状态, 选择抛弃他的痛苦。然而, 某些人步子迈得太大, 认为受虐狂、自杀冲动、自我惩罚等是愚蠢的、无效的, 是朝向健康状态的笨拙摸索。

这也适用于具有道家风格的教师、父母、朋友、爱侣的新关系模式, 当然, 也适用于道家风格的科学家。

道家的客观和传统的客观[1]

　　传统意义上的客观概念来自早期科学对物、对无生命对象的研究。当我们将自身的愿望、畏惧和希冀从观察中剔除时，我们就是客观的。此时，超自然的上帝的意愿和安排也已被排除。自然，这是向前的一大步，也使近代科学成为可能。自然，我们也不应忽视，在研究非人的对象或事物时，采取所谓的客观态度是正确的。此时，这种客观和超脱有很大的益处，甚至在研究低等生物时也是大有裨益的。一旦我们是超脱的、无牵无挂的，我们就可以成为相对来说不被干扰的观察者。一只变形虫会向哪个方向移动，一条水螅喜欢摄取什么食物，这对于我们来说不会有特别大的意义。但当我们沿着种系阶梯向上攀登时，继续保持这种超脱态度就变得越来越难。我们都知道，假设我们研究狗或者猫，非常容易将其拟人化，将我们作为观察者的人类愿望、畏惧、希冀和偏见投射到动物身上。如果将研究对象换成猴子或类人猿就更容易产生这种投射。如果我们进一步将研究对象换成人，我们就可以理所当然地认为，我们几乎不可能是一个冷漠的、平静的、超脱的、无牵无挂的、不施加干预的观察者。对于这一点，心理学上的实验数据浩如烟海，恐怕还没有人可以反驳。

　　任何一个稍有经验的社会科学研究者都知道，在研究任何一个社会或是亚文化群体之前，必须先审查研究者自身的偏见和

1.关于这一题目的更详尽论述见《科学心理学：一项探索研究》（81）。

先入为主的思维。这个方法可以帮助我们避免预先判断，也就是避免研究前的先入之见。

但是，我建议采用另一个方法来达到客观的目的，即通过更加清楚、更加准确地感知我们自身以外、观察者身外的现实，以达到客观。这种方法是从观察爱的领悟而来的。爱的领悟，无论是在相爱者之间还是在父母和子女之间，都可以产生某种类型的知识。这种知识是不相爱者所不能获得的。就我看来，这一点也适用于习性学研究。我相信我对于猴子的研究是比较"真实"、比较"确切"的，从一定意义上来说，也是更为客观的。假如我不喜欢猴子，那么就不会有这样真实的研究。而事实上，我已经被猴子们迷住了。我越来越喜爱我的几只猴子，但对于白鼠，我就无法产生这样的喜爱。我相信，劳伦兹、廷伯根、古达尔和沙勒尔所阐述的那些研究工作之所以那么精彩，那么富有教育性、启发性、真实性，就是因为这些研究者"喜爱"他们研究的动物。至少，这种喜爱可以引发兴趣，甚至让人着迷，因而才可以有极大的耐心进行长时间的观察。母亲喜爱她的婴儿，才能最专心地反复观察婴儿的每一寸肌肤，也就自然会比不关心婴儿的某个外人（在最真实的意义上）更了解她的宝贝孩子。我还发现，爱人之间也是这样的情况。他们彼此之间的喜爱极其浓烈，以至于观察对方、注视对方、倾听和探索对方本身便成为一种迷人的活动，因此他们就会不眠不休地继续这种活动。对于一个并非自己所爱的人，则很少出现这样的情况，人们往往会感到厌烦。

但这种"爱的知识"，如果我可以这样称呼的话，还有其他益处。对一个人的爱可以使他袒露、公开、放弃防御，让自己不仅在躯体上，而且在心灵和精神上完全地暴露出来。也就是说，他会自己暴露无遗，而不是躲躲藏藏。在平常的人际关系中，在一定程度上，人与人之间是难以理解彼此的。在爱的关系上，我们变得"可以理解"彼此了。

不过最后，或许也是最重要的，如果我们对某人或者某物喜爱、迷恋或者非常感兴趣，我们很少会产生干预、操控、改变、改善他们的想法。我发现，对于所爱之人或物，人们往往对其采取放纵的态度。在浪漫的爱情或是祖父母的亲情等极端的例子中，被爱的那一方甚至被看成是完美无缺的。因此，任何改变都会被认为是不可能的甚至是不虔诚的，更不要说将其改善了。

换句话来说，我们满足于放任和放纵。对被爱之人或物，我们不提任何要求，我们不希望被爱变成另外一种模样。在他们面前，我们是被动的、承受的。总而言之，只有当被爱呈现出它的本来面貌，处于它的自然状态时，我们才能更为真切地看到他们，而不是将其作为我们想要他们成为或害怕他们成为或希望他们成为的样子去看他们。赞许他们的存在、欣赏他们的本来面貌，可以让我们成为不打扰、不操控、不将其抽象化、不干预的观察者。我们能在多大程度上做一个不打扰、不要求、不希望、不改善的观察者，也就能在多大程度上达到这一特殊类型的客观。

我坚持认为：这是一种方法，一条通向某些类型的真理的特殊之路。但我并不认为这是唯一的道路，或是所有真理都可以用这种方法得到。我们也正是在同样的情境中清醒地意识到，喜爱、兴致、迷恋、专注也有可能歪曲相关对象的另一些真实情况。我所坚持的，仅仅是就科学方法的整个框架而言，爱的知识或是

"道家的客观"在特定的情境中，对于特定的目的而言，有其特殊的优势。如果我们能够现实地意识到，对于研究对象的爱既能产生某种领悟，又能造成某种盲目，那我们便有了足够的警惕性。

进一步来说，甚至对于"有问题的爱"也是如此。一方面，显而易见，我们必须迷恋上精神分裂症，或者至少对它感兴趣，才能坚持不懈地思索它，才能学习有关它的知识，将其作为研究对象。另一方面，我们也知道，对精神分裂问题完全入迷的人在涉及其他问题时，也会形成某种不平衡状态。

大问题的问题

这部分的小标题引用了阿尔文·魏因贝格的精彩著作《大科学沉思录》(152)中的一个小标题，这本书中包含许多我想要进一步阐述的观点。借用他的措辞，我可以更加醒目地阐明我这本备忘录的含义。我想说的是，曼哈顿方案正在试图解决我们当今时代真正的大问题。这个问题不仅对于心理学，而且对于一切具有历史迫切感的人来说，都极为重要（这也是衡量一项研究的"重要性"的一个标准，现在我想要把它添加到传统的标准中）。

第一个大问题，也是涵盖一切的大问题，就是成就好人。我们必须有许多相对而言较好的人，否则我们很可能会从这个世界中被清除出去，即便不被清除，肯定也只能生活在紧张和焦虑中，就像一般的动物那样。这里有一个先决条件，就是给"好人"下定义。关于这一点，我已经在本书中做出了多次说明。我们已经有了一些初步的数据、一些标志，或许已经多到可以用来阐明曼哈顿方案中的人了。我对自己很有信心，相信这个伟大的轰动计划是可行的。而且我相信，我可以列出一百个或二百个，或是上千个局部问题或附属问题，足以让无数人为之奔忙。好的人，也可以被称为是自我演化的人，对自己和自己的演化负责的人，是充分启蒙的或觉醒的或有悟性的人，是充满人性的、自我实现的人，等等。无论如何，有一点非常清楚：除非人是健康的、进步的、坚强的、善良的，足以理解计划和法典，并希望以正确的方式将它们纳入实施的轨道，否则任何社会改革、任何光明的宪法或是美好的计划和法律，都不会有任何结果。

　　还有一个同等重要的问题，和刚刚提到的大问题一样迫切需要我们注意：造就良好社会。在良好社会和好的人之间有一种反馈机制。二者之间是相互需要的，它们是彼此的必要条件。此处先撇开二者孰先孰后的问题。显而易见，它们同时发展、协同工作。无论怎样，如果没有其中一个因素，另一个因素是无法实现的。我所指的良好社会，是指一个从根本上涵盖整个人类物种的世界。我们也有一些初步数据（83，也请参见本书第14章），讨论自律性社会，即非心理安排的可能性。说得更清楚一点，现在我们已经了解，假设人的善良程度保持不变，我们有可能做出一些社会安排，迫使人们或是采取恶行，或者采取善行。核心要点在于，我们必须将社会制度的安排与内心健康区别看待。而且，一个人的好与坏在一定程度上，取决于他所处的社会制度和安排。

　　社会协同作用（social synergy）的关键要点在于，在一些原始文化中，在一些大的、工业主导的文化中，存在着某些社会潮流，它超越了自私和不自私之间的二元对立。也就是说，某些社会安排使人不得不相互对立；另一些社会安排使一个人在寻求个人私利时必须帮助他人，无论他是否愿意如此。反过来说，追求利他主义并帮助他者的人一定会获得私利。所得税等经济措施就是一个例子，它从单个个体的好运中吸取利益，再将其给予全社会。这和营业税形成了对比，按比例看，营业税从穷人那里要比从富人那里提取得更多，它所起到的不是吸取作用，而是本尼迪克特所说的汇集作用。

我应当尽我所能地严肃认真地强调，这些终极的大问题，我们应当先于任何其他问题，对其加以关注。魏因贝格在他的书中所说的大多数工业技术上的利益和进步，以及其他人所说的此类利益，在本质上只是达到以上目的的手段，而非目的本身。这表明，除非我们将工业技术和生物学的进步交付在好人手中，否则这些进步就是无用的或危险的。在这里，我所说的还包含征服疾病、延长寿命、缓解痛苦、悲伤和苦难等内容。问题的关键在于：谁想让恶人活得更长？或让恶人变得更强大？一个显而易见的例子，就是原子能的利用，并先于纳粹完成对原子能的军事利用。如果原子能在一个希特勒式人物的手中——而且有许多希特勒掌握国家大权——那当然不是什么好事，那将极具危险。同样的道理也适用于任何其他技术进步。要想衡量某物，我们可以提出这样一个问题：这对于某个希特勒式人物来说是好还是坏？

技术进步的一个副产品是：如今的恶人有可能甚至很有可能变得更危险、更有威胁，变成有史以来造成最大威胁的人，因为先进的技术可以给予他们更大的力量。很有可能，某个极端残酷的人在某个同样残酷的社会支持下，变得不可战胜。我想，假如希特勒赢得了战争，他可能将是无法战胜的，他的帝国也许会延续一千年或更久。

因此，我希望所有生物学家以及一切有善良意愿的人，都能运用他们的才能，来解决这两个大问题。

以上考虑强有力地支持了我的想法：传统的科学哲学作为道德上中立、价值上中立、脱离价值的哲学不仅是错误的，而且也是极度危险的。它不仅是非道德的，也有可能是反道德的。它可能把我们置于极为危险的境地。因此，我要再一次强调，科学本身来自人类，以及人类自身的激情与兴趣，就像波兰尼（126）所说的那样。科学自身应该是一部伦理学法规，就像布罗诺夫斯基（16）所说的一样。因为，假如我们承认真理的固有价值，那么，我们就会为这一固有价值服务，并由此产生所有各式各样的后果。我要再加上一条作为第三个论点：科学可以寻求价值，并能从人性本身中揭示这些价值。实际上，我要宣告，科学已经如此这样做了，至少已经达到了一定水平，使这个说法似乎有了一些根据。尽管我们还没有合适的、最后的证据。我们已经可以利用现有的技术，去探索什么东西对人类是有益的，也就是说，什么是人的内在价值。我们曾进行过几种不同的操作，意图指明人性内部的价值是什么。我再重复一次，这既是生存意义上的价值，也是成长意义上的价值。成长价值指能使人更健康、更聪明、更具备品德、更幸福、更能圆满地实现自身潜能的那些价值。

这说明了生物学家未来研究工作的战略是什么（我或许可以这么称呼它）。战略之一是，心理健康和躯体健康之间有一种协同作用的反馈。多数精神病学家和不少心理学家以及生物学家现在已经开始设想，几乎所有疾病，恐怕无一例外，都可以被称为是心身疾病或机体疾病。这也就是说，假如我们去研究、追溯任何躯体病的起因，就一定会发现，心理内部的、个人内部的和社会性的变量都是与之相关的决定性因素。这绝不是要把肺结核或骨折看作是玄妙莫测的，它只是说明，在研究肺结核的过程中，我们会发现贫困也是一个影响因素。而至于骨折，邓巴尔（30）曾将骨折病例作为控制组进行研究，她猜想肯定与心理因素无关，但令她大吃一惊的是，实验结果确实证实了心理因素的存在。这项研究的一个结果是，我们如今已经非常了解易出事故的人格了，对于——我或许还可以说——"促成事故的环境"也是如此。于是，即便是一次骨折，也可能是心身的和"社会—躯体的"（Sociosomatic），假如我可以仿造后面这个词的话。一言以蔽之，即便传统的生物学家、医师和医学研究者，在尽力减轻人类的痛苦、苦难、疾病时，最好也能对他所研究的病人进行更多的整体论视角上的诊疗，越来越多地关注心理的和社会的影响作用。比如说，如今我们已有足够的证据说明，在攻克癌症方面，要想使治疗视阈足够宽阔且富有成效，也应该包括我们所说的"心身因素"。

换句话说，有迹象表明（大部分是推断，而不是决定性的证据），通过精神病学疗法等造就好的人，增进心理健康，也有可能会使他的寿命延长并使他对疾病有抵抗力。

对低级需要的剥夺可能引起疾病——在传统上称为"缺失病"的疾病，以上也适用于我在第23章中称为超越性病态

（metapathologies）的那些问题。此处所指的是被称为精神的、哲学的或存在主义的那些不适或失调，它们也可能不得不成为缺失病。

总而言之，安全、保障、从属、爱、尊敬、自尊、同一性和自我实现等基本需要的无法满足，会导致人们的某些疾病以及缺失病。总的来说，这些可以被称为神经症和精神病。然而，那些基本需要得到满足的人和自我实现的人，以及具有真、善、美、公正、秩序、法律观念、统一性等超越性动机的人，也可能在超越性动机的水平上受到剥夺。缺乏超越性动机的满足，或缺乏这些价值，能引起我称之为一般的和特殊的超越性病态。我认为，这些疾病和坏血症、糙皮病、爱的缺失等都是处在同一个连续体中的缺失病。再补充一点：传统中证明需要的方式，比如对于维生素、矿物质、基本的氨基酸等缺失的证明，往往是先去发现某个不知起因的疾病，然后再寻找病因。也就是说，如果剥夺某物会引发疾病，那么这个某物就被认为是一种需要。正是在与此相同的意义上，我认为我所说的基本需要和超越性需要从严格意义上说也是一种生物性需要，即一旦它们被剥夺，也会引起疾病和不适。因此，我才用一个新造的词"类本能的"（instinctoiol）来表达我坚定的信念——这些证据已经充分证明，这些需要是和人类机体自己的基本结构相关联的，其中蕴含着某种遗传基础，即便是微弱的。它也使我确信，终有一天，生物化学的、神经学的、内分泌学的基质或躯体组织的发现，能在生物学水平上说明此类需要和病症（参考附录四）。

预测未来

近几年来，大量会议、书籍、专题座谈，以及报纸文章和星期天杂志专栏，忽而一下子开始讨论起一个问题：在2000年或在下一个世纪，我们的世界将会成为什么样子。我也曾浏览过这些"文献"（如果可以用这个词的话），但更多感到的是恐惧而不是启发。有95%的文章都在讨论纯技术的变化，完全忽视了善与恶、是与非的问题。有时候看起来，所有讨论都好像是不辨是非的，有大量关于新机器、假体器官、新型汽车、火车或飞机，以及更大、更好的冰箱、冷库、洗衣机等的讨论。这些文献自然也偶尔提及大规模杀伤武器不断升级，甚至提及整个人类可能会被清除，以此来耸人听闻。

这本身就是对真正问题所在的视而不见，几乎所有发言人都不是以人为研究对象的科学家。多数的与会者都是物理学家、化学家和地质学家，在生物学家中，多数是研究分子生物学的。与其说他们是描述型的，不如说他们是还原型的生物学工作者。偶尔有几个应邀就这一问题发表看法的心理学家和社会学家，他们擅长的也是专业技术方面，遵循一种无价值观的科学。

无论是哪一种，他们所谓的"进步"在很大程度上只是一种手段上的进步，而非目的上的进步。他们忽略了一个显而易见的真理：再强大的武器，在愚蠢或邪恶之人手中，也只能产生更大的愚蠢或更大的邪恶。也就是说，这些技术上的"进步"事实上可能是危险的，而不是有益的。

　　我的不安也体现在这一方面：这些对于2000年的畅想大都只限于物质方面，比如工业化、现代化、增进富裕水平、占有更多的资源、通过开发海洋来增强食品的供应能力、如何进行更有效的城市管理来应对人口爆炸，等等。

　　还有另外一种方法，可以概括这种幼稚的预测言论：大部分预测仅仅是从当下存在的事实出发，做出无济于事的推测，是以我们的现状为起点简单投射出曲线。如果按照现在的人口增长速度来计算，据说到2000年会有更多的人；按照当下的城市增长速度来计算，到2000年会有如此这般的城市环境，等等。这样推测，就好像我们根本无力掌握、计划我们自己的未来，就好像即便我们不喜欢现在的局面，也无法将其扭转。举个例子，我坚持认为，要想计划未来，就必须减少现存的世界人口。在这个世界上没有理由，或至少没有生物学上的理由，来证明如果我们想要这样做，我们也做不到。对于城市结构来说是如此，对于汽车结构来说是如此，对于空中交通工具等来说也是如此。我认为，这种根据现下情况所进行的推测，本身就是那种没有价值观念的、纯描述性的科学思维的一种副产品。

第二章 神经症——个人成长的一种失败

　　我不求全面，仅仅选择几个角度来讨论这个问题，因为我曾就几个角度进行过研究，也因为我认为这几个角度尤其重要。不过最主要的原因是，它们一直都被忽略了。

　　当下有一个公认的理论认为，从某个角度来看，神经症是一种可以描述的病理状态，它是现下存在着的、医学模式上的一种疾病或病症。但我们也已经学会用辩证的眼光看待它，认为它也是一种向前的运动，是一种趋向健康和完满人性的、向前发展的笨拙探索，是一种胆小软弱的方式，是在畏惧而不是在勇气的保护下前进，这种探索既包含现在也包含未来。

　　我们得到的全部数据（大部分是临床数据，也有某些其他研究的证据）都表明，我们可以设想，在每一个人类个体中，也几乎在每一个新生儿中，都存在一种趋向健康的积极意愿，一种趋向成长或趋向实现人的潜能的冲动。但我们马上又会面临一个令人非常悲伤的现实认识——只有很少的人能实现它。在人类总体中，只有很少一部分人真正实现了同一性、个性、完满人性、自我实现等，甚至在我们现今社会中也是如此。比较来看，我们所在的社会是地球上最易取得成功的社会之一。而这是我们遇到的最大的难题——既然我们的确存在趋向人性充分发展的动力，为什么它不能更频繁地出现? 究竟是什么阻碍了它?

这是我们处理人性问题的新方式,也就是说,估计到它可能达到的高度,同时,令人失望的是,实现这些可能性又是如此困难。这种态度和"现实主义的"那种无论何种状态都接受的态度是对立存在的,后者认为现状就是常态,例如金西就是这么想的,电视上的民意测验结果也是一样。因此,我们往往陷入这样一种状态:从描述性视角来看的常态,或是从没有价值观念的科学观来看的常态,是我们能够期待的最佳状态,因此,我们应当满足于这种状态。就这一种观点来看,常态不如说是一种疾病、残废或瘫痪状态,因其太过寻常,所以不值得注意。我想起我在大学时用过的一本旧的变态心理学课本,那是一本极其糟糕的书,但书的卷首插画非常精彩。画的下半部分是一队孩子,粉扑扑的脸,笑眯眯,兴高采烈,天真无邪,可爱至极。上半部分则是地铁车厢中的许多乘客,愁苦,灰蒙蒙,阴沉郁闷。下面的标题非常简洁:"发生了什么?"这正是我要谈论的问题。

我还应当提到,我一直在进行的研究,以及此书中我试图说明的,部分是关于研究工作的战略和策略,是在为研究工作进行准备,在试图解释一切临床经验和个人主观经验,希望我们能够以一种科学的方式更好地理解这些经验,即核对、检验,使之更为精确,并观察它是否确实如此,直觉是否正确,等等。抱着这样的目的,也为了那些对哲学问题感兴趣的人,我想在此简单提出几个与下文相关的理论观点。这是一个古老的问题,是事实与价值之间,是与应该之间、描述和规范之间的关系问题,是一个哲学家们都难以解决的问题。自有哲学家以来,他们就在讨论这个问题，但直到现在，依然没有什么进展。我想要为之提供一些新的想法，这些想法对于解决这个古老的哲学难题有所裨益。

熔接词

此处我所想到的是一个大致的结论，它部分来自格式塔心理学家，部分来自临床和心理治疗经验。在苏格拉底的方式中，事实一般有一定的指向，或者说，它们是矢量的。事实并非像馅儿饼那样，躺在那里，什么也不做，在某种程度上，它们是路标，可以告诉你应当怎么办，给你建议，引领你向某个方向而不是另一个方向前进。它们"要求着"，它们具有一种需求性，甚至像克勒所说的那样，具有"必需性"（62）。我常常会有这样一种感受：只要我们有了足够的认识，我们就能知道应该怎么办，或是更加清楚地知道应该怎么办；充足的知识往往可以解决问题，每当我们必须做出决定时，它可以帮我们做出道德和伦理上的选择。比如，在治疗中，我们都有这样的经验：当人们越来越有意识地"学习知识"时，他们的办法和抉择也变得越来越容易，越来越具有自主性。

我想说的是，有些事实和词汇自身就同时兼有规范性和描述性。我姑且将它们叫作"熔接词"，它意味着事实与价值的熔合与联结。在这之上，我所必须要说的可以被理解成对"是"和"应该"这一问题的探索与解决。

在讨论的开始，我已经像大家一样，在一种不加掩饰的规范性方式中向前摸索。我所提出的问题是：什么是正常？什么是健康? 我从前的哲学教授依旧像长辈那样, 对我十分亲切, 我也像晚辈那样尊敬他。有一次他偶然写给我一封充满忧虑的信, 温和地责备我不该用傲慢的方式来处理这些古老的哲学问题, 信中有言: "你难道还不知道你都做了些什么吗? 这个问题的背后沉淀了两千年的思想, 而你却没有如履薄冰的小心, 而是在这层薄冰上如此轻松和散漫地滑行。" 我记得我曾回信解释道, 这正是一个学者发挥作用的方式, 这也是学者研究策略的一部分, 也就是说, 面对哲学的难题, 滑得越快越好。我记得有一次我给他的信中写道, 我从战略上考虑, 发展知识不得不采取这样一种态度: 只要涉及哲学问题, 就应该采取"坚定的天真"。我认为, 这就是我们此处所采取的态度。我曾经觉得, 对于正常与健康、好与坏的讨论, 是有启发意义的, 因此是完全正确的。对于这个问题, 我甚至常常表现得有点儿专断。我曾经做过一项研究, 把一些上等画和一些下等画作为测试材料。在注释中, 我坦诚地写道: "此处, 上等画就是我所喜欢的画。" 我是想要看看, 我能否得出我想要的结论, 如果可以, 就能证明我的策略还不错。在研究健康人、自我实现者等时, 一直有一种稳定的趋势, 从不加掩饰的规范性和坦率的个体性, 一步一步, 趋向越来越描述性的、客观性的词汇, 以致到今天有了一个标准化的自我实现测试(137)。现在已经可以在操作上对自我实现给出界定, 就像界定智力那样, 也就是说, 自我实现也是可以用测验进行测试的。它和各种各样的外部变量紧密相关, 并一直在持续积累着相关的变量。因此, 我受到启发, 认为从我所说的"坚定的天真"出发是正确的。我用直觉的、直接的、个人的方式所看到的那些东西, 如今大部分正在被数字、表格和曲线所证实。

完满人性（full humanness）

现在我要提议，进一步去探讨"完满人性"这个熔接词，这是一个更富有描述性和客观性（与"自我实现"的概念相比较），而又保留着我们所需要的一切规范含义的概念。我们希望能够以这样的方式，从直觉的、启发式的开端逐渐向越来越高的确定性、越来越大的可靠性、越来越客观的外部证据迈进，这也意味着这个概念越来越具有科学的、理论的意义。这种措辞和思维是我在大约十五年前从罗伯特·哈特曼的价值论著述（43）那里受到启发而形成的，他把"善"定义为一个事物实现它的定义或概念的程度。这让我想到，或许可以为了研究目的，把人性的概念理解成一种定量上的概念。比如说，可以用分类的方式说明完满人性这一概念，也就是说，完满人性是一种抽象的能力、运用合乎语法的语言的能力、爱的能力、有一种特定的价值观、能否超越自己，等等。如果我们有需要，甚至还可以把完整的分类列成清单。我们可能对这种想法感到有点儿吃惊，但它大有用处，只要能在理论上向进行研究的科学家阐明，这个概念可以是描述性的和定量的，但也是规范性的，比如，我们可以说这个人比那个人更接近于完满人性。甚至我们可以说：这个人比那个人更有人性。根据上文我对熔接词含义的解释，这就是一个熔接词，它确实是具有客观描述性的，因为它与个人的愿望、兴趣、个性、神经症无关，而从完满人性概念中排除个人无意识的愿望、畏惧、焦虑或希望，要比从心理健康概念中将其排除要容易得多。

如果我们曾研究过心理健康这个概念——或任何其他种类的健康或正常——我们将会发现，我们会面对多么大的诱惑，我们会不禁想要将自己的价值观念投射其中，并使这个概念变成一种自我描述，或者是一种我们想成为什么样子，或我们认为人们应该成为什么样子的描述，等等。我们将不得不长时间地与这种倾向做斗争，并且我们会发现，虽然我们有可能做到客观，但过程肯定很难。即使我们真的是客观的，我们也不敢确信。我们都曾陷入过抽样错误。说到底，如果选择研究对象是以个人的判断和诊治为基础，抽样错误就会比依据某种非个人的标准进行抽样出现得更频繁（90）。

显而易见，熔接词是高于较纯规范词的一种科学的进步，同时也可以帮我们规避更坏的陷阱——认为科学只能是无价值观念和非规范的，或是非人的。熔接概念和熔接词使我们参与科学和知识的正常进步成为可能，它以现象学和经验为开端，向更可靠、更有效、更确定、更准确、更具分享性和目标一致性前进（82）。

其他明显的熔接词有：成熟的、演化的、发展的、发育受阻的、残缺的、充分发挥作用的、优美的、笨拙的、愚蠢的，等等。还有很多词是规范与描述不太明显的熔接词。可能终有一天，我们不得不认为熔接词可以是范例的，是正常的、通常的和核心的。那时，纯描述词和纯规范词会被认为是边缘词和例外词。我相信，这将成为人本主义世界观的一部分，这种世界观现在正迅速结晶成为一种有结构的形态。[1]

1.我认为，"人性度"（degree of humanness）也比"社会胜任""人的

首先，就像我曾指出的那样（95），这些概念过于绝对地外在于心理了，无法充分地说明意识的性质、心理内部的或主观的能力，比如，欣赏音乐、沉思和冥想、品味风味、对内心呼声的敏感，等等。能够与自己的内心世界融洽相处，可能跟在社会生活或现实生活中成功是同等重要的。

但是，从理论的精致化和研究战略的角度来看，更重要的是，这些概念没有一张构成人性这一概念的能力清单那么客观，那么易于定量。

我还想说，我认为这些模式没有一个是和医学模式相对立的，没有必要将二者二分化。医学上的疾病可以削弱人，因而它也处在一个从较多人性到较少人性的连续系统中。当然，医学上的疾病概念尽管是必需的（对脂肪瘤、细菌侵入、癌等来说），但也肯定是不充分的（对神经症的、性格学上的，或精神失调来说）。

人性萎缩

只提"完满人性"而不谈心理健康的另一个结果是，我们可以对应地或并列地说"人性萎缩"而不说"神经症"，但这又是一个完全被废弃了的词。这里的关键概念是，人的能力和可能性的丧失或尚未实现，这显然也是一个程度和定量上的问题。不仅如此，这更近似于在外部可观察的，更接近于行为性的，这使它比焦虑、强迫症或压抑等更易于被研究。它也把一切标准的精神病学的范畴纳入同一个连续体中，包括因贫困、剥削、不适当的教育

效能"等类概念更有意义。

和奴役等造成的所有发育受阻、缺陷和抑制，也包括发生在经济富足者身上的那些新型的价值病态、存在性紊乱、性格紊乱。它可以恰如其分地解释吸毒、精神病态、专制主义、犯罪等种种萎缩，以及其他不能在医学上被称为"疾病"（如脑瘤）所导致的萎缩。

这是一种脱离医学模式的激进转变，一个长久以来一直被延误的转变。严格来说，神经症是一种神经上的疾病。今天我们不用这个传统的说法也完全可以。此外，用"心理疾病"这种说法，会将神经症放到与溃疡、伤口、细菌侵袭、骨折或是肿瘤相同的讨论范围内。但是现在，我们已经非常清楚，我们最好假设神经症与精神紊乱有关，与意义的丧失、对生活目的的怀疑、失恋的痛苦和愤懑、对未来的失望、对自身的厌恶、认识到自己的生命正在荒废，或失去欢乐或爱的可能等有关。

这些都是脱离完满人性、脱离人性的盛开之花的堕落。这是人类的可能性的丧失，是曾有的和也许以后还会有的可能性的丧失。物理和化学的保健预防法在这一心理病源学的领域内肯定也会有所用处，但与更为强大有力的社会、经济、政治、宗教、教育、哲学、价值论和家庭等决定因素相比，不值得一提。

主体生物学

从这个向心理—哲学—教育—精神方面的转向中，我们还可以收获其他重要的益处。不仅如此，在我看来重要的一点是这个转向推动了对生物基础和体质基础的正确理解。在所有有关同一性或真实自我、成长、揭示疗法、完满人性或人性萎缩、自我超越或任何其他此类问题的讨论中，都不能不涉及潜在的生物因素和体质因素。简单来说，我相信，要推动一个人趋向于完满人性，必须要让其认识到自身的同一性。这项工作极重要的一部分是要意识到自己是什么，在生物学上、气质上、体质上，作为人类的一员是什么样的，意识到自己的能力、愿望、需要，也意识到自己的使命，自己适合做什么，自己的命运是什么。

坦白而不含糊地说，对于一个人的自我认知来说，绝对必需条件是对个体内部生物学现象的认识，也就是对我称为"类本能"的本性的认识（参看附录四），以及对于个人动物本性和种性的认识。这就是精神分析致力于解决的事情：帮助一个人意识到自己的本能冲动、需求、紧张、抑郁、爱好和焦虑。这也是霍妮之所以要对真实自我和虚假自我加以区分的目的所在。这不也正是对真实身份的主观分辨吗？如果一个人首先并非个体自己的身体、个体自己的体质、个体自己的机能、个体自己的种性，他又能真正是什么呢？（作为一个理论家，我非常高兴能把弗洛伊德、戈德斯坦、谢尔登、霍妮、卡特尔、弗兰克尔、梅、罗杰斯、默里等许多人的观点做出这样恰如其分的整合。或许，甚至也可以把斯金纳吸收到这个多样的团队中来，因为我认为，他为他的人类被试所列出的"内部强化因素"清单看起来与我曾经提出的"类本能的基本需要和超越性需要的层次系统"是如此相像！）

简单来说，我相信，把这个范式一直推演到哪怕是最高水平的个体发展，甚至达到个体超越自己个性的水平，这都是可能的（85）。我相信，我已经做出了证明，证明我们有理由接受一个个体的最高价值的类本能特征,也可以将之称为精神生活或者哲学生活的类本能特征。我甚至觉得,这种个体发现的价值论,也可以被纳入"个体自己类本能本性的现象学"的范畴,或是被纳入"主体生物学"或"体验生物学"等说法的范畴之中。

这一人性程度或定量的单一连续系统在理论上和科学上具有重大意义。这一连续系统不仅囊括了精神病学家和医生们所讨论的各类疾病,而且涵盖了存在主义者、哲学家、宗教思想家以及社会改革家们所研究的所有问题。不仅如此,我们还能把我们已知的各种各样的健康和各种程度的健康都纳入这个连续体中,甚至还可以将自我超越的、神秘融合的"健康之外的健康",以及未来可能会得以显现的任何更高的人性可能性全部纳入其中。

内部信号

这些思考对于我而言,至少有这样一个特殊的好处:可以使我的注意力敏锐地转向我最开始称之为"冲动的呼声"那种东西,但最好还是将其普适性地称为"内部信号"(也可以说是内部暗示或内部刺激)。我那时还没有充分地认识到,在大多数的神经症以及其他种类的身心障碍案例中,这种"内部信号"会变得格外微弱,甚至有可能完全消失(比如对于严重的强迫性神经症患者来说),也有可能没有被"听"到或不能被"听"到。在一些极端的案例中,我们看到过一些没有体验感的人,他们犹如僵尸,内部已被掏空。要想进行自我恢复,就必须(这是先决条件)恢复拥有和认知这些内部信号的能力,个体必须知道自己喜欢什么,不喜欢什么;喜欢谁,不喜欢谁;知道什么是令自己愉快的,什么不是;什么时候应该吃、睡、排泄和休息,等等。

没有体验感的人缺乏发自内心的指示,或是缺乏真实自我的呼声,因而不得不转向外部,以寻求被指导。比如说,这些人吃饭需要参考时间,而不是听从自己的食欲(因为他没有食欲)。他依赖时钟来指引自己,以规定、日历、日程表、议程表为指导,依赖来自他者的提示和暗示来安排自己的生活。

无论如何,我所提议的解读神经症的方式,即将其看作个体成长的一种失败,此时此刻应该已经呼之欲出了。它的特定内涵现在想必已经很明确了。就是说,从生物学的观点来看,个体本来能够达到的状态,此时未能达到。甚至我们还可以说,个体本来应该达到的状态,即他在未受挫折的方式中成长和发展可以达到的状态,此时未能达到。此时此刻,人类的可能性已经丧失殆尽。世界变得狭窄,意识变得局促,能力受到了抑制。比如说,优秀的钢琴家不能在满席听众前演奏,或是恐惧症患者被强行避开高处和人群。无法学习、无法睡觉、无法吃各种各样的食物的人,毋庸置疑受到了削弱,就好像双目失明的人那样。认知的缺失,失去的欢乐、满足和狂喜[1],无法胜任,无法休息,意志的削弱,害怕承担责任……所有这一切都是人性的萎缩。

我曾经提过,可以用更加实际的、外显的和定量的完满人性或萎缩的概念,去取代心理疾病和心理健康的概念。我认为,人

1.柯林斯·威尔逊的《新存在主义引论》(159)关于"失去高峰体验对于个体的生活意味着什么"做出了精彩的论述。

性这一概念在生物学上和哲学上也是比较稳固的。但是，在我进行进一步的讨论之前，想再谈一句，萎缩自然可以分为可逆的和不可逆的，例如，我们对妄想狂人要比对一个友好的可爱的歇斯底里的人会失望得多。萎缩自然也是动力型的、弗洛伊德式的。弗洛伊德独创的图式谈到一种存在于冲动和对冲动的防御之间的辩证关系。在相同的意义上，萎缩能导致一些后果和过程的出现。就简单描述的方式看，它仅仅在罕见的情况下才是一种完成或终局。这些丧失在多数情况中不仅导致了弗洛伊德和其他精神分析团体已经阐明的各种防御过程，例如，导致压抑、否认、冲突，等等，它们也引发了我很久以前强调过的抗争反应(110)。

冲突本身自然也是比较健康的标志，假如你曾遇到过真正冷漠的人，真正绝望的人，已经放弃希望、奋斗和抗争的人，你就会有这样的认识。神经症对照地看是一种非常有希望的事态。它表示，一个受到惊吓的人，不信赖自己、轻视自己的人，仍然力争达到人类的标准和每一个个体都有权利得到的基本满足。你也许会说，这种趋向自我实现、趋向完满人性的努力是胆怯和无效的。

萎缩自然也可能是可逆的。常见的情况是，只要满足了需要就能解决问题，特别是在儿童中。对于一个不曾得到足够爱的儿童，显然最好的办法是极度抚爱他，把爱洒遍他全身。临床的和一般的经验都表明这是起作用的——我没有统计数字，但我猜测八九不离十是如此。同样，尊重对于抵制无价值感也是一副有奇效的药剂。于是，这使我们得出一个明显的结论：假如我们认为医学模式上的"健康与疾病"（在这里）是过时的，那么医学的"治疗"和"治愈"概念与权威医师的概念也必须废除和被取代。

约那情结

安吉雅尔（Angyal）认为，人们拒绝成长的原因很多，在此我只想探讨其中的一种。改善自我的冲动、发掘自身的更多潜能、成就自我实现、实现人性完全发展的愿望（读者可以自行选择此类的表达方式）人皆有之。如果我们认同这一点，那还有什么能阻挡我们实现这些愿望呢？

在此，我想探讨一种用来抵御成长的心理防御机制，目前这种心理防御机制尚未受到人们关注，我暂且称之为约那情结[1]。

最初，我将这种心理防御机制界定为"惧怕自身的优秀"或者"逃避命运、拒绝达到自身天赋所能达到的至高境界"。我本想尽量直接、明确地强调一点：我对这个词语的理解与弗洛伊德派不同：人们惧怕自己沦落到最糟糕的状态，但是人们也同样惧怕自己达到最优秀的状态，只是这两种惧怕的表现形式不同而已。大多数人都有可能达到比自己现状更好的状态，我们都有尚待开发或未充分开发的潜能。很多人都没有从事自己应该从事的职业（天职、宿命、人生的任务、使命）。我们常常会逃离生命中自然与命运的安排，甚至偶尔需要肩负的责任（或我们应该承担的责任），这与约那徒劳无功地想逃离命运的安排[2]如出一辙。

1.这一说法是我与朋友弗兰克·曼纽尔博士探讨这一问题时，他提出的。

2.约那，《圣经》中的人物，古以色列国的先知，接到神的指令去亚述帝国的首都尼尼微城传教，但是他自认为亚述人太坏，没有必要拯救，因我们惧怕自己的至高成就，害怕成为最优秀的自己（同样也惧怕沦为最糟糕的自己）：我们常常惧怕达到最完美的状态，处于最优越的环境，拥有最强大的勇气。一想到自己可能会处于这样的人生巅峰，像神一般存在，我们便陶醉其中甚至欢欣不已。与此同时，我们也因为自身的软弱感到敬畏和恐惧，这样的可能也让我们心惊胆战。

我发现向我的学生证明这一点很容易，只需问他们如下的问题："各位有谁希望能创作一部伟大的美国小说？或者成为议员、州长，乃至总统？谁想成为联合国秘书长？谁想成为一名伟大的作曲家？谁想成为一名像施韦泽[1]那样的圣徒？谁会成为一名伟大的领袖？"通常学生们听到这些问题，都开始咯咯地笑，脸红起来，然后坐立不安，这种状态会持续下去，直到我追问道，"如果你们不想拥有这样的成就，那还有谁能奢望呢？"我说的这是实情，我也以同样的方式督促我的研究生志存高远。我会告诉他们："你们偷偷地酝酿什么伟大的作品呢？"他们听我这么问，都羞红了脸，开始顾左右而言他，然后找机会转移话题，但是我怎么能就此罢休呢？除了心理学家，谁还能写出心理学著作呢？因此，我会继续问他们，"你们不想成为心理学家吗？"他们会不假思索地回答，"当然想了。""这样说来，你们是打算成为一名默默无闻

此违抗上帝的旨意，并想逃跑。上帝管教他，让他在逃跑的途中葬身鱼腹三天三夜，他在鱼腹中祷告悔悟，重获新生，到尼尼微城传道。
1.阿尔贝特·施韦泽（Albert Schweizer, 1875-1965），20世纪人道精神的划时代伟人，著名学者及人道主义者。具有哲学、医学、神学和音乐四种不同领域的才华，提出了"敬畏生命"的伦理学思想，是一位了不起的通才成就卓越的世纪伟人。1913年他在加蓬建立了丛林诊所，从事医疗援助工作，直到去世。1952年获得诺贝尔和平奖。

或者毫无见地的心理学家喽? 那有什么益处呢? 那可称不上自我实现。不, 你们一定想成为一流的、最棒的心理学家, 成为你们能够成就的最优秀的心理学家。你们本可以卓尔不群, 却甘愿平庸。我要警告你们: 你们余生会非常难过, 因为你们逃避了自身的能力, 也葬送了自己成就卓越的可能。"

我们不仅对自身能达到的最佳状态或能够发挥的最大潜能持有一种矛盾的态度, 而且也会对他人甚至对人性能够达到的至高潜能持有一种矛盾的态度。这种态度长期存在、普遍存在, 我认为有其存在的必要性。我们必然会欣赏、喜爱那些良善之人、圣人、诚实、品德高尚、内心纯净的人, 然而如果我们能洞见人性的深处, 难道不会发现对那些圣洁之人、美女和俊男、伟大的发明家和那些智力超群的天才, 我们的态度往往又爱又恨, 甚至怀有敌意吗? 即便我们不是心理治疗师也能发现这种现象, 我们称之为 "对抗性评价" (countervaluing)。历史中这样嫉贤妒能的例子比比皆是, 可以说人类历史中的各个阶段无一例外。我们当然喜欢那些代表真、善、美、公平、完美、成功的人, 然而他们让我们感到不安、焦虑、迷茫, 甚至还有些嫉妒, 令我们感到自愧不如, 觉得自己愚笨, 让我们无法冷静下来、镇定自若、失去自信 (在这个问题上, 尼采是我们最好的老师)。

由此, 我们得到了理解约那情结的第一条线索。我感觉目前为止, 那些伟大的人无须做什么, 仅仅凭借他们的存在和现状就能让我们自惭形秽, 让我们认识到自身的不足。这是一种无意识作用, 然而不知道什么原因, 我们无论何时何地见到优秀的人都会自觉愚蠢或丑陋, 认为自己无法与他们相比。我们往往会根据主观上映射反应做出回应，认为他们有意让我们自惭形秽，好像我们成了他们的靶子 (54)，这样我们对他们怀有敌意也就不难理解了。我认为目前看来，我们的主观意识似乎可以抵御这种敌意，如果我们自愿地用自我意识和自我分析抵御这种"对抗性的评价"，也就是对抗我们对真、善、美的事物和人的敌意，我们对这些优秀者的态度就不会那么糟糕了。推而广之，如果我们愿意以纯粹的爱去对待他人所体现的最高形式的价值观，就不会如此惧怕自身存在的这些优秀品质了，甚至会喜爱这些优秀的品质。

与我们对待价值观的态度一致的是我们对取得最高成就者表现出的敬畏。鲁道夫·奥托 (Rudolf Otto) 在作品 (125) 中对这一现象进行了精彩的描述。这一描述与伊利亚德 (Eliade) 对神圣化和世俗化的观点 (31) 结合起来，有助于我们清晰地认识到：面对神或神一样存在的人，普通人都会产生畏惧感。在一些宗教中，死亡是生命的必然结局，大多数蒙昧的社会都会因为把一些地点或物品太过神圣，将它们列为禁忌，将其视为危险之地或危险之物。我在《科学心理学》的最后一章列举了科学和医学领域中的世俗化和神圣化的很多例子，力求解释这些过程的动态心理学。大多数情况下，它们都源于我们对至高、至善者的敬畏（我想在此强调这种敬畏是固有的、合理的、正确的、合适的，而不是一种病态或者无法"治愈"的顽疾）。

但是我又感觉这种敬畏感和恐惧感不一定都是消极的，都会让我们逃避或心生胆怯，也可能会使人愉悦，让人享受，甚至给我们带来心神荡漾、如痴如醉的感觉。按照弗洛伊德的说法，自觉的意识、洞察力、"全力以赴"的状态也是解决问题之道,是我所知的接受我们最高能力,或者我们身上隐藏的至高至善的智慧或天赋的最佳途径。

我在思考"为什么高峰体验通常都是短暂、转瞬即逝的"这一问题时,又有了额外的收获(88)。答案似乎愈加清晰:因为我们不够强壮,无法忍受更多、更持久的高峰体验!高峰体验实在太耗费人的精力,它要求人们处于一种心神荡漾的状态,人们高呼:"不能再这样下去了!""我受不了!"或者"再这样下去我会死的!"我在描述他人的高峰体验时,有时都觉得:是啊,他们会死的。这种癫狂的快乐状态无法持久,我们个体太过脆弱,无法承受大剂量的、性格中的伟大和优秀的成分,如果我们身体过于羸弱,就无法忍受长时间的骄奢淫逸。

用"高峰体验"这个词形容这种转瞬即逝的快乐,比我一开始意识到的更贴切,更适合。那些最强烈、最浓重的情感只能是转瞬即逝的,而更多的时候,人们的欣喜只能是平和而冷静的,因为至善收获的是清晰而深切的快乐。喷涌的情绪不可能持久,但是存在认知力可以持续。(82, 85)

这样我们可以更好地理解约那情结吗?从一定程度上来说,约那情结只是我们惧怕被分割、失去控制、处于分崩离析的状态甚至死亡而产生的合理恐惧。强烈的情绪最终会让我们无所适从。我们惧怕被这种情绪左右,它让我们想起了的性冷淡的经历带给我们的感受。如果我们读过动态心理学、深度心理学以及心理生理学、医学心理学的相关文献就可以更好地理解这种感受。

约那情结是我在研究哪些因素导致人们无法成就自我实现

的过程中偶然发现的另一种心理过程。这种逃避成长的倾向也可能是由对偏执的惧怕引发的，当然这是人们对约那情结的一种更普遍的认识。几乎所有文化都存在不同版本的普罗米修斯和浮士德的传说[1]，例如，希腊神话称之为人们对傲慢的恐惧，也就是所谓的"有罪的骄傲感"，当然这也是人类永恒的问题。人们会这样自我暗示："是的，我会成为一名伟大的哲学家，我创作的作品会比柏拉图的更好。"不过他们迟早会因为自己的狂妄自大自惭形秽、哑口无言。特别是当他们感到脆弱无助的时候，他们会对自己说："我是谁？就凭我？我能做到吗？"并且认为自己的宏图大志不过是一种疯狂的幻想，他们会认为自己得了妄想症。他们会把自身的缺点和不足与那些耀眼、完美、光辉、完美无缺的柏拉图的形象比较，那样他们自然会感到自惭形秽（不过他们并没有意识到柏拉图也是这样看待自己的，只不过他能正视自己，消除内心的自我怀疑勇敢前行罢了）。

对一些人来说，这种逃避个人成长、为自己设定低水平的志向、惧怕自己所能成就之事、自动贬低自己、本身精明却假装愚笨、虚伪的谦卑，事实上都是为了抵御我们自身存在的浮夸、傲慢、有罪的骄傲自满情结而建立起来的心理防御机制。有些人并不能将谦卑和骄傲完美地结合起来，而这一点对从事创造性工作的人来说尤其重要。想要发明或创造，首先需要"创造的傲慢"，很多研究者都已经注意到了这一点，但如果只有傲慢却无谦卑就会陷入偏执的危险。我们不能只看到自己自身存在的高尚品

1.关于这一话题，谢尔登的著作进行了精彩的论述，只是这部作品并未得到人们充分的重视，也可能是这部作品生不逢时，因为我们还没有意识到这个问题，这部作品就问世了。

质,同时也应该看到人身上存在的缺点。从事创造性工作的人必须能够正视自身存在的不足,也应具有对所有人性的缺点都付之一笑的博大胸怀。如果我们认为一只梦想变成神的虫子非常有趣(162),就能保持这份傲慢的态度,不断尝试,无惧他人的非议,这是一种绝佳的方法。

请允许我在此提出另一种技巧。我认为这种技巧在阿尔多斯·赫胥黎身上得到了最好的体现。赫胥黎无疑是我所说的那种伟大的人,他能够接受他自身的才能并且充分利用这些才能,而且他总会赞叹万事万物如此有趣、如此神奇。他总会像一个年轻人那样赞美这个世界。他常常会说:"太了不起了!太了不起了!"他欣赏万事万物的时候会瞪大双眼,表现出一种毫无掩饰的天真、敬畏和沉醉,这也是在以一种方式承认他自己的渺小,表达谦卑之情。在表现出这种谦卑之后,他还能够继续平静地、无所畏惧地展现自己超凡的写作功力,完成伟大的作品。

最后,我推荐读者读一读我的一篇论文《对认知的渴求以及对认知的恐惧》(87),这篇文章与这一课题相关,它很好地解释了我称之为存在价值观(B价值观)的每一种内在价值观及其内涵。我想表达这一观点:这些终极价值观也是人们最高级别的需要,或者超越性动机(请参见本书23章的内容),它们也像人的基本需要一样,属于弗洛伊德有关冲动和冲动防御机制的理论范畴,因此我们需要了解真相,我们热爱真相并追求真相,这一点可以证明。与此同时,我们也惧怕真相,这一点很容易就可以证明,一些真相本身就意味着我们需要承担责任,这有可能会引发我们的焦虑,而一种逃避责任和焦虑的方式就是干脆逃避真相。

我预测，我们会为每种内在存在价值观找到一种匹配的辩证法，我也曾有过初步的构想，打算就这个问题写一系列论文，例如，"我们对美的热爱以及美引发的不安感""良善之人让我们又爱又恨""我们对卓越的探求以及我们毁掉卓越的倾向"，等等。当然这些与价值观相反的倾向在神经症的人身上体现得更加明显，但是我认为所有人都应该坦然接受自身存在的一些卑鄙的冲动，并且与之和解。我认为目前应对我们自身存在的猜忌、预感和卑鄙的想法通过有意识的洞察力和理解力转化为仰慕之情、感激之情和欣赏之情、喜爱之情甚至崇拜之情（请参见附录B）。这是一条认识自身的自卑感、无助感并接受这些感觉，而不是先发制人，依靠伤害他人的方法保护自尊的道路。

我在此重申我的观点：理解这一基本的存在问题不仅能够帮助我们接受他人的存在价值，也可以让我们接纳自身的存在价值，从而帮我们克服约那情结。

第三章 自我实现与自我超越

　　本章中讨论的思想有关自我实现，这些思想尚处于发展阶段，并不成熟，不能称为定论。我与学生以及一些志同道合的人探讨这些想法，发现他们对"自我实现"这个概念十分模糊，就像对罗夏墨迹[1]的认知那样有限。也许现实情况留给我的印象并不深刻，但是使用自我实现概念的人往往会令我印象深刻。我现在要做的就是探寻自我实现的某些特性，我并不想把这些特性作为宏观而抽象的概念，只想了解实际的自我实现过程。如果以某个特定的时间来理解自我实现，那么它究竟意味什么呢？比如说在星期二下午四点，自我实现具体指的是什么呢？

　　自我实现研究的开端 起初，我并未打算把自我实现作为一项科学研究，它只是一个年轻的知识分子为致敬老师做出的作品。我热爱并崇拜这两位老师，认为他们都是杰出的人，并且用这样一种高级的方式向老师表达敬意。我不甘心只是默默地敬爱这两位老师，还想探究为什么这两位老师与那些平庸之辈如此不同。这两位老师是鲁思·本尼迪克特（Ruth Benedict）和马克思·韦特

1.罗夏墨迹测验是瑞士精神科医生、精神病学家罗夏创立的，也译为罗夏测验、罗夏测试或者罗沙克测验等。罗夏测验因利用墨渍图版又被称为墨渍图测验，现已被世界各国广泛使用，是最著名的投射法人格测验。

海默（Max Weitheimer）。我取得博士学位后，从美国西部来纽约深造，师从这二位老师。我认为他们卓尔不群，并且发现自己的心理学知识储备完全不足以理解老师的授课内容，好像他们二位不仅仅是人，而且是超越了凡人的存在。我对他们的调查起初根本称不上什么科学研究，只是做了些有关马克思·韦特海默老师的笔记，并对他进行了描述，也做了一些鲁思·本尼迪克特老师的笔记。我试图理解他们，琢磨他们，将他们的所言所行以及我的看法记录在笔记里。在某个时刻，我顿悟了，发现他们二人的自我实现模式可以推而广之。我说的是一类人，而不仅限于这两位卓尔不凡的师长，这一发现实在令人兴奋。我想发现其他人身上是否存在这二位的自我实现模式，而我确实发现了，而且我发现很多人都具有这种自我实现的模式。

若是按照实验室研究的标准，也就是严格的、受控的标准来衡量，我这项调查根本不能称作研究。我总结出的自我实现者的特征源自于我选择的特定的研究对象的特点，显然还需要其他判定标准才能称之为结论。目前，一个人已经选出了二三十位他非常喜欢、尊敬，并且他认为非常优秀的人作为研究对象，他试图描述这些人的特征，发现这些人存在某些共性。他将这些共性描述为一种典型表现，这种典型表现适用于每个研究对象。他们都是在西方文化中成长的，这些研究对象难免有其内在的倾向性。虽然这种研究方法并不可靠，但是这是通过对自我实现者的研究得到的唯一可行的定义，我在研究自我实现这个课题发表的第一篇文章中就指出了这一点。

在我发表调研结果之后，又有六至十条证据支持我的发现。这些证据并非通过简单地复制我的调研得到的，而是通过不同角度，采用不同方法的科学研究得出的。卡尔·罗杰斯（Karl Rogers）与学生的研究（128）印证了我提出的自我实现者的典型表现这一说法。布根塔尔（Gugental）（20, 267-275页）从心理治疗的角度支持了我的研究成果。一些对致幻剂（LSD, 116）以及治疗效果的研究（有效的治疗方法）和一些覆盖面广的测试结果都证明我的研究成果是真实有效的。我对自己对这一课题的研究结论充满了信心，我认为其他相关的研究结果都不会为这项研究带来颠覆性的改变，当然其中必然有些细节需要改善，我自己也已经做出了一些改进，不过我对自己研究成果的信心并足以使其成为科学依据。如果有人质疑我的实验数据源于狗和猴子，便是在质疑我的科研能力或指责我谎话连篇，这一点我有权保留自己的意见。如果有人怀疑我对自我实现者的研究成果是否可信，这种怀疑倒合情合理，因为他们并不了解我选择了什么样的人作为实验对象，并在此基础上得出实验结论的，虽然我不敢宣称我的研究结论具有科学的精确性，但是我提出的观点都经得起科学检验。从这个意义上来说，我得到的结论是科学的。

我选择的实验对象都是年长的人，他们的人生旅程已经过半，也都功成名就。至于年长者的研究方法和结论是否适用于年轻人，我们尚不得而知。我们也不知道在其他文化中自我实现的具体范畴究竟是什么，不过我们欣喜地了解到有关自我实现的研究已经在中国和印度开展了，虽然我们还不知道这些研究会取得怎样的成果，但是我对一点确信无疑：如果想认真地研究自我实现这个课题，并且选择那些良善之人、健康之人、强壮之人、有创造力的人、高尚睿智之人作为研究对象（事实上，也就是我选择的那些类型的研究对象），那么就会得到有关人类的不同看法，我们对人类的认识也不仅仅会局限在提出"人究竟能长多高""人能够变成什么样"这样肤浅的问题了。

此外，我还对其他问题也充满了信心，或者说，"这是我的直觉告诉我的。"不过研究这些问题所需的客观数据更少。自我实现这个概念已经很难定义了，而以下问题更是难上加难："在自我实现之外，又是什么呢？"或者你会这样问："超越真实性的又是什么呢？"要想回答这些问题，仅凭诚实是不够的。对于自我实现者，我们还有什么要补充的呢？

存在价值观 自我实现的人都投身于自身之外的一项事业，无一例外。这份事业不局限于小我之中。他们十分珍视这份事业，因为他们把这项事业视为一份天职、一种使命、一项神圣的职业。他们的事业是命运的召唤，他们为之奋斗，付出热爱，因此他们并不认为工作和享乐之间存在矛盾，因为他们的工作会为他们带来快乐。有的人可能会追求正义，还有的人会追求美或追求真理，不论如何，所有人终其一生都在追寻某种价值观，我称之为存在价值观。这种价值观是人们追寻的终极价值观，是与生俱来的，绝不会还原为更终极的价值。存在价值观大约有十四种，包括真理、美、古人倡导的良善、完美、简约、完满及其他几种价值观。我们会在第九章详细讨论这些存在价值观，我的另一部作品《宗教、价值观和高峰体验》的附录也涉及了这部分内容。它们都是存在状态的价值观。

超越性需要与超越性病理现象 这些存在价值观为自我实现

增添了一系列复杂的问题。这些存在价值观类似于人的需要，我称之为超越性需要。如果这些存在价值观受到了挫伤，人们就会出现病理现象。虽然对这些病理现象尚未得到充分描述，但是我称这些病理现象为超越性病理现象，也就是人们的灵魂病了。如果一个人一直生活在骗子之中，他就不会再相信任何人。如果人们的需要得不到满足患上了心理疾病，就应该通过心理咨询解决心理问题。同样，如果我们因为超越性需要未得到满足，灵魂生病了，就需要寻求解决超越性心理疾病问题的分析师来为我们排忧解难。下列说法可以解释也可以通过实践进行验证：人需要生活在具有美感的环境中，而不是生活在丑陋的环境中，美之于心灵就如同食物和休息之于身体一样必要。事实上，我想在此引申说明：对于大多数人来说，这些存在价值观都是生命的意义，但是很多人都没有意识到自己具有超越性需要。心理咨询师的部分工作就是帮助人们认识这些超越性需要，这和传统的心理分析师需要帮助患者认识内在的基本需要如出一辙。也许，最终一些专业的心理咨询师会认为自己成了哲学家或者宗教导师。

有些心理咨询师或心理分析师尝试帮助患者成长，成就自我实现。这些被价值观的问题层层裹挟的患者很多都是年轻人，但是在现实生活中，他们似乎都是些问题少年，不过本质上都是非常良善而优秀的。不过，我想（有时面对一切行为学意义上的证据）从传统意义上来说，他们都是理想主义者。我认为他们在寻求存在价值观，寻求他们热爱的可以为之奋斗终生的，可以义无反顾地付出，可以崇拜、仰望、钟爱的事物。这些年轻人每时每刻都在面临选择：在自我实现的路上，是勇往直前还是全身而退？而针对这些年轻的患者,心理咨询师、超级心理分析师又会给予什么建议,让他们成为更完全的人呢?

通向自我实现的行为

当一个人走在自我实现的道路上时,他会做什么呢?他会咬紧牙关、奋力一搏吗?从现实的行为角度来看,自我实现有哪些体现呢?下面,我将论述自我实现者的八种表现。

第一,自我实现意味着全然地、生动地、忘我地、全身心地投入经历;意味着虽然身处青春期却不自知。在这种状态下,我们可以说这个人才是真正而完全的人,此时此刻正是他自我实现的时刻。就在此时,他成就了自身实现。我们作为个体,只会偶尔经历这样的时刻。作为心理咨询师,我们可以帮助客户体验更多这样的时刻。我们可以鼓励患者处于一种全然物我两忘的境界,放下伪装,放下戒备,抛开羞怯,全身心地投入其中。在外人看来,这是一个非常完美的时刻。那些平日里装得强悍、玩世不恭、深谙世事的年轻人经历了这样的时刻,当他们全身心地投入其中时,就会恢复纯真,他们的脸上会浮现出天真而甜美的笑容,要做到这一点,关键是"忘我"。可惜现在的年轻人忘我的时候太少,更多的时候他们都活得太过自我了。

第二,让我们将生命视为一个选择的过程,我们需要在这个过程中做出一个又一个的选择。每到一个生命节点,就会出现一个前进键和一个后退键;一边是防御模式或者安全模式,抑或是恐惧模式,而另一边则是成长模式。如果我们每天选择十几次成长模式而不选择恐惧模式，那么我们就在一天之内完成了十几次自我实现。自我实现是一个持续不断的过程，它意味着面对诸多选择，必须完成每个选择：究竟是选择说谎还是选择诚实？在某种特定的情境中，是选择偷窃还是不偷窃？并且，我们需要将这些选择视为成长的选择，这就是朝自我实现迈进了一步。

第三，我们谈论自我实现的时候就表明存在尚待实现的自我。个人并不是白纸一张，并不是随意捏造的泥土或橡皮泥，而是既定的存在，至少是某种软骨结构，至少是其秉性、生化平衡的结果，等等。存在着"自我"，有时我称之为"倾听内心的声音"，这就是说需要让自我显现出来。我们中的大多数人在大部分时间里（尤其是儿童和青少年）都不会听从内心的声音，而是屈从于父母之命、权威、长者或传统的声音。

我有时会告诉学生，要迈出自我实现的第一步，也是最简单的一步，就是在别人给他们一杯葡萄酒，然后问他们味道如何时，应该尝试换一种方式回答这个问题。首先，我建议他们不去看酒瓶上的标签，这样他们就不会产生心理暗示，认为自己喜欢或不喜欢这瓶酒了。其次，我建议他们闭上眼睛，不去理会外部世界的噪声，只用舌头品味葡萄酒，倾听自己内心对酒的判断。只有在那时，他们才能说出自己"喜欢这酒"，或者"不喜欢这酒"。这和我们平日里早就习以为常的虚情假意不同，那是肺腑之言。在最近举行的一次舞会上，我刚想告诉女主人她的酒真是一瓶上好的苏格兰威士忌酒，随后我停止了这种行为，并进行了反思："我在说些什么？"我对苏格兰威士忌知之甚少，只知道一些广告词。我都不知道自己喝的是不是苏格兰威士忌酒，不过这种事情太常见了。那么拒绝惯性行为的持续过程就是自我实现的一个标志。这酒你喝了肚子疼吗? 这酒味道不错吗? 你尝了以后, 觉得这酒味道很好吧? 你喜欢吃莴苣吗?

第四, 在我们犹豫不决时, 最好选择诚实。古语说得好, "若存疑, 需诚实。"这样, 我们在犹豫不决的时候就应该知道何去何从了。不过, 现实中我们往往做不到这一点。大多数情况下, 我遇到的心理咨询患者就不够诚实。他们只是装腔作势, 和咨询师们玩儿游戏, 他们并没有诚实相待。我们省察自身, 以寻找问题的答案, 这就是我们负责任的表现, 这是迈向自我实现的重要一步。这种责任本身鲜有人研究, 也不会出现在我们的教科书里, 谁会去研究白鼠的责任呢? 然而它是心理分析疗法中切实存在的一部分。在心理分析的过程中, 人们可以看到责任, 可以感受到责任, 知道何时该承担责任, 那么他们就对责任有着十分清晰的感觉。这是重要的一步, 每当人们肩负起责任就是自我实现之时。

第五, 目前我们探讨了全情投入、忘我的经历, 讨论了应该选择成长模式而不是恐惧模式, 讨论了听从内心的声音以及诚实待人、肩负责任, 这些都是迈向自我实现的重要步骤。如果能做到这几点, 就会做出更好的人生选择。如果一个人每次面临很小的选择时都能做到这几点, 那么日积月累, 当他面对人生中重要的选择时就会做出最有利的选择。他会了解自己的命运是什么, 应该选择什么样的人生伴侣, 他的人生使命是什么。如果一个人不敢时时刻刻倾听内心的声音, 在每次做出选择的时候都能镇定自若地说"不, 我不喜欢这么做", 那他就不能做出明智的选择。

我认为艺术的世界目前已经由少数喜欢左右人们的意见和

品味的团体所掌控，而我对这些团体持怀疑态度。这有点儿人身攻击的意味，不过对于那些自认为高高在上、喜欢告诉人们，"如果你不喜欢我喜欢的东西就是傻瓜"的人得到这样的评价并不为过。我们必须引导人们遵从内心的品味，不过大多数人做不到这一点。人们站在画廊里欣赏一幅令人费解的画作时，很少会听到这样的评论，"这幅画真让人费解。"前不久，布兰迪斯大学举办了一次舞蹈活动，这真是百年难遇。在昏暗的光线中，有人播放了电子音乐、磁带，还有人玩儿起了"超现实"和达达主义的颓废艺术。灯光亮起，大家都惊呆了，不知道说些什么。在这种情况下，有人说起了俏皮话，而没有人说，"让我考虑考虑这么做合不合适。"给出诚实的回答需要人们敢于与众不同，敢于不受欢迎，敢于逆流而上。如果那些接受心理咨询的患者不分老少都不愿面对不受欢迎的可能，那我奉劝心理咨询师不如放弃为这些人提供咨询服务，选择勇敢无畏而不是畏首畏尾是另一种形式的自我实现。

第六，自我实现不仅是一种终极状态，而且是一个人在任何时间、在任何程度上实现个人潜能的过程。例如，聪明人可以通过学习让自己更加聪明。自我实现需要发挥自身的聪明才智，让自己变得更加优秀，这并不意味着做一些标新立异、遥不可及的事情，它需要在一段时间内进行艰辛困苦的历练，做好准备，这样才能发挥自己的潜能。自我实现可以通过手指在钢琴键上的练习达到，也可以通过做好自己想做的事情达到。成为二流的医生并不是自我实现的良好途径，应该立志成为一流的医生。

第七，高峰体验（85，89）是自我实现的短暂瞬间。高峰体验是令人心神荡漾的瞬间，这样的瞬间无法通过金钱买到，无法保证也无法寻求。正如C.S.刘易斯描述的那样，人们"只能惊异于喜悦之中"。但是人们可以构建获得高峰体验的条件或者摒弃一些不太可能获得高峰体验的条件。打破幻想，排除错误的观念，接受自己不擅长的事物，找到自己的潜能所在——这些都是自我认识的一部分。

几乎每个人都会经历高峰体验，但并非每个人都能意识到高峰体验的存在。一些人并不会在意这些微小的神秘体验。帮助人们意识到这些令人心神荡漾的神秘经历(124)是心理咨询师和超级心理咨询师的工作。然而，如何能捕捉一个人的心灵瞬间呢？它不像黑板，没有任何交流的媒介，人们无法瞥见他人的心灵，而且心与心的交流只可意会不可言传，如何能通过语言交流呢？我们必须寻找一种全新的交流方式。我曾经尝试过一种方法，我在另一部作品《宗教、价值观以及高峰体验》中，以"狂想式的交流"为题目阐述过这种方法。我认为这种交流方式更像一种教学模型或咨询模型，它可以帮助成年人尽可能充分地发挥潜能，而不是像教师在黑板上写板书那样的寻常模式。如果我喜欢贝多芬创作的音乐，我在一首四重奏中听到了你们未曾听过的音乐，那么我该如何向你们传达音乐的美妙之处呢？不排除外部的噪声干扰的情况。不过也可能你们在欣赏我认为非常美妙的音乐的时候，表情漠然，无动于衷，因为你们听到的可能只是一些声音，那样我怎么能让你领略音乐的美妙呢？这个问题就要靠心理学家来解决了，你们需要了解音乐的真谛，而不是从零基础开始学习一些基本乐理知识或者在黑板上演示数学题该怎么算，也不是教学生如何解剖青蛙。后一种教学模式不论对于教师还是对于学生来说都是外在的，都有指征。教与学可以实现沟通，这种教学模式很容易，而另外一种就困难得多，但那是心理咨询师的工作，这种工作属于超越性的心理咨询范畴。

第八，明白一个人是谁，是什么，喜欢什么，不喜欢什么，什么对他有利，什么对他有害？他要去向何处？他的任务是什么？这种敞开心扉、自我剖析式的坦白正是心理病理学的自我揭示。这需要确定一个人的防御机制是什么，在明确了这个人的防御机制以后，就需要帮助他鼓起勇气，放下心中的戒备。这一点是很难做到的，实践起来也很痛苦，因为防御机制本身就是人们为了应对不愉快的经历而建立的，但是放弃这种防御机制是非常值得的。如果我们从心理分析的文献中学到了什么道理，那就是压抑自己的内心想法并不是解决问题的好办法。

世俗化 让我们先来谈谈一种心理防御机制，这种心理防御机制并未出现在教科书中，但对于现在的青年人来说非常重要，那就是世俗化的心理防御机制。产生这种心理防御机制的年轻人不相信价值观和美德的存在，他们觉得自己被生活欺骗，伤痕累累。事实上，这些年轻人的父母大多都很愚笨，因此这些年轻人不怎么尊敬父母，因为他们的父母很糊涂，对价值观缺乏认知。他们经常害怕自己的孩子，孩子犯错了，他们既不敢惩罚，也不加以制止。如果你遇到鄙视自己父母的年轻人，应该了解他们这样做多半都是有原因的。这样的年轻人都学会对长辈做出了如下概括：他们才不会听成年人的话呢，特别是那些腔调一致的成年人。他们的父辈口口声声谈论仁义道德，结果自己的行为却与仁义道德背道而驰，这样如何能让孩子信服呢？

年轻人已经学会将人视为具体的事物看待，并且拒绝了解人内在的优秀品质和价值观，也不会用永恒的意义看待一个人。现在的孩子不会把两性之事看成是一件圣洁的事，对于他们来说，那是最普通、最自然的事情，很多时候他们都没有领会其中的浪漫、诗意的特质，也就是说两性之爱对他们来说已经失去了所有意义。自我实现意味着放弃这种心理防御机制，或者学会重新将事物神圣化[1]。

再度神圣化 再度神圣化也就意味着愿意再次用"永恒的意义"看待一个人，就像斯宾诺莎所说的那样，或者用中世纪基督徒的那种统一观念看待一个人，也就是能够看到这个人身上圣洁的、永恒的、象征性的意义。我们应该用尊敬的态度看待女性以及她们所代表的一切特点及意义，这样我们也会以这种尊敬的态度对待一个具体的女子。再举一个例子，医学院的学生学习如何解剖大脑。如果医学院的学生对大脑这个器官没有敬畏感，缺乏统一的认知力，那么他在解剖的过程中肯定会忽视一些东西，只会将大脑视为一个具体的事物。我们应该敞开心扉，让心灵升华，将大脑视为神圣之物，同时也看到它的象征意义，看到它的寓意以及诗意。

再度神圣化常常免不了俗，免不了大量的陈词滥调。用孩子们的话说，就是"很老派"。然而心理咨询师，特别是年长的心理咨询师都会问患者一些有关宗教和生命意义的哲学问题，这是帮

1.我不得不自己造出这些词语，因为英语语言对于那些良善之人来说已然腐坏，找不到合适的词语来形容这些美德。甚至连一些本来是美好的词语也被玷污了，例如"爱"这个词。

助他们通往自我实现的重要途径。年轻人可能会认为这种做法是老派的，逻辑实证主义者可能会认为这种做法毫无意义，但是对于那些在心理咨询过程中寻求帮助的人来说，这种做法意义非凡，而且十分重要。最好回答他们的这些问题，否则就是心理咨询师的工作没有做到位。

综合以上因素，我们发现自我实现并非某一伟大瞬间就能成就之事，它不会在周四4点、在号角响起的时候突然发生并且永远持续下去。自我实现是一个程度上或者在日积月累的量变后实现质变的过程。然而，我们的患者常常等待着灵感降临，他们会说，"这周四3点23分，我就能自我实现了。"那些真正自我实现的人、符合自我实现条件的人一般都会倾听内心的声音，担负起责任，他们都诚实、勤奋。他们知道自己是谁，自己能做什么，而且他们并非从人生使命这种大的事件来获得自我实现，而是通过一些稀松平常的小事成就自我实现：例如他们穿了不合适的鞋子，他们不喜欢吃茄子，因为喝了过多的啤酒整夜睡不着觉，通过这种琐碎的经历就能知道自己适合什么。所有这一切都能帮助他们认清自己，帮助他们找到生物意义上的、认知意义上的本性，而这些本性是不可逆转也很难改变的。

治疗的态度

以上就是通向自我实现之路的人会做的事情。那么，谁来成为他们通向自我实现的引路人呢？谁是他们的心理咨询师呢？心理咨询师如何帮助人们走向自我实现呢？

寻找模型。我此前用"疗法"、"精神疗法"以及"患者"这样的词语来描述心理咨询的过程。事实上,我很讨厌这些词语以及这些词语暗含的医学意义,因为医学上的患者就表明寻求心理咨询的客户都是病人,他们为心理疾病所扰,进行心理咨询是为了寻求治疗,帮助他们脱离病痛的折磨。实际上,我们希望心理咨询师是帮助人们通向自我实现之路的人,而不是帮助人们治疗心理疾病的人。

将寻求心理咨询的患者视为帮助的模型也不合适。这会让人们认为心理咨询师是一个高高在上的职业,他们不得不屈尊帮助那些"可怜兮兮的神经病","那些得了心理疾病求助无门的人";也不应该将心理咨询师视为通常意义上的教师,因为教师必然会擅长教授某种"外在的学习"(我们将在第十二章详细讨论这个话题)。而人成长为更优秀的人才这个过程并不是通过外在的学习就能够实现的,而是需要靠"内在的学习"来实现。

存在主义心理治疗师在实践中一直被模型的问题所困扰,那么我推荐他们去读一读布根塔尔[1]的作品《寻求本真:心理治疗的存在-分析取向》(20)了解一下这个问题。布根塔尔推荐了一种我们称之为心理咨询法,或者临床上称为"心理治疗"的方式解决模型的问题,也就是心理分析师应尽力帮助人们达到他们所能达到的至高境界。也许一位德国作家笔下的一个词"心灵的教

1.詹姆斯·布根塔尔(J.Bugental):美国当代人本主义心理学的著名理论家与治疗家,美国人本主义心理学会第一任主席,在20世纪60年代为宣传人本主义心理学的主张及其理论建构做出了重大贡献。其代表性著作有《心理治疗师的艺术》《心理治疗不是你想象的那样》等。

化"这种说法比我此前的表达要好得多。不管我们如何描述,心理分析师的角色都与阿尔弗莱德·阿德勒(Alfred Adler)在很久以前所表述的"长兄"的概念相似。长兄充满爱心,担负责任,对弟弟关爱有加。当然,长兄更为智慧、阅历丰富,但是他和弟弟并不存在本质上的不同。智慧、友爱的兄长努力改变弟弟,帮助弟弟更好地以他自己的方式成长。这种兄长式的帮助与"帮助那些一无所知的人"、那种居高临下的施舍式的帮助是如此不同!

心理咨询并不涉及培训、塑造或者通常意义上的教育,不是告诉他人该做些什么,应该怎样做,也无关说教。它是一种类似于道家思想倡导的那样,帮助人们发现自我,然后帮助他们实现自我的过程,并在这个过程中不加干预,顺其自然。道家思想并不倡导放任自流、完全忽视、不管不顾的理念。如果我们是心理咨询的服务对象,可能认为如果自己的心理分析师是位正人君子,也是一位称职的分析师,绝对不会将自己的意识强加于客户,也不会向客户说教,试图让客户模仿自己行事。

一位优秀的临床心理分析师需要帮助客户发现自我,突破他们的心理防御机制,让他们卸下心中的包袱,倾听真实的心声、认识真实的自己。在理想的情况下,心理分析师抽象的评判标准体系,由他读的教材、他所受的教育、他对世界的认知等组成,这些判断标准他的患者无从知晓或感知。心理分析师应尊重患者的内在天性、真实自我,尊重"弟弟"的真实想法。他明白,让患者过上美好生活的最佳途径就是尽可能地帮助他们实现完全的自我。那些被我们称为"病人"的人不过是无法实现自我的人,他们构筑了种种神经性的防御机制抵抗他们的本性。不论花匠是意大利人还是瑞典人，玫瑰花丛都一样生长。因此，对于病人来说，"长兄"用什么方式来帮助他们成长并不重要，心灵引路人需要做的就是提供心理咨询和心理治疗服务。这种服务与心理分析师的国籍、宗教信仰或者学术派别都没有关系。

这些基本的概念包括、涵盖并且符合弗洛伊德学派和其他动态心理学派的基本概念。弗洛伊德派认为自我的无意识受到压抑，要发现真正的自我就需要揭示这些无意识的自我，也就是他们坚信认识真实的自我能够治愈人们的心理疾病，因此人们需要学会打破内心的压抑，了解自己，倾听内心的声音，发现自己的天性，这样才能获得真知、洞察力，发现万事万物的真谛——这些都是自我实现的必要条件。

劳伦斯·库贝（Lawrence Kubie, 64）在作品《被教育遗忘之人》（*The Forgotten Man in Education*）中指出，教育的终极目标是帮助人成为一个真正的人，也就是充分地展现和发挥他的人性。

对于我们没有研究过的样本，特别是成年人，我们并不是无从入手，我们已经开始了这项工作，我们已经具备了相关的能力、才能，也明确了方向和使命。如果心理分析师和心理治疗师能认真地对待这一模型，目前需要做的就是帮助他们达到比现在更好的状态，也就是成为更为完善、朝着自我实现的方向迈进的人，能够更充分地发挥自身潜能的人。

第二编
创造性

第四章　创造性的态度

一

我感觉人们对创新型人才的概念与对健康、自我实现以及健全人的概念越来越接近，也许这二者是同一件事。

我似乎还必须做出的另一个结论，不过我并不确定所掌握的事实能否充分证明这一结论，那就是创造性的艺术教育，或者更确切地说，艺术可以起到教育的作用。与其说这种观点对培养艺术家或者缔造艺术品很重要，不如说它对于培养优秀的人才更重要。如果我们对教育的目标具有很清晰的认识，如果我们希望孩子们能够快乐生活，能够努力地向自我实现与充分发挥自身潜能的方向迈进，那么我所了解的、现在唯一能符合这个目标的教育模式就是艺术教育。我想，用艺术教育人并不是因为艺术具有画面感，而是因为我觉得我们能明确理解艺术向我们传达的信息。艺术教育可以成为其他教育的典范，也就是说我们不会像现在那样，认为艺术教育是华而不实、可有可无的。如果我们能认真地对待艺术教育，并且朝着这个方向努力，我相信终有一天，数学、阅读和写作都可以用艺术教育的模式进行，甚至我认为所有科目的教育都可以以艺术教育的形式进行。正是由于这个原因，我才会对艺术教育产生如此浓厚的兴趣，因为看起来艺术教育大有可为。

我对艺术教育、创造力和人的心理健康这些课题感兴趣的另一个原因是：我强烈地感受到历史的节奏发生了变化。在我看来，我们目前所处的历史时期是前所未有的。在这个时代里，生活节奏比以往任何时候都快。想想如今事实、知识、技术、发明创造以及科技正在以日新月异的速度发展。我认为这种变化显然要求人们改变对人类以及人与世界关系的态度。

直白地说，人类需要做出改变才能适应这种飞速发展的社会。赫拉克利特（Heraclitus）[1]、怀特海德（Whitehead）[2]以及柏格森（Bergson）[3]认为世界处于永恒的变化之中，世界是变化的、发展的，是一个过程，而不是静止的。我觉得现在对这种观点的认同应该比二十年前更为深刻。如果这个说法成立，那么在1900年情况如此，在20世纪30年代亦是如此。为此，需要一种新型的人类才能适应这种日新月异的社会，他们能积极地适应变化和发展，锐意进取而不是僵化呆板、裹足不前。我想再来谈一谈我们

1.赫拉克利特（Heraclitus，公元前544-前483年），古希腊哲学家，爱菲斯学派创始人，认为万物都处于不断的变化之中，认为万物的本源是火，持有对立统一的观念，列宁称其为辩证法的奠基人，著有《论自然》。

2.阿尔弗雷德·诺斯·怀特海（Alfred North Whitehead，1861-1947），英国数学家、哲学家，"过程哲学"的创始人，著有《思维方式》。

3.亨利·伯格森（Henry Bergson，1859-1941），法国哲学家、作家，凭借《创造进化论》获得诺贝尔文学奖，主要倡导生命哲学，宣扬直觉，认为唯有直觉才可以体验、把握生命的存在，即唯一本真性的存在。著有《形而上学论》《论意识的即时性》《创造进化论》等。

的教育事业，教学生们掌握一些事实意义何在？事实会过期，而且更新换代的速度如此之快！教学生学技术又有何用？技术更新换代的速度如此之快！就连技师学校也无力抗拒这种发展趋势。例如，麻省理工学院不再将工程学作为传授学生技艺的课程了，也不把工程学作为获得某些技能的途径，因为在学校里学到的有关机械的知识可能在学生走上工作岗位时已经过期了。现在，我们如果再学习如何驾驭马车就毫无意义。我理解，一些麻省理工大学的教授放弃了过去那些行之有效的教学方法，转而尝试、创造一种能让学生适应变化、享受变化，将学生培养成为能够临场发挥的人才，使他们能自信、有效、从容地应对未曾经历以及毫无准备的突发情况的教学方法。

即便在当下，一切似乎都处于变化之中：国际法在变化，政治在变化，整个世界的局势也在发生变化。在联合国，来自不同国家、不同时代的人们在相互对话。一个人谈论着19世纪的国际法，另一个人则用完全不同的话题回应他，二者所处的背景完全不同，如今时代变迁如此巨大，如此迅速！

言归正传，我想表达的意思是，我们需要将自己打造成能够顺应时势发展变化的人，不妄图让世界静止、固定下来。我们不想如同我们的父辈那样，不知道未来会发生什么，也不知道自己会面对什么，我们对未来充满自信，相信我们能够从容地应对未曾经历也未曾面对过的事情，这就需要我们成为新型人类，能够成为大力神那样的全能的人。能够造就这类人才的社会才能存在，而那些无法成就这类人才的社会终将消亡。

读者们可能会注意到，我特别强调以即兴发挥和灵感作为讨论创造力的切入点，而不是从已经完成的、富有创意的艺术作品作为切入点讨论创造力。事实上，我根本不会从任何已经完成的作品或者产品的角度讨论创造力的。我怎么会那样做呢？我们从心理分析的角度入手，研究创造力的产生过程以及创新型人才，在这个过程中，我们必须分清主要创造力和次级创造力。主要创造力或创造力的灵感期必须与发挥创造力、形成创造力的时期区分开，这是因为后者不仅依靠创造力，而且很大程度上依赖于辛劳的付出才能实现。艺术家可能因此花费大半生的时间学习如何使用工具，掌握技巧，了解创作素材和材料，直到他能够通过艺术作品将自己的所学所感完全呈现出来。我敢肯定很多人会在夜半醒来，突发灵感，有些人能够将这些瞬间产生的灵感记录下来，形成小说、戏剧或者诗歌，有些人则索性任由灵感飞逝，昙花一现，了无痕迹。灵感并不珍贵，而将灵感化为艺术作品就弥足珍贵了，例如托尔斯泰的小说《战争与和平》，这部作品凝聚了作者很多的心血，体现了作者的高度自律与纯熟的写作技巧，是作者经历了无数训练、无数失败、一次次修改的结果。而次要创造力的优势就是，它可以形成实际的作品，例如伟大的画作、出色的小说、巧夺天工的桥梁、新发明，等等，这需要艺术家、作家和工匠另一些优秀的品格——坚韧、耐心、艰辛的努力，等等，就像塑造性格中的创造力所需的那些品格。读者可能会认为为了实现创造力，必须抓住瞬间的灵感进行即兴创作、抓住当下，而不是去考虑灵感之后的创作过程，我们应该明白，很多灵感都会流失。也许正是这些原因，我们认为研究人的创造力最好以小孩子为研究对象，因为他们的创造力或者创意无法以最终的产品来衡量。如果一个小男孩儿自己领悟了进制转换，那就是他灵感的体现，是他的创造力的体现，这时就不应该再用一些定义性质的先决条件界定这种创造力，认为小孩子一时兴起无须重视，认为创造力应该对社会有用或者必须是新颖的、人们未曾有过的新想法。

正是由于这个原因，我认为不应该把科学创造视为一种典范，应该采用其他的事物作为典范加以研究。我们现在对创造力的大多数研究都与富有创造力的科学家有关，与那些已经证实有创造力的人，包括诺贝尔奖的获得者、伟大的发明家等有关。问题是，如果你认识很多科学家，就会很快意识到，用是不是科学家的标准来判定一个人是否富有创造力，这个标准值得商榷，因为科学家作为一个群体通常并不像人们想得那样富有创造力，其中也包括那些发现、创作并发表了一些促进人类进步的知识的科学家，其实这一点并不难理解。这一发现向我们揭示的是科学的本质，而不是创造力的本质。如果我对此持戏谑的态度，并不严肃对待，我甚至可以将科学定义为：科学是那些缺乏创造力的人创造出来的技巧，这种说法绝不是在取笑科学家。我认为虽然有些人本身不是伟人，但是他们所从事的工作可以服务于某些伟大的事业，那么这本身就是一件非常了不起的事情。科学是一种社会化、制度化的技术，因此即便那些不聪明的人也可以为知识的进步贡献一份自己的力量，虽然这种说法很极端也很夸张，但这就是我对这一问题的看法。每一位科学家都置身于历史的怀抱之中，他们之所以能够做出成绩，与众多前辈为他们做好的铺垫和帮助是分不开的。由此说来，他就像一支庞大的篮球队中的一个球员，是众多球员中的一个，他个人的缺点在团队中并不会凸显出来。他参加了一项伟大而令人崇敬的事业并且得到了人们的敬重。如果他取得一些成就，我认为那是社会团体的成果，是众人合力的结果。即便他没有意识到这一点，别人很快也会发现的，因此我认为选择一些科学家作为研究人们创造力的对象并不是研究创造力理论的最佳选择。

我也相信，我们不应该通过终极意义研究创造力，除非我们意识到几乎我们用于描述创造性的所有定义以及大部分我们列举的、富有创造力的人都是男性或者是男性视角的产物。我们并没有考虑女性的创造力，只是将男性创造的产品或技艺纳入了研究范畴，却完全忽视了女性的创造力。我最近才发现（通过研究高峰体验），应该将女性的创造力纳入创造力的研究工作，因为女性的创造力与产品、成绩联系不那么紧密，却与创造过程紧密相关。她们更关注创造过程，而不是创造力的终极体现：胜利和成功。

这就是我要探讨的创造性的背景介绍。

二

我现在想解决的难题可以通过观察富有创造力的人寻找答案。一个富有创造力的人在灵感迸发、创造热情最为高涨的时候会忘却过去，忘却未来，只活在当下。他会全身心地投入当下的工作，全神贯注，心无旁骛。西尔维亚·阿什顿-沃纳（Sylvia Ashton Warner）在戏剧《老姑娘》中恰如其分地描述了这种状态：教师掌握了一种全新的教学生阅读的方法，她对此津津乐道，并形容这种方法让她"……完全沉醉其中"。

这种"完全沉醉其中"的能力似乎是实现创造力的必要条件，但它也是实现某种特定创造力的前提条件，不论在哪个领域都是如此。要达到这种状态就需要忘记时间、忘记自我、忘却时空、忘却社会、忘却历史。

现在看来，这种状态是弱化的，更为世俗的、更为常见形式的神秘经验，人们时常描述这种体验，赫胥黎（Huxley）还称之为"永恒的哲学"。在不同文化、不同时代，它的表现形式也有所不同，但其本质总是相同的。

人们常将这种状态形容为失去自我或失去本我的状态，有时称之为超越自我的状态。在这种状态下，人和他所观察到的"现实"合而为一，而不再是物我分离的状态，这就实现了自我和非我的合一。人在这种状态下，往往会发现以往无法发现的真理。严格意义上说，这就是拨开世事的重重迷雾，"得到了天启"豁然开朗。最后，有过这种经历的人常常感觉处于一种幸福、陶醉、心旷神怡和兴高采烈的状态中。

难怪这种令人心神荡漾的经历常被视为超人类、超自然的，因为这种经历远比人所能想象的经历更伟大、更宏大，人们只能将其归因为超自然的力量。这种"天启"常常作为启示性的宗教活动的基础，有时是唯一的基础。

然而，即便是这种最奇妙的经历如今也纳入了人类经验和认知的范畴之内。我研究的课题将其称为高峰体验（88、89），玛格哈尼塔·拉斯基（Magharnita Laski）称之为"神魂颠倒"的状态（66）。我们在这一领域的研究彼此独立，这也表明这种体验本身是自然主义的，很容易做调查研究。它也与我们目前谈论的创造力话题息息相关，我们可以从这种体验中了解很多有关创造力以及人类在实现自我的状态下完全发挥潜能的情况：他们会达到最成熟、最健康的状态，实现全面发展，简而言之，他们成了最健全的人。

高峰体验的一个主要特点就是全然关注当下的工作，完全迷失于当下之中，脱离了时空的限制。我觉得我们研究这些高峰体验的收获大多来源于研究此时此地的体验，也就是研究创造性的态度。

我们没必要将我们的研究限制在这些并不常见，甚至有些极端的例子。现在看来很清晰的一点是：如果人们在记忆中追溯的时间足够长远，就会发现几乎所有人都经历过高峰体验，即便是最为简单形式的高峰体验，也就是沉醉、专注或者对某种事物很感兴趣而达到的一种忘我的状态。我想表述的是，人们并非只会在欣赏伟大的交响乐或者观看动人的悲剧时才会有这种体验，在欣赏一部扣人心弦的电影，阅读一部引人入胜的小说或者专注于自己的工作时也会进入这种状态。研究高峰体验先从研究这种人皆有之、大家都熟知的体验入手有一定的优势，这样我们都会有直接的体会，或产生一种类似于直觉或同理心的感觉。对于那些高端、我们无从体会的经验，我们可以从一些更为简单、更为普通的经验来获得感知性的认识，这样我们就不会被这一领域一些浮夸、遥不可及、极其隐喻的词汇弄得一头雾水了。

那么在这种高峰体验中，到底会发生什么呢？

放下过去 审视当下问题的最好办法就是放下目前的一切，

研究问题和问题的性质，发现问题中各个环节之间的内部关联，从问题的内部发现（而非创造）解决问题的答案。这也是欣赏一幅画作或者诊断病情的最佳方法。

另一种方法是通过梳理过去的经历、习惯、知识，找到与当下相似的情景，从而获得启发，找到解决当下问题的方法，也就是说我们需要对过去的经验进行分类，然后用成功的经验解决当下的问题。这一点类似于档案员的工作，我称之为"标签化"（95）。如果当下的问题和过去的问题类似，那么使用这种方法解决问题往往会更有成效。

不过，如果当下的问题与以往的问题并不相似，这种方法就不那么有效了，用这种档案员的做法解决当下的问题就会失败。当一个人欣赏一幅陌生的画作时，他会急于搜寻头脑中的艺术史知识，找寻与这幅作品相关画作的信息，然后做出回应。不过在此期间，他基本不会认真地欣赏眼前这幅绘画作品，他只需要知道这幅作品的名字、创作风格以及绘画的内容，这样就可以快速地在头脑中匹配相关信息。如果他找到了相应的信息，就会喜欢这幅作品；如果他并没得到他想找的答案，便不会对这幅作品产生兴趣。

对于这样的人来说，过去的经历是一种并不活跃的、尚未消化的外来事物，附着在他们身上，而不是他内在的东西。

更准确地说，只有当过去的经历对个体产生了再创造的影响，过去的经历对于这个个体来说才是积极的、鲜活的。在这种情况下，过去的经历与这个个体是一体的，而不是个体之外的事物，它已经成为这个个体的一部分了（它失去了独立存在的特质），就像我吃过的牛排已经吸收为我身体的一部分，而不再是牛排了。经过消化的过去经历（已经通过内填的作用被个体吸收）与未经消化的过去经历对个体的影响是不同的，这就是勒温（Lewin）所说的"非历史性的过去。"

放弃对未来的准备 当下我们经常会忙忙碌碌，这种忙碌并不是为了当下，而是为未来做准备。我们在与人交谈时，常常会摆出一副静心聆听别人讲话的姿态，但是我们却私下悄悄地准备着自己要说的话。我们会在头脑中演练，并且思忖着如何回应对方。如果现在告诉各位，接下来各位需要反驳我五分钟之内所说的话，你们又会如何反应？那样你们还能安心地做一个默默聆听的好听众吗？

如果你真的在静心聆听他人的讲话，就不会在心里默默为"一会儿应该如何回应"做准备了。如果我们不把当下作为实现未来目标的途径（这样做是贬低了当下的价值），而是暂时忘却未来，只把未来视为与当下相关的一个前提条件，那么显然"忘掉"未来的一个好方法就是"不去为未来而忧虑"。

当然，这只是"未来"概念中的一方面。在我们内部的未来就是当下我们自我的一部分，不过这完全是另一个话题了（89，14—15页）。

纯真 这就意味着我们在感知世界中以及做出种种举动时都应该保持某种"纯真"，而纯真往往是那些富有创造力的人的特质。人们认为这样的人会全身心地投入到某种情境之中，他们十分朴实，并不抱有任何期待，也不存在任何"应该怎样"的念头，没有时尚、风尚、教义、习惯或者头脑中既定的有关分寸、规矩、是非的束缚，这样他们遇到任何情况都能从容应对，不会感到惊讶、震惊、愤怒或失落。

孩子们就是这样无欲无求，因此适应性更强，智慧的长者亦是如此。现在看来，如果我们都能"专注于当下之事"，我们也能多一些纯真。

缩小意识范围 如果我们处于这种状态，往往会只专注于手头上的事情（我们不会那么容易分心），不那么关注其他的事情了。这里非常重要的一点是，我们也不那么在意其他人了，不会在意他们和我们的关系，在意我们对他们的责任、职责、恐惧、希望，等等，这样我们才能脱离他人的束缚，这也就意味着我们会更加自我，成为真正的自己（霍妮所言），也就是我们真实的自己、我们真正的样貌。

之所以如此，最主要的原因是我们暂时在主观上切断了与他人的联系，摆脱了挥之不去的童年记忆对我们的影响，走出了一种非理性的情感转移（transference）。在这种转移中，过往和当下混为一谈，成年人表现得像个孩子那样幼稚。（顺便说一句，孩子的行为天真烂漫无可非议。孩子完全依赖他人，这种对他人的依赖是真实的，但是毕竟孩子早晚会长大，这种依赖他人的状态不会一直持续下去。如果一个人在父亲去世二十年后依然害怕自己的言行会惹父亲生气，这样的做法就未免太离谱了。）

总而言之，在这种情况下，我们就不会再受他人的影响。如果说在此之前我们的行为会受他人影响，那么这些影响现在都荡然无存了。

这就意味着我们会放下自己的伪装，卸下包袱，不再努力影

响他人、打动他人、讨好他人、努力赢得他人的喜爱，赢得他人的
喝彩。可以这样说，如果我们身边没有观众，我们就不再是演员，
我们不再会演戏，而是会忘我地、全身心地投入到解决眼下的问
题之中。

失去本我：达到一种忘我、失去自我意识　如果达到全然忘我
的境界，往往不会意识到自己的存在，会感觉自己更像一个置身
事外的观众或者一个评论家。用动态心理学的语言说，你不会像
往常那样身心分离，而是进入了一种自我观察的本我和体验本我
的状态，也就是说，你更接近于全然体会本我的状态（你会放下
青年时代的忸怩羞怯，不会在人们看你时表现出拘谨、不自然的
状态，等等），从而会达到一种身心更加合一的境界。

如果我们达到了这种境界，也不会像往常那样喜欢批评、改
变、评价、挑挑拣拣，总喜欢对别人评头论足，否定过往的经历，
也不会像以前那样喜欢分析和品评过往的经历了。

这种全然忘我的状态是通向发现真实自我的路径，也就是
发现本真的自己，找到自己最为真实的个性，倾听自己内心深处的
声音。发现真正的自己才是最令人愉悦、最理想的事情。我们倒不
必像佛教徒或者东方的思想家那样，达到"万恶的自我"那样高
深的境界，然而他们的解读具有真意。

抑制意识的作用（自我意识）　从某种意义上看，人们有时会
有意识地抑制意识，特别是自我意识，这种抑制作用有时表现为
怀疑、内心的挣扎、恐惧，等等。这种抑制作用有时会对人的创造
力造成伤害，有时它会抑制人的自发状态或者自我表述状态（但
是起到观察作用的本我对心理疗法来说是必要的）。

然而有些自我认识、自我观察、自我批评、自我观察的本我也对"次级创造力"十分重要。以心理分析为例，想实现自我提升，一定程度上需要通过批评个人允许进入主观意识的经历实现。精神病人也会常常省察自我，但是他们并不会用这些自省治疗自己的疾病，因为他们过分地"沉浸在自己的经历中"，而"自我观察、自我批评"又不足。类似的情况发生在创造性的工作中，只有经历了"灵感时期"之后，才会形成自律性的行为建设。

恐惧消失 这意味着我们的恐惧和焦虑往往会消失不见。我们低落的情绪、挣扎矛盾、矛盾心理或者担忧、我们的问题，甚至我们身体上的疼痛感都会消失。即便在当下，我们的精神上和神经症的因素（如果它们没有发展到极端状态，妨碍我们从事自己感兴趣的、手头正在做的工作）也会消失殆尽。

当下，我们变得勇敢、自信、无所畏惧、宠辱不惊、身心健康。

减少心理防御和拘束感 我们在富有创造力的时候，拘束感往往也会消失，我们内心的戒备、防御（弗洛伊德式的）、压抑、冲动以及我们对危险和威胁的抵御也会随之消失。

充满力量和勇气 创造的态度要求我们充满力量和勇气。我们通过研究大多数富有创造力人的研究发现，这些人都表现出了某种形式的勇气：他们很顽强、独立、自强、有些桀骜不驯、性格刚强，也有些自我，等等。他们不太在意自己是否受欢迎。恐惧和软弱往往会破坏或者削弱人们的创造力。

我认为，如果将这些人体现出的创造力视为一种专注当下、忘却自我、忘却他人的表现，我们会更容易理解。人们在进入这种状态时, 本身就不会有那么多恐惧、拘束, 也会放下戒备和自我保护意识。他们不会那么警觉, 也不需要太多掩饰, 不会畏惧他人的嘲讽、羞辱, 也不再害怕失败。所有这些特点都是忘记自我、忘记他人, 完全沉浸在当下的一种表现。全心投入, 内心就会无所畏惧。

或者我们可以更肯定地说: 如果一个人勇而无畏, 就会更容易受到那些神秘事件, 受不熟悉的、新奇的、不确定的、充满矛盾的、非比寻常的、无法预知的事物吸引。他们对这些事物并不会持有怀疑、恐惧、戒备的态度, 也不会启动焦虑和戒备的关联机制。

对事物持有接受、积极的态度 如果一个人沉浸在当下的状态, 达到了忘我的境界, 那么他往往更容易表现出"积极的状态"。从另一种角度看, 他不会表现处于那么"消极的状态", 也就是说他不太会理会别人对他的批评(编辑、挑挑拣拣、纠正、怀疑、提升、质疑、否认、判断、评估)。我们对一切事物都应该秉持一种接受和包容的态度, 不去否定、反对事物或他人, 或者挑挑拣拣。

如果我们想让手中的工作畅通无阻地进行下去, 就需要自然地沉浸在当下的状态中。我们让这种状态自由流露, 全然指挥我们的意志和行动, 我们甚至可以接受当下本身的状态。

能够做到这一点, 就更容易对事物持有一种谦卑、不加干预、全然接受的态度, 这正是道家思想提倡的。

相信、尝试与控制、努力。所有此前描述的种种情况都表明, 富有创造力的人相信自己, 相信他们生活的世界, 这样他们才能暂时放下努力、破坏与控制的行为；放弃有意识的应对行为和努力，让当下手中工作的内在性质决定我们的反应，这必然要求我们处于一种放松、等待、接受的状态。而人们为了掌控、控制、成为权威所做出的努力，看透事物（或者问题、人，等等）本质的努力与全然接受万事万物的态度背道而驰。我们对未来的态度更应该如此，我们必须相信我们有随机应变、处变不惊的能力。我可以这样说，我们能更清晰地认识到一点：信任需要我们自信、勇敢，对世事无所畏惧。同样明晰的是，我们只有自信地面对未知世界的时候才能心无旁骛、全身心地投入到当下的生活。

（让我举出一些临床医学的例子说明这一点，生产、排尿、排便、睡眠、让身体浮在水面上、享受两性生活都需要放弃努力、尝试、控制，使身体处于一种放松、相信、自信的状态，这些事才能水到渠成、自然而然地发生。）

道家思想倡导的接受万事万物的态度 道家思想和接受万物包含很多意义，这些意义都很重要，也很微妙，很难用语言精确地传达其精髓，只能通过修辞手段说明一二。这些思想之所以微妙、精妙，是因为它们都与创造性的态度有关。此后有很多作家通过多种方式在作品中传达了这种态度，然而大家都认可一点：在创造力形成的原初时期或者灵感期，必须顺势而为，不加干预，这才是创造性应有的状态和特点，这一点无论在理论上还是实践上都是必要的。目前，我们的问题是：这种"全然接受"或"顺其自然"的状态是如何与沉浸在当下、达到物我两忘的状态关联的呢？

首先，让我们用艺术家对创作素材的尊重为例说明这一点。

我们可以说，这种对当下工作的关注与尊重是一种谦卑或者谦恭态度的体现（不施加自身的干涉或控制愿望），这类似"认真对待手头工作"的说法，也就是说认为事物是一种结果或者认为事物类似于结果是理所当然之事，而不是一种实现某种目的的手段或达到目的的工具。这种对事物恭敬的态度本身就值得我们尊敬。

这种对事物心怀尊敬的态度也同样适用于对待问题、对待创作素材和材料、对待情况、对待人的态度。一位作家（福莱特）称之为人们在面对事实、面对特定的情景时，应该持有的恭顺（顺从、服从）的态度。简而言之，就是让事物顺其自然发展，对事物的现状秉持一种关爱、关心、肯定、喜悦、热忱的态度，就像对待自己的孩子、爱人、一棵树、一首诗歌或宠物的态度那样。

有时，这样的态度是洞悉或理解当下任务内涵的先决条件，是理解事物性质、风格的必要条件，不借助外力的帮助，也不强加自己的意志，就像事实在对我们耳语，我们必须静下心来默默聆听才能听清楚。

我们将在第九章详细介绍存在认知力（简称B认知）。

存在认知力的完整性（与离散性相对） 创造力往往是健全的人才具备的（通常情况如此）。在人富有创造力的时候，是最完整的、统一的、健全的，这样他们才能专心致志地、全身心地投入到当下感兴趣的任务中，因此我们可以说创造力是系统性的，也就是说它是一个整体、一个格式塔，可以反映整个人的素质。它并不是这个个体的外部虚饰，或者像细菌那样是人体的不速之客。它与离散型的认知力相对，这种对当下的认知力与个体融为一体，不再离散（分裂），而是合而为一。

使自己投入到原初的创造力过程[1]（Primary Process）中 人事合一过程的一部分也就是复原个体某些无意识或前意识[2]的过程，特别是原初创造力的过程（或者是富有诗意的、隐喻的、神秘的、原始的、古老的、天真的心理活动）。

我们有意识的智力活动总是过于注重分析、太过理智、常常需要计算、太过微观、倾向于概念式的，因此往往会忽略事实中的大部分细节，特别是我们内心对现实感知的部分。

注重审美认知力而不是抽象思维 抽象思维需要个体对事物进行更积极的干预（这并非道家思想推崇的），需要进行更多的选择和排除，而审美认知力则强调个体以一种不加干涉、不加控制的方式对事物进行品味、享受、欣赏和关注。

抽象思维的产物是数学等式、化学方程、地图、简图、蓝图、卡通画、概念、抽象的草图、模型以及理论系统，等等，这些只能使人们与客观事实渐行渐远（"不能纸上谈兵，地图不等于领土"），而审美感知力是一种非抽象的感受，对所见所闻都会以同样的态度认知，并不会区别对待，也不会根据事物的重要性和非重要性进行区别评价。审美的感知力更追求感官上的丰富性，而不是将事物简化、抽象化。

1.原初创造力形成的过程（primary process）：由弗洛伊德提出，他提出了原发过程、继发过程和第三级过程三个心理学概念。原发过程是精神活动的一种方式，特别是心灵的无意识活动方式。原发过程是指在意识不处在清醒的状态下的一种无意识的心理活动；继发过程是大脑在完全清醒的状态下的心理活动，而第三级过程是指大脑在较为清醒的情况下，近似于原发过程与继发过程两者混合的一种心理活动。

2.前意识（preconscious）：指能被带到意识区域的未受压抑的记忆和思想。

很多科学家和哲学家将这两种感知力混为一谈，他们认为等式、观念或者蓝图远比纷繁复杂的现实更真实。幸运的是，我们如今能理解具象和抽象事物之间是相互作用、相得益彰的，因此我们没必要再厚此薄彼了。目前，西方知识分子往往更看重抽象的东西而忽略现实的意义，甚至把二者画上等号。他们最好在研究中重视那些具体的、审美的、现象的东西，从而使具象和抽象平衡一些。他们应该发现现象中的各个方面、种种细节，看到事实的全貌，包括人们认为无用的部分。

完全的自发状态 如果我们完全专注于当下的工作，并投入其中，就会心无旁骛，就更容易处于自发的状态，充分调动我们的潜能顺势而为，尽其所能，使我们自身的潜能由内而外地自然流露，不会刻意为之，也不会试图控制、操纵我们的潜能，不去努力，不用自身的意志干涉或控制，这样才是完全的、水到渠成的、最为高效的行动。

使个体能全身心地投入当下的工作，其主要决定因素就是当下工作的性质。我们可以很快、很容易适应我们所处的情境与手中的任务，并且能够做到随机应变。例如，画家能够不断地根据自己绘画作品完成的情况调整自己的状态；摔跤手能够根据对手的状态调整自身的竞技状态；而舞者也可以根据舞伴的状态调整自身的状态，就像流水，遇石隙则变小，遇石廊则变大。

完全地表达（独特性） 个体只有达到了完全自主的状态，才能如实地表达自由活动机体的性质、风格及其独特性。自主及表达这两个词都包含了真诚、自然、真实、不加虚饰、不加模仿等意味，因为这两个词都体现出个体行为没有外力参与，不是有意为之，不是极力争取也没有他人干涉的意思，只是个体顺其自然的表达，是他自身深处的心声。

目前，决定创造力的唯一因素只有个体当下工作的性质、个体的内在特性和个体与事物之间彼此磨合、互相适应，达到物我合一的境地，成为一体的特性了，就像多个个体组成了出色篮球队或者一个弦乐四重奏乐团那样，对于这个团体来说，团队以外的任何事物都与之无关。而他们所处的情境也不再是实现目的的手段，而是成了目的本身。

个体与外部世界的融合 最后，让我们再来谈谈个体与外部世界的融合。在这种情况中，个体的创造力会得到彰显，这一点是可以观察到的。我们也有理由相信：个人与外部世界的融合也是个人实现创造力的一个必要条件。我认为，个人与世界存在着千丝万缕的联系，好像蜘蛛网和蜘蛛那样互相作用。前文的条分缕析可以帮助我们理解二者的联系是自然事件而不是什么神秘事件，也并非晦涩难懂之事。我觉得，甚至可以把二者作为类质同象研究，二者愈加彼此适应，互为补充，最终融为一体。

葛饰北斋的一句话使我深受启发："如果你想画好鸟，必须先让自己变成鸟。"

第五章　创造性的整体论研究

我觉得，如果将当下的创造性研究与二十年前乃至二十五年前的创造性研究进行比较会很有趣。首先我想说明，我搜集的相关数据体量之大远远超乎了很多人的想象。

其次，我感觉与这一研究领域众多的研究方法、精巧的检验技巧、海量的信息数据相比，在这一研究领域理论鲜有突破。我想在此提出一些理论上的问题，也就是提出一些创造性研究领域中的概念问题，并指出这些问题带来的一些不良后果。

我想在此表达的最重要一点是，我认为对创造性的研究目前尚处于一种狭隘的、混乱的局面，这一领域的研究本应系统全面，具有生机的，可惜现状并非如此，并未达到理想状态。

我当然不想用愚蠢的二分法或矛盾对立法将二者对立，也不是在强调对创造性的研究唯整体论至上，反对解析式或微观的研究方法。我认为最好将整体论的研究和解析式的研究合而为一，而不是任选其一。避免选择的最佳方法是使用皮尔森在一般因素（G）和特殊因素（P）分类的古老方法，二者不仅是智力上不可或缺的因素，也是创造力的必要因素。

我在阅读有关研究创造力的文献时，发现创造力与心理健康或精神健康的关系十分重要、十分深刻，也十分明显，我对这一点印象深刻，只可惜这种关系并没有作为创造性研究的理论基础。例如，对心理健康或精神健康的研究与对创造力的研究总是各自独立的，二者之间并不存在关联。我的一名研究生理查德·克雷格（Richard Graig）发表了一篇文章，文章论证了心理健康和创造力之间存在一定的关联性。我认为这篇文章非常重要（26）。托兰斯（Torrance）作品《培养创造性人才》（147）中的图表给我留下了深刻的印象，托兰斯在表格中列出了所有已经证明的与创造力有关的性格特点。他认为在表格中列举的性格特点中有三十种乃至更多的特点与创造力的关系是经过充分论证的，是无可争议的。托兰斯将这些性格特点列在一栏中，又在旁边的一栏列出了我所描述的自我实现者的特征（95）。这些特征很多都与他人所描述的身心健康的人的特点相重叠，例如罗杰斯所著的《健全的人》、荣格在《个性化的人》或弗洛姆在《自主的人》中列举的身心健康者的例子。）

　　这种重叠几乎是完美的。在托兰斯列出的表格中，有两三种性格特点并未用于描述那些心理健康的人，只是轻描淡写地将它们归为中性表述。没有一个特点用于描述与创造力相反的情况，这一点可以理解。我们可以说，这四十种性格特点或者三十七八种性格特点几乎都大同小异，可以用它们概括心理健康的人或自我实现者的总体特点。

　　我之所以引用这篇文章，是想要以此引入我们要探讨的问题，因为我坚信（我很早以前就对此深信不疑）对创造力的研究就是研究那些富有创造力的人（而不是研究富有创造力的产品、富有创造力的行为）。换句话说，创新型人才是一类特殊的群体，它们不是那种古板的、普通的人，这些人突然获得了外在的技能，成了滑冰高手或获得了很多他虽然"具有"，但并非内在或本性中固有的特性。

如果你认为研究创新型人才是研究创造力的本质，那么你要面临的问题就是整体的人性转变、性格转变，人的全面发展的宏大问题，而研究这个问题势必会涉及整体世界观、人生哲学、生活方式、道德规范、社会价值观等复杂的问题，这就与目前对创造性的理论研究那种混乱的、随意的、封闭的、狭隘的现状形成了鲜明的对比。我现在还会听到研究者问出诸如"是什么引发了创造力""为了获得创造力，我们应该做的最重要的事情是什么""我们可否设置一门三学分的创造力的课程呢"这类基本的问题。我期待不久就可以听到以下有价值的问题："创造力具体在人体的哪里？"甚至我觉得还有人会问："创造力具体在哪里？""我们可不可以试着植入电极，靠开关按钮来控制创造力呢？"我与业内研发团队的人进行交流时也强烈地感受到他们在寻求一种可以控制创造力的神秘开关，就像开关电灯那样，释放或关闭我们的创造力。

我对塑造创新型人才提出的建议是：创造力的决定因素可能有几百个甚至几千个，也就是说任何有助于人们实现更健康的心理或健全人格的因素都有可能改变整个人。而这个更健全、更健康的人又会产生几十种、几百种甚至几十万种行为、经历、感觉、交流、教学、工作等方面的改变，这些变化都"更富有创造力"。如此说来，他的行为方式与此前迥然不同，各方面都发生了变化，他也成为一个全新的人。如此说来，简单的神秘按钮、技巧或一门三学分的创意课不能产生创造力, 而这种整体论的更有机的方法提出了更有意义的问题: "为什么我们现在设定的各种课程都不能激发学生的创造力呢? "当然这样的教育应该帮助人们成为更好的自己, 帮助他们长大、长高, 变得更聪明、更富有洞察力, 最终帮助他们成长为在生活的方方面面都更富有创造力的人。

　　说到这里, 我突然想到了一个人, 我想以他为例。他是我的同事迪克·琼斯(Dick Johnes), 我认为他的博士论文具有非常重要的哲学意义, 但是这篇论文并未得到应有的重视。我的同事组织了面向高三学生的团体心理课程, 并由此发现: 在为期一年的课程接近尾声时, 种族和民族偏见的发生概率降低了, 不过他在整学年都避免提及这两个敏感词语。偏见并非通过按下某个按钮产生, 人们无须培训就会产生偏见, 而且也无法通过培训消除"偏见"。我们尝试过, 但是效果并不好。做到心无偏见就像轮胎摩擦产生的火花, 如果人们变好了, 那么偏见自然会消失。它更像是一种附属现象, 就像伴生品那样。如果个体通过心理治疗或其他良性的影响变得更好, 那么他自然会心无偏见。

　　二十五年前, 我研究创造力时使用的方法就与传统的科研方法(微观的、狭隘的)大相径庭。我当时创造了整体性的采访技巧, 尽可能地通过与受访者交谈, 尽可能深入、全面地了解他们(作为独特的、个体的人), 直到我认为已经全面地了解了这个人为止。这样, 就好像发生在他身上的大事小情, 事无巨细, 他的社交网络都尽在我了解之中。我对他有了全面的了解, 这样我不再对这个人有什么疑问, 不再对这个人进行抽象的研究, 只需做具体的了解。

然而在当时，通过提出具体问题进行简单的统计，得出一般性的结论的方法研究创造力有可能成为一种研究范式。个体可以被视为无穷大的个体，这些无穷大的个体可以相加，得到百分数，就像超现数那样，是可以运算的。

一旦你通过这种方式深入了解了研究对象以及研究对象中每个个体的情况，那么在典型的传统实验中不可能实现的操作就会变成可能。我的研究样本是由一百二十个人组成的小组。首先，我花费了大量时间与小组中的每位成员进行交谈，对他们进行了大致的了解。然后，我针对他们的自我介绍提出问题，搜集数据，再寻找这些问题的答案。即便这一百二十个成员都去世了，我依然能够完成这些操作。这种方法与传统实验的操作不同，传统实验中的实验设置比较混乱，修改一个参数，而其他的参数设定不变（当然了，我们非常清楚，实验中可以有几千个参数可能受到控制而保持不变，但无法保证所有的参数都受到控制而处于恒常不变的状态，因此这种设置本身就是无法实现的）。

如果在此允许我直言不讳地挑战传统实验，我首先想表明的是，我认为在非生物世界中，运用因果思维的方法解决问题十分有效，而且这种思维方式也可以解决人类世界的一些问题，但用它作为科学哲学已然过时了，不应该再用这种方法进行科学研究，因为它会将人们引向混乱的思维方式：一个原因只能产生一个特定的结果，一个因素只能产生另一种因素，它只会让我们陷入一种思维定式，从而使我们失去对那些系统的有机变化的敏感度。我在前文中描述过这种变化：任何一个刺激因素都可能引发整个有机体的变化,而有机体的变化又会引发有机体各种行为的变化(这种联动式的变化也同样适用于社会组织,不论大小)。

例如,如果我们想到了身体健康,并且提出以下问题:"人的牙齿怎样能变得更好?""怎么能改善人们的脚部健康?如何让人们的肾脏、眼睛、头发等越来越健康呢?"任何一位医生都会回答你,最好的办法就是提高身体的整体素质。也就是说需要改善整体因素(G),才能改善局部因素。如果可以改善饮食、生活方式等,通过改变这些就可以改善人们的牙齿、肾脏、头发、肝脏、胃肠等健康状况,也就是说人的整个身体素质都得到改善。同样,如果从整体论的角度看,人的创造力只能依靠改善整体来提升。此外,任何可以使人更富有创造力的因素都会使人成为更好的人、更好的父亲或者更好的老师、更好的公民、更好的舞者或更好的任何人,至少他的某些特质得到了改善。当然,至于如何分辨他究竟变成了好父亲、好舞者还是好作家,要看具体哪方面的贡献因素更多一些。

《格洛克和斯塔克》(38)[1]是一部非常优秀的有关宗教和社会学的作品,我推荐读者去读一读这部作品。它非常智慧、非常有力地揭示了这种狭隘的、混乱的思维方式带来的恶果。那些思绪混乱的思想家、刺激-反应理论派思想家(S-R thinkers)、

1.20世纪60年代,美国战后成长起来的第一代宗教社会学家查尔斯·格洛克(Charles Y. Glock)及其学生罗德尼·斯塔克(Rodney Stark)进一步细化了剥夺论,区分了五种类型的剥夺:经济、社会、组织、伦理和心理。他们在尼布尔宗派理论的基础上更进一步提出,每一种剥夺类型都会对应地产生一种宗教组织类型,分别为教派(sect)、教会(church)、救赎运动(healing movement)、改革运动(reform movement)和膜拜团体(cult)。

倡导因果思维的思想家、主张一个原因对应一个结果理论的思想家，就像那些作家那样，也投身了新的事业中。首先，他们觉得应该重新定义宗教，他们当然想为宗教冠上纯洁高尚的头衔，因此他们妄图使宗教脱离世俗之事，切断宗教与其他事物的联系。最终他们陷入了亚里士多德那种A或非A的逻辑方式：A只能是A，是纯粹的A，而非A是除A以外的所有事物，因此二者不可能重叠、融合、合并，等等。原有的可能性（逻辑可能，所有虔诚的宗教人士都很重视这种逻辑方式）认为，人们的宗教态度几乎可以是任何行为的一个方面或者一个特征，事实上是所有行为的某个方面或者某个特征，这一观点从本书的开篇到结尾都无迹可循。这样，书中的人物可以随心而动，陷入彻底混乱的状态，这种混乱是我未曾见过的美丽的混乱。书中的人物进入了一个死胡同，并且不愿出来。在那个死胡同里，宗教行为与其他行为是分开的，因此整本书中人物的行为只是外部行为，并且仅仅局限在外部行为中：去教堂与不去教堂相对，节省小木料与不节省小木料相对，向某些事情低头与不向某些事情低头相对。因此，我们可以将这种宗教称为形式上的宗教，也就是说，信仰宗教的人可能与教会或者一些超自然现象或偶像崇拜毫无关系。这本书就是微观思维或者狭隘思维方式的很好例子，我还能举出很多其他的例子，这种狭隘的思维方式存在于我们生活的方方面面。

　　我们也可以用这种方式研究人的创造力。我们可以把创造力变成一种类似于主日活动的宗教活动，这种活动在一间特定的房间、在一栋特殊的建筑中进行，例如一间教室，或者划定一个时间开展富有创造力的活动，例如在每周四。在那个房间、那个时间只能进行富有创造力的活动, 除此之外的地点和时间不得从事富有创造力的活动。只有某些特定的领域可以与创造力相关, 如绘画、作曲、写作, 而厨艺、开出租车或者修理水管就与创造力毫无关系。我想在此再次提出有关创造力的问题, 创造力并不限定某种行为, 不论是感知的、态度的、情感的、认知的、意念的还是表述的都可以。我认为如果用这种方法来研究创造力, 才能提出各种有趣的问题, 如果用非此即彼的二分法来研究创造力, 这些有趣的问题就无迹可循。

这和想成为一名优秀的舞者而采取与众不同的练习方法多少有点儿相似。在一个混乱的社会中, 大多数要想成为优秀的舞者的人首先都会去雅瑟穆雷学院学基本功, 那儿的老师会这样教你跳舞: 首先出左脚, 然后右脚移动三步。渐渐地, 你会学习一些外在的、有意识的舞步训练。但是我认为大家都会有这样的共识, 我甚至可以说我们都知道, 成就好的舞者的因素有千千万万, 例如舞随心动、舞姿优雅、更少拘束、更加自然、不去迎合观众喜好, 等等。同样, 我认为心理治疗方法也是这样, 好的心理治疗方法 (我们都知道, 很多心理治疗都是很糟糕的) 一定会提高患者的创造力, 无须心理治疗师刻意为之, 甚至无须提及 "创造力" 这个词, 就可以自然而然地取得提高患者创造力的效果。

我还可以以我学生的一篇相关论文来举例, 你很难把这篇论文与我们现在讨论的创造力联系在一起。这篇文章研究的是自然分娩中产妇的高峰体验以及初为人母的喜悦, 但是这篇文章笔锋一转, 也讨论了其他的话题。坦泽尔女士发现, 如果自然分娩的经历是愉悦的, 那么产妇的生活会发生诸多变化, 这就相当于产妇经历了一场宗教的洗礼，或者有了一次大彻大悟的经历，或者产妇会将其视为一种非常成功的经历，它会极大地提升女性的自我形象，从而也会改变她的一切行为。

我还想说，我们可以用这种一般性的研究方法讨论"创造力的氛围"，那样会更富有成效。我尝试过用非线性系统的组织设置（83）和所有有利于创造力的氛围的因素。一言以蔽之：营造了一种充满着创造力的氛围。我无法分辨哪个是形成创造力的主要原因，哪个不是。富有创造力的氛围通常都是友爱的、大度的、大气的、整体的，而不是在每周二做的一件小事，也不是具体而琐碎的事情。有利于创造力产生的最佳氛围是乌托邦式的，或者我称为"优心态"式的氛围，这种氛围能够促使人们达到自我实现的状态，实现心理健康。这就是我对促进创造力的氛围的一般性的见解（G）。在这样的背景下，我们可以用一种特定的模式，选择一个特定的"人物"作为研究对象，研究一种特定的状态"S"，或者研究具体的能让人成为一名好的木匠，将另一个人成为一名优秀的数学家的具体因素。但是，这一切都不能脱离大的社会环境。在一个糟糕的社会（这是一种比较系统、笼统的说法）环境中，人们往往不会具有创造力。

我认为，心理疗法的例子可能也有助于我们理解这个话题，我们可以从这一领域的研究成果和研究方式中获得很多启示。例如，我们必须面对以下问题：一个人的身份是什么？什么才是真正的自我？在帮助人们接近真实的自我的过程中，心理治疗的作用是什么？教育的作用又是什么？这些问题能够帮助人们接近真实的自己。一方面，我们有某种真正自我的模型、一些特质。这些特质在某种程度上呈现出生物学特征，是一个人气质中的固有的特征。人类是一个物种，人类有别于其他物种。如果我们可以接受这种特质，而不是认为人类白板式的模型，就像黏土那样纯粹，可塑性强，可以由任意的控制者塑造成任何形状。如果你认同这样的说法，你也一定能接受心理治疗模型可以解开人们的心结，帮助人们释放自我，而不会接受塑造、创造和定型人格的说法。教育也是如此。由这两种关于人性的不同理念生成的基本模型也必然不同，在教育、学习等一切方面都存在不同。

那么人的创造力是一般的人类遗传因素吗？在人类发展的过程中，创造力常常被遗失、掩藏、扭曲或抑制，而我们的任务就是，了解创造力是不是人与生俱来的。我认为我们面对的是一个深刻而宏观的哲学问题，它可以反映一个人最基本的哲学立场。

最后，我想谈的一点是具体的问题，而不是总体性的问题。这个问题是：我们什么时候不想拥有创造力？有时候，创造力是一件很麻烦的事情，可能会给我们带来麻烦、制造危险、增添混乱。我曾经有一位"富有创造力"的科研助理，她把我一年多的研究成果弄得一塌糊涂。她在帮我做研究时突发奇想，在"创造力"的促动下，她不声不响地改变了我的研究，甚至连招呼都不打一声，结果把我的研究数据都弄乱了，我一年的辛苦研究就这样付之东流。总体上说，我们希望火车准时运行，不希望牙医富有创造力。我有一位朋友几年前做了口腔手术。在做手术之前，他感到焦虑、恐惧，直到他见到了自己的医生，这些不安的感觉才烟消云散。他的医生是对自己的外表要求非常高的人，他做事精准，看起来干净利落，蓄着一点儿络腮胡，每根头发都梳得很整齐，腰身笔直、挺拔，做事非常有分寸，头脑非常清醒。我的朋友松了一口气，这不是一个"有创造力"的医生，而是一个标准医生的形象，因此，他只会做常规、正常的操作，不会别出心裁、突发奇想地做出什么新奇的尝试，也不会采取什么新式的缝针技巧和手术技巧。我认为这一点很重要，不仅在我们的社会中情况如此。我们的社会分工明确，我们必须按照命令和规定行事，每一步都有章可循。但是在我们的能力范围之内，应该充分发挥我们的创造力，不仅从事创造性工作的人应该如此，作为富有创造力的科研人员来说也应该如此。这样，人们才能够在灵感、启示、奇思妙想造访之后，在半夜突发灵感之后长期埋头苦干，低调踏实地工作，这种艰辛的付出才能将伟大的创意转化为成果造福社会。

如果我们简单地以时间来衡量，奇思妙想只会占据很少的时间，而我们大部分的时间都花在努力工作上。我认为我的学生们并没意识到这一点。也许是由于这个原因，他们才会花时间到我家来和我讨论问题、交流想法。我的学生们总会认同我的观点，因为我写了关于高峰体验和灵感的文章，因此他们认为这才是正确的生活方式。如果生活中每天甚至每小时都没有高峰体验，这样的生活又怎能称为生活呢？而枯燥无聊的工作他们根本无法忍受。

有个学生告诉我："不，我才不想做那样没意思的工作呢，因为我根本不喜欢。"听他那样说，我会气得满脸通红、怒火中烧，呵斥他："可恶，你不做，我就炒了你的鱿鱼！"如此一来，我的学生就认为我背叛了自己宣扬的原则，说一套做一套。我也认同应该在鼓励人们在发挥创造和努力工作之间达到一种平衡，这样我们既能富有创意地工作，也能踏实工作，对他人负责。显然，富有创造力的人给同事留下的印象往往是这样的：灵感的闪电击中了他们的头脑，他们灵光乍现，创造力随之而来。而现实中，那些富有创造力的人往往也是甘于埋头苦干的优秀员工。

第六章　创造力的情感障碍

在我最开始研究这个问题时，它还完全是一个心理学的学术问题，而在过去几年里，这个问题得到了一些大产业或者像美国陆军工兵部队这样的大机构的关注和研究。虽然我对这些机构一无所知，但是这种现象让我异常欣喜，不过在欣喜的同时，我和我的很多同事一样，对这种现象也感到些许不安。我不确定自己的研究和得出的结论以及我们现在所"了解"的有关创新型人才的知识是否能为这些大机构和大产业所用，因为我目前得到的结论以及掌握的知识实质上不过是一些似是而非的说法、一些问题、一些谜语，现在这些谜团何时能够解开，我也不得而知。

我认为管理好创新型人才既是一个难题，也是一个非常重要的课题。我并不知道我们应该如何解决这个问题，因为这是一个曲高和寡的研究领域，研究者可能会孤军奋战。我所研究的那些创新型人才都是一些被集团倾轧的人，他们惧怕组织，因此更喜欢默默地躲在角落里工作。至于如何改变创新型人才在一些大型机构中成为"孤狼"的现象，那是这些机构该思量的问题，而不是我该考虑的问题。

这与试图维持社会改革与社会稳定之间的平衡多少有点儿相似，因为我研究的创新型人才在锐意改革、打破成规、不安于现状方面都表现得非常踊跃和热情。这是一个全新的研究领域，我认为我要做的仅仅是扮演一位研究者、临床医师和心理学家的角色，我要忘掉我之所学、我之所愿，这样才能从这项研究中得到启示。

我之所以说这是一个全新的领域，是因为必须进行非常深入的研究才能走进这个心理学的前沿领域。如果我需要把上面的一番话总结一下，那么我会这样总结：过去十年左右，我们对创造力研究的发现主要集中在我们感兴趣的课题上，也就是创造力的来源以及新思想的产生过程。这些课题我们都是通过深入挖掘人类天性的方式进行研究的，我们甚至还没想好怎样描述我们的这些发现，不过这样反倒很好，我们可以用弗洛伊德心理学派的术语来阐释，也就是说我们可以从潜意识入手探讨创造力的问题，或者从其他心理学思想派系，例如从本我的角度讨论创造力。但是无论怎样，我们都必须更深入地探究本我的问题以心理学家和心理治疗师认为可行的实践方法，对本我进行更为深入的研究，因为要了解这个课题，必须深入挖掘，深入问题的内部，而这个问题本身很难探究，也许费尽心力也不过是了解到这个问题的皮毛而已。

我之所以说这是一个全新的领域，是因为这一领域对于大多数人来说都是陌生的，也因为这是历史上首次对创造力进行研究，因此我们对这一领域不仅缺乏了解，而且也心存恐惧。也就是说，想深入了解这一领域会遇到阻力，这一点我会尽量解释清楚。下面我要探讨的是原初创造力，而不是次级创造力。原初创造力源于人的潜意识。潜意识是新发现、真正的新奇想法的源泉，是脱离了当下现实的新创意的摇篮，这一点与次级创造力不同，这种原初的创造力会提高人们的工作效率，近年有位名叫罗伊（Anne Roe）的心理学家通过研究证实了这一点。她发现很多著名的人物都有一些共性：他们有能力、成绩斐然、多才多艺、声名在外。例如在她的一项实验中，她的实验对象都是《科学美国人》杂志中介绍的生物学界的名人，而她在另一项研究中选择的研究对象都是一些美国古生物学家。她成功地证实了我们都必须面对的一个特殊矛盾：在某种程度上，很多优秀的科学家在心理治疗师的眼中都是一些非常僵化、刻板的人，他们害怕潜意识，而其中的原因我已经在前文提到了。各位读者也可能像我一样，得出了一个结论：这些人根本不可能是创新型人才。我现在已经接受了存在两种科学、两种科技这种说法了。科学可以定义，缺乏创造力的人可以和很多人通力合作，或在前人研究的基础上有所成就，或通过潜心研究等途径创造、发现一门技艺，我将这种成就称为次级创造力或次级科学。

然而，我可以说原初创造力主要源于人的潜意识，这一点在我选择的那些研究对象的身上体现得尤为明显。这种原初创造力可能人皆有之，是一种普遍现象。它自然存在于所有健康的儿童身上。健康的孩子都有这种创造力，只是多数人在长大以后就会失去创造力。创造力的普遍性还体现在另外一方面：如果你通过心理治疗研究一个人，深入地发掘他的潜意识，就会发现他的创造力。你会在梦境中发现创造力，人在梦境中远比在清醒时更富创造力，会表现得更聪明、更智慧、更勇敢、更具独创性，等等。如果我们卸下伪装，丢掉自我控制，摆脱压抑，那么我们一般都比他人眼中的我们更富有创造力。近来，我一直与心理分析师探讨有关释放人的创造力这个问题。心理分析师都有一个共识，我相信心理治疗师也会认同这种说法，那就是精神分析通常会释放人的创造力，而这种现象在心理治疗之前未曾发生过。这件事很难证明，但是心理分析师都有这样的感觉，我们可以称之为专家意见。这是从事心理分析行业的人的共同印象，例如，心理分析可以帮助那些想进行创作但文思受阻的作家。心理分析可以帮助他们释放创造力，走出创作的瓶颈期，让他们重新文思泉涌。因此，一般经验是心理治疗或者深入探究这些深层次的、被压抑的潜意识可以获得人皆有之的创作力，那是我们都曾拥有的，只不过我们已经失去了这种创造力。

我们可以通过研究一种神经症获得启示，以此作为我们了解创造力的突破口。这种神经症大家很熟悉，我想还是先来谈谈这种神经症，那就是强迫性神经官能症。

患有强迫性神经官能症的人都是死板而平庸的人。他们试图控制自己的情绪，这样即便在一些情绪波澜起伏很大的极端情况下，他们也能表现得冷静克制、不动声色。他们总是很紧张、很拘谨，而这种状态恰恰是他们的常态（当然这里说的极端情况是他们发病，需要精神医生或心理分析师介入的情况）。一般情况下，他们都能将事情安排妥当，外表干净利落，他们很守时，做事有条理，十分克制，如果他们是图书管理员，会表现得异常出色。如果用动态心理学术语形容这样的人，就是"人格异常分裂"，他们很可能比一般人的人格分裂症都严重，因为在他们的潜意识和他们隐藏的自我之间，在他们对自身的了解和被压抑、受控制的自我之间存在着很大的分裂性。我们越了解这样的人，就越能理解他们为什么会压抑自我。我们知道自己多少也存在这样的问题，只是程度更轻罢了。我们从这些极端的例子中也能了解到一般性的神经症表现是怎样的。这些人的表现就应该如此，他们别无选择，这样他们才会有安全感，才会觉得事情有条不紊，没有威胁，没有焦虑。也就是说，他们喜欢事情可控、可预测，而通过他们的努力就可以实现这些目标。对于他来说，"新"事物是具有威胁性的，不过他们如果能用过去的经验解决当下的问题就不会表现得如此诚惶诚恐，如果他能将恒常变化的世界瞬间凝固，也就是如果他能让自己相信，这世上的万事万物都是恒常不变的，这就会让他们安心。如果过去有一些"屡试不爽"的法规和规则、习惯、适应模式，他会在未来乐此不疲地使用，以帮助自己应对未来的种种变化。只有这样，他才不会感到内心压抑、焦虑，缺乏安全感。任何威胁到他对事物或事态的掌控，任何增强他内心压抑的潜意识的危险或削弱他心理的防御壁垒的东西都会让他心生恐惧，对他构成心理威胁。

　　他为什么会这样做呢？他在害怕什么呢？心理动力学家会这样回答（当然这只是一种泛泛的回答）：这些人害怕他们的情绪，害怕他们内心深处最为真切的冲动或者他们自身深处的自我，为此他们疯狂地压抑自我。他们必须这样做，否则就会疯掉！这种内心的恐惧和防御机制在表面上波澜不惊，但是透过表面现象，人们往往可以看出他们的内心世界对整个世界的看法和态度，他们往往会用这种方式看待这个世界。他们真正抵御的是来自自身的危险，任何让他们想到内心的恐惧或类似于内心恐惧的东西，

他都会加以抵抗。他只能让自己更加整洁才能抗拒自己内心渴望
邋遢的冲动。他只要看到外部世界的不整洁就会想到自己内心惧
怕的东西，感觉自己受到了威胁。任何威胁到他对事物的控制，任
何加剧他心中隐藏的危险冲动或者削弱他内心防御壁垒的东西
都会让他们感到害怕或者感觉受到了威胁。

在这个过程中，他失去了很多，当然他也能得到一种心理平
衡。这样的人可以一辈子就这样生活下去，不出任何差错。他可以
一直掌控局面，不过这需要付出艰辛的努力。他的精力都被这种
努力所消耗，所以他常常会因此感到疲惫不堪，因为时刻掌控局
势的欲望正是让他心力交瘁的根源。不过他也足以应付，他可以
使自己免受潜意识或无意识中的自我危险的毒害，或者保护自己
不受他自认为危险因素的伤害，伪装前进，为此他必须将一切潜
意识都拦截在防御壁垒之外。有一则寓言讲述了一个古代的暴君
的故事，他想追捕侮辱他的人，他听说有人在某个镇子被拦住了，
因此他下令将那个镇子里的所有人都杀光，这样才能确保那个侮
辱他的人不会逃走。患有强迫性神经官能症的人的做法就和这个
暴君如出一辙，他要将潜意识里所有的东西都杀光或者拦截在
外，以为这样做那些危险的内在因素就不会跑出来。

我想表达的是，我们正是从这种无意识、从内心深处的自
我、从心中惧怕因而想极力控制的自我之中获得了游戏的能力，
获得了享受生活、幻想、大笑、游手好闲、无拘无束做自己的能
力，还有对于我们来说十分重要的创造力。这像是一种智力游戏，
它是一种任由我们做自己、去幻想、去放纵、去疯狂（一开始大家
都觉得新思想很疯狂）的游戏。患有强迫性神经官能症的人的原

初创造力都得以实现，艺术潜质得到了充分的发挥，为此他放弃了诗歌，放弃了想象力，也葬送了自己身上体现出的健康的孩子气。此外，这一点也适用于我们称之为良好的适应能力，这种能力曾被描述为：具有随遇而安的灵活性和应变能力，也就是说能够根据现实情况、外部环境和常识及时、有效地调整自己的状态，表现得成熟冷静、有责任和担当。我担心这些调整需要忽视对威胁到随遇而安的适应性的因素。也就是说，这种适应性完全是为了和外部世界以及常识性的、物理的、生物的、社会现实的需要而做出的妥协，是牺牲了深层次自我意愿的一种妥协。情况未必像我之前描述的那样夸张，但是我担心所谓的正常人的适应能力也包括了对威胁我们世界的因素置之不理的态度，这一点十分明显。能威胁到我们的也包括软弱、幻想、情绪和"孩子气"。有一件事我未曾提及，不过我最近通过研究创新型人才对这个问题产生了兴趣（也研究了毫无创造力的人），那就是男子害怕别人说他们具有"女性气质""阴柔之美"，因为这样的字眼会让他们联想到"同性恋"。如果这个男子在艰苦的条件下成长，那么"女性气质"无疑代表了一切富有创造力的东西——想象力、幻想、色彩、诗歌、音乐、柔情、煎熬、浪漫，也就是总体上一切对男性的阳刚之气构成威胁的东西，一切他称之为"软弱"的东西。这些因素在这个男子适应社会的过程中都会受到压抑。我们会逐渐了解，很多我们称之为软弱的东西其实一点都不软弱。

　　我觉得我可以谈谈这些潜意识的过程，也就是心理分析师称之为"原初创造力"产生的过程和"次级创造力"产生的过程。我在这一领域的研究终于可以有用武之地了，而这个话题本身是很难研究的，就像本来很邋遢的人想变得整洁、本身非理性的人想变得理性一样。我们不能望而却步，必须迎难而上。以下文字摘自本人的文章：

这些原初的创造力产生过程，也就是认知世界和思维的过程与常识、逻辑以及与心理分析师口中的"创造力产生的原初过程"和"次级过程"迥然不同，这种差异性正是我们感兴趣的地方。如果将原初过程与次级过程割裂开来，会使二者都陷入窘迫的状态。在极端情况下，如果将逻辑、常识和理性完全与性格中的深层创造力割裂开来，人们就会患上强迫性神经症或者患上强迫性理性综合症，变成毫无感情的人。这样的人连恋爱了都不自知，因为爱情是非理性的情感；这样的人不允许自己经常放声大笑，因为大笑不合乎逻辑，也不理智。这些情感如果都受到压抑，这个人就会陷入精神分裂的状态，那么他的理智就是病态的，他创造力产生的原初过程也是病态的，创造力产生的次级过程也是分裂和压抑的。在很大程度上可以将其视为因恐惧、挫败感、心理防御机制、压抑、控制、妥协以及与危机重重、令人沮丧的物理世界和社会世界的精明交涉，只有通过这种途径，我们的需要才能得到满足。而我们想满足需要就得付出巨大的代价。这样病态的潜意识或自我意识能够为我们认识并得以存在的前提是：人们将其视为自然法则或者社会法则，而这种做法本身就是盲目的。患有强迫性神经症的人不仅失去了生而为人的大部分乐趣，也对自身、对他人，甚至对自然的认知存在盲目性。即便他身为一名科学家，这种盲目性也不会改变。当然这种人也能有所成就，但是我们首先应该像心理学家们那样问一问，他们想成功需要付出怎样的代价?(因为他并不快乐)。其次,我们要问的是:他所成就的是什么?这些事情是否值得他们的付出?

我能想到过的患有强迫性神经官能症的最好的例子就是我的一位老教授。他具有典型的搜集物品的强迫症特点。他会把读过的报纸都留存起来,一捆捆地以周为单位绑好。一周的报纸卷成一卷,用红色的线绳绑好,然后再把一个月四周的四卷报纸用黄色的线绳绑好。他夫人告诉我,丈夫每天的早餐也是固定的:每周一喝橙汁,周二是燕麦,周三是西梅,等等。如果周一,她给丈夫准备的早餐中出现了西梅,那她就要自求多福了。这位老教授还喜欢搜集旧剃须刀刀片。他把那些旧剃须刀刀片留存好,整整齐齐地包装好,然后在这些包装上贴上标签。我记得他刚来实验室的时候,就像患有这类搜集物品强迫症的人那样,把所有东西都做标签。他把一切物品都整理得井然有序,然后贴上标签。我记得他会花上几个小时整理东西,为各种物品贴好标签。我记得他的实验室里有架钢琴,我打开钢琴盖赫然看见了一个标签,上面写着:"钢琴"。看来,这样的人真的有心理问题,他本人非常不快乐。这些人的所作所为都是我在上面提到过的患有强迫性神经官能症的症状,不过这些人也能有所成就,但是他们所成就的都是什么呢?他们的成就值得他们如此付出吗?我认为有时候值得,有时候未必。可惜我们知道很多的科学家都是这类人,这与科研工作的性质可能也有关系,这种工作需要这种钻牛角尖的人,而这种人才能在这一领域大展拳脚。他们往往能花上十二年时间研究单细胞动物的细胞核显微解剖问题。科研工作需要这种具有超凡的耐心、坚韧、倔强和钻研精神,这些品质只有很少数的人才会具备, 而这类人才对社会也大有贡献。

如果用这种二分法构筑起来壁垒防御原初创造力, 并且对它持有一种畏惧感, 这就是一种病态的表现。不过, 我们本不必如此。我们在内心深处的潜意识中都是通过愿望、恐惧和需要是否得到满足来看待世界的。如果我们都能像孩子那样用纯真的眼睛看待世界、看待自己、看待他人, 会受益匪浅的。孩子的世界里没有负面情绪、分裂的人格、矛盾的两极、相互排斥的东西。在原初创造力中根本不会存在亚里士多德, 原初的创造力不存在控制、禁忌、纪律、约束、延迟满足、计划以及对可能性和不可能性的计算, 而且它与时间、空间顺序, 因果关系、秩序以及物理世界存在的法则都没有关系, 它与物理世界迥然不同。原初创造过程不得不隐藏于潜意识中伪装自己, 这样事物看上去才会不那么具有威胁性。在梦境中, 人们可以将几种物体凝聚为一个物体, 可以使情感从物体或事件中分离出来并转移到其他毫无伤害性的事物上, 可以通过为事物赋予象征意义的方法对事物进行模糊化处理, 可以无所不能、无所不在、无所不知。现在我们不妨来想想梦中的情景吧(我所说的一切都适用于梦境)。在梦境中, 原初创造力可以与行动无关, 因为人们可以不采取任何行动, 事件就能自然发展, 幻想心愿可以在梦境中实现。对大多数人来说, 梦境中的事情无须言语, 是具体的行动, 它更接近于原始经验, 通常是可视的。梦是预评估性的, 它发生在道德之前, 在民族和文化之前发生, 在善恶、是非观念形成之前。对大多数文明人来说, 因为梦境一直被人的这种二分法割裂的潜意识和意识压抑, 往往显得幼稚、不成熟, 疯狂而危险, 令人生畏。还记得我举的那个例子中,那个完全压抑了自己原初创造力的那个人吗? 他完全压抑了自己的潜意识, 这样的人是病态的, 他的具体病症我已经在前文中描述过了。

对于那种次级控制过程的人来说, 如果他们用理性、秩序、逻辑构建的控制体系完全崩溃, 他们就会患精神疾病, 而且会病得很重。

我想读者能够看出我接下来想要讲述什么。对于健康的人来说, 特别是那些富有创造力的人, 他们以某种方式使原初创造过程和次级创造过程、潜意识和意识、深层次的自我和意识中的自我实现了完美的融合, 而且他们能颇为优雅、轻而易举、十分有效地做到这一点。可以说, 这一点能够实现, 不过并不常见。心理治疗可以帮助这个过程变成现实。心理治疗的时间越长、越深入, 效果也越好。在这种融合的过程中, 原初过程和次级过程彼此交流, 改变了性质, 潜意识变得不再可怕。这样, 患者可以不为潜意识所扰, 与其和平共处, 能坦然接受自己的幼稚、幻想、想象力、愿望的实现、男性具有女性气质、诗意和自身的疯狂。一位心理分析师曾说的一句话可以恰如其分地形容这样的人: "他们可以自愿退化到自我的状态。" 这种退化是完全自愿自发的, 这样的人可以随意支配他的创造力, 可以随时随地、随意发挥他的创造力, 这一点让我们颇感兴趣。

我在前文提到过的患有强迫性神经官能症的人, 极端的情况下甚至无法消遣。他们不能随遇而安, 遇到问题久久不能释怀。这样的人会拒绝参加舞会这样的社交场合, 因为他们想随时保持理智。舞会需要尽情狂欢、无拘无束。这样的人害怕自己表现出些许紧张,因为那就表明他对事态的控制松懈了。他失去了过多对事态的掌控,对于他来说这是很危险的。他必须时刻掌控局势,这样的人是很难催眠的。如果他被麻醉,就会陷入恐惧。这样的人总想在聚会中举止得体、头脑清醒、理智,但这与社交的氛围格格不入。一个人如果可以舒服地面对自己的潜意识,在参加舞会时能够表现出小小的疯狂举动,或者适当放松意识对潜意识的控制,表现得傻一点,博人一笑并自得其乐,享受偶尔这种放纵的感觉,"这是为了自我服务",就像那位心理分析师说的那样。就像一种有意识的、自愿的退化,不是一直保持那种庄严、自我控制的状态。不知道为什么会想到这个比喻,好像形容一个人时时刻刻都想昂头挺胸地走,即使他坐在椅子上,也会保持这种端正的姿态。

现在我可以谈一谈人们该如何坦然地面对潜意识这个话题了。这个话题属于心理治疗的范畴,是自我认知、自我治疗的过程。要做到这一点很不容易,因为对于大多数人来说,意识和潜意识都是相互分开并无关联的。如何使这两个世界,也就是人的精神世界和现实世界和平共处呢?总体来说,心理治疗的过程是这两个世界对抗的过程。在心理分析师的帮助下,这种对抗逐步展开,缓慢推进,直到最深层次的精神世界层层显露出来,经过吸收,同化之后,就变得不那么危险、可怕了。此后,再深入下一层潜意识,如法炮制。让这个人面对他害怕的东西,他才能够直面心中的恐惧,然后无所畏惧。他曾经害怕潜意识,是因为他过去一直是通过孩子般纯真的眼睛去看待这个现实世界和精神世界的,这是一种孩童似的解读。小孩子惧怕某种东西通过就会通过成长过程中积累的常识、学识和经历加以抑制、压抑自己的潜意识，不让潜意识释放，直到通过某种特殊的过程，潜意识被生拉硬拽出来，才能得见天日。因此，潜意识必须变得足够强大，才能化敌为友。

二者的关系有些类似于历史上男子与女子的关系。男子一直惧怕女子掌权，因此总会有意无意地试图控制女子，这和他们害怕原初过程的原因如出一辙。心理动力学家往往认为女子会让男子联想到自己的潜意识，联想到女性的性格特征——软弱、柔情等，因此他们极力抗拒女子，试图控制她们或打压、贬低她们。这都是男子意图控制这种人皆有之的潜意识的力量的表现。一个心存恐惧的主人和一个心怀怨恨的奴隶之间是毫无爱情可言的。只有男子变得足够强大、足够自信，能很好地调和潜意识和意识之间的关系，足够包容才能欣赏那些自我实现的女子，那些成长为健全人的女子。不过原则上说，如果离开了这样的女子，男子也不会完成实现自我，因此他们互为因果、互相成就、彼此扶持，最终互为奖励。如果你是一个足够优秀的男子，那么会有一个足够优秀的女子与你相配。现在我们回到我们探讨的话题上来。只有健康的原初过程和健康的次级过程、健康的幻想和健康的理性互帮互助，才能融合为一个真正的整体。

如果按照时间顺序来看，我们对原初过程的了解首先源于我们对梦境、幻想和精神活动过程的了解，然后才来源于我们对精神病患者、对疯子的研究。随着人们对原初过程的了解逐步深入，他们对原初过程的了解才能脱离那些病理学、危险的、不成熟的、处于原始状态等污名的影响。直到最近，我们才通过对健康人、对创造力产生的过程、对健康人的成长和变化、对健康人的教育研究了解到：每个人的精神世界和现实世界都兼具诗人和工程师的潜质，既是理智的，也是非理智的。它兼具孩童般的纯真和成年人的成熟；既有男性的阳刚之气，也有女性的细腻之美，只是我们逐渐才能认识到：每天我们都努力让自己表现出理性、科学、有逻辑、明智、实际、负责任的一面。直到现在，我才能十分确定地说，健康完全的人、完全成熟的人同时具备上述两种类型的品质。当然，现在如果将这种人性中的无意识部分定性为病态而非健康的状态就不合时宜了。一开始，弗洛伊德也这样认为，不过现在我们才知道事实并非如此。我们了解到健全的人能够在各个方面都正常发挥个人的水平，我们不会认为人的这一方面是"邪恶"的，而是"善良"的；不是低级的，而是高级的；不是自私的，而是无私的；不是兽性的，而是人性的。在人类历史中，特别是西方文明史、基督教历史中，往往存在着二分法的现象。我们不能再将人分为对立的两类，非此即彼：原始人和文明人、恶人和圣徒。我们已经知道这是一种不合理的二分法，非黑即白、非此即彼。在这种二分法中，我们通过这种割裂、二分法的过程，创造了一种病态或者非病态的分类方法，也就是说，病态的潜意识和病态的意识、病态的理智、病态的冲动（理性也可能是病态的，我们可以在电视里播放的《快问快答》节目中见过这种现象）。我知道一个古代史的专家的故事，那个可怜的家伙赚了很多钱，他告诉人们，他之所以获得了现在的名利，是因为自己把整套《剑桥古代史》都背下来了！他从书的第一页开始背诵，一直背诵到最后一页，现在每页上的每个历史事件、每个历史事件发生的时间他都如数家珍,这个家伙真可怜!欧·亨利的一篇小说中,有个人认为大百科全书包含了世界上万事万物的知识,他只要背诵下大百科全书就不需要去上学了。他背诵下来了A字部,然后是B字部、C字部,等等,但是这是一种病态的理性。

一旦我们超越并解决了这种二分法,一旦我们能够将意识和潜意识整合为一个整体,就像健康的儿童和成年人,特别是富有创造力的人那样,我们就能认识到这种二分法或者这种非此即彼的方法本身就是一种病态的分类方法,这样一个人的内在斗争才会结束。对于自我实现者来说情况尤为如此。如果用最简单的方法总结这些人的特点,那就是他们是健康的人,这就是这类人的特质。如果我们从人群中选择1%的最为健康的人,那么这些人在一生中都会保持这种潜意识和意识的完美融合状态,他们也可以在这两个世界中自由切换,当然有时候他们无须心理治疗,有时则需要心理治疗的帮助。我认为那些健康的人身上具有孩童般的纯真,很难将这种"纯真"形容为传统意义上的与成熟相对的状态。如果我说大多数成熟的成年人就像孩子那样天真,这种说法本身好像就是一个悖论,但事实并非如此。也许我还应该用舞会的那个例子说明这一点:最成熟的人在舞会上才能玩儿得最尽兴,我认为这种说法更合适。这些人能够随意调整自己的状态,进行"退化",他们在与孩子玩耍时就会表现得像孩子一样天真无邪,从而能够更好地接近孩子。我并不认为孩子喜欢这些人,能与这些人相处得好是偶然事件,因为他们能够退化到孩子的状态。非自愿的退化则是一件非常危险的事情,然而自愿的退化显然是健康人的一个特点。

如果让我提出建议，可以促进人们意识和潜意识的融合，我只能说我没有什么好建议。我认为在实践中唯一可行的方法就是通过心理治疗，不过人们不会觉得这是切实可行的建议，也不会愿意接受这个建议。自我分析和自我疗法也可以实现意识和潜意识的融合。任何能够增加人们深入的自我认知技巧在原则上都能使人们凭借幻想和奇思妙想的风帆驶离现实的世界，超脱凡尘，远离常识，增强人们的创造力。常识意味着生活在当下的现实世界，然而富有创造力的人想打破现实世界，必须创立一个新的世界。为了实现这一目标，他们必须冲破现实世界、大胆想象、幻想，甚至敢于变得疯狂。我能够为管理创新人才的管理者提出的实际建议是：关注这些人才的动向，然后选择时机，不拘一格选人才并依靠这些人才。

我曾经为一家企业提出过这样的建议，我认为这个企业因此受益。我试着向企业管理者解释具有创造力的人才有哪些特点：他们往往是难以管理的人。我将这些人才的一些特质写在纸上：这些人肯定不会循规蹈矩，必定会惹麻烦，因为他们敢于打破常规或者行为古怪、不切实际。他们常常被贴上不守规矩的标签，有时人们会认为他们不求甚解甚至"不科学"，也就是说，不符合科学的某些定义。规矩的员工往往认为他们比较幼稚、不负责任、狂野、疯狂、精于算计、漫不经心、不讲规矩、喜怒无常，等等，这些形容词更像是形容那些流浪汉或波西米亚人或古怪的人。

我想应该在此强调一点：在创造力形成的初期，人们表现得的确像流浪汉或波西米亚人那样放荡不羁，甚至表现出些许疯狂。这种"头脑风暴"式的技巧能够帮助我们进入创造的状态,很多创意型人才都是通过这种状态获得了创造力,这是他们在创造力形成的初期阶段的表现。他们让自己呈现出漫不经心的状态,让各种狂野的想法充斥于头脑之中,从而激发出强烈的情感和热情。他们会在纸上胡乱写诗,或列出数学公式或方程式,或试图写下一种理论,或设计一个实验。只有在那时,他们才会进入次级创造过程,变得更加理智、克制,更具有批判性。如果在第一个创造力产生的过程就变得理智、克制、有条不紊,那只能是天方夜谭的想法。头脑风暴就是这种漫不经心的状态,它要求人们与自己的想法游戏,随意联想,让想法呈现出来,一股脑儿地得以释放,只有经历这个环节,才能去粗取精,摒弃那些糟糕的、无用的想法,留下好的创意。如果你害怕犯这种疯狂的错误,就根本不会有什么精彩的创意的。

当然这种波西米亚式的不羁行事风格并不一定是单一的、持续的,我说的创新型人才是随时可以进入创造状态的人(为了退化为本我,自愿达到疯狂的状态,自愿进入潜意识状态)。这样的人在疯狂、放纵自我之后,还能一本正经、理智、明智、做事有条不紊,而且他们能用批评的眼光看待一时迸发的热情和创造狂热,此后,他们也许会说"创造力降临的时候感觉很好,但是这种表现可不怎么样",因而他们又抛弃了这种原初的创造力。一个真正身心健康、意识和潜意识完美融合的人具有的创造力既可以是次级的,也可以是原初的,他既可以表现出孩子般的幼稚,也能表现出成年人的成熟。他能够自愿退化到潜意识的状态,然后再回到现实之中,变得更加克制,更具批判力。

我在前文提到过，这一点对一家公司，至少对这家公司人力资源负责人来说大有裨益，因为他们正打算把这种创新型人才扫地出门。在此之前，他一直强调员工应该具有较强的执行力，按规矩办事，服从组织的管理。

我不知道一家单位的人力资源经理如何制定出这样的人事管理方法。我不知道在这样的管理制度之下员工的士气如何，这不是我该思考的问题。我不知道一家单位让创新型人才循规蹈矩地工作，他们如何能产生好的创意。在解决一个复杂问题的过程中，好的创意仅仅是开始。我想在未来十年左右，这个问题会最先在我们国家得以解决。我们必须认真地对待这个问题，现在我们国家为研发投入了大量的财力，在这种情况下，创新性人才的管理就成了新的问题。

我毫不怀疑这种人才管理的方法在大型机构中运行良好，不过这种方法必须调整或改进。我们亟须找到一些能使员工保持个体特质的方法。我不知道怎么才能做到这一点，我认为这种方法需要在实践中检验，不断进行尝试，最终才能得到经验性的结论。我认为如果能意识到创新型人才的特点，也就是他们的创造力体现在哪些方面，而不是只盯着他们那些古怪和疯狂的行为，会有助于管理创新型人才（顺便说一句，我并不推荐对所有人都一视同仁，因为有些人确实很疯狂）。我们必须有一双善于识人才、用人才的慧眼，学会尊重人才，至少应该学会关注这种创新型人才，帮助他们适应社会。创新型人才在现今社会中往往是独行者，你会发现他们更多地就职于研究所、大企业或者大型机构，他们只有在那些单位里工作才能感到自在，因为那里的环境相对宽松，允许他们表现得更加另类、更加疯狂。所有人都希望他们的教授表现得疯狂、不拘一格，这一点大家都不会觉得有什么不妥，因为学生们只关注他的授课，但是教授有足够的闲暇时间可以躲进阁楼、地下室进行天马行空的想象，不论他们的想象是否切合实际。在一个企业中，员工通常只能全身心地投入工作。我最近听到了这样的一则趣闻，想在此与读者分享：一天，两位精神分析师在聚会中碰面了。一位心理分析师走到同行面前，毫无征兆地扇了对方一个耳光。被打的人一时惊愕不已，随后耸了耸肩，表现出一副若无其事的样子，说了一句："那是他的问题，不是我的问题。"

第七章　对创新型人才的需要

　　问题是，谁会对创造力感兴趣呢？我的答案是，几乎所有人都对创造力感兴趣，并非心理学家和精神病学家才会对创造力感兴趣。目前，对创造力的研究已经成为全国乃至全世界的任务了。下至普通大众，上至军人、政治家和那些有思想的爱国人士很快就会意识到一点：世界已然陷入了一种军事僵局，而这种局面未来依旧会持续下去。当下，军队的任务已经从发动战争转变为防止战争发生了，因此大政治集团之间的争斗或冷战仍将持续存在，而这种冷战可能会升级为战争，只不过这种战争并非军事上的。赢得中立国家的民众支持终将赢得战争的胜利。哪种体制会造就更加良善之人呢？哪种体制下，会涌现出更加博爱、更热爱和平、更加无私、待人亲切可爱、更值得尊敬的人呢？哪些人会赢得非洲人和亚洲人的支持？

　　总体来说，那些从政的人应该具备更健康的心理（或者说他们是更健全的人）。他不能遭人怨恨，能够与人和睦、友好地相处，能与大家打成一片，无论非洲人还是亚洲人，因为这些人能够非常敏感地感受对方是不是以一种盛气凌人的态度对待自己或对方是否心存偏见、心怀敌意。当然，能够从政坛脱颖而出、未来领导民众的美国公民的人一定不能有种族歧视，这一点是他必须具备的特点。他必须博爱、心存善念、愿意帮助他人，是一位值得信赖的领袖，不能让民众感到所信非人。长期来看，他不能独裁专制，也不能有施虐倾向。

普遍的需要

除此之外，对于任何独立存在的政治、社会、经济体系来说，必须也更为必要的是培养更多的创新型人才。这和我们发展伟大工业应该重视创新型人才是同样的道理，因为创新型人才对有可能过时或淘汰的事物或技艺具有很高的敏感性。他们能认识到：虽然选择我们可能十分富有，我们家庭的物资储备非常丰富，可第二天一早醒来就会发现有人发明了新产品，让我们目前所拥有的通通沦为过时的物品。如果有人推出了价格低廉的代步工具，价格只有一辆普通汽车的一半，那么那些汽车制造商会如何自处呢？因此，每家资金充足的企业只能为研发新的产品、升级旧的产品投入大量资金。国际舞台上，各个国家的军备角逐亦是如此。现在，各个国家储备的威慑性武器、炸弹和轰炸机之间都谨慎地维持着平衡，这一点无可非议。但是，试想如果明年的国际形势发生了变化，美国发明了原子弹，那么其他国家又该何去何从呢？

因此，目前各大强国都以国防或军事开支的名义投入大量的人力和财力，各个国家都在积极地开发新式武器，这种新式武器足以让所有现存的武器都黯然失色。我认为各大强国的统治者已经开始认识到，能够研发出这种新式武器的人正是他们此前一直针对、敌视的人，也就是那些富有创造力的人。现在，各国的领袖不得不去研究如何管理这些富有创造力的人才，研究如何能尽早发现这些创新型人才，研究如何教育、培养这些创新型人才等问题。

从本质上说，这就是我认为现在更多国家的领袖会对创新型人才如此感兴趣的原因所在。历史告诉我们，创新型人才存在于那些有思想的人，存在于社会哲学家以及其他类人才中。我们所处的时代瞬息万变，时刻处于发展之中，这种变化之快超过了任何历史时期。科学知识更新换代的速度正在加快，新的发明创造、发展技术、心理学发展日新月异，财富的积累速度也在不断加快，这样的快速发展也为每个人带来了一些新的问题，提出了一些新的挑战，这些问题和挑战都是人们未曾遇到的。首先，从过去到现在再到未来缺乏稳定性和持续性，出现了断层式的发展，很多人尚未意识到这一点，这种发展模式迫使人们做出各种改变。例如教育的全过程，特别是技术教育和职业教育已经与过去几十年大不相同。简单地说，学习一些事实性的知识并没有多大用处，因为事实很快就会过时。学习技术意义也不大，因为它们几乎会在一夜之间就被淘汰。例如，让工学教授传授学生自己在学生时代掌握的技术也毫无意义，因为这些技能现在几乎没有用武之地。实际上，我们生活中的各个领域、方方面面都存在事实、理论和方法迅速过时、淘汰的现象。我们不过是一群制造马鞭的人，我们的一技之长在当下瞬息万变的社会中毫无用武之地。

新的教学理念

应该怎样教人们成为社会需要的人才，例如工程师呢? 有一点很明确，那就是必须将学生培养成创新型人才，至少学生应该敢于求新求变、勇于即兴发挥，不能害怕变化，应该适应变化、接受新鲜事物，如果有可能的话(能做到最好)喜欢变化和新鲜事物。这也就意味着教师如果想把学生培养成工程师，不能循规蹈矩用老式的教学方法培养学生，而是应该把他们培养成"富有创造力的工程师"。

不仅培养工程师如此，培养高级管理人才、商业和工业的领导也应该如此。这些人才应该能够顶住产品迅速更新换代的压力，不去抗拒变化，不依靠固有的方法解决新问题，能够预见变革、应对挑战、享受变革。我们必须培养出能即兴发挥的人才，能够以"当下"的状态应对挑战的创造者。我们必须摒弃过去我们使用的那套定义技术人才或职业人才的方式(不是过去那种依靠丰富的学识汲取以往经验，应对未来出现的紧急情况的人才)。我们过去称之为学识的东西已经毫无用处了。任何依靠过去、依靠简单操作应对现在的问题或用过去的技术解决当下技术难题的做法在很多领域都过时了。教育从本质上来说也不再仅仅是一个学习的过程，它现在也成了一种塑造性格、锻炼心性的过程，成为一种人才培养的过程。当然，现状并非全然如此，但很大程度上就该是这样，而且未来会愈加如此(我认为这种说法也许是我想表达的最激进、最直接、最不容易引起误解的说法了)。那些过分依赖过去经验的人在许多职业中都已经无法展开拳脚，我们需要的是那些不囿于过去的人才，他们相信自己，并且有足够的勇气、决心和信心应对当下的情况，用临场发挥的能力解决当下的问题，如果必要，可以毫无准备即可迎难而上。

这些都要求我们具有健康的心理素质和决心，也需要我们更加重视当下的工作，并全身心地投入到当下的工作中，要求我们在面对具体而繁杂的任务和问题时能够静下心来聆听内心的声音，洞悉眼前的时局，这就要求我们敢为人先、不甘平庸。创新型人才并不认为现状只是过去的简单重复，他们审时度势、未雨绸缪，用当下的形势为未来可能面对的威胁和危险做好准备，因为他们相信如果毫无准备，未来在危险和威胁发生时他们根本无力应对。即便我们没有经历冷战，即便我们生活在一个四海之内皆兄弟的博爱世界，也不能故步自封，仍然要适应我们身处的新世界。

我在前文中提到的冷战思维以及我们现在面对的新世界都迫使我们了解能够激发创造力的因素以及创新型人才的必要条件。我们在讨论创新型人才时，我们实质上讨论的是一类人，是一种哲学，是一类人的性格，如此一来，我们又会将讨论的重点从创新型人才转移到有创意的产品和创造力等话题上来。我们必须将兴趣更多地放在创造过程、创造性的态度、创新型人才上来，而不应该只关注创意性产品。

因此，我认为最好应该更加关注创造力的形成阶段，而不是创造力的实现阶段。也就是说，我们应该更关注"原初创造力"而不是"次级创造力"（89）。

我们应该更多地关注艺术家和科学家的即兴创作,关注艺术家和科学家全身心投入当下的艺术创作,我们不应该只看重他们的工作是否重要,也不应该只关注他们创作出来的艺术作品和科研成果,应该注重他们在从事创作和科研中表现出来的灵活性和应变性。使用现成的作品或产品作为检验人们是否具有创造力的标准,会因为工作惯性产生混乱,例如固执、纪律、耐心、编辑能力还有很多本身与创造力毫无关系的习惯,或者说至少这些习惯并非创造力特有的习惯。

出于上述原因,我认为在研究人的创造力时,选择儿童作为研究对象会比选择成年人作为研究对象取得更理想的效果。在研究儿童的创造力时,许多研究成年人创造力过程中出现的混淆和混乱问题都可以避免。例如,儿童的世界里无须强调社会创新、社会有用性或有创意的产品。此外,我们还可以通过避免专注于成人伟大的天赋而将天赋和创造力混为一谈的情况(天赋似乎与人皆有之的创造力没有什么关系)。

我认为非语言教育十分重要,例如音乐教育、舞蹈教育,这背后是有原因的。我对培养艺术家并不感兴趣,因为这种艺术家的培养需要另辟蹊径,我对孩子在非语言培训过程中玩儿得开不开心也不感兴趣,甚至本人对艺术教育这个理念本身也不感兴趣(我真正感兴趣的是,我们必须发展的新型教育,这种教育的目的是培养创新型人才,也就是培养具有即兴发挥能力、自信、勇敢、自主型的人才),只不过艺术教育走在了前列,担负起这项具有划时代意义的任务。在我看来,数学教育也应该如此,我衷心希望看到新型的数学教育能够早日实现。

当然，数学、历史、文学在现行的教育体制下，多数情况仍然是靠死记硬背的刻板方式进行教学（J.布鲁纳就写了一些有关新型教育的文章，也就是创作型、猜测型、创新型教学方法。可喜的是，已经有新型的教育模式出现了，虽然这只是个例，并非普遍现象，例如，个别高中就出现了以培养数学家和物理学家为宗旨的快乐教学法）。这让我们回到了那些老问题上：如何教孩子们专注于当下的任务？如何成为创新型人才？如何拥有创造性的态度？

这种通过艺术教育启发孩子创造力的新型教育运动强调的是非客观的因素，而这种教育并不涉及是非观念的教育，是非观念可以暂时不纳入教学目标，因此孩子们可以直面自己，直面自己的勇气或焦虑，直面自己的刻板和新意，等等。说得更透彻一些，就是在这种新型教育中，事实往往退居次要位置。一旦事实可以暂时被抛却一旁，我们就有了一个良好的心理治疗情景或成长情景。在投射性测试和顿悟疗法中我们都会这样做，就是用现实更正、适应世界。在这个过程中，排除一切物理的、化学的、生物的决定因素，只有这样才能更加充分、更加自由地展现内心世界。针对新型教育，我甚至说通过艺术进行教育是一种心理疗法，是一种有利于个体成长的技术，因为它可以走进人的内心世界，让真实的心声浮现出来，因此这种教育方式值得鼓励、值得推广；而教育工作者也应该学习、参加培训，以便日后将新型教育发扬光大。

第三编
价值观

第八章　事实与价值观的融合

在正式开始论述本章内容之前，我想先来谈一谈高峰体验，因为高峰体验最容易、最能充分地证实我的论题。高峰体验这个术语是用来概括人类最美好的经历、幸福的时刻，最令人心旷神怡、心驰荡漾的经历，以及让人无比幸福、无比快乐的经历。我发现这些经历都源于深刻的审美经验，例如创造力带来的陶醉、成熟之爱、完美的两性体验、为人父母、自然生产等类似经历。"高峰体验"这个词足以概括这种令人喜悦的经历。因为这些经历存在一些共性的特点，所以"高峰体验"可以作为一种概括性的、抽象的概念或纲要描述这些特点。"高峰体验"这个词既可以描述所有这些经历，也可以描述任何一种此类的经历(66，88，89)。

我向我的研究对象提出了这样一个问题：在高峰体验的过程中，他们眼中的世界发生了怎样的变化？他们给出的答案可以进行抽象和概括。实际上我必须从他们对我描述的千言万语中凝练出一个简短的答案。我对百余位受访者的各种答案进行了总结和提炼，得到了以下的内容，这些表述足以描述他们在高峰体验的过程中以及高峰体验发生后对世界的看法：真理、美、完整、超越二分法、鲜活的体验、独一无二、完美无缺、必要、完整、正义、简约、丰富、水到渠成、有趣、自立。

当然，这些只是我个人经过总结、凝练得到的表述，不过我十分确定，其他人如果总结这些人的答案之后，也会得到和我大致相同的结论。因此，我可以自信地说我和其他人的结论不会有多大出入，只是选用的词语不尽相同罢了。

这些词语都很抽象，不过高峰体验本来就很抽象，不然又如何呢？每个词语都涵盖了一种标签之下的若干种直接经验，这就意味着这种标签化词语的范畴应该很广泛，因此它需要很抽象。

这就是人们在经历高峰体验时看到世界的各种样貌特点。这些描述可能在程度和侧重点方面有所不同，也就是说他们在经历高峰体验期间，认为世界看起来更加真实、毫无掩饰或者看起来比平时更美了。

我想在此强调一点：这些词语都是描述世界特点的词语，但是人们认为这就是他们看到的世界本来样貌。我采访的对象宣称，他们认为世界就像他们描述的那样，也许世界看上去是那样，也许世界真的像他们看到的那样。他们对世界的描述就像新闻记者或科学观察家在经历了某一事件之后写出的报道或文章那样真实，而不是他们想象中的"应该怎样"之类的陈述，也不是事件经历者愿望的投射。它们并非幻觉，不是缺乏认知力的参照物的情感状态。人们称它们是启示，是真实存在的、现实的特点。在经历高峰体验之前，他们由于某些原因忽视了这些特点[1]。

1.这种神秘的启示是我们过去研究的范畴，其根源或者起源与宗教有关，但是我们必须非常小心，不能被这种对神秘事件和高峰体验的、主观上的确定性所迷惑。高峰体验的经历者认为他们发现了世界的真谛。对大多数人来说，在经历了顿悟的时刻之后，也会感到这种醍醐灌

心理学和精神病研究领域正处于研究新时期的开始，我们作为心理学家和精神病学家应该意识到这一点。我在心理治疗从业经历中，偶尔接触过获得启示、经历高峰体验、感受绝望的经历、幡然醒悟、心驰荡漾的情况。这种情况不仅发生在患者身上，也发生在治疗师身上。我们已经对这些经历不以为奇了，我们也知道虽然这些经历并非全部都可以用于研究，但是其中一些的确可以作为研究高峰体验的素材。

正是那些化学家、生物学家和工程师才会坚持认为真相可能会通过这种研究方式获得：真相不会出现得如此匆忙，在人们情感达到高潮的时刻，在如此激烈、片段化的经历中穿过破碎的壁垒，越过重重阻碍，克服种种恐惧出现。毕竟我们才是那些专门发现危险的、会对人们的自尊心构成威胁的真相。

这种对客观乃至客观世界领域持有的科学怀疑态度并不是必要的。科学的历史，或者至少那些伟大的科学家都是在灵光闪现或心神荡漾的情况下获得了启示，发现了科学真相。在此之前，已经有很多奠基者仔细地谨慎地逐步证实过这些真相。这些奠基者就像珊瑚虫一样默默无闻，而不是像雄鹰那样翱翔天际。我认

顶、大彻大悟的确定性。

然而，在人类经历的有记载的三千年历史中，光凭这种主观的确定性来判断事物是远远不够的，还必须有外在的证实。一定存在某些方法、某些手段、实用的测试方法能够验证这种说法。在这些说法经证实之前，我们对待这些言论需要有所保留、谨慎，务必保持清醒。有太多预言家、先知十分确定的事情经过检验未必正确。

这种幻灭的体验就是科学的历史根源：不相信所谓的个人获得神启。正式的、经典的科学早就摒弃了这种个人宣称获得上帝启示以及彻悟的说法，认为它们并非可靠的数据。

为，这就像日有所思、夜有所梦，像凯库勒（Kakule）梦到了苯环一样[1]。

很多眼界有限的人认为科学的本质就是一丝不苟地验证过程，验证科学猜想是否正确，验证人们的想法是否正确。然而科学也是一种发现的技术，通过科学我们可以了解如何认识高峰体验，并且将这种认识转化为科学数据供后续研究。其他存在知识的例子均源于在高峰体验中获得了此前未经感知的真实体验，来自通过高峰体验获得的对爱的明确体验，来自某些宗教体验，来自某些通过团体治疗获得的与人的亲近感，来自智力上的启示，来自深刻的审美体验。

过去几个月，一种全新的、用于证实存在知识（启示知识）的方法横空出世。在三所不同的大学进行的实验发现：LSD（一种致幻剂）能够治好大约50%的酒精依赖症（例子1）。这一发现令人大为振奋，但是我们从这种惊天的喜讯、这种意想不到的奇迹带来的兴奋之情中缓过神来，一定会问这样一个问题，因为我们人类本性就是贪得无厌的，"为什么还有人没治好呢？"以下文字援引A.霍夫尔（A.Hoffer）博士于1963年2月8日写的一封信：

我们有意用高峰体验作为心理治疗的武器。我们为酒精依赖

1.凯库勒的梦（Kakule's dream）：1925年，英国化学家法拉第最先发现了苯，但一直没人知道苯的结构。1864年冬的一天，德国化学家凯库勒（弗雷德里希·凯库勒，1929–1896）正在壁炉前打瞌睡，睡梦中，原子和分子开始跳起舞来，一条碳原子像蛇一样咬住了自己的尾巴，在他眼前转圈。凯库勒从梦中惊醒后，终于明白苯分子是六个碳原子首尾相接的环形结构。

症患者服下了致幻剂，并且通过音乐、视觉刺激、语言、暗示等手段让这些人产生高峰体验，为此我们用了所有能让他们产生高峰体验的手段。我们治疗的酒精依赖症患者超过了五百人，因此可以总结出一些适用于所有此类患者的治疗原则。其中一条原则是：大体上，经过治疗恢复清醒的大部分酒精依赖症患者在治疗过程中都经历了高峰体验。而与之相对的是，那些没有康复的人在治疗过程中几乎没有经历过高峰体验。

我们还有足够的数据表明，治好酒精依赖症的是高峰体验。当服用致幻剂的实验对象在用了两天青霉胺之后，他们的经历与服用致幻剂的另一个实验对象的经历完全一致，但前者存在显著的抑制性影响。据实验人员观察，这些实验对象都经历了视觉上的变化，思想也发生了变化，但在情感上并无波动，是更为被动的观察者及参与者，这些实验对象并没有经历高峰体验。除此之外，我们在后续研究中发现，经过治疗之后，只有10%的酒精依赖症患者情况良好，这与我们预期的60%的康复水平相去甚远。

我们不妨激进一些，我们可以说这些经历过高峰体验的人列出的有关现实世界的特点与我们所说的"永恒价值观"或者"永恒的真理"是一样的。我们在其中发现了熟悉的真、善、美三位一体的价值观。也就是说，这份特点清单同时也是一份价值观清单。这些特点是那些伟大的宗教学家和哲学家崇尚的价值观，这份清单与大多数严肃的思想家一致认同的、人生最为终极或高级的价值观一致。

我想在此重申一遍：我的第一个论点是从科学的范畴来论

述的,也是大众所定义的。任何人都能操作,任何人都可以检验,任何人都可以用同样的程序完成实验。如果研究者愿意,可以采访一些民众,问他们我在实验中提出的问题,并通过录音的方式记录下受访者的答案,将结果公之于众。也就是说,我所做的实验是大众化的,是可以重复操作的,实验结果不仅得到了证实,还可以进行量化。如果重复实验,实验结果仍然不会改变。从这个意义上来说,这个实验是可靠而稳定的,即便是用最正统,19世纪科学采用的那种用实证法的实验标准来看,这也是一种科学的实验论述,是建立在认知力的基础上的陈述,是对现实特点的描述,是对宇宙、对外部世界的描述,在所描述的人的范畴之外,对所感知的世界的陈述。这些数据用传统科学的方法也可以得到,他们的科学性或非科学性也能够确定[1]。

然而,这种经历了高峰体验的人对世界的描述也是一种价值观的陈述。这些都是最鼓舞人心的价值观,是人们愿意为之付出生命,是人们愿意付出努力、坚定信念、甘愿忍受折磨也要努力实现的。这些也是"最高级的"价值观,因为它们往往是最优秀的人在他们人生最好的时刻、在最佳的状态下秉持的价值观。这些是人们对更高级的人生、对优质的人生、对精神生活的定义。我也

1.如果对这些实验感兴趣,还可以进行更深入的研究。我和我的学生就做了一些类似的研究。例如,我们做了一个非常简单的实验,我们做这个实验只是为了看看这一研究还能进行哪些实验。通过实验我们发现,大学女生如果受到爱情的滋润,往往会经历更多的高峰体验。而大学男生往往会通过胜利、成功、克服困难等一些有成就的经历获得高峰体验。这也与我们的常识和临床经验不谋而合。还有很多其他此类的研究可以进行,这一领域有待研究的空间还很广阔,特别是现在人们还可以通过药物获得高峰体验。

可以补充一点：这些是心理治疗力求达到的至高目标，是广义教育的至高目标。这些都是我所崇尚的那些历史伟人的特点，这些特点标榜了我们的英雄、圣人甚至我们心中的神。

因此，在我们认知范畴中，对这些特点的表述与对价值观的表述一致，"成为"与"理想"一致、现实与价值观一致。人们所描述的、所感知的世界与人们崇尚的世界以及愿望中的世界一致。现实的世界与愿望中的世界一致，而愿望中的世界也自然而然地变成了现实。也就是说，事实已经与价值观实现了完美的融合。[1]

使用"价值观"一词的困难之处 显然，不论我们如何定义"高峰体验"这个词都必然与价值观有关（21，93）。当然"价值观"可以通过很多方式界定，而且不同的人对它的理解也不相同，因此这个词在语义上容易引起歧义。我相信我们很快就可以找到一个更准确并且涵盖多种含义的词语代替"价值观"这个词。

我们可以用形象化的方法说明"价值观"这个概念。我们可以想象"价值观"的概念是一个大容器，大容器里装满了各种各样模糊的东西。大多数以价值观为创作素材的、具有哲学思想的作家都想找到一个简单的公式或定义概括容器中的所有物体（即便容器中有些物体只是偶然装进去的，而不是容器中原有的物

1.起初，我想尽量不用现在文中用到的"愿望中的"这个词，因为这个词容易与霍尼（Horney）提出的"神经症患者的愿望"相混淆。例如，在第三章"神经症和人的成长"（49），人应该达到的状态应该是外在的、任意的，是完美主义者的一个先决条件，总而言之是不切实际的。而我之所以用了"愿望中的"这个词，是将其作为个体内在的、一种实际的潜力，这种潜力可以实现，最好通过患病来激发。

体)。这些人会问:"这个词儿究竟是什么意思?"忘记了这个词语的意义真的没关系,因为这个词不过是一个标签罢了。只有多元化的描述才有意义,也就是说,需要用不同的方法说明对不同的人来说,"价值观"这个词语具有怎样不同的意义。

在明确了"价值观"的概念之后,接下来我们要进行一系列简单的观察,做出猜测,从各个方面提出一些与"价值观"相关的问题,并且通过多种途径探究这些问题的答案,这样就可以实现事实和价值观的融合或者使二者接近于融合的状态。这种融合既包括了"价值观"这个词的不同含义,也包括了"事实"这个词的不同含义。这种转变是将对"价值观"的关注重点从词义转变为心理学和心理治疗的实践,从对语义学的关注转变为对人性的关注上来。事实上,这也许是我们将"价值观"这一问题纳入科学的研究领域所迈出的第一步(科学研究涵盖的范围很广,既包含了实验性的数据,也包含了客观数据)。

将心理治疗作为"理想状态"的探求 现在,我想将这种思维模式应用到心理治疗和自我治疗领域。人们为了探求自己的身份,探寻真实的自我,可能会问自己一些问题,这些问题很大程度上都与"应该"相关,例如:我应该怎么做?我应该成为怎样的人?我怎样解决这种矛盾?我应该选择这个职业还是选择那个职业?我应不应该离婚?我是应该活下去还是选择死去?

没经过心理辅导培训的人在这种情况下往往会不假思索地回答对方提出的问题。他们会说,"如果我是你……",之后他们会提出自己的观点和建议。然而,那些经过专门心理咨询培训的人都知道,这样做不会起到任何作用,甚至会给对方造成伤害,我们不应该从自己的角度告诉对方做什么。

接受过心理咨询培训的人都会了解，最终能让一个人知道自己该怎么做、该如何做出最明智的选择的办法就是去认识、去发现自己是谁？自己是什么？因为要做出符合道德与价值观的决定，做出更明智的选择，实现理想的状态，最好通过"现状"，通过发现事实的真相、现实，发现自己作为个体的独特性质，了解自己的本性、深层的愿望、脾气秉性、性格、所追寻的目标、内心的渴望、真正能令自己感到满意的东西。对这些了解得越多，做出有关价值观的选择时就会越容易、越自主、越有效（这是弗洛伊德派的伟大发现之一，不过这个发现常常被人们所忽视）。随着时间的推移，很多问题都会自行解决。如果对自己有足够的了解，能够做出符合自己个性、符合自己对是非和规则的判断[1]，那些看似无法解决的难题也会迎刃而解（我们应当谨记，深切地了解自身的天

---

[1].即便成功地认识自己、认识事情的真相、完成自我实现等，所有与道德有关的问题也不能自行解决，即便这些问题只是表面上的、虚假的问题。即便解决了这些问题，很多真实的问题依然会存在。当然，这些真实存在的问题更有可能被那些洞悉事实的人解决。对自己的天性有一个明晰的认识，是解决这些道德问题的先决条件和必要条件，但我并不希望借此暗示：了解自我就足以解决一切问题。坦诚地面对自我，对自身有一个清晰的认识是解决问题的必要条件，但不是充分条件。此外，我暂且不谈心理治疗的教育性特点，这一点是毋庸置疑的。也就是说，心理分析师的价值观是否会成为患者解决问题的参照或者标杆？由此引发的问题是：在心理治疗过程中，什么才是中心？什么是外围附加条件？最应该注重什么因素？什么是最切实的、心理治疗的理想目标？我也希望在此指出：在心理治疗的过程中，不应该将心理分析师个人的价值观和意愿强加给患者，也不应该用条条框框的规定约束患者的行为，这一点可以通过弗洛伊德的超我（mirror detachment）或将"存在"之爱与外部的心理治疗相结合的方式来实现。

性同时也是了解人性的过程)。

也就是说,心理分析师帮助患者通过"现实状态"探求"理想状态"。发现一个人真实的天性的过程即是探求现实世界的过程,也是探寻理想状态的过程。这种有关价值观的探寻过程也是对知识、对事实、对信息的探寻过程。也就是说,一个人所追寻的事实应该框定在一个比较合理的、科学界定的范畴之中。我可以肯定地说:心理分析方法以及所有不加干涉、顺其自然的、道家思想所倡导的心理治疗方法一方面都是非常科学的心理疗法,另一方面,它们也是探寻价值观的方法。这种心理治疗的方法是帮助人们探寻自身道德标准的过程,甚至可以说是一种自然的宗教式探寻过程。

在此我们应该注意一点:不应该将心理治疗过程和心理治疗的目标(另一种理想状态和现实状态之间的对比)强行区分开来,任何区分二者的尝试都是荒谬的,最终只能以失败告终。心理治疗的直接目标是帮助患者认清他们是谁,而心理治疗的过程同样可以帮助患者发现他们是谁。你想发现理想中的自我形象吗?那么你应该了解现在的自己是怎样的人?"成为你应该成为的样子"。这段文字就是用来描述人们应该成为怎样的人,一个人的理想状态几乎就是他最真切的自己[1]。

从"终极"的意义来看,"价值观"也就是个体想努力达到、想成为的样子。天堂就存在于此刻。自我就是个体以目前存在的状态,在现实中通过努力实现目标的存在状态。就像一个人上大学的目的并不是通过大学四年的学习,在毕业时拿到那一纸文

1.最真切的自我形象在一定程度上也是自己建造和创造的。

凭, 而是整个大学点点滴滴的学习过程、感知的过程、思考的过程。而宗教宣扬的思想是: 天堂才是人生命终结后的归宿, 是人生的终极目标, 而生命本身毫无意义。原则上, 这一理念贯穿了教徒的一生。现在我们就在受这种理念支配, 这种理念在我们的生活中无处不在。

"存在"的状态与"成为"的状态应该是并存的, 它们是同时存在的。旅行可以给人带来一种终极的快感, 不过旅行不必是一种实现目的的手段。很多人在没退休时就期盼能早日过上完美的退休生活, 但是一旦退休, 他们才意识到退休生活索然无味, 并非那么完美, 只是他们意识到这一点为时已晚。

欣然接受当下的状态 事实与价值观融合的另一种方式是我们称之为欣然接受当下的状态。在这种状态下, 现实与价值观实现融合, 而二者的融合并不依靠改变现状, 而是通过降低心理期待, 重新界定个体的理想状态。这样期待的生活就会越来越接近现实的生活, 理想状态变得触手可及。

我所说的这种状态在心理治疗中就存在。我们总会要求自己尽善尽美, 因而我们总是苛责自己, 但是我们理想化的自我形象可能会在我们眼前瞬间崩塌。男子希望把自己打造成勇士的形象, 女士则将自己塑造成贤妻良母, 人们将自己包装成富有逻辑性、理智的形象, 然而一旦我们发现我们内心中存在懦弱、嫉妒、对他人怀有敌意、自私自利等特点, 这些完美的形象就会瞬间灰飞烟灭。

我们时常会因为这种自身完美形象被现实所击垮而感到沮丧, 会觉得自己是有罪过的, 是道德败坏的, 是毫无价值的, 我们会感到自己期待的形象和自身的实际形象相去甚远。

　　但是成功的心理治疗可以帮助患者坦然地接受自身的现状。人们一开始对自己的现状感到恐惧、排斥，然后慢慢转变为听之任之的状态。我们可以通过内省更进一步。"毕竟，我能像现在这种状态也不算太糟糕。这样才更像普通人，一个慈母有时也会讨厌自己的孩子，这一点也是可以理解的。"通过内省，人们可以从听之任之的阶段升华到全然接受、全然欣赏人性的缺点的状态，这样我们就会将那些不完美的人性视为理想化的、美丽的，甚至是光荣的。有的女性害怕、憎恶自身存在的阳刚气质，通过心理治疗，她们也会欣然接受自己的阳刚气质，甚至对这种气质产生一种宗教式的崇敬乃至欣喜。最初被视为邪恶的东西也会转变成为一种荣光。这是因为这位女子改变了自己对于阳刚之气的定义，在这个过程中，她的丈夫在她眼中的形象也从之前的不堪转变为理想的爱人。

　　如果我们能放下成见和挑剔的眼光，放下我们对孩子们的期待，放下对他们的要求，就可以在孩童身上找到这种特点。如果我们能偶尔做到这一点，就会发现孩子们瞬间的优秀即为永恒的完美。如果我们认为他们现在的状态是最强烈、最真切的美，就会觉得孩子们十分可爱、十分优秀。我们主观上自愿和希望的经历，也就是我们那种永不满足于现状的状态就可以与我们主观上的满足状态、认同状态、对事情顺其自然发展的那种认可状态融合。我想引用阿兰·瓦兹（Alan Watts）文章中非常有趣的一段话来说明这一点，因为这段话用在这里非常贴切："在面对死亡的时候，很多人会经历一种奇怪的情感。他们不仅会坦然接受死亡，而且会欣然接受发生在他们身上的所有事情。这并不是他们因为身处绝境就听天由命，而是他们意识到了现实世界和理想中的世界终究是统一的。"

由此我也想到了卡尔·罗杰斯做的实验。这些实验表明：在成功的心理治疗过程中，个体理想的自我和现实的自我逐渐接近，最后融为一体。用霍妮的话说，真实的自己和理想化的自己渐渐改变，逐渐走向融合，也就是说二者逐渐成为同一种事物，而不是截然不同的事物（49）。而正统的弗洛伊德派有关惩罚性的、严格的超我观念也与这种说法类似。超我在心理治疗的过程中逐渐弱化，变得更加和善、更加包容、更加友爱、更为认同自我，换句话说，也就是理想中的自我形象和实际的自我形象逐渐接近，因而个体变得更加自信、更加自爱了。

我更喜欢用多重性格的例子说明这一问题。具有多重性格的人对外表现出的性格往往是传统的、老好人的形象，而一些潜在的、不那么具有包容性的冲动都被压抑了。与此同时，他们的那种孩子般的、追求享乐的、冲动的、自我的冲动只有在冲破了束缚之后才能得到满足。如果将外显的性格和内在的性格二者割裂开来，就会扭曲这两种性格，而将二者融合又会改变这两种性格。除去性格中任意的"应该"成分，才有可能接纳并且喜爱性格中的所有组成部分和性格中真实的部分。

极少数的心理分析师会利用揭示自我、揭示本我的过程贬低、批判患者。好像心理分析撕下了患者伪善的面具，他们露出的真实面貌"也不过如此"。这是一种意图控制他人的操作，是一种自以为高人一等的做派。它成了一种打压他人、以实现自我社会地位攀升的手段, 产生一种让自己感到有力量、强壮、具有威慑力、高高在上, 甚至是上帝般的感觉。我认为这种心理治疗方法并不能拉近心理治疗师与患者之间的距离。

这种治疗方法也在一定程度上表明了患者在心理治疗过程中显现出来的东西是恐惧、焦虑, 是内心的挣扎, 这些被定义为低级的、糟糕的、邪恶的。例如, 弗洛伊德在生命即将走向终结之际也不喜欢潜意识的声音, 他仍然认为潜意识是危险的、邪恶的东西, 因此必须进行压制、控制。

幸运的是, 我所认识的大部分心理治疗师都选择了与之不同的做法。大体上, 他们对人性的了解愈加深入, 就愈加喜爱人性、尊重人性。他们喜欢人性中的缺点, 并不会因为已经既定的定义或者柏拉图式的、无法量度的理念就对人性的缺点大肆批判。他们认为, 即便是那些患有心理疾病的人, 即便他们在心理治疗师面前袒露真实的自我, 袒露出他们的弱点和邪恶, 也可以认为他们是英雄的、神圣的、智慧的、有天赋的, 甚至伟大的。

换言之, 如果一个人表现出了人性的弱点, 或当他更为深刻地认识到人性的弱点时, 也就是说当他意识到头脑中完美的自身形象或期待是无法实现或无法维持的, 是虚假的、不真实的时候, 他内心中设定的完美形象就会幻灭。我记得二十五年前, 我在从事性科学研究时发现了一个特别的研究对象(我不确定现在是否还有这样的人存在)。她放弃了自己的信仰, 因为她不能相信上帝会以一种如此恶心、如此肮脏的方式让人孕育生命。我又想起了中世纪的一些僧侣写过的文章。在那个时代, 他们因为崇高的宗教理想与自身存在的动物本能(如排便)相悖而备感煎熬。我们作为职业的心理治疗师和心理学家接触过很多此类的病例，因而我们对这种不必要的、庸人自扰的愚蠢行为一笑了之。

总而言之，人们之所以认为基本的人性是肮脏的、邪恶的，是因为这些人的这些基本特性、这些特点本来就是如此。如果认为排尿或者女子月经是肮脏的，那么照此理解，人体本来就是肮脏的。我认识这样一个人，每次他对妻子产生占有的欲望就觉得自己羞愧难当、痛苦不已。如果我们按"邪恶"这个词的语义学判断，他确实是邪恶的。这种邪恶是任意定义的结果。如果我们重新定义"邪恶"这个词，以一种更加现实、更包容的方式定义人性的"邪恶"，就可以缩小现实与理想状态之间的差距。

统一的意识 在最好的条件下，人与事物呈现的状态，应该成为人们珍视的状态（理想的状态已经实现）。我已经在前文指出，理想状态和现实状态的融合可以通过两种途径实现：一种是通过改善现状来实现，如此一来，现实就能更接近于理想状况；另一种途径是降低对理想状态的预期，这样理想状态也能更加接近现实状态。

现在，我可以补充一种方法，那就是通过统一意识可以实现现实状态与理想状态融合的方法。这种意识能使人们在现实中认清事物存在的状态，也就是具有发现现状的独特之处和它与理想状况存在的共性的能力。具有这种能力的人可以通过具体的特性看到事物的存在状态，也可以看到这个事物的永恒或共性的特征，可以见微知著，通过暂时看到长远，通过现在看到永恒。用我自己的话说，这样的人可以将存在的世界和缺陷的世界结合，能够意识到存在范畴，也能从缺陷范畴的角度出发思考问题。

　　这种方法并不是我独创的，任何读过禅宗、道家思想、神秘学的文献的读者都明白我的意思。每个神秘主义者都进行过以下尝试：在描述某一具体的事物时既能描述出它的鲜活和独特之处，同时又能描述出它的永恒性、圣洁性和象征性的特质（就像柏拉图式的精神实质）。除此之外，还有很多实验主义者在服用致幻药物之后，也进行过很多此类的描述（例如赫胥黎）。

　　我可以使用我们对婴儿的看法来说明人们的这种感知能力。例如原则上说，一个婴儿未来的成长之路有无限可能。婴儿具有很多潜力，因此从某种意义上说，他未来的成长之路可能多种多样。如果我们足够敏感，就能够通过观察婴儿感知他们的潜能，就会对这个婴儿心怀敬畏。而这个婴儿也许会成长为未来的总统，会成为未来的科学家或者一名英雄。在这一时刻，从现实的角度来看，这个婴儿具备这些特质，他存在的现状就是他具有的各种潜能。如果我们对这个婴儿有如此丰富而全面的认知，就会看到这个婴儿身上存在的这些潜力和可能性。

　　同样，如果我们对任何一个女子、任何一个男子具有全方面的了解，包括他们体现的神性、他们能成为神职人员的可能性、他们具有的神秘特质以及他们在有限的认知和眼界面前所展示出的人性光辉：他们代表什么？他们能成长为什么？他们会让我们联想到什么？他们会激发我们心中怎样的诗意？（如果人们看到一位妇女母乳喂养自己的孩子，或者看到一位女子在烤面包；还有在我们看到一位男子为了保护自己的家人挺身而出、不惧危险，如果我们是一个敏感的人，见到这些场景怎能不为之动容？怎么能不对这些人心生敬畏之情呢？）

一位优秀的心理治疗师必须对他的患者具有这样全面的认识，否则他永远也不会成长为一名合格的心理治疗师。他必须同时给予患者无条件的"正能量的认可"（罗杰斯这样说），将患者视为一个独特而圣洁的人。与此同时，他需要告诉病人：他的缺点是什么？需要告诉病人他是不完美的，需要改善自我[1]。不管个体作为人存在哪些恶劣的品质，他们身上总会存在一些圣洁的品质，这是每个个体都具有的品质。正是这个原因，一些反对处以犯人死刑的运动，反对贬低罪犯人格、对犯人进行残暴的、非人性的惩罚的运动才会具有哲学意义。

为了感知这种统一的意识，我们必须能够同时看到人们身上存在的圣洁品质和那些不堪的缺点。如果我们看不到人们身上存在的那些普遍的、永恒的、永久的、神圣的优秀品质，就是只见局部不见整体，只见树木不见森林。如果我们只关注具体的品质，就在某种程度上存在盲目性（请参见对理想状态的盲目性部分）。

这种统一的意识和我们谈论的事实与价值观融合的话题之间的关联在于：这种能够同时感知现状和理想状况的能力，能够从直接的、具体的现状发现未来的发展态势、理想化的状态，通过当下的事态预知个体终极价值观的能力正是事实与价值观融

1.在宗教语言中也存在这一种接受两种看似互为矛盾的观点同时存在、并融合的现象。以下文字节选自一位女教徒的一封信：我在成长-安全的思想中、在自私与无私、现实与未来的二分法的思想中。也看到了类似的情况。上帝看到我们现状，他因此而爱我们，但是他也看到了我们身上的潜能。他要求我们向着实现我们潜能的方向成长，这样我们才能变得越来越圣洁，越来越像上帝，我们接纳我们的现状，我们怎能不受上帝的感召，向着未来的圣洁之路迈进呢？

合的必要条件，这也是一种技巧。我已经为我的学生传授了这种技巧，因此它将我们自愿地将事实和价值观融合的可能性摆在了我们面前。如果我们在阅读荣格（Jung）、伊利亚德（Eliade）、坎贝尔（Campell）或者赫胥黎的作品时，不受这些作品的影响而改变我们的价值观，不把事实和价值观紧密结合在一起，就很难理解这些作品中的精髓，甚至读不懂这些作品。我们无须等待高峰体验才能实现事实和价值观的融合！

"事实与价值观合一" 这是另一种说法，是同一问题的另一方面。几乎任何手段（一种注重方法的价值观）都可以转化为一种实现某种目的的活动（一种看重目的的价值观），前提是我们足够聪明，也愿意这样做。我们为了谋生从事一项工作，也会渐渐爱上这项工作。即便我们的工作是最枯燥、最无聊的工作，只要原则上，这项工作是值得付出的，我们就能从这项工作中找到意义，可以在工作中将手段和目的合二为一，把手段转化为目的。日本电影《生利》（Ikuri）就很好地说明了这一点。电影的主人公生利身患癌症，生命即将走向终结。他的工作刻板、无聊，充分体现了官僚主义作风，正是这样的工作却在此时有了意义，他的人生也因为这项工作有了意义，有了价值，他也活成了理想的状态。这也是另一种将现实和价值观融合的方法。个体可以将现实转化为一种终极的价值观，如果他坚信这一点，通过自身的努力就可以实现这一点。（我觉得，从某种意义上，将一件事看得神圣或者将事实和价值观融合与将价值观和事实合二为一并不是一回事儿，即便二者存在交集。）

现实的矢量性质 首先，我想引用韦特海默（Wertheimer）的一段话说明这个方法。

何为结构？例如七加七等于……它是一个具有缺陷、带有空缺的系统。填补这一空缺的方法有很多种，在等号后填上得数十四可以填补这个空白，这是使这个等式从结构上达到完整需要的条件。只有填上了得数，等式才能完整。对于一种情况来说也是如此。而通过其他的方式，例如在等号后填上十五就不合适。这些空白由什么填补都是固定的，不能违反这个空白在结构中的作用，随意、盲目地填空，也不能违反结构的规则填写。

这里涉及几个概念，"系统""空白"以及不同类型的"填补空白"的方式，还有具体情况的具体要求，也就是"要求"的概念。

如果一条数学曲线存在一个缺口或某些缺失的部分，这种情况就适用于这条数学曲线。至于如何填补这个缺口，曲线的结构决定了哪种填补方式对曲线的结构是最合适、最明智、最正确的，而其他的填补方式则不合适。这与旧有的、有关内部必要性的概念相关，它不仅决定了逻辑运算、结论等是否正确，而且决定了包括事件、行为、存在方式等是否合理，是否具有逻辑性。

我们可以得到下述结论：给定一个情景，一个带有空白的系统，要检验某种填补空白的方法是否适合这个结构，是否"正确"，这往往是由这个系统、这种情景的内在结构决定的。就结构来说，有一些特定的要求，不过也存在一些完全模糊的决定，哪种填补空白的方式适合这种情景的要求，哪种方法违反了这种情景的要求，因此不合适……这边有一个饥饿的孩子，那边有一个正在修建小房子的男人，他的房子现在只差一块儿砖就能建成。现在我一手拿着面包，另一只手拿了一块砖。我把那块砖给了那个饥饿的孩子，而把那块松软的面包给了建房子的男人。由此产生了两种情景、两个系统。这样的分配方式本身就是对填补空白的功能视而不见。

韦特海默还在一条注释中这样补充：

我在这里无法将"要求"这个术语解释清楚。也许，我只能说人们经常用一种简单的二分法看待事物的存在状态和理想状态，这种认知事物的方法需要改变。由此看来，由此种方法得出的"确定因素""要求"都具有主观性。

在《格式塔心理学文献》(45)这部作品里，我们会发现其他作家也进行了类似的表述。事实上，格式塔心理学的文献说明了一点：事实是动态的，而非静止的；它们并非单纯数量上的（并非只在级别上有所不同），也是矢量上的（并非只有程度上的不同，还有方向上的差异）。心理学家克勒（Kohler）(62)特别指出了这一点。我们在戈德斯坦（Goldstein）、海德（Heider）、勒温和阿希（Asch）的文章中都能发现更有效的例证(39, 44, 75, 76, 7)。

现实并不只摆在那里，就像碗里的麦片粥那样任人摆布。现实有很多举动，它们会自动组合，然后完善自身，因为不完整的一系列事实会"自动要求"变得完整：墙上挂歪的画应该扶正；如果事物不完整, 问题得不到圆满的解决, 就会一直在我们脑海中搅扰我们, 挥之不去, 除非我们让它们变得完整、完满。糟糕的格式塔需要变得更好, 而不必要的复杂感知或记忆会不断简化自身。一段旋律需要适当的和弦才能变得完整而美妙, 化腐朽为神奇; 一个尚待解决的问题只有一种解决方式, "逻辑形式要求我们这样做……", 我们总会这样说。事实具有权威性, 它们也许会向人们提出要求, 也许会告诉我们, "可以"或者"不可以"。它们会引领我们、建议我们、暗示我们下一步应该怎样做, 不应该怎样做。建筑师决定建筑的选址; 画家会为自己的作品选择色彩; 服装设计师决定自己设计的服装应该搭配什么样的帽子; 啤酒搭配林堡干酪 (Limburger) 比搭配胡夫奶酪味道更佳, 就像一些人说的那样: "啤酒喜欢这种奶酪, 不喜欢那种奶酪。"

戈德斯坦的作品 (39) 体现了个体应该达到的理想状态是怎样的。一个被破坏的机体并不满足于它目前所处的状态, 也就是被破坏的状态。它会努力、挣扎、争取, 与自己角力、抗争, 以求再次成为一个统一的整体。如果它失去了一种能力, 就会朝着新的、成为统一的整体的方向努力。在这个新方向里, 失去的能力不会影响它再次成为整体。它会进行自我控制、自我创造, 以求重塑自我。它一定是积极而非消极的。也就是说, 格式塔心理学和机体论心理学并不只是研究平面的感知世界 (事物的现状), 也研究矢量意义上的感知世界 (事物的理想状态), 这种心理学并非对理想状态视而不见, 而是像行为主义心理学那样, 认为机体并非只是被动地接受, 也会主动采取行动, "受到内心的感召而有所作为"。从这个角度来看, 我们也可以认为弗洛姆 (Fromm)、霍妮和阿德勒从事物的现状和事物理想状态这个层面研究人们对世界的认知。有时，我认为如果将那些所谓的新弗洛伊德派视为融合了戈德斯坦和格式塔心理学思想的弗洛伊德派（弗洛伊德派思想本身并不那么完整），而不仅仅将他们视为弗洛伊德思想的背离者会大有裨益。

在此，我主张的看法是：事实中很多此类的动态特点、矢量的特质恰好属于"价值观"这个词的语义范畴，至少它们弥合了事实和价值观之间因二分法产生的鸿沟，而这种二分法恰恰是很多科学家和哲学家长期秉持的、不假思索地坚信的，他们认为这就是科学本身的特质。很多人认为，无论从道德上还是道义上，科学都应该保持中立，它不应该涉及终极目标和理想状态的问题。有这样想法的人必然会面临一个不可避免的结果：如果终极目标必须源于某个地方，而它们又不能来源于知识，那么它们只能源于知识之外的地方。

由"事实"产生的"理想状态" 由此，我们可以得到一种更宽泛的概括事实和价值观的状态：如果我们增加现实中的"事实"成分，更加强调它们"真实"的特点，与此同时，我们可以说这些事实中"理想化状态"的成分也会增加。

事实创造理想化状态！如果一个人对某种事物的认识越透彻，感知越清晰，那么他对这种事物的认知就会越真实，越准确，也越能看清这种事物的理想状态。他对这种事物的现状把握得越透彻，对这种事物的理想状况就会越了解，就更明白应该采取怎样的行动才能实现事物的理想状态。一个人对某种事物感知得越清晰，他就越会洞悉这种事物的理想状态，做到心中有数，从而采取更有效的行动实现这种理想状态。

实质上，这就意味着如果事实足够清晰、足够确定、足够真实，那么事情本身就会有自身的要求，有其自身的需要以及适用性。它"呼吁"人们用某些行动来应对状况，而不是凭借自己的意愿采取行动。如果我们想使我们的行动与道义、道德和价值观相符，那么最简单的方式就是遵循事实，这也是我们采取任何行动时最应该参照的标准。事实越明晰，越能明确地指导人们的行动。

我可以用一个心理医生在诊疗过程中的成长来说明我们的观点。我们知道，一些初出茅庐的年轻心理治疗师在与病患交流时会表现出不确定、摇摆不定、忍耐、暗示性和犹豫不决的状态，虽然他在给病人做心理治疗，但是他却不清楚自己究竟在干什么。他得到了很多临床建议，做了很多测试，而且测试结果的准确性都能得到验证。如果这些结果与他的判断一致，并且他已经反复检验了结果的准确性，他就会对自己的结论信息十足。例如，他可以果断地判断一个病人是精神病患者。他的行为也会发生重大的变化，他变得更加确定，更加果断、果决，他对自己要做什么，做出什么判断都了如指掌，并且知道什么时候应该遵从事实。这种对事实的确定性使他能够力排众议，自信地面对患者亲属的反对和质疑。他能够坚持己见，因为他对事实确信不疑，也就是说他认清了事实的真相，并对这一点毫不怀疑。这种对事实的认知使他能勇敢地说出自己的判断，即便这会给病人及病人家属带来痛苦，他们会因此哭泣、抗议甚至恶语相向。如果对自己信心十足，就不怕他人品头论足。只要能看清现实，就能做出符合道德标准的、正确的选择。确定了病人的病因及症状就可以对症下药进行治疗了。

我就曾经历过类似的事情，由于我对事实十分有把握，也有信心做出符合道德标准的决定，因此我的决定是成功的。我在硕士学习期间，做了一些有关催眠术的研究，但是大学明令禁止使用催眠术，我想理由是校方认为这世界上根本不存在催眠术。但是我十分确定催眠术确实存在（因为我就在用催眠术），因此我坚信我研究的课题具有价值和科研意义，我对这个话题也比较痴迷。我对自己在研究过程中表现出的鲁莽、无所顾忌的状态大为吃惊，我不在乎为科研撒谎，偷着研究甚至躲躲藏藏。我认为我之所以那么做是因为我必须那么做，我很确信我的研究是正确的（请注意"那么做是正确的"这种说法既是认知上的，也是道德上的[1]）。我就是比他们更有远见，不过我倒不一定生他们的气，只是觉得他们未免无知，理解不了我研究的意义，因此无须理会他们。（我暂且不谈难以理解的问题：为什么人们对自己不确定的事情反而信心十足呢？那是另一回事儿。）

再举另一个例子：如果父母自身就没有明确的是非观念，在管教孩子时就会表现得十分软弱；如果他们有明确的是非观，就会坚决、果断地教育孩子。如果父母确定自己管教得对，那么即便

---

1. "错误的""糟糕的""正确的"，这些也是人们从感知的角度评价事物和人的行为方式的词语。我想通过一个例子进一步说明这个问题：一位英文教授跟学生说了两个不文雅的单词，并告诉学生他不希望这两个词出现在学生的文章中：一个词是"糟透了"，另一个词是"棒呆了"。学生们陷入了片刻沉寂，接着一名学生问道："所以，你说的这两个词到底是什么？"

孩子哭闹，抵抗父母，父母也不会改变态度。如果父母要为孩子拔掉手上的刺或者拔出身体中的箭头才能救孩子一命，他们就会毫不迟疑地采取行动。

这是因为人们缺乏对事物的明确认识，所以在做决定、采取行动、做出选择时才会表现得犹豫不决，因此我们必须对事物有清晰的认识才能做事果决。这就像医生或牙医在了解病患的情况后就应该当机立断，切开病人的肚子，切除发炎的阑尾，否则阑尾发炎会危及病人性命。这就是医生根据病人的病情采取必要措施的例子。

所有这些都与苏格拉底的信条有关。他相信人们会在主观意愿上都不会选择虚假而忽视事实，选择邪恶而抛弃善良。人们往往会认为，无知会使人做出糟糕的选择。不仅如此，杰佛逊的整个民主理论都建立在这种信条的基础上：掌握全部事实就能做出正确的决定，不了解全部事实就无法做出正确的决定。

自我实现者对事实和价值观的认知 前些年，我会这样描述自我实现者：1）他们能清楚地认识事实和真相；2）他们不会混淆是非观念，他们能比普通人更快、更确定地做出符合道德的决定（95）。有足够的证据证实第一点。我认为时至今日，我们对这一点的理解远比二十年前更透彻。

然而我至今仍然无法理解第二点。当然，现在我们对动态心理学和心理健康的了解远比二十年前更深入，因此现在我们能更加坦然地接受这一结果，我们也相信，未来人们会通过研究将这种说法变为事实。

我们谈论的这一话题让我产生了这样一种强烈的印象，我现在想把这种印象分享给读者（当然，这种印象需要经过其他观察者确认）。这两项发现也许存在内在的联系，我认为只有对事实有着清晰的认知，才能拥有明确的价值观，后者是前者的结果，甚至可以说两者是一回事儿。

我称之为"存在认知"，也就是对事物存在状态的认知、相异性或者说对于人和事物内在属性具有的清晰认识往往健康的人才会更容易获得。这种认知力似乎不仅是人们能看到事物更深层次特质的能力，而且是人们在这个过程中能看到的事物理想状态的能力。也就是说，事物的理想状态是事物的内在属性，是可以深层次地进行感知的事实，它本身就是一种需要人们感知的事实。

这种事物的理想状态所需的特点或要求，或者事物的内在需要似乎只对这样的人有影响：他们能清楚地看到所得印象的内在本性。因此，对事物存在状态的认知可以帮人们做出更坚决、更果断的决定。也就是说，如果人的智商越高，就越容易看清一系列复杂的事实，或者如果人的审美能力更好，就越能欣赏那些色盲或普通人看不到的事物之美。哪怕有一百万个色盲看不出来毯子是绿色的也无关紧要，这些人也可能认为这个毯子是灰色的，但是对于能够看出毯子本色的人来说，那些色盲者的不同意见并不影响他们对事实的认知。

更健康、更具洞察力的人更容易发现事物的理想状态，因为他们可以感知事物的理想状态要求人们做什么，感召人做什么，它们对人的要求和建议是什么，人们需要怎样做才能认知事物本来的状态。就像道家思想倡导的那样：顺势而为才能领会事实的真谛，这样他们才不会因为认识不到存在的事实或忽视了某些事实而做出有违价值观的决定。

在认知过程中，人们可以区分对事实的认识和对事物理想状态的认知，那么我们可以分别谈谈人们对事实的感知和盲目性以及人们对事物理想状态感知的盲目性。我相信普通人往往只能看到事实，而对事物的理想状态视而不见。健康人更容易感知事物的理想状态。心理治疗有助于人们感知事物的理想状态。我研究的那些自我实现的人在做决断时更果决，这与他们对事物的真实状态与理想状态的感知力更强有直接关系。

也许谈论这个问题可能会使问题复杂化，不过我还是忍不住补充一点：人们往往会忽视事物的理想状态，一部分原因是他们看不到事物发展的潜在性，看不到事物发展到理想状态的可能性。我想援引亚里士多德（Aristotle）对奴隶制的言论说明他对事物理想状态的盲目性。他在视察奴隶时，发现事实上这些奴隶本身就具有奴性。亚里士多德认为这种描述性的事实是真实的，那些人骨子里就透出了奴性，他们生而为奴。因此，奴隶生来就注定是奴隶。金赛（Kinsey）也犯了类似的错误。他将表面的、浅显的描述与事物的"常态"相混淆，他看不到事物"可能"发展成何种状态。弗洛伊德（Freud）对于女性的认知也失之偏颇，这也反映了他脆弱的心理状态。在弗洛伊德生活的时代，女性往往不那么受人重视，但是认为她们不具有进一步发展的潜质，就像不相信孩子可以长成大人。对事物和人未来发展的可能性、变化、发展或潜质不可避免地陷入一种只能看到现状的哲学思维模式中。人们认为"当下的状态"（是事物唯一的存在状态）应该被视为一种范式。希利（Seeley）曾经这样形容描述性科学家以及社会学家：纯粹的描述仅仅是加入保守党派的邀约[1]。而纯粹的、不涉及价值观的描述不过是草草了事的描述。

道家思想提倡的倾听方式 人们通过倾听他人的言论，才能发现什么事物最适合自己。通过倾听，让自身得到塑造、指引和导。优秀的心理分析师也以这种方式帮助患者治疗心理问题——帮助患者听到几乎被外部世界淹没的内心之声，也就是他的天性要求他做的，这种声音是非常微弱的。而斯宾诺莎（Spinoza）认为，真正的自由要求人们对必然发生之事欣然接受，要求人们热爱现实。

同样，人们也可以通过倾听这个世界的真谛和各种声音，安静自己的内心以保持对世界要求和建议的敏感度，这样才能听到这个世界真实的声音，从而以一种更包容、更自然、更从容的心态与这个世界和平共处。

在日常生活中，我们每天都会做很多类似的事情。我们要切火鸡，如果知道火鸡的关节在哪儿，如何使用刀叉，并且将我们对这一领域掌握的全部知识用于实践，在切火鸡时就能更加得心应

1.目前，我已经在"人们对事物理想状态的感知"这个标签下加入了几种感知类型。第一种是对格式塔的矢量性认知法（对事物的动态认知或对事物发展方向的认知）；第二种是通过事物的现状掌握事物未来的发展趋势的认知，也就是了解事物未来的发展及成长潜能和可能性；第三种是统一性的认知方法，这种方法需要人们将对事物永恒的、象征性的特点与具体的、即时的、具有局限性的特点结合起来。我无法确定它与我提到的"统一的认知方法"有哪些相似性与差异性，它们都是个体有意识地将一种活动视为一种目标而非手段的认知方法，因为二者在具体实践中存在差异，我暂且将它们当作两种认知方法。

手。如果我们完全掌握了事情的真相，这些真相就会指引我们采取正确的行动。不过我不得不强调一点：事实的声音很微弱，难以感知，因此我们必须安静自己的内心，以一颗敏感之心、包容之心，像道家倡导的那样捕捉事实之声。也就是说，如果我们需要通过事实了解事物的理想状态，就必须让自己安静下来，默默地、平静地、全心全意地、全力以赴地做好我们该做的工作。在这个过程中，我们应该怀着一颗包容之心，尊重我们手中的工作，耐心而细致地完成这项工作。

苏格拉底的古老学说强调"明理之人不会行恶"，而我们的说法可以算作这种古老说法的新说。不过我们还不能说得这样绝对，因为我们现在并不了解作恶除了愚昧以外是否还有别的原因。不过我们也认同苏格拉底的观点，那就是人们对事实的无知是邪恶行为的主因。也就是说，事实本身就告诉人们应该采取怎样的行动才能认清事物真相和理想状态。

一把钥匙开一把锁，这种匹配两种事物的行为最好也以道家那种自然、轻柔、细腻、道法自然的方式开展。我认为这是一种非常好的行事方法，有时是解决几何学的问题（156），处理医疗问题、婚姻问题、职业选择的问题等的最佳方法，有时它也是处理是非问题和有关良知问题的最佳方法。

这也是接受事实的理想状态的必然结果。如果事物具有某种性质，人们必然会发现这种性质，不过发现这种性质并非易事，因此我们必须研究使人们最大限度地感知事物理想应该具备的条件。

第九章　存在心理学小记[1]

一、通过研究对象、
研究的问题和研究方法定义存在心理学[2]

　　1.存在心理学研究的研究对象是人的终极目标（而不是手段和工具）；研究的是事物的终极状态、人的终端体验（是内在的满足感和愉悦感）；如果人本身就是终极目标，那么存在心理学的研究对象也包括人（这样的人是圣洁的、独一无二的、无与伦比的，与其他人一样宝贵，他并不仅仅是一种工具或一种实现目的的手段）；存在心理学研究的是将手段转化为目的以及将手段的活动转变为目的的技巧与活动；它研究的是事物本身，研究的是事物的内在特性，因为事物本身就是有价值的，其自身的内在价值无须验证；存在心理学研究的是一种事物当下的状态，这种状态是可以完全体验的，是这种状态本身（它本身就可以作为一种目

1.这些文章尚未形成定稿，也称不上结构完整。它们的理论基础是（89）（95）两部作品中的一些思想，并设定这些思想为最理想状态时呈现的情况。这些文章是笔者在1961年，我以加利福尼亚州亚拉霍亚地区的访问学者身份到安德鲁·凯学院进行学术交流期间完成的。在（84）（86）两部作品中也可以找到存在心理学的相关注解。
2.存在心理学也可以称为本体心理学、超验主义心理学、完美主义心理学或者以目标为研究对象的心理学。

标），而不是对过去的重复或未来的序章。

2.存在心理学研究的是终结或终极状态，也就是说，它研究的是事物在达到完全的状态，达到高潮、走向终结、圆满、结束时的状态（这些状态不存在任何残缺，无须任何补充和添加，也不需要任何提高和完善）。这种状态就是纯粹的幸福、完满、兴奋、狂喜、成功，问题得到解决，愿望得以实现，需要得到满足，目的达到，梦想得以实现的状态。在这种状态下，所有的目标均已达到，所有愿望均已实现，无须再努力争取什么。这是一种高峰体验，是全然成功的体验。（在这种状态下，所有负面的存在都会暂时消失）。

2a.存在心理学研究的是事物走向终结、结束时，人们对终结和结束状态的认知，因而陷入失望、绝望，所有的心理防御机制都会崩溃，会因为价值体系的崩溃而产生的强烈挫败感，怀有真切而强烈的负罪感。这些负面情绪可以激发人们认知真理和事实（将其视为终极目标，而不再是手段）。有时人们能从悲观绝望中汲取力量和勇气。

3.存在心理学研究的是人们感觉或认为自己能达到的完美状态。研究人们对完美的概念、典范、标杆、榜样和抽象概念。研究人类存在的潜在状态，或者认为人能达到理想的、完美的，是堪称典范的、权威的，是完的人，是人之楷模，是神一样的存在，是举世无双的或具有成为上述标杆的潜质（也就是说，人们可能，也许或具有达到最佳或理想状态的潜力。他会无限接近这种理想状态，但是永远也不会达到这种理想状态），因为那是他们的命运、宿命。这些理想化的人类潜质都是从心理治疗、教育、家庭培训、成长和自我发展的目标中推导出来的（请参见《界定"存在价值观"的行为》），这一切都与人们核心价值观的定义、人的本性、人的"内在特质"或"内在品质"、人的本性、体魄、生理学意义的天性、内在的、与生俱来的、人类内在的核心或内核有关。正是因为这些因素的存在，人类才有可能评判什么样的人是"完全的人"，或者评判人们"实现人性的程度"或者"人性缺失的程度"（量化地评判）。欧洲的哲学人类史将"必要条件"，也就是人类的特质（这些人类特质定义了"人性"）与人类的典范（模范、精神理想、理想化的可能性、完美的思想、英雄、沉思、死亡）区分开来。前者将人的特质最小化，而后者将人的特质最大化。后者是人类更纯粹、更静态的存在状态，而前者则是人类某种特定而真实的存在状态；前者对纳入这一范畴的要求很低，例如：人类是没有羽毛的双足动物，人类成员的资格要么是完全的，要么就完全不是，非此即彼。

4.存在心理学研究人无欲无求的状态，研究人们缺少匮乏需要、没有动力、需要不足、没有奋斗目标、非应对状态、不努力、不作为、享受奖励、得到满足、获得利益的状态。【因此他们能"完全不用顾及自己的兴趣、愿望、目标，从而在一段时间内完全放弃个性，以保持纯粹的有识主体的状态（knowing subject）……对世界有清晰的认识"——叔本华】

4a.存在心理学研究无所畏惧的状态、无所忧虑的状态。勇气、毫无阻碍、无拘无束、不受抑制、不受阻碍、人性自然流露的状态。

5.存在心理学研究超越性动机（所有因需要未得到满足、匮乏、缺乏，或需要得到满足后的行为动力）。人的成长动力、"那些不受驱动力驱使的行为"、表现、自主行为。

5a.存在心理学研究纯粹的（原初的或者整体的）创造力的状态和过程。纯粹的处于当下状态的行为（在可能的情况下，不受过去或未来的影响）、即兴发挥、实现人与情境的合一。这种物我合一的状态（与问题），朝着人事合一的境界努力，并将其作为一种理想的极限。

6.存在心理学研究的是一种描述上的、经验的、临床的、人格的或者心理测量学意义描述的、人们在兑现承诺时所处的状态。（成就自我实现、达到成熟的状态、成就了"真实的自我"、实现了个性化的自我、发挥了个人的创造力、体现了个人的身份、发挥或实现了自身的潜质。）

7.存在心理学研究的是对存在状态的认知（也就是存在认知）。这种对存在的认知是人的心理现实与外界现实交锋的产物。它以事实的特性为中心，而不以人对自身的认知和兴趣为中心。这要求人们能够透过事物的现象或人的表面看到事物或人的本质，需要人具有洞察力。

7a.存在心理学研究存在感知力的产生条件。高峰体验、情绪的低谷或绝望体验、人在濒临死亡时的状态、在经历强烈的精神退化后的存在体验。作为存在感知的治疗意见、对存在认知的恐惧感和逃避、存在认知的危险性。

（1）存在认知力中知觉的特点：存在认知所描述出的事实特点与人在最佳状态下推导出来的事实特点一致。人们认为这些事实特点独立于感知者存在，并不是抽象的存在（请参见"存在感知与匮乏感知"一章的注释）。

（2）存在认知中的感知者：因为这些感知的存在脱离了人的理想和兴趣，因此它们是真实的、无私的、公正的、道家式的、无所畏惧的、着眼于当下的。（请参见"纯真的感知"中的注释），是具有包容性的、谦卑的（不是傲慢的）、不掺杂个人利益的，等等。这样，我们才能成为最为有效的现实感知者。

8.存在心理学超越了时间和空间。人们处于这种状态下，会全然忘记时间和空间（人们全身心地投入某件事、全神贯注、沉醉、高峰体验、失落体验时会发生这种情况）。在这种情况下，时间和空间已经与这种状态中的人毫无关联，他们也不受时间和空间的阻碍或伤害，他们将宇宙、人、物体和这种经历视为永恒的，脱离了时间和空间限制的、绝对的、理想的。

9.存在主义心理学研究那些神圣的、精神的、超验主义的、永恒的、无限的、神圣的事物，这些事物令他们产生一种肃然起敬的感觉，令他们五体投地。如果"宗教"的一些活动是自然主义的，那么它们也是存在心理学的研究对象。存在心理学还研究日常的世界，以永恒的眼光看待的事物和人。统一的生命、统一的意识、瞬间和永恒的融合、局部和普遍存在的、相对的与绝对的融合、事实与价值观的融合。

10.存在心理学研究人的纯真状态（我们可以以孩童或者动物作为典范）。（请参见存在认知力的相关内容）。（使用成熟的、聪明的、自我实现的人作为典范），用纯真的眼光去感知（在理想情况下，这些人不会凭借事物重要与否评判事物，他们对所有事物都一视同仁，因为他们认为所有事物都同样有趣；他们不会对事物的图形和背景进行分辨，只会凭借事物基础的结构以及环境来区分事物；他们往往不会凭借手段和目的来分辨事物，因为从本质上来说，所有的事物都同样有价值；他们不抱有对未来、对进程、对将来的期望，也不会因此感到惊喜、担忧、失望、期待、预测、忧虑或者妄图干预；他们往往不会对事物挑挑拣拣、偏爱、分辨，根据相关性和非相关性来选择事物，不对事物进行抽象化处理，也不会惊异于事物的状态）；如果人们以纯真的眼光认知事物，表现更多的是（即兴、表现力、冲动、无所畏惧、控制、不加约束、不会心怀愧疚、不会动机不纯、坦诚、没有目的、无须计划、无须预先设计、预先演练）谦卑（而非傲慢）、非常耐心（即便是面对前途未卜的情况）的状态；他们没有改善世界的冲动，也不会妄图重建一个世界。纯真的感知力与存在认知力在很大程度上具有重合性，也许未来的研究会证明二者是相同的。

　　11.存在心理学研究是趋向于实现最终整体性的状态，也就是说整个宇宙及宇宙中的万事万物、所有事实，他们都会用统一的方式看待。所有的事情都互相关联，因为万事万物不过是我们从不同的角度看到的同一事物的存在状态。巴克（Buck）的宇宙观（18），我们有时会坐井观天，认为我们看到的那一部分世界就是整个世界。那些让人们产生局部即整体的技巧，使人能够管中窥豹、见微知著的技艺，例如艺术、摄影中的剪裁、放大、修饰等技术（这些技巧切断了某一事物与其他事物的联系，抹去了事物所处的背景），使事物处于单独、绝对的状态。这些技巧呈献给人们的是事物所有的具体特征,而不是有用性、危险性和便利性等抽象特征。事物存在的状态就是整个事物的状态,而抽象化也就意味着通过手段看待事物,而将事物脱离了它自身。

存在心理学超越了事物的分离、相互排异性、排中律。

12.存在心理学研究的是通过观察或推测得到的事物(或价值观)特征(请参见存在价值观清单),属于存在范畴。它研究的是统一意识,请参见存在“价值观概念”一章的附录部分(第四节的内容)。

13.存在心理学研究了所有的二分法(极端性、对比性、矛盾性)得以解决的情况(超越、合并、融合、合一),例如它实现了自私与无私、理性与情感、冲动与控制、信任与意愿、意识与潜意识、反对与赞成、快乐与悲伤、眼泪与笑声、悲剧与喜剧、阳刚美与阴柔美、浪漫与古典等矛盾的融合。经过这些融合和合一,针锋相对的两极逐渐同化为合而为一的一体,例如爱、理性、艺术、幽默,等等。

14.存在心理学研究了所有协同性的状态(世界、社会、人、自然、自我,等等)。在这些协同状态中,自私和无私成了相同的状态(人们谋求私利的同时也会使他人获利;我们为他人服务的同时自身也能获益。也就是说,这种状态解决并超越了二分法)。在这种社会环境中,人的优秀品质就能得到报偿。也就是说,人会因为美德而得到物质奖励,也会得到精神奖励。人们具有高贵的品德、超凡的智力水平、慷慨、美貌、诚实等,并不需要付出很大的代价,所有能鼓励和形成这种存在价值观的状态会得以实现。在这种状态下,人成为良善之人是非常容易的事情。这种协同

性的状态不提倡人们心怀怨恨、具有反主流的价值观和反道德的
情况存在（怨恨、惧怕他人表现出众、鼓励人善良、弘扬真善美，
等等）。所有这些状态都会增强真、善、美之间的联系，并将这些
优秀的品质朝着一个理想化的、统一的方向推进。

15.存在心理学研究人类的困境（存在性困境）得以暂时解
决、超越、笑看自己面对的窘境的状态，例如高峰体验；存在幽
默感；皆大欢喜的结局；善有善报，恶有恶报；存在主义的正义；
"死得其所"；存在主义的爱；存在主义的艺术；存在主义悲剧、
喜剧；所有综合性的时刻；行为和认知力，等等。

《存在心理学》作品中"存在"一词的多种用法

1."存在"这个词用来指代整个宇宙，指代宇宙间存在的所
有事物、所有事实。在高峰体验中，人们沉醉、全神贯注、全情投
入、全身心地关注某一事物或某个人，好像这个人成了所有人类
或所有现实一样。这就表明，这些事物和人从整体来看是互相关
联的。而唯一存在的完整事物就是整个宇宙，任何缺失的东西都
不是完整的，它们切断了个体与整体之间的内在联系，只为了获得
暂时的、现实的便利。这个词也指代了普遍性的意识，同时也暗
指世界是一个分层次的整体，而不是二分法的。

2."存在"一词指代"内在核心"，也就是个体生物的特性，
包括个体内在的需要、偏好、天性、他"真实的自我"（霍妮）、他
内在的、实质的、独特的个性、他的身份、核心性质，因为这种"内
在核心"既为人类所共有（婴儿都需要得到他人的爱），同时也具

有个性,是个体所独有的(只有莫扎特本人才能完美地演绎出莫扎特风格的音乐)。这个词即可以指"成为完全的人",也可以(或者)指"成为独一无二的个体"。

3."存在"一词可以指代"表达自身的性质",而不是应对、奋斗、自愿、控制、干预。(例如,猫就是猫,这种说法与"一位装扮成女子的演员一定是女性"或者"一个吝啬的人表现得大方一定是'装出来的'的"说法不同)。它指的是一种无须努力,只要自然地表达自我就可以达到的状态(例如智商很高的人就会表现出高智商,孩子就会表现出孩子气)。这种人最为真切、最为深切的特点会通过行为体现出来,因为很难做到所有行为都完全是自发的。大多数人都可以称为他人的模仿者,也就是说他们努力想让自己成为他们心中设定的人设形象,而不是他们真实的样子,因此这个词就意味着诚实、不加掩饰、自我释放、自我发现。大多数心理学家都用这个词(公开的)表达那些隐藏的、尚未经过充分验证的猜测:神经症患者所表现出的特征并非他们最为本真的特征,并非他们内在的核心或他们最真实的自我,而是他们更为表象化的性格层面,这些性格特点隐藏或者扭曲了他们真实的自我。也就是说,神经症是一种个体建立起来的用于防御本真存在的,用于抵御他们内心深处最为深切、最真实的自我而设定的机制。"努力成为"的样子并不一定比真实存在(表达)的样子更好,但是即便如此,"努力成为"也比听之任之、自暴自弃的状态好。

4.存在的状态可以指代人们对"人类""马"等物种的概念。这种观念具有确定性的特点,通过具体的操作判断某一事物或者人是否属某个类别。对于人类心理学来说,这种概念存在局限性，因为对于某种观念或类别来说，任何人既可以是"人类"的成员，也可以是某个特定团体中的一员，例如"爱迪生·辛姆斯"这个团体独一无二的成员。

此外，我们也可以将归类的概念用在两种截然不同的方法中，将其最大化或最小化。"归类的概念"在最小化的方法中可以指代人类，几乎所有人都包括在内，这样就无法将任何人区分开来，所有人都一视同仁。一个人只能属于或者不属于某个群体，他可能存在或者不存在这个团体之中。除了这两种情况之外，再无其他的存在状态。

我们也可以通过完美的典范定义这一类人或者事物（楷模、英雄、理想化的可能性、柏拉图式的思想、理想限制与可能性的推测）。我想这种用法有很多优势，但是我们必须谨记这种方法具有抽象和静态的特质。描述相对达到了理想状态的人（自我实现的人），因为人无完人，与描述理想化的、完美的、纯粹概念与典范之间存在着深切的差异。完美的典范和楷模都是通过对现实存在的不完美的人的数据构建或者是推测出来的。而"自我实现的人"这个概念又是如何产生的呢？这个概念不仅可以描述特定的自我实现者，也可以描述人们接近理想状态时的现状。这一点不难理解，我们对蒸汽机或者家用汽车的蓝图和图表十分熟悉，因此绝对不会把这些图表和蓝图与汽车或蒸汽机的照片相混淆。

这种概念上的定义使我们能将事物的本质与表象区分开来（那些偶然的、表面的、非本质性的东西）。它为人们提供了一个标准，能使人们将真实的和虚假的、必要的与非必要的、永恒的与转瞬即逝的、不变的和变化的区分开来。

5.存在的状态也就意味着事物的发展、成长、变化状态的终结。它指代的是一种成品或者是一种限制，一种变化的终极状态，而不是变化的过程，就像下面这个句子表述的那样："存在心理学以及变化心理学以这样一种方式达成了和解，自在自为的孩童也可以取得进步、实现成长。"这种说法非常像亚里士多德的"终极因"，或者终极状态、最终的产物，意思是橡果子的天性中就有成长为橡木的性质（这种说法未免有些麻烦，因为我们喜欢将事物拟人化，我说橡果子"努力"成长，而实际上则不然，橡果子的存在状态相当于人类的婴儿时期。同样，达尔文也不会用"努力"一词来解释物种进化的概念，因此我们也应该避免这种用法。我们必须这样解释：事物朝着它的极限成长，这是它存在的一种附属现象，是生长机制或者是生长过程的一个副产品）。

存在的价值观：人们在高峰体验中看到世界的特点

存在的特点即为存在的价值。【我们同样可以说它是实现完全人性的人的特点；是人性完满的人的偏好；是高峰体验中自我的特征（或身份）；理想艺术的特点；理想的孩子的特点；理想的数学演示法的特点；理想的实验和理想的理论，理想的科学和理想的知识；所有理想的心理疗法的终极目标（道家思想提倡的无为而治的方法）；理想的人本主义教育的终极目标；理想的宗教表达方式的终极目标、理想环境以及理想社会的特点。】

1.事实：诚实、现实、不加掩饰、简单、丰富、本质、理想状况、美、纯真和未经玷污的完整。

2.善良：正确性、理想化、理想状态、公正、博爱、诚实。我们都喜欢它，都为它所吸引，都认同它。

3.美：正确性、形式活泼、简单、丰富、完整、完美、完全、独特、诚实。

4.完整：统一、一体、趋向统一的整体、相互联系、简单、结构性、组织性、秩序、协同性、具有同一性和一体性的趋势。

4a.超越二分法：接受、决心、整合、超越二分法、两极化、矛盾、协同性，也就是将矛盾的两极统一为单元，将对立的两极统一为相互协作、互相促进的伙伴。

5.生动：过程；不死板；僵化；自发性；自我调节；完全发挥作用；灵活多变，但本质不变；自我表达。

6.独特：特性、个性、无可比拟性、创新性、本真、独具一格。

7.完美：无所多余；无所缺乏；一切都恰如其分，无须任何提高；本应如此；合适；完整毫无冗余；理想状态。

7a.必要性：必然性、就应该如此、无须做丝毫的改动、现在的样子正好。

8.完整：结束、终章、终结、格式塔无须做任何变动、圆满、事物的终结、毫无遗憾和缺失、完整性、使命完成、告一段落、达到高潮、完美落幕、涅槃重生、成长和发展的停止和完成。

9.正义：公平、理想状态、合适、建筑对称之美、必要性、必然性、不偏不倚。

9a.秩序：合法则；正确；没有多余的东西；安排妥善。

10.简单：诚实、毫无掩饰、精髓、抽象性、必然性、本质上的、框架结构、事物的中心、率真、只保留必要的、无须修饰、毫无冗余或虚饰。

11.丰富：差别、复杂性、精巧性、完整性、无所缺失或隐藏、具有应该具有的所有元素、"重不重要都无所谓"、没有不重要的事情、所有的事情都恰到好处，无须改善、简化、抽象和重新排序。

12.容易：轻易、无须费力、努力、毫无困难、悠然处之、完美地发挥功能。

13.趣味：乐趣、喜悦、趣味、欢乐、幽默、活力四射、轻而易举。

14.自立：自主性、独立性、无须外物干涉就能成就自我、自主决定、超越环境的限制、独立性、自有一套生存法则、本体。

用可测试的形式界定存在价值的方法说明

1.这种方法最先被用来形容自我实现者（心理健康的人）的特点，这些人自称他们具有这些特点，研究他们的人观察到这些人身上具有这些特点，与自我实现者关系密切的人也称自我实现者具有这些特点【1，2，3，4，4a，5，6，7，（？）8，9，（9a），10，11，12，13，14】：清晰、接受、超越自我、具有新颖的认知力、比普通人经历更多高峰体验、博爱、存在主义的爱、顺其自然、存在主义的尊重、创造力Sa[1]。

1.作者在此建议，在使用很多主观术语时，应加注下标，例如这里的

2.作为自我实现者的偏好、选择、迫切需要的东西、价值观，对于自身、对于他人以及世界（前提条件是这些人处于良好的环境和条件，他们能做出很好的选择）的可能性。除了自我实现者，还有很多人需要更好的环境、条件才能做出更好的选择，而对好的环境与条件的选择，其偏好和需要也颇为相似。以下因素增加，存在价值观的任何一种或者所有的存在价值观的偏好可能性也会随之增加：a）选择者的心理健康；b）环境的协同性作用；c）选择者勇敢，具有活力、自信，等等。

假设：存在价值观是多数人（大多数人甚至所有人）在内心深处渴求的（通过深度的心理治疗可以发现这一点）。

假设：存在价值观可以满足人们的终极需要，不论人们是否有意识地追求、偏好、渴求满足这种需要，也就是如果这种需要得到满足，就会感到完美，感到完成了任务，感到有成就感、内心平静，感到完成了使命，等等。这种成就感也可以产生良好的影响，这种影响往往具有治疗作用，对人的成长是有益的。[1]

3.经历过高峰体验的人在高峰体验中看到的世界（就是在各种高峰体验的过程中，他们所看到的世界）。他们向调查者描述，他们在高峰体验中看到的世界具有这些特点（或者具有向这些特点发展的倾向）。这些数据都可以通过有关神秘体验、爱的体验、审美体验、富有创意的体验、在经历炼狱般的悲惨经历、为人父母的经验、在具有治疗作用的洞察力（情况并非总是如此）等经历以及在某些宗教文章中发现。

Sa，它表明自我实现。（参见作品95，第362页）
1.参见第三章《存在心理学》（89）。

4.经历了高峰体验的人向调查者描述, 在高峰体验中他们发现的自我特点(一种"强烈的、对个人身份的认知");他们体验到了除了9以外的所有存在价值观。此外, 他们还体验了创造力Sa[1]、此时此地的状态、在5, 7, 12中举例描述的那种不费吹灰之力就水到渠成的事、富有诗意的交流。

5.研究者观察到的经历高峰体验的人在高峰体验中的行为特点(与4中的描述一致)。

6.当认知者具有足够的力量和勇气, 这种认知方式也与其他存在型认知相同, 例如高峰经验、绝望的经历(罹患精神病、面临死亡、心理防御的崩溃、出现幻觉或价值体系的幻灭、经历了悲惨事件和悲惨经历、经历失败、遭遇困境或者陷入生存的困境);有些人可能从这些经历中获得智力或哲学的洞察力, 破解了重大的难题, 获得了关于过去经历的存在性认知("拥抱过往")。这类数据的获得方法本身并不令人信服, 或者这类数据本身并不充分, 需要通过其他数据进行验证。有时这些方法或操作会支持这类数据, 有时则会与这类数据相悖。

7.观察者将其描述为优秀艺术的品质(目前看来, "好的"就意味着研究者偏好的);例如绘画、雕塑、音乐、舞蹈、诗歌和其他文学艺术形式(除了9以外的所有存在价值观, 7和8中部分存在价值观也不包括在内)。

预备实验: 艺术评委需要对孩子们非具象性的画作进行评分, 10分为满分, 最具审美价值的作品得10分, 最不具有审美价

1.作者在此建议, 在使用很多主观术语时, 应加注下标, 例如这里的Sa, 它表明自我实现。(参见作品95, 第362页)

值的作品得1分, 以此类推, 另一组评委根据画作的完整性进行评分, 满分为10分。内容最完整的作品得10分, 内容最不完整的作品得1分, 以此类推。还有一组评委根据画作的生动性进行评分, 一组评委根据画作的独特性进行评分。所有这四个画作特征都正向关联。预备研究: 经过此次调查, 我们得到下述结论: 通过对画作或者短篇小说的评判, 来判断画家或者作家的健康状况, 这种判断往往比随意的猜测准确得多。

可以验证的推测: 美、智慧、善良和心理健康会随着年龄的增长而增加, 二者呈正向关联。不同分组的评委分别为不同年龄段的人打分。评分标准为健康、善良、智慧, 每项指标都有一组评委来评判。年龄在三十几岁的人得分很高, 四十几岁的人得分更高, 而通过随意的观察也可以证实这种假设。

假设: 如果我们以15种存在价值观为评判标准, 对短篇小说进行评价, 我们会发现那些质量差的小说(由评委评判的)偏离存在价值观的幅度远比优秀的小说偏离存在价值观的幅度大。人们对好的音乐作品和坏的音乐作品的评价也是如此, 也可以用非标准的叙述来提出一些问题, 例如: 怎样的画家、怎样的文字、怎样的舞蹈才能提升或者增强个人特征, 或者使人更加诚实、自立或者增强其他的存在价值观? 这样的问题还包括什么样的书籍、诗歌更受到成熟人的青睐? 如何才能将健康的人作为"生物意义上的试金石"? (这些人是更为敏感、更为有效的观察者, 同时也是更优秀的价值观选择者, 就像煤堆上的百灵鸟那样卓尔不群。)

8.我们对哪些因素可以增强或削弱不同年龄段孩子的心理

健康知之甚少。在我们的文化中,促进健康就意味着接近各种存在价值观(或许全部存在价值观)。良好的外部环境,例如良好的学校、家庭等环境就可以定义为有利于心理健康或有利于实现人们价值观的环境。如果我们从可以检验的假设角度描述这个问题,会得到下述结论:心理健康的孩子会比那些心理不健康的孩子更诚实(更美丽、更有美德、更健全,等等),通过投射测试、行为样本或精神采访可以测量孩子的健康情况或可以判断他们是否具有典型的神经症症状。

假设:心理上更为健康的教师能够引导学生朝着实现存在价值观的方向努力。

非标准化问题:哪些条件会促进孩子的身心发育?哪些条件会损害孩子的身心发育?例如诚实、美丽、童趣、自立,等等。

9.“好的”价值观(2)或者“优雅的数学证明方法”常常是“简单”(10)、“抽象的真理”(1)、完美、完善以及秩序(7、8、9)的终极体现。它们很美丽(3),也常常被视为美丽之物。一旦完成,它们看起来十分轻松(12),而且实际上它们也是如此。这种趋向、渴求、希冀、热爱甚至有些人表现出对完美的需要等都与对那些机械制造师、工程师、产品工程师、工具制造者、木匠以及商业及军事管理人才的需要相似。事实上,他们也追求上述存在价值观的那些特征。我们可以通过他们的选择衡量他们追求存在价值观的程度。例如,究竟应该制造一台简单的机器还是制造一台华而不实的复杂的机器?有的手艺人喜欢用平衡感好的锤子,而有的人则喜欢用糟糕的锤子。有人喜欢用“运行”状况良好的设备,而有人偏好用功能不全的设备等。那些更为健康的工程师、木匠会自发选择那些更符合存在价值观的产品和工具，他们比较偏爱使用具有上述特点的产品，而不会选择价格更高的产品。而那些身心不太健全的工程师、木匠等都会选择那些价格比较高的产品。有时，我们可以用同样的标准来评判好的实验与糟糕的实验。总体上来说，好的理论、好的科学也是如此。而在此类语境中，"好"这个词更接近于符合存在价值观的标准，这就像数学领域中的"无限接近"。

10.大多数（倡导依靠洞察力、发现自我、非强制性的、自然的、道家的）心理治疗不论是哪一学派，都认同心理治疗的终极目标应该包括帮助患者成为更健全的人，帮助他们找到本真的自我，成就自我实现，成为个性化的人，这种心理治疗的终极目标古往今来都是如此，或者说这种终极目标既可以通过具体的特点进行描述，也可以通过理想化的、抽象化的概念加以理解。如果需要列举出一些具体的细节，那么这些细节往往与部分或全部存在价值观相关，例如：诚实（1），行为端正（2），身心合一（4），自发性（5），努力开发全部潜能或者使各种潜能协调发展（7，8，9），成为真正的自己（10），达到个人能够达到的至高成就，能够接受内心深处最为真实的自己（11），轻而易举、轻松地发挥自己的潜能（12），能够自娱自乐并且乐在其中（13），自立、自主、自我决策（14）。我认为不会有哪位心理分析师极力否认这些目标，不过有些人可能会进行补充。

罗杰斯的科研团队搜集了大量有关成功和不成功的心理治疗案例。据我所知，所有这些案例都无一例外地支持或符合这种假设，也就是存在价值观是心理治疗的终极目标。这种在心理治疗之前和心理治疗之后的操作都可以用以检验那些未经验证的假设——心理治疗也可以使患者变得更加美丽，使他们对美更加敏感，增加他们对美的追寻，也会让他更加渴求美貌。这种对假设的检验也同样适用于幽默感。

先导实验：我们在一项为期两年的非量化小组心理治疗实验中通过观察发现，参与我们的这项心理治疗的男大学生和女大学生总体上都看起来更加英俊、更加美丽，他们自己也这样认为。而陌生人认为，这些大学生通过心理治疗变得更加自爱、自重，能为同组的成员带来更多欢乐，更加喜爱同组的成员。总体来说，如果我们认为心理治疗能够发现和揭示人们的内心世界，那么不论它们能揭示什么，这个被揭示的秘密必然是已经存在的东西，因此浮出水面的真相或者经过揭露的真相很可能是这个个体固有的气质或者秉性，是这个生物体与生俱来的东西，也就是说他的本质、他内心深处最真实的自我，这是生物学意义上赋予他的。这样看来，心理治疗驱散的往往是那些偶然的、个体在后天习得的或强加于个体的，而不是他固有的、内在的东西。因此，那些能够证明心理治疗可以增强存在价值观的相关证据也可以证明这一说法：这些存在价值观都源于最深切、最本质、内在的人性，或者它们是人性的特点。这个总体性的论述原则上也可以验证。罗杰斯的"趋向及悖离疗法"（129）为研究哪些因素可能会帮助人们接近存在价值观、哪些因素使人们背离存在价值观提供了多种可能性。

11."创造性的"、"人本主义的"或"帮助人们成长为完全的人"这种素质教育，特别是非语言形式的素质教育（通过艺术、舞蹈等形式）的终极目标很大程度上都与存在价值观重合。我们可以证明它们就是存在价值观。此外，各种辅助的心理治疗方法也许只是手段和方法，而不是最终的目标。也就是说，这类素质教育的目标与理想的心理治疗的目标如出一辙，因此所有此类的已经开始或尚待开始的研究总体看来与创造性的教育是殊途同归。心理治疗和素质教育一样，都可以视为帮助人们获得一种实用的、规范的概念，也就是说最"好"的教育能够激发学生最优秀的一面，帮助学生们变得诚实，更良善，更美丽，身心更健康，等等。高等教育的目标也是如此，如果高等教育的教学内容也包括教授学生知识、专业技能和如何使用工具，那么这些教学内容应该是终极教育目标的实现手段。

12.对于有些大型的有神宗教和非有神宗教，以及这些宗教的各种正统的与神秘的宗教仪式来说，情况也是如此。总体上，它们都会让教徒产生下述感觉：a）上帝体现了绝大多数人的存在价值观；b）理想的、虔诚的、神圣的人，也就是那些用行动体现了这些圣洁的存在价值观，或者至少渴慕获得这些存在价值观的人；c）所有的技巧、仪式、教条都可以视为达到这些目标的手段；d）天堂是一个地点或一种状态，或者是这些价值观实现的时间。救赎、拯救、皈依，所有这些行为都是接受以上存在价值观、接受真理的表现。这些命题都有选定的证据支持，需要它们自身以外的原则进行选择。也就是说，它们符合存在主义心理学，但是它们并不能证明存在主义心理学是正确的。宗教的文献中蕴藏着很多真理，只有明理之人才能善加利用。至于上述其他的论断，我们可以将其视为对这个理论的反面论点，有待进一步论证。存在价值观是定义什么是"真正的"、实用的、有益的宗教的标准。只有将禅宗与道教以及一些人本主义思想相结合，才能最大限度地满足这种标准的要求。

13.我认为大多数人都会因为艰苦或恶劣的环境条件背离存在价值观，因为这些恶劣的环境和条件威胁到了他们的匮乏需要。例如集中营、监狱、饥荒、瘟疫、周围环境中存在的敌意、被抛弃的感觉、无处为家的感觉、价值体系大范围的崩塌、陷入绝望，等等。至于为什么有少数人在这种恶劣的环境下仍然能坚守存在价值观、追求存在价值观，这一点我们不得而知，然而这两种行为都是可以检验的。

假设：好的条件具有非常实用的意义，那就是协同性。鲁思·本尼迪克特（Ruth Benedict）将它定义为"社会体制的条件"，这种条件通过巧妙的排列使得自私和无私完美融合。如果一个人满足自私的需要时能自动帮助他人，如果利他主义也能同时使个人获得奖励，满足个人的需要，在这种情况下，自私和无私这种二分法或对立的矛盾就会得以解决和超越。因此，下述假设：在良好的社会环境中，一个人的优秀品质会得到报偿；一个社会、一个团体中的协同作用越大，那么生活在这个团队中的成员就会越接近存在价值观；如果环境或社会中的资源有限，只能满足少数人的需要，社会成员会因为满足个人的私利或者个人需要相互敌对、相互排斥，他们会为了满足自己的需要而牺牲他人的需要。而在好的社会条件中，我们表现出美德、追求存在价值观，需要付出的或者需要牺牲的东西很少。在良好的社会环境中，那些具有美德的商人往往会获得更丰厚的利润；在最好的社会环境中，成功人士往往会赢得人们的爱戴而不会遭人憎恨或令人惧怕；在好的社会环境中，人们更容易获得他人的爱（这种爱不应该与两性之爱或者占有欲混为一谈）。

14.有些证据可以表明，总体上来说，我们认为的"好"工作和"好"的工作条件能够帮助人们实现或接近存在价值观。例如，那些在不尽如人意的工作环境中工作的人比较看重安全感和安全保障，而那些从事着理想工作的人更看重自我实现的机会。这是良好环境和优越条件的特例。这里可能暗指非规范性的说法，例如：怎样的工作环境会使人身心更健康，变得更诚实？因此，我们在形容工作环境时，可以用"实现存在价值观"这种表述替换"良好的"这个词。

15.基本需要的层级和它们的优先顺序通过"重建生物学"得以发现，也就是说，哪些需要受到挫伤会使人患神经症？也许在不久的将来，我们变得足够敏感，借助一些心理学工具可以检验这种假设：哪些存在价值观受到挫伤会使人患上心理疾病或者生存病症或者感觉人格受到了减损？也就是说，这些也属于上述我们提到的"需要挫伤"（我们也像追求需要的满足那样渴求这些价值观，这样我们才能更健全）。不管怎样，现在我们可以提出一些可以通过研究解决的问题，而这些问题此前从未经过研究和论证，例如：如果我们生活在一个充满欺骗、邪恶、丑陋分裂、残缺、死寂、刻板教条、不完善的世界，这个世界缺乏秩序、正义、复杂动乱、过于简单、过于抽象、过于艰辛、毫无幽默感、毫无个人隐私或独立性可言，这样的环境对我们有哪些影响？

16.我已经在前文指出了社会环境的一个非常有用的意义，

那就是社会能在多大程度上为所有的成员提供满足基本需要的条件, 帮助他们实现自我和实现完满人性? 我们也可以这样问: 良好的社会 (与糟糕的社会相对) 应该怎样帮助人们成就、珍视、努力实现存在价值观呢? 我们也可以以一种非规范式的说法进行提问, 就像我们在上一种情况中的那种做法, 抽象的、理想的优心态社会也可以通过存在价值观来实现, 那么良好的社会在多大程度上等同于优心态社会呢?

存在主义的爱如何实现公正、
无私、超然、富有更清晰的认知力

在什么情况下, 爱会让人变得盲目? 在什么情况下, 爱会让人越发清晰地认知事物?

我们对爱的理解的转折点在于: 如果人们对事物或人的爱非常深刻、非常纯洁 (毫不矛盾), 就会希望所爱之物或者所爱之人变得更好, 而不会期待爱会为我们带来什么。也就是说, 爱成了一种终极目标 (在我们允许的情况下) 而不再是一种实现目的的手段或者工具。例如, 如果我们爱一棵苹果树, 不希望它变成其他的东西, 只要苹果树保持目前的状态, 我们就会感到很满意。任何干预苹果树现状的东西 (任何外力) 只会伤害破坏苹果树的现状或者打破苹果是目前生长所拥有的本质的、内在的规则。树的生长状况很完美, 我们甚至不敢触碰它, 因为我们害怕破坏这种完美的状态。当然, 如果苹果树被视为完美的, 就不存在提高的可能了。事实上, 任何想改善 (装饰等) 苹果树的行为就是想证明这棵苹果树本身并不完美。想改善苹果树现状的人认为，他头脑中构想出的"理想蓝图"具有比苹果树自然生长更加完美的状态。他更了解苹果树，知道怎样能塑造出比自然生长的苹果树更完美的苹果树，因而我们也下意识地感觉到那些想改善宠物狗样貌的人并不是真心喜爱宠物狗的人，因为真正的爱狗人士是不会给狗的耳朵整形、剪断狗尾巴的。给狗剪耳朵、剪尾巴、选择性地给狗育种，这样小狗就会长成杂志里的那种样子，这些行为都会激怒那些爱狗人士，因为这会造成狗紧张、生病、不育、无法自然产崽、患上癫痫等恶果（这些人口口声声自称为"爱狗人士"）。那些以爱之名培育矮株树、训练狗熊骑自行车或者教黑猩猩吸烟的人也是如此。

真正的爱（至少有时可以这样说）是不会对所爱之物或者所爱之人加以干预，也不会提出要求的。他们会满足于所爱之事物或所爱之人的现状，因此可以心无愧疚、毫无算计、含情脉脉地注视所爱之物或所爱之人。这也就意味着爱并非那样抽象（或者偏爱所爱之物或所爱之人的某些或某一特征），也不会以偏概全、狭隘偏激。也就是说真正的爱不会有那么多主动或刻意的行为，不会有塑造、组织或者想把所爱之物或所爱之人变得更加完整、更加统一的意愿，而是希望它/他保持本来的面貌。对所爱之物或者所爱之人不会以相关性和不相关性、重要性或不重要性、图形或背景、有用或无用、危险性或安全性，是否有价值，是否能带来收益、好或坏，以及其他形式的、自私的人类评价标准加以衡量；也不会对所爱之物或所爱之人进行归类或贴上某种标签，或者将它/他放在某一历史顺序或将其视为某个阶层的成员、一个标本或者一个例子。

这就意味着他们会给所爱之物或所爱之人的全部方面（不管重要的还是不重要的）、特点（整体的）都给予同样的关注或者关照。他身上的各个方面或者全部特点都会令爱他的人感到愉悦和惊喜；存在主义的爱，不论是对爱人还是对一个婴儿、一幅画作或者一朵花，都会倾注他全心全意、毫无条件的爱。

用这种整体的观点来看待这种爱，即便是爱人或者喜爱之物的瑕疵往往也会被视为可爱的、迷人的、惹人喜爱的特点，因为这些瑕疵为所爱之物和所爱之人赋予了独一无二、与众不同的特点。正是因为这些瑕疵的存在，所爱之物和所爱之人才会成为现在的样子，也许他们会认为瑕不掩瑜，这些都是不重要的、可以忽略不计的。

因此，存在主义的爱人（存在主义的认知者）会看到一些匮乏型爱人或者不爱之人忽略或者无法发现的细节。而且，他们也会更容易发现事物本身的特质，这种特质是不加修饰的、最为本真的面貌。而爱本身更脆弱、更柔软，很容易屈从于接纳的眼光，而这种看待所爱之物或所爱之人的方式是消极的，不加干预的、谦卑的。也就是说，爱人所看到的所爱之物或所爱之人的样貌往往是由其自身的样貌决定的，而不是爱人强行加注的，如果那样就会显得过于鲁莽，没有耐心，就像屠夫会根据自己的意愿切割猪肉，征服者要求被征服者无条件地屈从于自己，雕塑者会根据自己的心意任意将泥土塑造成自己喜欢的形状。

哪些条件会促使人们选择或舍弃存在价值观?

目前,我们所掌握的证据表明:身心更健康的人(自我实现者、成熟的人、更有成就的人等)往往会选择存在价值观。我们也选择了历史中那些最受爱戴、最受尊敬、最伟大的历史名人做了研究,结果也是如此(他们是因此受人爱戴、受人尊敬、成为伟人的吗)。

以动物为实验对象的选择实验表明:牢固的习惯、此前习得等因素会降低生物效率、灵活度以及自我治愈选择力的适应性,例如,切除了肾上腺素的小白鼠就是这样的例子。我们也以人为实验对象开展了选择实验,以此验证人们对习惯的熟悉程度。实验表明,如果实验对象在实验开始的十天之前被迫选择了他们不喜欢的、低效的、让他们恼怒的东西,那么在实验过程中,他们仍然会做出同样的选择。我们选择了更多的人参加了此类实验,试验的结果也支持这些理论。临床经验也支持这些结果,例如人们形成良好的习惯就遵从这一规律,或者人们往往具有选择自己熟悉事物的倾向,而那些更容易焦虑、更拘谨、更刻板僵化、神经症的人更会如此。临床证据和一些实验证据表明,那些具有良好的自信心、勇气、更健全、更具有创造力的人在面对新事物,面对不熟悉和不习惯的事物时,往往会做出更好、更明智的选择。

如果从适应性的角度来看,人们对事物的熟悉程度也可能会切断这种人们在做出选择时存在的价值观倾向。一旦人们习惯了臭味儿,那难闻的味道就不那么臭了;一旦适应,令人震惊的事物也不会再那么令人震惊了；一旦人习惯了恶劣的条件，就会适应这种环境，不再感到难过了。也就是说，他们就不会意识到这些糟糕因素的存在，即便糟糕的环境或条件对他们产生的不良影响依然存在，例如持续的噪声，长期生活在丑陋的环境中或长期吃糟糕的食物为他们带来的消极影响。

真正的选择就意味着被选事物和其他待选事物同时摆在选择者面前。例如，那些习惯了看粗制滥造的成人电影的人更喜欢看盗版片，不喜欢高品质的片子，而用惯了高端影音设备的人往往会选择高品质的片子。但是如果两组考察对象有两种选择：他们可以选择高质量的音乐或者质量差的音乐进行重播，两组成员最终都选择了音质好的片子（艾森博格牌）。

我们参照了一些研究优势实验的相关文献，这些文献也表明：在我们做出选择的时候，当备选的事物与最终选择的事物同时存在，或在时间和空间上比较接近而不是相隔很远的时候，人们往往能做出正确的选择。我们可以认为在两幅画作中，人们会选择更漂亮的那一幅；在选择两种红酒时，人们往往会选择自己喜好的那种；如果有两个人同时符合条件，那么性格更活泼的那个人往往会成为人们的选择对象。

建议性实验：如果备选事物可以根据品质进行评分，根据品质好坏得1~10分不等（质量差的香烟、红酒、咖啡得分低；品质好的香烟、红酒得高分），那么习惯使用劣质产品的人往往会选择得1分的产品。如果唯一备选的产品是得分为10分的产品，但是这个人很可能他会选择2分的产品而不选得1分的产品，会选择得3分的产品而不选得2分的产品，等等。这样，他最终会选择得10分的产品。而备选的产品最终也在同一语境中，也就是不能差距太大。使用这种技巧，我们也可以使用相同的技巧来测试那些最初就喜欢喝好酒的人，我们让他们选择得分为10分和9分、9分和8分、5分和4分等，他们可能会继续选择得分高的那种产品。

从上述意义来看，揭示洞察疗法可以被视为最终能让人做出"真正选择"的心理治疗过程。如果治疗成功，那么患者在做出真正选择的能力会比未经过治疗时增强很多，这一点是由体质因素决定的，而不是由文化因素确定的；它是由自己的意愿决定的，而不是由外在和内在的其他因素确定的。选择往往是有意识的，而不是潜意识的。恐惧已经被进行了最小化处理。成功的心理疗法能促使人们选择存在价值观，也能引导人们以存在价值观为榜样行事。

这也表明，应该将选择者的性格视为恒定因素或必须考虑的因素，例如只有通过亲口品尝，才能知道哪个才是更好的选择（更好的选择就是在价值观的层级中处于较高地位的、趋向于存在价值观的食物），但是对于那些受过创伤、处于不利的条件以及患有神经症的人，害羞而胆小的人，眼界狭隘、贫穷、封闭、刻板僵化、传统的人来说，做出这种选择更加困难（因为他们可能害怕尝试或害怕品尝，因此会拒绝这种经历，或者压抑、压制这种经历）。这些是由性格决定的因素，原则上既适用于先天的体质因素，也适用于那些后天习得的因素。

很多实验表明社会暗示、非理性的广告宣传、社会压力都会在很大程度上影响人们的自由选择和自由感知力，也就是人们的选择可能会受一系列因素的影响，人们会因为误解而做出错误的选择。本身就很强势的人如果盲目从众而不听从自己的内心，往往也会做出错误的选择，他们所犯的选择性错误比普通人的更为严重。我们可以通过临床及社会心理学因素预测，这种不良的因素对年轻人的影响比对成年人的影响更多。然而所有这些影响和类似的影响，例如阈下条件、宣传、名人效应或者虚假的广告宣传、阈下刺激、显著的外部增强条件等都源于盲目无知、缺乏洞察力、隐瞒实情、说谎和对形势的错误判断。如果让这些无知的选择者意识到他们是如何被操纵的，这些不良影响大多数都可以消除。

自由选择，也就是选择者那些内在、本真的天性在选择的过程中起主导作用。这主要是通过个体摆脱了社会压力实现的，依靠独立的人格而不是屈从性的人格实现的，通过一如既往的成熟，通过强势和勇气，而不是软弱和恐惧实现的，通过真理、知识和认知实现的。满足这些条件就能增加人们做出存在性选择的概率。

价值观的层级中，存在价值观处于最高层级，这在一定的程度上是由基本需要的层级顺序决定的，是由基本需要优于成长需要的现实决定的，是由体内稳态的需要优于成长的需要的现实决定的。如果两种需要同时要求得到满足，更为基本的、更为低级的需要应该优先满足，因此人们选择满足存在价值观的前提是他们更基本、更低级的价值观已经得到了满足。这种说法也会产生很多预测，例如：那些安全需要得到满足的人往往比那些安全需要受挫的人的选择更加明智，他们会选择真实的而不会选择虚假的，会选择美丽的、良善的，而不会选择丑恶的。

　　在此，我们必须提出一个困扰了我们很久的问题：在怎样的情况下，"阳春白雪"的高雅艺术（贝多芬）会比"下里巴人"的通俗艺术（猫王）带给人的快乐（贝多芬）更多？就低不就高的选择倾向可以通过教育纠正吗？对于那些不肯接受教育的人来说，这种倾向可以纠正吗？

　　有哪些"阻力"会阻碍人们享受更高级的快乐呢？一般性的答案是（除了上述因素以外还包括）：与低级的快乐相比，高级的快乐带给人的感受更胜一筹，任何一个可以同时经历这两种快乐的人都会有切身体会，但是必须具备上文中提到所有特殊的实验条件才能让人们做出真正的选择。选择者能够自由地比较这两种选择。理论上说，成长是可以实现的，但前提是人们能认识到高级的快乐优于低级的快乐，因为低级的快乐带给人的满足感只会让人厌倦（请参见《存在心理学》第四章，有关"由乐趣与乐趣之后的厌烦获得的成长，从而寻找新的、更高级的体验"的具体内容）。

　　而另一类内在因素也是决定人们选择和价值观的重要因素。小鸡、实验室的白鼠、农场的动物从出生就表现出了不同的选择能力，特别是对食物的选择能力。从生物学的角度来看，一些动物选择食物时很明智，而一些动物对食物的选择往往很糟糕。也就是说，如果我们不对那些选择糟糕食物的动物进行干预，最终它们会生病或者死亡。同样的情况也存在于由心理学家、儿科学家做的非官方的人类婴儿的饮食实验中。所有参与实验的婴儿在寻求满足、克服困难方面所体现出的能力也存在差异。除此之外，对成年人进行体质调查时发现，不同的身体类型为满足需要做出的选择也不同。神经症会阻碍人们选择存在价值观，他们往往会选择那些实际能满足他们身体需要的事物，从而做出无效的选择。通过人们做出不利于自己健康的选择频率可以判断一个人是否患有心理疾病，例如他们会选择吸毒、不健康的饮食、酗酒、结交不良的朋友，选择糟糕的工作，等等。

除此之外，文化条件也会限制人们的选择范畴，例如人们对职业、饮食等方面的选择。具体来说，经济、工业的条件也会对人们的选择产生重要的影响，例如大型的、追求利润的、广泛分布的工业往往会为人们生产廉价却优质的服装，却生产不出优质的、天然无污染成分的食物，例如不含化学物的面包、不含杀虫剂的牛肉、不含激素的鸡肉，等等。

因此，我们可以认为以下几种人倾向于选择存在价值观：1.更健康、更成熟的人；2.年长的人；3.更强势，更自立的人；4.更有勇气的人；5.受教育程度更高的人；等等。如果排除社会压力，选择存在价值观的人就会增多。

有些人如果需要在"好的"或"坏的"、"高级的"或"低级的"的事物中做出选择，就会感觉不自在。那么他们在需要做出选择时，可以以一种非正式、可操作的模式帮助自己做选择。例如，像非人的战神那样问自己："在什么时候、什么条件下会选择真理，而不选择虚妄？选择完整而不选择残缺？选择聚合而不选择离散？选择有序而不选择混乱？"

我们也可以用这种方式提出另一个古老的问题，这样更容易回答这个问题：人性是本善还是本恶？无论我们如何定义这些修饰词，事实只有一个：人性中既存在善良的冲动，也存在邪恶的冲动。因此人们会做出善举，也会有邪恶的举动（当然，这种回答并没有解答"人性中究竟是善良的成分还是邪恶的成分更深刻、更基本，更类似于直觉"这个问题）。出于科学研究的目的，我们最好把这个问题重新组织一下：在怎样的条件下、在什么时候，谁会选择存在价值观，也就是"善"？哪些因素会最大限度地帮助人选择存在价值观？什么样的社会环境、什么样的教育、什么样的治疗方法、什么样的家庭环境最不利于人们选择存在价值观？这些问题会促使人们提出新的问题：如何才能让人变得"更好"？如何能改善社会环境？

第十章
对一场有关人类价值观的研讨会之评述

　　这四篇文章看似毫无关联，但是它们却在某一方面存在相似性。直到最近，人们对价值观的认识才发生了一些变化，这四篇文章都关注了这种变化，并提出了一些假设，它们都认为人们应该关注这种变化[1]。

1.这四篇论文中的主导论文中是布勒（Buhler）博士的文章，她从心理分析入手，探讨生命中基本的倾向，并将其作为与自然符合的价值体系的基础。作者在文章中提出了一些实践性的操作方法，并提出了她认为在目前阶段最为可行的技术。

芬格莱特博士（Fingarette）的文章探讨了道德愧疚感，并且提出了一个意义深重的问题：行为必须一直反映人们对现实持有一种接受的态度吗（在意识的某个层面）？这种意识操纵着人们的行为。对于这个问题，作者给出了肯定的回答，并且得出了有关如何区分道德负罪感与神经症的负罪感的结论。

雷德尔博士（Lederer）在文章中以自己作为心理分析师的亲身经历与读者分享了一些重大的事件，这些事件让他相信，心理分析在目前的阶段必须以价值观作为指导。心理分析师不能再"静静地坐在那里聆听、不加评论、不提建议，摆出一副事不关己的姿态"。心理分析师应该以价值观作为指导，当心理分析师可以从条条框框中解放思想时，凭借自己的理解和在治疗过程中对患者的责任心来做出判断，这样说来，他们就像是没有身份包袱的年轻人一样。

瓦茨博士（Watts）的文章对于西方读者来说是很新颖的，但是与此同文章中并不涉及人类之外的物种或者人类价值观以外的价值观，也不涉及超自然现象，不涉及所谓的圣书或神圣的传统。这几篇文章的作者都认同一个观点：能够指引人们行动的价值观必须源于人类自身以及自然的现实本身。

这几篇文章都说明：不仅价值观的核心是自然的，而且发现这些价值观的过程也是自然的。人们通过努力和认知力，通过研究性的实验、临床经验和哲学性的经历揭示（或发现）了价值观。在认识价值观的过程中，并没有涉及非人类的超自然力量。

通过这几篇文章，我们也可以了解：价值观是人们发现或揭示的，而不是人们发明（或等同于发明）、建造或创造的。这也进一步表明：从某种意义上说，价值观本身就存在，它们等待着我们去发现。如此看来，人的价值观也像自然界中的其他奥妙一样，虽然目前我们对它们知之甚少，但是通过坚持不懈的探索和研究，我们终将完全了解其中的奥妙。

这四篇文章都暗示人们应该摒弃对科学的简单认识，认为科学就是研究传统意义上的客观的、公开的，已经存在的事物，并且期望所有科学的论述都会在现阶段或者在未来得到某种确实的验证。

这种认为科学研究如果考虑人的精神和思想等主观因素，就会与科学研究应该排除一切主观因素的理论背道而驰。一些

时也是非常重要的，因为它涉及了人性的概念化。这个思想吸取了传统的道家思想的精髓，文章提出人的身体作为分割外在世界与内在世界的界限，而身体即属于外部世界，也属于内在世界。这种思想很容易引出对统一领域行为的概念，对于任何与道德以及价值观有关的理论都具有重大意义。

人会觉得，如果以这种"心态"从事科学研究会毁了一切科学，但是我并不认同这种愚蠢的看法。我认为事实恰恰与之相反，科学研究如果考虑人的精神因素会变得更加强大，而不会更加脆弱。我认为这是对科学的一种更宏观、更具包容性的理解。这种科研态度可以轻而易举地解决所有科学研究中涉及的价值观问题。正如我们所知，狭义的科学试图将科学框定在完全客观、不掺杂人的因素的范畴之内，而这样的科学研究排除了一切价值观、目标、目的等因素。这些人不是认为这些主观因素在科学研究中根本不存在，就是认为这些主观因素超越了科学的认知范畴。也就是说，这些因素在科学的领域毫无研究价值，根本不值得认真研究。在科学研究中谈论价值观就会显得不科学或者与科研精神背道而驰。价值观应该交给那些诗人、哲学家、艺术家、宗教主义者和那些头脑简单、空有一腔热情的人去研究。

换句话说，从本质上说，这几篇文章都是科学的，即便用"科学"这个词更古老、更正统的意义来衡量也是如此。这些文章更具新意，不论从研究精神还是从研究方法来看，它们并没有本质上的差别。我想这几篇文章是从1920年或者1925年维生素的研究入手的，它们都处于临床检验阶段，就像我们现在探讨的话题一样，是进入正式实验阶段之前的预备研究阶段。

如果情况如此，我们当然应该使我们的讨论和猜测更具开放性和多元性。我们不应该过早地将多种可能性排除在外。这次有关人类价值观的研讨会采用了多元化的方法，这一点是非常恰当的。如果时间充足，这次讨论会将会产生更重大、更深远的意义。现在并不是讨论观点正不正统的问题，但是我很高兴地注意到学术交流中的一个变化: 20年前, 不同学派之间那种针锋相对的争论已经被现在学术交流中谦和、认同以及不同分工之间相互协作的局面所取代。

我相信, 如果我们能坦然承认: 我们之所以对价值观产生了研究兴趣, 并非出于我们对科学或哲学的内在逻辑的需要, 而是出于我们的文化所处的历史地位或人类在历史中所处地位的需要。纵观历史, 只有在人类的价值观受到质疑, 或者被认为没有任何实际意义的时候才会被提上讨论的日程。我们目前面临的形势是: 人类所有传统的价值观体系都失败了, 至少那些有思想的人是这样认为的。我们生活的世界中没有一个我们坚信不疑且深切认同的价值观的指导。我们现在正处于破旧立新的进程中, 也就是说, 我们正在树立一个科学的价值观体系。我们正尝试新的实验, 努力将以事实为基础的价值观和以愿望为基础的价值观区分开来, 以此期待发现一个科学的价值观、一种我们深信不疑的价值观。这种价值观之所以比此前的价值观更科学是因为它更真实, 而不是因为它能满足我们的幻想。

第四编
教　育

第十一章　知之者与知识

　　我对这个问题的大致观点是：人际交流的障碍归结为人们内在的交际障碍，而人与世界之间的交流很大程度上是建立在同构性（结构或者形式相同）的基础上；个体能够从世界接收到的信息只有与他相配的、他"有能力"接收的信息。与此同时他也能向世界释放信息，让世界了解他。就像物理学家乔治·利希滕贝格（George Lichtenberg）在一本书中说的那样，"这样的作品就像镜子。如果照镜子的是一只猿猴，镜子里是不会出现圣徒的。"

　　正由于这个原因，对人们内在性格的研究是理解人们怎样与世界交流以及世界怎样与人交流的基础。心理治疗师、艺术家、教师都本能地了解这一点，但是还应该向更多人清晰地阐明这一点。

　　当然这里所说的交流是广义上的交流，既包括一切认知和学习的过程，也包括各种形式的艺术和创作；既包括原初的认知过程（那些古老的、神秘的、比喻的、具有诗意的、概念性的认知过程），也包括语言的、理性的、次级过程的交流。我想在此探讨的既包括那些我们在交流中忽视的，也包括我们所理解的；既包括我们无法诉诸语言、存在于我们的潜意识中的，也包括我们可以用语言表述和具有清晰结构的。

这一主题的主要结论如下：人与外部世界交流的困难和人内在与自身沟通的困难是并行存在的——如果改善自己的性格，达到身心的合一与统一，平息性格中各部分因素的争斗，那么我们与外部世界的沟通也会更加顺畅，我们对外部世界的感知也会更为清晰。就像尼采（Nitsche）表述的那样：想让别人了解你，就得首先争取了解你自己。

性格的内在分歧

首先，我们应该弄清楚一点：我所说内在交流障碍具体指的是什么？最简单的例子就是人格分裂，在众多人格分裂的情况中，最夸张，也是人们最熟悉的就是多重人格。我在文献中查阅到了此类病例，在实践中也接触到了几个病例，还有几例神游症和失忆症。我认为这些病例都可以进行定型，我可以试探性地用一个总体性的理论概括这类病症，这样做有助于这一课题的研究，因为它让我们了解到所有人都存在人格分裂的情况。

在我接触的这几个病例中，患者外在表现出的性格都是羞怯的、安静的或比较内敛的。她们多半是女性，都很传统、克制，性格温顺，甚至有些自我否定的倾向。她们平和而不事张扬，"脾气好"，沉静而羞涩，容易被人利用。在我所知的这些病例中，渗透到他们潜意识中的"性格"都无一例外地控制了他们，使他们表现出与自身的性格特点截然相反的一面：冲动而非克制，放纵自我而不是自我否定，胆大妄为而不是胆小羞怯。他们公然蔑视传统，纵情欢乐，性格张扬，对人严苛，不成熟。

当然，我发现存在于每个人身上的人格分裂现象并不像这样极端。这是我们内在性格中的斗争，是冲动与克制、个人要求和社会要求、不成熟和成熟、不负责任与负责任的性格成分之间的斗争。这种斗争的结果就是：我们的表现既像个调皮的、孩子气的恶棍，也像是清醒、负责的公民。由此，我们的性格不再那么分裂，而是更加统一了。这是心理治疗对多重人格治疗的终极目标，保留两三种性格，并且通过意识或潜意识的控制很好地把这三者整合或者结合起来。

多重人格中的每种人格都各自与世界进行着你来我往的交流。它们以不同的方式与人交谈、书写、享乐、欢爱、交友。我接触的一个多重人格患者其中一种人格是"任性的孩子"。在这种人格的支配下，她写的字也像小孩子那样又大又乱，她的词汇就像小孩子那样匮乏，还常常会出现拼写错误；而她自我否定、被人利用的人格则书写工整、正规，字体就像好学生那样标准。一种人格可以读书学习，而另一种人格则缺乏耐心，不爱学习。如果让这两种人格分别做出两个艺术作品，那这两个艺术作品会多么迥异啊！

对于其他人来说，这些平时被我们的意识压抑、排斥，只能作为潜意识存在的性格终会突破重重阻碍，影响我们与他人、与世界的交流方式，影响我们的认知和行动，这一点很容易就能通过投射测试和艺术表达证实。

投射测试向我们展示了我们眼中的世界是什么样子的，更准确地说，它显示了我们是如何对世界的各方面进行组织，以便我们能更好地与世界交流，更好地倾听世界的声音，知道世界想向我们传达什么信息，选择我们该倾听和看见什么，该忽略什么。

类似的情况也适用于我们的表现力。我们向外界表达自己是谁(95)。如果我们存在人格分裂的情况，我们的表达方法和与人沟通的方法也是分裂的、狭隘的、片面的。如果我们身心健康、性格健全、人格完整、随性自然，身体各项功能正常，那么我们与人沟通的方式、我们表达自我的方式也是完整、独特、生动、富有创造力的，而不是拘谨、古板、刻意的，是诚实的而非虚假的。临床试验证实，这一点可以通过图像和语言形式的艺术表述，以及整体行为表现出来，也可以通过舞蹈、体育运动和其他形体的表述方式表现出来。这一点不仅适用于我们意在通过行为达到的交流效果，似乎也适用于我们无意传达的交流效果。

我们性格中那些被压抑和排斥的部分（出于恐惧或羞愧的原因）并不会自行消失。它们不会消亡，而是会悄悄潜伏起来。我们也许忽视了这些潜伏起来的性格成分对我们的言行产生的影响，或者认为我们这些一反常态的行为或言论并不是我们的本意，并不来源于我们真实的意愿。这时我们会说："真不知道我怎么会说出这样的话。""真不知道怎么会这么做。""我一定是哪根筋不对了。"

我认为这种现象表明，表达本身不仅是一种文化现象，也是一种生物学的现象。我们必须来谈谈人性中的类本能因素，也就是那些人性中与生俱来的因素。文化无法消灭这些因素，只能抑制它们。即便这些因素受到了文化的压抑，只能悄悄地发挥作用，它们也会继续影响我们的表达。文化不过是人性形成的必要条件，而不是充分条件。同样，人类的生理因素也是性格形成的必要条件，而不是充分条件。人们只有身在文化的环境中才能学会说话，不过即使把一只黑猩猩放在同样的文化环境下，它也不会开口说话。我之所以这样说，是因为我认为交流只能从社会层面进行研究，而不能从生物学层面进行研究。

为了研究同一主题，研究人格分裂会为人与人的交流以及人与世界的交流带来怎样不良的影响，我找了几个非常著名的病例。我之所以用这几个病例说明这个问题是因为普遍规律并不适用于它们，它们是这个规则的特例。这个规则就是：身心健康、人格健全的人的认知力和表达力优于普通人。艾森克[1]（H J Eysenk）和他的同事搜集了大量的临床和实验证据证实了这一普遍规律，然而凡是规则必有例外，这一点我们应该谨记于心。

神经病患者是因为内在防御机制和控制机制濒临崩溃或悉数崩溃才会发病的。在这种情况下，病人会把自己完全封闭在他个人的精神世界中，因而切断了他与其他人的交流以及他与自然世界的交流，但他们的疾病也与他们与世界交流往来中的破坏作用有关。因为他们惧怕世界，因此切断了自己与世界的交流，这样才能清晰地听到自己内心的冲动和声音，导致他们将这些来自自身精神世界的声音与现实世界的声音相混淆。精神分裂症患者有时在选择事物上会优于常人，他们过于关注那些潜意识中被压抑的冲动和原初过程的认知，因此偶尔会在解读他人的梦境或探寻他人隐藏的冲动方面尤为出众，例如，他们可以洞悉他人掩藏的同性恋冲动。

1.汉斯·约根·艾森克（Hans Jurgen Eysenck, 1916-1997），德裔英国心理学家，提出了"艾森克人格双因素理论"。他认为神经症倾向和内外向为人格的两个因素，并绘制出了人格结构图，把人格分为四大类、三十二小类。

神经病患者还有另一个特别之处，一些优秀的心理分析师本人就患有精神分裂症。我们往往会通过报道得知，曾经的病患可以成为一名非常优秀、善解人意的护理员。这和过去嗜酒成性的人可以帮助匿名戒酒会的成员戒酒的情况相同。我的一些精神科医生朋友目前正在寻找曾因致幻剂出现精神问题的人，期望与这些病患进行有效的沟通。如果我们想改善与Y的沟通的方式，一个方法就是让自己成为Y。

在这一方面，我们可以通过研究变态人格获益良多，尤其研究那种"迷人型的"变态人格。这样的人可以简单描述为毫无良知、愧疚感、羞愧感、爱心、抑制力、对自己的行为不加约束和控制，因此他们差不多处于一种随心所欲的状态。他们往往会沦落为骗子、妓女、一夫多妻者，他们不愿靠辛勤工作谋生，只想靠耍小聪明和投机取巧度日。因为自身存在缺陷，他们往往无法理解他人的良心、愧疚、无私的爱、同情、怜悯、内疚、羞愧或者尴尬。如果本身不是某种人，也无法感知和理解这种人的行为。自己是什么人格，那么一言一行迟早都会受到这种人格的影响，最终患有这种精神疾病的患者就会被视为冷漠、可怕的人，即便他们给人的最初印象是无忧无虑、快乐的、正常的。

我们接触了一个特殊的精神疾病的病例。一般的精神病病人都会切断与外部世界的联系，不过在某些特殊的方面，他们却能表现出过人的敏锐，展示出超凡的技巧，尤其在发现人们体内存在的变态因素后，不论人们多么极力地掩藏。他们能够发现那些深藏不露的骗子、小偷、说谎者、伪造者，通常能靠这个技巧谋生。他们会说："你是骗不了诚实人的。"他们似乎对自己这种"窃取灵魂"的本领颇感自信，这也就意味着他们能洞悉人们是否存在偷窃行为，因此那些明白人可以通过一个人的言谈举止洞悉他的性格。

阳刚与阴柔

个体内在沟通和人际交流的关系可以通过男性的阳刚之气与女性的阴柔气质之间的关系清晰地体现出来。请注意，我并没有用"两性之间的关系"这样的表述，因为我认为两性之间的关系很大程度上是由每个人内在的阳刚气质和阴柔气质决定的。

我能想到的最极端的例子就是男性偏执狂患者，他们往往都有一种被动的同性恋倾向。总之，他们希望找强壮的男士作为伴侣，希望与他们发生关系。他们也知道这种冲动是非常可怕的，因此根本无法接受自己的这种冲动，只能努力地压抑这种冲动。他们惯常使用的一种抑制技巧（精神投影）帮助他们否定这种欲望，并且将这种欲望从自身分离出来。与此同时，他们在思考、谈论这个话题，并且对这个话题十分痴迷。他们会说服自己，是别的男人对自己有非分之想，而不是自己对别的男人有非分之想，因此这些患者都持有一种怀疑态度，而这种怀疑会以一种最明显的方式表现出来。例如，他们不会让自己背对着任何人，他们会背靠墙站着。

这件事听起来并不那么疯狂。纵观历史，男人总会将女人视为红颜祸水，因为男子往往会受到女子的诱惑。男人爱上一个女子，就表现得温柔、无私、柔情。如果他们所在的文化将恋爱中的男子表现出的特征视为女性化的性格特点，他们就会因此迁怒于女子，怪罪她们把自己变得懦弱了（让他们变弱了），因此他们创造出了参孙和达利拉（Samson and Delilah）的神话，借以说明女子有多么可怕。这些男子投射出的都是他们大男子主义的目的：他们害怕镜子里面反射出的自身形象，却把一切问题都归咎于镜子。

而女子，特别是美国那些受过高等教育、颇为"进步"的女子常常抗拒内心深处对男性的依赖、服从和百依百顺（这种潜意识的屈从意味着她们放弃了自我或放弃了自己的人格）。这类女子很容易将男子视为潜在的操控者和强奸犯。她们不仅这样看待他们，也会这样对待他们。她们常常会以其人之道还治其人之身，对男子颐指气使，控制他们。

出于种种原因，在大多数文化和历史时代，男女之间一直互相误解，彼此之间并未和谐相处。而在当下的时代背景下，可以说男女之间的误会还是没有得到有效的缓解，经常会发生一种性别控制另一种性别的情况。有时人们会将男性世界和女性世界完全割裂开来，依靠社会分工隔绝二者的世界。他们认为男性的阳刚气质和女性的阴柔气质迥然不同，完全不存在重合，因此男女也许可以和平相处，但是绝不存在友谊和互相理解。而心理学家呼吁通过增强男女之间的互相理解改善两性之间的对立关系，他们对此提出了哪些建议呢？荣格主义心理学派明确地提出了一套心理学解决方案，虽然这套方案存在争议，但是大致存在下列共识：两性之间的对立关系在很大程度上是个体内部的潜意识之间斗争的外在投射，是个体性格中阳刚的气质和阴柔的气质之间的争斗。如果想让两性和平共处，必须先让个体与自己和解。

如果一个男子与内在所有被自身和所处的文化界定为女性化的阴柔气质抗争，特别是如果他所处的文化更看重阳刚气质而不是阴柔气质，那么他也常常会与外部世界中存在这些阴柔气质的事物抗争。如果男子钟情于或非理性地偏爱色彩，或者对婴儿非常温柔，那么他就会非常惧怕自己表现出这些特质，并且会极力地与自身的这些特点抗争，做出与之相反的行为。此外，他也会反对外部世界存在的这种现象，排斥这些现象，抨击这些现象是女性化的行为，等等。同性恋男子如果试图接近男子，就会受到残忍的殴打，这很可能是因为他们做出了引诱对方的举动而引发对方的恐惧。而他们被毒打的情况经常发生在他们与对方发生了同性恋的行为之后，这一事实也印证了这种结论。

这里，我们看到的是一个有关二分法的极端例子，非此即彼或亚里士多德式的思维方式。戈德斯坦、阿德勒、科兹布斯基（Korzybski）等人认为这种思维方式非常危险。在心理学领域，也存在类似的说法："二分法即是用病态的方法认知事物，而病态的方法也就是二分法。"用二分法认知事物的人会认为一个人要么是男人，百分之百的男子，要么就是女子，除此以外什么也不是。持有这种观点的人注定会与自己的内心争斗，也会长期与女子为敌。直到他得知世界上存在"雌雄同体"的例子，也认识到了二分法定义及其过程存在不合理、病态的特性，直到他发现差异可以互相融合，并且重新构建，不必以排斥、彼此不相容的态度看待存在矛盾的两种事物，他才会成长为一个更为完全的人，能够接纳并且欣赏自己阴柔的气质（荣格称之为"阿尼玛"）。如果他能够坦然地面对自身存在的阴柔气质，就可以与外部世界的女性和平相处，更加理解她们，不再对她们又爱又恨，甚至会欣赏她们，因为他们认识到：女性比自己脆弱的一面更优秀。如果你十分欣赏自己的一个朋友，也很理解他，那么你们之间的交流和沟通就会十分顺畅；反之，一个让你心生惧怕、憎恶的神秘敌人，你与他的沟通必定困难重重。人应该与外部世界的一部分交朋友，最好是与内心世界的自我成为朋友。

在此，我无意暗示两个过程之间必然存在先后顺序，二者可以同步发生。一件事可以以另一种方法开始，也就是说，接受外部世界的某个条件有助于在内心世界接受这个条件。

原初过程认知与次级过程认知

对于那些必须成功地应对外部世界的人来说，他们更容易否定自己的精神世界而屈从于外在的常识性"现实"中。此外，他们所处的外部环境愈加艰苦，对内心世界的否定就会愈加强烈，依靠否定内心世界"成功地"适应外部环境的方法也就愈加危险。因此，男子比女子、成年人比孩子、工程师比艺术家更惧怕诗意、幻想、梦境、感情用事。

我们也应该注意到，这里我们找到了十分具有西方特点的二分法倾向的例子，或者可以说反映整个人类二分法的倾向，就是人们必须在不同的事物两极之间做出选择，二者必须选择其一，非此即彼。这个二分法的过程就涉及对未选事物的否定，好像二者之间必须有取有舍。

我们又找到了一个普遍性的例子，我们往往会对我们内在世界的声音和图景充耳不闻、视而不见，有时不管外部的世界多么有趣，富有诗意、美感，我们也同样会视而不见、充耳不闻。

这个例子之所以非常重要，还有另一个原因。我认为调和二分法这种矛盾的工作最好由教育工作者完成，他们可以教导人们解决二分法的思维方式，从而解决所有二分法引发的问题。这也是一个很好的、切合实际的切入点，我们可以摒弃二分法的方式模式，培养整体性的思维方式。

这只是对那些正在积蓄力量的、过度自信、孤立的理性主义、咬文嚼字的语言学家和科学至上主义者进行有力的正面还击。普通语义学家、存在主义者、现象学家、弗洛伊德心理学派、禅宗佛教徒、神秘主义者、格式塔心理治疗师、人本主义心理学家、荣格派心理学家、自我实现心理学家、罗杰斯派心理学家、柏格森派（Bergson）心理学家、富有"创意"的教育学家以及很多其他领域的专家都积极地指出了语言、抽象思维和正统科学存在的局限性。他们认为语言、抽象思维、正统科学可以控制人性中那些阴暗、邪恶、危险的因素，但是现在我们逐渐认识到：这些最深层次的人性不仅是催生神经症的罪魁祸首，也是健康、喜悦、创造力的摇篮，因此我们开始谈论健康的潜意识、健康的退行、健康的本能、健康的非理性和健康的直觉，我们也渴望发掘自身的潜力。

理论上，对这个问题的答案似乎是二者趋于合一，而不是朝分裂和抑制的方向发展。当然，所有我提到过的力量就其本身来说可能也会倒戈，成为一种分裂的势力。反民族主义、反抽象主义、反科学主义和反智主义的势力也是分裂的。智力如果得以恰当地定义和运用，将会成为人类最有力、最强大的整合力量之一。

自主性和同律性

在努力理解我们的内在世界与外部世界、自我与世界的关系时，我们需要面对的另一个矛盾是自主性与同律性之间的复杂关系。我们很容易认同安吉雅尔的观点，我们内部有两种大体的发展方向或需要：一种是自私的，一种是无私的。这种追求自主性的趋势本身会引领我们朝着自立、自强、克服一切困难、追求独特的内在自我、根据自身的规则、内在动力、心理的固有规律而不是外部环境的要求更充分地发展。这些心灵发展的规律与外在现实世界的规律是不同的、彼此独立甚至是相悖的。我们对自身身份的寻求和对自我的认知（个性化的、自我实现的）必然会通过成长和自我实现方面的心理学家甚至各个学派的存在主义学家和神学家所熟知。

与此同时，我们也会意识到一种同样强烈的倾向，这种倾向看似矛盾，是倾向于自我放弃，将自我湮没于非我之中，放弃个人意愿，自由、自立、自我控制和自主性的倾向。这种倾向以病态的形式呈现，结果使人们在天性中对鲜血、对土地持有一种浪漫的情怀。人们相信直觉，寻求自虐，鄙视人类，寻求人类之外的价值观或者寻求人性中最低劣的动物本性，这二者都源于对人性的鄙视。

　　我在另外一部作品中讨论了高等同律性和低等同律性之间的区别(89)。在此,我想再简单介绍一下高等自主性和低等自主性的区别,希望这两组区别能够帮助读者理解内在同构性和外在同构性,就此为改善人格与世界之间的交流奠定理论基础。

　　对于情绪稳定的人和情绪不稳定的人来说,他们身上具有自主性和自我调节的能力是不同的(95)。在宽泛且在无须强调准确性的情况下,我们可以说对于那些情绪不稳定的人来说,他们的自主性和自我调节能力强化了人格与外部世界的对抗性,是一种非此即彼的二分法。也就是说,他们认为人格和外部世界不仅是完全独立的,而且是互相排斥的,好像二者互为劲敌。我们可以将这种二分法称为自私的自主性和自我调节能力。他们的世界里只存在相互对立的事物,必须在二者之间选择其一。一开始,我以猴子为实验对象,研究自我调节能力的不同性质,这种能力被称为独裁或法西斯式的控制力,后来我以大学生作为研究对象,这种能力被称为不安全的高度主导力(95)。

　　而安全的高度主导力完全是另一回事。对于具有安全的高度主导力的人来说,他们对世界、对他人都充满爱心,具有四海之内皆兄弟的责任感,对他人和世界具有信任感和认同感,而不是充满敌意和恐惧。这些人具有这种过人的能力,他们爱人、助人,而且助人为乐会带给他们莫大的乐趣和享受。

　　出于各种原因,我们现在可以将这些差异视为心理健康的人和心理不健康的人在自主性方面的区别,也可以将其视为健康的心理和不健康心理的同律性之间的区别。我们也发现,这一区别可以使我们认识到二者之间相互关联,而不是互相排斥的。如果一个人越健康、越真实，他的自主性和同律性就会越牢固、越容易同时出现，最终二者趋向融合，成为一个更高级的统一体，这个统一体是二者的集合体。自发性和同律性之间、自私性和无私性之间、自我和非我之间、纯粹的精神和外部世界之间存在的二分法消失了，越来越趋向融合，现在它们可以被视为一种人格不成熟、发育不完全的副产品。

在自我实现者身上，这种超越二分法的认知方式是很普遍的，但是大多数的普通人只有在身心合一、思绪最敏捷、自我世界和外部世界最契合时才会实现这种认知方式。人的认知能力、自尊、个性达到了最高的境界，男女之间、亲子之间的爱升华到最高层次，与此同时他也能与他人心灵相通，与他人融合。他失去了自我意识，也或多或少超越了自我和自私。人在发挥创造力的时刻，在经历深切的审美体验，在获得洞察力、为人父母、舞蹈、体育运动和其他高峰体验中(89)都可以实现这一点。在这些高峰体验中，无法清楚地区分自我和非我。如果一个人身心更为合一、更加健康，那么他就会认为自己所在的世界也是如此。如果他感觉良好，那么他眼中的世界也是美好的。

首先我们应该注意的是：这些都是经验性的陈述，而不是一种哲学或神学的陈述，因此任何人都能够提出这种观点。在此，我所说的都是人类的经验，而不是超自然的经验。

其次，我们需要注意：这表明了各种神学陈述之间存在分歧，这说明超越自我的限制就意味着批评或否定或失去自我和个性。高峰体验对于普通人和自我实现者来说并不存在差异，都是人们实现了更大程度的自主性，获知了自己的身份的终极产物或结果。它们是自我超越的产物，而不是自我毁灭的恶果。

再次，我们需要注意，这些都是暂时性的经验，而不是永久性的经验。如果这是一个进入另一个世界的行动，最终需要回归现实世界。

完全自主、自发性与存在认知力

我们开始科学地了解更完整的人格，因为人格会影响我们接收和传递与外部世界交流的信息。例如，卡尔·罗杰斯和同事做了很多相关研究，研究表明：如果人们通过心理治疗改善了心理健康状况，那么他会在很多方面都表现得身心更为完整，对经验持有更"开放"的态度（他的认知能力也变得更高效），各项身体机能也更完善（能够更加真诚地表达自我）。这是我们实验研究的主体部分，但是还有很多研究临床经验和理论的心理学家都认同并支持这些结论。

我还进行了一些尝试性的探索（这些尝试不能称之为当代意义上的科研），并且从另一个角度得出了相同的结论，我尝试直接探索健康的人格。这些探索支持的结论包括：第一，身心合一的状态是健康心理的一个确定性表现；第二，身心健康的人更具自主性，也更具表现力，他们更容易、更全面、更诚实地用行动表达自我；第三、身心健康的人具有更强的认知力（对于自我、对于他人、对于现实的认知）。不过我此前指出，这并不是一种统一的优势。最近我听闻了一则故事，故事里一个疯子喃喃自语："2加2等于5。"神经症患者说："2加2等于4，但是这让我无法忍受！"我可能会补充一点，那些毫无价值观的人（这也是一种新型的疾病）会说："2加2等于4，那又怎么样？"健康的人会说："2加2等于4，多有趣啊！"

我们可以换一种说法。约瑟夫·波索姆（Josph Bossom）和我近期发表了一项实验结果（13），我们通过这项实验发现，与缺乏安全感的人相比，具有安全感的人会认为照片中的面容更温和。这一说法有待进一步研究，因为我们不清楚这是他们性格中善良或天真特点的投射作用，还是更有效的感知力的结果。这需要我们对照片中的人的性格中温暖或凉薄的特点进行分级。那么我们不禁要问，那些具有安全感的人在看待事物时，认为事物或人更加温暖，而这一点是否属实？他们对温和面孔的判断正确吗？他们对冰冷面孔的判断是错误的吗？他们所看到的是不是他们心中所想的？他们喜欢自己看到的事物吗？

最后，我还想谈一谈存在认知。我认为它是对现实最纯粹、最有效的认知方式（不过这种说法需要实验验证）。它是一种为真实的认知方法，也是最公正、最客观、最不受感知者的愿望、恐惧和需要污染的认知方法。它对事物的现状不加干涉、不提要求，是最具包容性的认知方法。在这种存在性认知方法中，二分法趋向融合，分类和标签化逐渐消失，感知的对象被视为独一无二的。

自我实现者更倾向于采用这种方法认知事物，但是我的研究对象几乎都具备这种认知力。这种认知力出现在他们生命中最高光、最快乐、最完美的时刻（高峰体验）。我认为如果仔细地询问他们，就会发现直觉愈加个性化、统一、完整、快乐、丰富，这个人也会变得个性化、统一、完整、快乐、健康。二者是同时发生，并行不悖的。此外，一个人的人格愈加完整，他对世界的认知也会愈加完整。二者的关系是动态的、互相关联的，是互为因果的关系。一条信息的意义明显不完全由内容决定，也与个人对这条信息的解读有关。只有那些"层次越高的人"才能感知"层次越高"的信息。身高越高，视野越开阔。

正如爱默生所说："我们是什么，就能看到什么。"但是我必须在此补充一点：我们所看到的东西会反过来影响我们，成就我们现在的样子，组成我们现在所处的世界。人与世界的交流是一种动态的互相成就、彼此消长的关系。我们可以称这个过程为"互惠同构关系"。层次越高的人越能理解更高深的知识，良好的环境往往会提升人的素质，而糟糕的环境则会降低人的素质。环境和人互相影响，彼此同向改变，而人际关系也同样适用这条规则。如果我们明白这一点，就能更好地理解人应该如何更好地互相帮扶，彼此成全。

第十二章　教育和高峰体验

　　人们在学习心理学课程或阅读了心理学相关书籍时，多数情况都会发现这些课程或书籍偏离了"人本主义"的主题。它们都会传达这样的观点：学习可以使人获得一种人格之外的能力、技巧或技能，这种能力或技巧并不是人们性格中固有的，而是外在的。如果捡起地上的硬币、钥匙或者我们所有的财物等物品就像我们思想的强化剂或条件反射一样，那么从某种深切的意义来说，这些行为都是可以消除的。一个人的某种条件反射并不重要，如果我听到蜂鸣器响声就会流口水，但是如果蜂鸣器不响，我就不会产生这种条件，也不会对我产生什么影响，我不会失去任何东西。我们几乎可以说，这些心理学的书籍并不重要，至少对于人类的核心、灵魂或本质来说，它们并没有什么营养成分。

　　这种新的人本主义心理学也催生了一种有关学习、教学和教育的全新理念。简单地说，这种理念认为教育的目标——也就是人类的目标、人本主义思想的目标、与人类有关的目标——最终是"个人的自我实现"，成长为完全的人，达到人类发展或个人成就的至高境界。说得再直白一点，就是帮助个体达到他所能达到的最佳状态。

　　这个目标和我们在心理学课程或从心理学书籍中了解到的

存在很大的差异。这并不是一种联想式的学习。总的来说，联想式学习必然是一种有效的学习方式，特别是对获得无关紧要的技能来说尤其有效，或者说对学习方法或技能来说非常有效——二者是可以相互转化的。我们的学习内容大多属于这一类。如果一个人想学习一门外语，就必须掌握外语单词，而单词只能靠死记硬背，这时联想式学习法则就会派上用场。如果一个人想练就开车技能，例如对红灯的反应，或者掌握各种驾驶技巧和习惯，那么条件反射就十分重要。联想式学习在技术型的社会中是非常重要、有效的，但是这种学习方法很难把个体教育成为更好的人，使他们成长为"更完全的人"。

对我而言，这样的经验远比课堂教育、听讲座、记住十二对脑神经和解剖大脑的要点、记住肌止端的位置，或是在医学院、生物课和其他课程中学到的知识更有意义，也更重要。

对我来说，教育意义更大的是为人父的经历。我的第一个孩子就改变了我对心理学的研究方式。在成为父亲之前，我热衷于研究行为主义心理学，但在当了父亲之后，我发现行为主义心理学非常愚蠢，令我无法忍受，因此我放弃了行为主义心理学的研究。而我的第二个孩子更让我明白，人和人在出生以前就迥然不同，因此教育方法也应该因人而异、因材施教。约翰·华生（John B Watson）[1]曾说过："给我两个孩子，我能把一个孩子培养成这

1.约翰·华生（1878-1958），美国心理学家，行为主义心理学的创始人。他认为心理学研究的对象不是意识而是行为，心理学的研究方法必须抛弃"内省法"，而代之以自然科学常用的实验法和观察法。华生在使心理学客观化方面做出了突出贡献，于1915年当选为美国心理学会主席。

样,把另一个孩子培养成那样。"他能这样说,应该是没有做父亲的经历。我们都知道,父母是无法强迫孩子出人头地的,只有孩子自己愿意才能有所成就。最为常见也最普遍的亲子关系就是:如果父母把孩子逼得太紧,孩子就会产生逆反心理。

另外一种学习经历我十分看重,在我心里它比任何课程或学历都更为重要,那就是对自我的心理分析:发现自己是谁,了解自我的学习过程。另一种十分重要的基本经历就是结婚。从我个人获得的启示来说,结婚比获得博士学位更重要。如果从启智的角度看待个人的成长过程,就是一个人需要了解和掌握的各种生活技能,我将其称为内在教育,也就是内在性学习。也就是说,我们应该先学会为人,然后再学会成为一个独特的个体。我在研究有关内在学习观念的各种附加理念,想追赶这一领域的研究前沿。我可以十分确定地告诉读者:传统的教育观念似乎是病态的。一旦你的思想被这种教育观念束缚,也就是我们应该学习如何成长为更好的人,就会踏上成长的歧途。如果你问别人在高中时都上了哪些课程,"三角学如何能帮助我成为一个更好的人呢?"我会回答:"哦,天哪!这门课并没有帮助我成为更好的人。"从某种意义上说,学习三角学对我来说就是浪费时间。我在早年学习音乐的经历是非常成功的,因为通过当时的音乐课程,我对音乐产生了浓厚的兴趣并且了解到我虽然热爱钢琴但是却决定不学习弹钢琴。我的钢琴老师用教学向我证明应该远离钢琴,因此我只好在成年后自学弹钢琴。

请读者注意,我谈论学习的时候都在谈论目的。这种观点是对19世纪科学以及当代专业哲学的革命性颠覆,因为教育就其本质来说是一种技术，而不是哲学的目标。因此，我反对实证主义、行为主义和客观主义纳入人性的理论，也反对整体科学模型以及建立在此基础上的科学结论和得到的成果。科学研究必须从研究非人类的事物开始，研究方法不能掺杂任何目的性。物理学、天文学、力学、化学等学科只有在不涉及价值观、完全中立的情况下才能得以存在，才能对事物做出纯粹的描述。我们现在的科学研究存在着一个重大的错误，就是将用于研究事物的科学模型错误地应用到对人的研究上。这种方法对人的研究来说非常糟糕，是行不通的。

　　大多数建立在这种实证主义模型的心理学，建立在客观主义、联想主义、不掺杂价值观、中立的科学模型基础上的心理学并不是虚假的。这种模型像珊瑚礁和山脉那样越积越多，而这种模型是由若干细小琐碎的事实累积起来的。我无意暴露自己科研的不足之处，但是我想在此指出，我们确实掌握了大量与人类相关的事实，但需要强调一点：我们所知的那些对人类来说重要的知识都是通过非物理学技巧和人本主义科学获得的。正是通过这些技巧，人才变得更加富有良知和正义感。

　　最近，在林肯艺术中心举行的艺术节开幕式上，阿齐博尔德·麦克利什（Archibald MacLeisch）在谈到世界形势时发表了一段演讲，以下文字节选自这段演讲：

　　错误的并不是那些科学的伟大发现——不管我们掌握的信息有多么离谱，掌握信息总好过无知。错误的是在这些信息背后的观点：人们相信这些信息会改变世界。事实上，他们无法改变世界。信息如果得不到人类的理解，就像没有问题的答案一样，成了无根之木、无本之源——没有任何意义。人类的理解只有通过艺术才能成为可能。正是艺术造就了人类的认知力，而正是这种认知力将信息转化为事实……

从某种意义上说，我并不认同麦克利什的观点，不过我能理解他为什么会这样说。他之所以这样说是因为他缺乏革新的教育观以及对人本主义心理学的相关知识，也缺乏正确的科学观，不仅否认科学不应该掺杂价值观，应该保持中立，也否认将科学视为一种责任、一种义务、一种发现价值观的必要条件——根据经验发现、证实、展现人类内在的价值观。这项工作正在如火如荼地进行着。

麦克利什先生的观点用于19世纪二三十年代，也适合当代那些还不了解新的心理学研究模式的人。"人类只有通过艺术才能获得认知力。"这句话一度也是真的，幸运的是它不再真实了。人类可以收集到帮助他们获取认知力的信息，这些信息本身含有内在的价值暗示，具有指向性和有意义。

"艺术造就了人类看待问题的观点，正是这种观点将信息转化为真理。"这一点我并不认可，想进行一番争辩——一定存在着某些标准，能分清哪些是好的艺术，哪些是糟粕的艺术。可是，在艺术批评领域，我还没有发现此类的标准。然而，这种标准正在形成，我想在此留下一个暗示，这是一条经验性的暗示。目前存在这样一种可能性：自有客观的标准区分好的艺术和糟糕的艺术。

如果我们所处的情况相似，读者就会了解在我们目前能接触到的艺术领域中，价值观完全处于一种混乱无序的状态。例如，在音乐领域，目前还不存在某种标准可以证明约翰·凯奇或者猫王的流行音乐作品的艺术价值不及贝多芬的音乐作品价值高。在绘画和建筑艺术中也存在此类混乱的情况。我们不再享有共同的价值观。我甚至不屑花时间看音乐评论了，因为我认为它们毫无价值，艺术评论文章也是如此，我也不再去读书评，因为我经常会发现书评毫无意义，价值观在这些艺术领域呈现出混乱无序的状态。例如，《星期六评论报》最近就刊登了一篇文章，对让·热奈（Jean Genet）的低俗作品大肆吹捧。这篇文章是一位神学教授写的，简直可以用一团糟来评价这篇文章，因为它以恶为善、以次充好，作者表达了某种似是而非的看法，同时玩儿起了文字游戏，无非想传达如下的信息：如果邪恶的沦为彻底邪恶的，那么有时它会变成良善的，而即便鸡奸和滥用毒品的行为本身也具有美感，也能让人如痴如醉。可怜的心理学家花费了大量的时间，努力把病人从痛苦的经历中解救出来，他们根本无法理解这种颠倒是非的现象。一个成年人怎么能向年轻人推荐这样的作品呢？而且将它作为论述道德品质的书或成为青少年的道德准则呢？

如果阿齐博尔德·麦克利什说艺术会引导人们发现真理，那么他说的艺术作品一定是他自己精心挑选出来的，不过他的儿子并不一定认同他的观点。那么，麦克利什又如何解释这种现象呢？艺术与真理的关系本来就没有定论，没办法让他人信服这一点。我认为这就是一种信号，说明我们已经来到了一个认知的转折点。我们正在经历转变，新事物正在形成。我们已经发现了科研领域发生了变化，这种变化并不是品味或是随意的价值观变化，而是实证性的发现。人们发现了新事物，而这些新事物又促使人们产生了对价值观和教育的各种构想。

首先人们发现人类具有更高层次的需要，具有类似于本能的需要，这些都是他们生物属性的一部分——例如需要被尊重、有尊严，具有寻求自我发展的自由。人们发现了更高层级的需要，这本身就具有革命性的意义。

其次，我已经在前文提到过我对社会科学的看法：很多人都开始认识到将物理、机械模型作为科学研究的方法是错误的，如果用这种错误的模式指导科学研究工作，会将我们引入怎样的歧途呢？原子弹是滥杀无辜的完美工具，和纳粹的集中营如出一辙。艾希曼（Eichmann）[1]可能不会受到实证主义哲学或者科学的轻易驳斥。他到去世时也不会明白其中的道理。他不知道自己错在哪里，认为自己毫无过错，只是出色地完成了本职工作。他的工作的确做得不错，不过他忘记了科学研究的目的和价值观的问题。我想在此指出：那些自认为专业的科学和哲学都认为科学研究不应掺杂价值观。在科学研究中忘记价值观的人应该谨记这一点，如果他们在科学研究中脱离了价值观的束缚，就会沦为像艾希曼那样的恶魔，成为原子弹的制造者，成为刽子手！

如果人们在科学研究中存在将科研能力或才华与研究内容和研究目的割裂的倾向，最终会陷入危险的境地！

我们可以为弗洛伊德的伟大发现补充一些内容。弗洛伊德

1.阿道夫·艾希曼（Adolf Eichmann, 1906.3–1962.6），纳粹德国高官，也是在犹太人的屠杀行动中执行"最终方案"的主要负责者，被称为"死刑执行者"。

犯了一个严重的错，我们想纠正这种错误：他将人类的潜意识视为一种不良的罪恶之源。但是人的潜意识也是创造力、喜悦、幸福感、良善、人的道德观和价值观的源泉。我们知道人的潜意识分为健康的潜意识和不健康的潜意识两种。新人本主义心理学目前正在全力研究这一课题。存在主义精神医师和心理治疗师已经将它付诸实践，并由此发现了一些新的心理治疗和精神治疗方法。

人类的良知也有好坏之分，人类的潜意识也同样存在好坏之分。此外，良善的就是真实的，这是一种非弗洛伊德式的判断方法。弗洛伊德之所以犯错，正是因为他具有实证主义倾向。我们都知道，弗洛伊德具有物理学、化学等研究背景，他本身是一位精神病学家。他誓要研究出一种可以还原为物理和化学表现形式的心理学。弗洛伊德研究的正是这种心理学，那就是他所投身的事业。不过这种观点他自己都不认同。

至于我提到的我们已经发现的更高层级的天性，目前存在的问题是：我们应该如何理解它呢？弗洛伊德学派的解释方法仍然是还原法。照此解释，如果我是一位良善之人，教育就成了克制我本性中杀戮之心的反向作用。这里，杀戮成了一种比良善更为基本的人性，仁慈是一种试图掩盖自己是杀人凶手的事实，是一种心理防御机制。如果我是一个慷慨之人，那么教育就是抵御我内心的吝啬本性的反向作用，因为我的本性是吝啬的。这是一种非常独特的心理现象，但是也存在着尚待证实之处，例如，为什么不说杀戮是用来抵御爱人之心的反向作用呢？这种说法也行得通，事实上，对于很多人来说，这种情况才是实情。

　　回到我们探讨的主要问题上来。科学这一令人兴奋的发展开启了历史的新起点。我有一种强烈的感觉，我们正处于历史的浪潮之中。在一百五十年以后，历史学家将如何评论我们这个时代呢？到了那时，什么才是重要的？什么已经成为历史？什么已经终结？我坚信现在能成为报纸头条的新闻到那时早已成了明日黄花。人类的"顶端优势"，也就是尚待发展的心理学领域终将会在一二百年以后蓬勃发展，开出璀璨的花朵。历史学家将会将这一心理学的运动称为历史洪流。就像怀特海德说的那样：当你得到了一种新的模型、一种新的范式、一种新的认知事物的方法，为旧的词语赋予新的定义，当下具有了不同含义的词语，你突然就有了一种豁然开朗的感觉，获得了一种洞察力，你可以用一种全新的方式认识事物和看待问题了。

　　例如，如果用我在前文讨论过的那种科学研究方法：用弗洛伊德那种完全否定、依据经验主义否定事物的方法进行科学研究会引发一个结果（不虔诚、刻意、未经事实证实的或异想天开的）。这种观点认为个体的需要和社会与文明的需要之间存在着一种必然的、内在的对立关系，然而事实并非如此。现在我们知道个体需要和社会需要存在趋同性而非对立性，因此个体的奋斗目标也是为了实现社会的终极目标，二者是相同的。我认为，这是一种经验性的论断。

　　另外一种经验性的论断是有关高峰体验的。我们通过询问不同的团队和个人问题的方式研究高峰体验，这些问题包括：你感到此生中最为欣喜若狂的时刻是什么？一位调查者提出了这样一个问题："你是否经历过一种超越自我的欣喜时刻呢？"有人会认为，这样的问题只会招来人们的白眼，但是我们的受访者提供了很多答案。显然，这种超越自我的喜悦时刻一直以来都被视为隐私，因为他们觉得这种事情他们无法宣之于口，说出来会令他们感到难堪、害羞，一点也不符合"科学"的要求——而大多数人都将这些经历视为一种深重的罪恶。

我们在调查过程中发现，很多因素、很多经历都会引发高峰体验。显然，大多数人，甚至几乎所有人都经历过高峰体验，或经历过心神荡漾的喜悦时刻。我们可以提出"什么是你人生中最为幸福、最喜悦的时刻"此类的问题。"在高峰体验中，你眼中的世界与平时有什么区别？为什么会有这种区别？""你在高峰体验中有什么感觉？高峰体验为你带来了怎样的变化？"我想谈一谈获得高峰体验的两种最简单方法（从简单的统计学和以往的经验报告中）：一种是通过音乐，一种是通过性。我暂且不谈性教育，因为这样的讨论为时尚早，不过我很确定有一天我们不会一谈这个话题就会招人嘲笑，大家都会认真严肃地对待这个话题，可以像教育孩子学音乐、爱、洞察力那样，像欣赏一片美丽的草地、可爱的婴儿那样，对待这个话题。获得通向天堂的方式有多种，性是其中的一种，音乐也是其中的一种。这两种途径是获得高峰体验的最简单方法，也是最普遍的、最容易理解的。

如果我们想识别和研究高峰体验，就应该详细地了解哪些因素能引发高峰体验。由于能够引发高峰体验的因素过多，我们将林林总总的因素进行概括。看起来任何实现卓越、完美、正义或者获得美、价值观的经验都会引发高峰体验，不过情况并不总是如此，然而这种概括方式足以涵盖我们能接触到的引发高峰体验的诸多因素。切记! 我是在以科学家的身份讨论这个话题。如果这听起来并不像科学论述,那我们就可以将它视为一种新式的科学研究。很快一篇有关生育孩子的学术文章就会与读者见面,这篇文章探讨的是产妇生产的话题,我认为是自亚当夏娃创造人类之后最具革命性意义的有关生育的观点。这篇文章讨论的是产妇在生产过程中获得的高峰体验(145)。我们知道人们如何更容易地获得高峰体验,我们也知道怎样帮助产妇获得这样一种神秘而伟大的体验,它类似于一种宗教仪式——通过它可以获得启示、洞察力,而产妇也会通过这种经历变成完全不同的人,因为在很多的高峰体验中,体验人都获得了"对自身存在状态的认知"。

我们必须为所有此类未经研究、尚待解决的问题总结出一套新的词汇。这种"对自身存在状态的认识"的含义也就是柏拉图和苏格拉底探讨的认知力,你也可以说它是一种感知上的快感,是一种获得纯粹的卓越、真理、良善等美好品质的技能。那么,我们为什么不说它是一种获得喜悦和幸福的技能呢? 在此我必须补充一点: 初为人父的经历是唯一能引起新手父亲高峰体验的因素,我和太太在对大学生调研高峰体验的过程中就深切地体会到了这一点。在这个过程中,我们也有了很多发现。女士会说生孩子的经历会引发她们的高峰体验,而男子则没有这种体验。现在,我们也可以让男士感同身受,体会妻子生产带给他们的高峰体验。这就意味着他们会发生变化,以一种不同的视角看待问题,生活在一个不同的世界中,具有不同的认知力。从某种意义来说,他们中有些人从此以后过上了无忧无虑的幸福生活。这些仅仅是数据而已,有很多获得这种神秘体验的方法。我认为获得高峰体验的方法太多了，我就不在此一一列举了。

目前，我发现这些高峰体验大都是在聆听"古典音乐"的时候发生的。并没有人因为听约翰·凯奇的音乐，或欣赏安迪·沃霍尔的电影，或欣赏抽象派的画作或类似的艺术作品时产生高峰体验，反正这种情况我未曾经历过。经历高峰体验的人都体会到了莫大的快乐，感觉心神荡漾，看到了另一个世界或者更高层次的生活，这些感觉都可以通过听古典音乐获得，而我要说这些感受也可以通过舞蹈或旋律来获得。目前从研究结果来看，舞蹈和旋律的确可以融为一体。我甚至可以补充一点：我们说音乐是获得高峰体验的一个途径，而音乐也包括舞蹈。对我而言，音乐和舞蹈已经融为一体了。随着音乐舞动的经历，甚至只是单纯地听一段旋律感强的音乐，例如伦巴，或者孩子们随着鼓点儿舞动，我不知道读者们会称之为音乐、舞蹈、律动、体育运动还是其他什么。对你身体的喜爱和尊敬都是获得高峰体验的途径。而反过来，我们也可以通过高峰体验获得"对我们目前存在状态的认知力"的良好途径（我不敢保证这一点，但是从统计学上来看情况如此），是获得柏拉图式的看透事物内在性质、内在价值、存在的终极价值的方法，而获得这种认知力也具有心理治疗作用，它会帮助我们治愈心理疾病，迈向自我实现之路，成长为完全的人。

换言之，高峰体验常常会产生一定的结果，这些结果会产生非常重要的影响。从某种意义上说，音乐也会产生同样的影响，二者对人的影响在部分上是重叠的，它们发挥的作用都与心理治疗作用类似。如果一个人的目标正确，如果他知道自己在干什么，会面临什么，那么我们可以说二者就会形成合力，消除个体的一些心理疾病的症状，像打破陈词滥调那样，消除人们的焦虑和一些消极的心理因素。从另一方面说，我们可以说二者结合可以促进人的自主性，激发人的勇气、运动精神，激发人们对应于感官上的意识，对身体的意识，等等。

此外，我们也可以说音乐、旋律和舞蹈都是帮助人们发现自身身份（identity）的绝佳方式。身体的构造决定了音乐和舞蹈可以引发刺激并对我们的神经系统、肾上腺素，对我们的情感和感觉具有多方面促进作用，事实就是如此。只是我们的生理学知识储备不足，不了解其中的原因。然而这是毋庸置疑的事实，这种感觉类似疼痛感。疼痛感也是确定无疑的真实经历。很可惜大多数人都是在体验空虚的人，他们不知道在他们的身体内部发生了什么，这些人是完全生活在生物钟日程表规则、法律、邻居们的意见中。他们是由别人左右的，而音乐可以告诉他们自身的本来样貌。我们的体内有一种声音，那个声音在呼喊"我的天哪，这种感觉太好了"！这点不容置疑。它是一种途径，是我们完成自我、实现和发现自我的途径。而这种自我发现的途径是需要内心的声音提醒的，是通过倾听自己的内心，了解自己的身体对外界事物的反应才能获得的。这也是一种实验性的教育方式，如果我们有时间探讨这一点，就可以探究与人本主义教育平行的教育体制，那是另一种心理学派别的研究课题。

数学也像音乐一样具有美感，也可以使人产生高峰体验。当然在我们的教育体制中，很多数学教师在教学过程中都千方百计地阻止学生感受到这一点。在我三十岁以前，并没有认识到数学是一门研究审美的科学，直到我读到了相关的书籍才恍然大悟。

历史、人类学也是如此（就像我们学习一种异域文化那样），社会人类学、考古学或者科学研究都是如此。我想再次用数据说话：那些伟大的作家、科学家、富有创造力的科学家都这样认为，他们就是用这种方式与人交流的。我们对于科学家的固有观念必须改变，应该将他们视为最有创造力的科学家，而富有创造力的科学家都是依靠高峰体验获取灵感的。如果他们攻克了技术上的疑难问题，就会感到无比荣耀；当他们突然通过显微镜看到了完全不同的事物时，当他们恍然大悟获得了某种启示、洞察力、理解力时，他们就会欣喜若狂，因为这些科学发现对他们来说很重要。科学家都是非常害羞的，他们羞于谈论这些事情，他们绝不会在公众面前谈论这些事情。想要把这些秘密都探究出来需要一个非常非常有技巧的"助产士"，我就是那个助产士。而现在这些谜团就摆在我们面前，如果我们能够相信一位富有创造力的科学家不会因为说出这些秘密就受到嘲笑，那这个科学家可能会红着脸承认，如果他所研究的一些事物之间的重要联系经过验证是正确的，他就会有这种高峰体验，但是他不愿意谈论这些。而在科学研究中，那些教人们如何开展科学研究的教科书里的内容简直是无稽之谈。

我认为，如果我们对自己的工作有足够的认知力，也就是说如果我们具有足够的哲学内省力，就可以改变现状，就有可能了解哪些经历最容易引起我们的高峰体验，哪些经历会让我们豁然开朗，感觉醍醐灌顶、无比幸福，感觉心神荡漾、欣喜若狂。如果我们了解了这一点，就可以用这些经历重新评估我们传统的教学方式和其他新式的教学方法。

最后，我还想谈谈我在努力探索的一个课题——我可以肯定地说，这个问题涉及所有从事艺术教育的人，也就是音乐教育、艺术教育舞蹈和旋律的教育，这些形式的艺术教育比我们所谓的"核心教育"更接近于我所说的那种内在教育的"核心课程"，也就是我们探讨的人本主义教育。这种教育方式将个人真实的自我作为教育的重要部分。如果教育无法做到这一点，就是毫无意义的。教育也应该成长、变化，在教人分辨善恶，分辨理想状态和不理想状态，教人们学会选择。这是一个内在学习的领域，是内在的教学，是一种内在的教育。艺术，特别是我提到的那几种艺术形式最接近我们的心理和生理的核心，最接近于我们自身的身份、我们的生理身份。不应该将这些艺术课程视为锦上添花的课程或者一种奢侈品。这些艺术教育应该作为教育的基本组成部分，它可以帮助人们了解人的终极价值观。如果这种内在的教育能将艺术教育、音乐教育、舞蹈教育作为核心教学内容是最好不过的（我认为我会为孩子首先选择舞蹈课，因为学舞蹈是两岁、三岁或四岁的孩子接触旋律的最容易的方式）。这些艺术体验可以作为一个很好的模板，可以作为一种工具，我们可以利用这些工具成就传统的教育模式。我们传统的学校教育渐渐沦为不涉及价值观、中立的、没有目标也没有意义的教育形式，徒有其表，却毫无灵魂，这样没有生命力的教育终将走向衰亡，而这种艺术教育可以挽救我们的传统教育。

第十三章　人本主义教育的目标和作用

阿尔多斯·赫胥黎（Aldous Huxley）在去世前有了一个重大发现，这是认知上的重大突破，可以将科学、宗教以及艺术融合在一起。赫胥黎的很多思想都在他的最后一部小说《岛》(52)中得以体现。虽然这部小说称不上一部伟大的文学作品，但我们可以说它是一部非常激动人心的、描写人的能力以及人力所能达到的高度的作品。书中最为革命性的思想与教育有关。在赫胥黎为读者描绘的乌托邦式的世界中，教育体系的目标和模式与我们现行的教育体系迥然不同。

如果我们审视一下当今社会的教育，就会发现存在两种截然不同的因素。一方面，我们的教育体系中存在大量的教师、校长、课程设计者、教学总监，他们都致力于为学生传道授业，以便让学生用所学的知识适应工业化社会对人才的需要。这种教学模式缺乏想象力，也毫无创意性可言。教师们不会去思考或者质疑他们为什么要教学生学习这些内容，他们关注的主要是教学效率，也就是说他们想用最短的时间，以最少的精力和成本，尽可能把大量的事实灌输给尽可能多的学生。另一方面，只有少数的教育工作者认为，教育的目标应该是培养更好的人，或者从心理学的角度说，培养那些能够成就自我实现和自我超越的人才。

在传统的教学模式中，学生往往有潜在的学习目标和奖励机制，通过这种机制，他们可以取悦教师，获得老师的青睐。在教学的过程中，学生表现出头脑灵活、富有创造力的行为往往会受到老师的惩罚，而那些重复性、死记硬背的则会受到老师的奖励。学生们只会关注老师想让他们表达的东西，而不是理解所学的内容。这种传统的教学模式只强调学生应该好好表现，而不关注学生的思想，因此学生们需要做的是做个好学生，同时保留自己的意见，不对外表达自己的想法。

事实上，这种教学思想经常与外部学习的教学理念相抵触。宣传、教育和操作性的条件反射对人们产生的影响往往会随着洞察力而消失。我们以广告为例，治疗人们对广告偏听偏信的最佳良药就是让人们认清事实。读者可能会担心广告存在的虚假宣传和市场行为研究会抓住消费者的心理，消费者会被这些广告牵着鼻子走，然而我们只需一些能够证明某品牌的牙膏质量很糟糕的数据，那样我们就不会因为广告宣传而动心，购买一些劣质产品了。另一个能证明事实对外在学习具有破坏作用的例子就是心理学课程。心理学的课程中，如果教师正在给学生讲条件反射作用，而学生们想捉弄老师，于是对老师设定了条件。只是老师并未意识到这一点，他发现，如果自己点头，学生们就会微笑表示对他教学的肯定，于是他开始愈加频繁地点头。在课程接近尾声时，他一直点头，然而直到课程结束，学生们告诉老师真相，老师就不再点头，而学生也不再对他微笑。事实使得学习的热情消失殆尽。如果我们想进一步说明这一点，就应该问自己这样一个问题：在现行的教育模式中，存在多少由无知成就、由领悟破坏的情况呢?

当然,在这种课堂学习的教育模式中,学生们对外部学习的态度早就变得机械,他们认为在考试中考高分、在竞赛中获奖就是他们的筹码和资本。在一所最好的美国大学里,一个男学生坐在校园里读书,他的朋友从他身边走过,问那个男孩儿为什么会读那本书,因为那本书并不是老师指定的书目。在这些同学的眼中,阅读一本书的唯一原因就是获得外部的奖励,而在这所大学现行的以筹码和表现论成败的教育环境中,那个学生提出这个问题就不难理解了。

在大学学习中,内在学习和外在学习的区别可以从厄普顿·辛克莱(Upton Sinclair)的故事中瞥见一斑。辛克莱年轻的时候,家庭条件不好,无法支付上大学的学费。辛克莱仔细阅读了学校的相关规定,他发现如果一门课程考试不及格就得不到这门课程的学分,必须再选修一门课程代替不及格的科目。学生无须支付这门课程的学费,就可以选修这门代替课程,因为他们已经为不及格那门课的学分支付了费用。辛克莱利用了这项制度的漏洞,故意在所有学科课程的考试中挂科,免费读完了大学。

大学学位也体现了现行教育体制中这种以获得外部奖励为目的的缺点。学生们投入了一定的时间学习各门课程就会获得相应的学分,这样他们就可以在修满学分后获得学位,自动毕业。所有大学里的课程都通过学分来体现价值,而各个学科之间也体现不出价值上的差异。例如,篮球课的学分居然和法语语言学课程的学分一样多,二者不存在任何差异,只有最后的学分才有价值。如果大学生在大四那年未修满各项科目就会肄业,离开校园,大家就会认为他们浪费了时间, 荒废了学业。对大学生的父母来说, 这是一种沉重的打击。我们都听说过这样的例子: 如果大四的女生因为着急结婚就在未完成学业的情况下离开了校园, 她的母亲就会认为自己的女儿荒废了学业而扼腕叹息, 因为女儿花了整整三年时间读大学, 却因为这个愚蠢的决定毁了整个大学生活。

理想的大学不会存在学分制, 也不会设必修课, 学生可以根据自己的意愿选课。我和朋友尝试着这种新型的教育教学理念付诸实践。我们在布兰德斯大学开展了一系列学术讲座, 并命名 "为大一新生开设的讲座", 帮助他们开启通向智慧生活的大门。我们告诉这些新生, 这些课程不需要他们阅读学术著作, 也不用写论文。我们不用学分限制他们, 他们可以自愿选择讨论的话题。我们告知学生们我们的身份, 我是心理学教授, 我的朋友是一位精神科医生, 并希望这种学术报告可以向学生传达我们的教学兴趣: 哪些学生适合参加这门课程, 哪些学生不适合参加这门课程, 来参加这门课程的学生都是自愿的, 他们的成绩部分取决于他们在课堂上的表现。在传统的课堂上, 情况恰好相反, 不管学生们喜欢与否, 都必须上课, 因为这是强制性的, 只是强制的手段和表现不同罢了。

在理想的大学里, 内在的教育将会面向任何人, 只要人们愿意, 就可以获得学习和提升自我的机会。学生也许包括那些富有创造力、智力过人的孩子, 也包括成年人; 既有智力低下者也有天才 (即便智力低下者也可以学习, 在思想和情感上获得提高)。这种大学教育将无处不在, 也就是说, 这样的教学不设定固定的教学场所, 也没有固定的教学期限, 教师可由任何有意愿分享知识或传授经验的人担任。这种教学可以是终身的，因为学习就是一个贯穿生命始终的过程。即便死亡也可以给人带来哲学启示，是一种非常具有教育意义的经历。

理想的大学是一种具有教育意义的隐蔽之所。在那里，人们可以找到自我，发现自己的本来面貌，知道自己想要什么，身处怎样的境地。人们可以选择各种课程，听各种学术讲座。人们也许并不清楚自己在做什么，但是在这个过程中，他们会渐渐发现他们的理想职业是什么。一旦发现了这一点，他们就会接受职业教育。换句话说，理想大学主要的目的就是帮人们发现自己是谁。获得这种认知之后，他们就会明白他们理想的职业是什么。

"发现自己是谁"，这句话的含义是什么呢？就是帮助人们发现他们真实的欲望和自身的特点是什么，帮助人们通过某种方式表达这些特点，学会做真实的自己，找到本真的自我，并通过行动和言论表达自己的思想和内心的情感。大多数人都学会了掩藏真实的自我。一个人可能刚刚与人发生了激烈的冲突，他怒不可遏，但是一听到电话铃声，拿起电话，就用无比镇定、甜美的声音说了声"你好"。做真实的自己就是减少虚假的掩饰，将这种掩饰降为零。

可以通过很多技巧教人们做真实的自己，T小组[1]就是其中的一种。这样的经历可以帮助我们意识到自己的真实面貌，如何以真实的自我与人打交道。它给了人们一个做真实、诚实表达自我的机会，告诉人们真正的思想和感觉是怎样的，而不是带着虚假

1.T小组：也译为T群体，"人际关系小组""敏感性训练小组"。敏感训练小组要求成员就参加者的个人情感、态度以及行为进行坦率、公正的探讨，相互交流对各自行为的看法。

的面具与人交流或出于礼貌回避一些事情。

与普通人相比，我们描述的那些健康、坚强、坚定的人似乎能够更清晰地听到自己内心的声音。他们知道自己想要什么，也同样清楚地知道自己不想要什么。他们内心的喜好告诉他们，一种颜色是否与另一种颜色搭配。他们不想穿毛衣是因为毛衣让他们皮肤发痒。他们不喜欢那些虚情假意的一夜情。一些人则与之相反，他们的内心似乎是空虚的，他们与内心世界毫无联系，他们吃喝拉撒都靠作息时间表而不是靠他们身体需要完成。他们做任何事，从挑选食物（"食物是否有益身体健康"）和衣着（"衣服是否流行"）到处理涉及价值观和道德的问题都依靠外部准则（"我爸爸告诉我这么做的"）。

父母总会把自己的意愿强加给孩子，这样做就混淆了父母的意愿和孩子内心的真实想法。如果孩子说"我不想喝牛奶"，他的妈妈就会问："怎么会呢？我知道你想喝牛奶。"孩子会说"我不喜欢吃菠菜"，而妈妈会告诉他"我们都喜欢吃菠菜"。对自我认知很重要一部分就是能够清晰地听到内心的声音。孩子的母亲混淆了孩子内心的声音和父母的意愿，这样做不利于孩子获得自我认知。如果母亲这样回应孩子："我知道你不喜欢吃菠菜，但是由于这样和那样的原因，你还得吃菠菜。"这种回答就更合适。

与普通人相比，审美能力强的人往往对事物的颜色、外形、图案搭配等方面有着更为清晰的认知。那些智商高的人也在发现真理、辨识事物关系等方面能力更加出众。眼光好的人一眼就能看出一条领带与哪件夹克衫搭配更合适。很多研究课题都集中讨论孩子的高智商和创造力之间是否存在某种联系。创造力强的孩子似乎对是非具有更准确的判断,而那些缺乏创意但智商高的孩子似乎已经失去了这种内心的声音,被教育驯化了,因此每当他们面对判断是非的难题时,都会寻求家长和老师的帮助或指引。

健康的人似乎对关乎价值观的问题也有较为清晰的判断。在很大程度上,自我实现的人超越了他们所在文化的价值观。他们不仅是美国公民,而且是世界公民,是人类大家庭的成员。他们会客观地审视自己所在的社会,他们喜欢自己社会的某些方面,也会讨厌其中的一些方面。如果教育的终极目标是帮助社会成员完成自我实现,那么就应该帮助社会成员超越他们所处的文化强加给他们的条件或道德规范,成为世界公民。怎样才能帮助人们克服文化同化的束缚,使人们在成年后会憎恶战争,尽一切全力避免战争?这是一个技术性的问题。教会和主日学校都小心翼翼地回避这项任务,它们只教孩子们读《圣经》故事。

我们的学校和教师在教育的过程中应该追求的另一个目标是:帮助人们发现适合他们的职业,找到他们的命运和宿命。想了解自己是怎样的人,这需要倾听自己内心的声音,发现自己想做什么,将什么作为终生的职业。如果人们认清了自己的身份,就相当于发现了自己的理想职业。找到自己愿意为之献身的祭坛或找到自己终生奋斗的职业与找到自己的伴侣有些相似。教育的一个传统就是告诉年轻人应该忠于职守,应该尽量与人沟通,谈一两场恋爱,然后找一个潜在的结婚对象。可以在结婚之前试婚,看看两个人是否适合生活在一起,发现自己欣赏对方的地方、希望对方改善的地方。如果人们越来越清晰地认识到自身的需要,就会更加了解自我,最终会找到合适的伴侣。找到理想的职业和找终身伴侣有很多相似之处。如果你找到了理想的工作，就会感觉一天二十四小时并不够用，也会开始感叹生命的短暂。然而，在我们的学校里，很多职业规划导师并没有意识到人类存在的目标是什么，获得基本的幸福感需要哪些必要的条件。他们关注的只是社会需要什么样的人才，例如航天人才、牙医，没有人会告诉学生，如果对现在的工作不满意，就会失去成就自我实现最重要的一个工具。

我想总结一下上述内容：学校应该帮助学生审视自己的内心，获得自我认知，从而获得价值观。我们现在的教学模式并没有教学生价值观，这可能是我们的文化传统中政教分离的后果。统治者可能会认为价值观教育应该是教会的事情，而教会学校认为他们应该关注的是另外的问题。也许我们的学校里缺少训练有素、具有哲思、能够教授学生价值观的老师，与其说这是一件坏事，不如说塞翁失马焉知非福，就像出于同样的原因，现行教学体制下的教师也不会对学生进行性教育一样。

人本主义倡导的教育理念产生了很多影响，其中的一个影响就是使其产生了对自身的认识。自我观念是一个很复杂的概念，很难简明扼要地用语言解释清楚，因为这个概念是几百年以来，人们首次谈论有关人的本质、人的内在特点，谈论人性以及人性中存在的兽性。这一点与欧洲存在主义心理学，特别是以萨特为代表的虚无主义心理学派的理念迥然不同。萨特认为，人类完全是自我投射的影子，只是他们自身任意的、自发的、意愿的产物。对于萨特和受这种思想影响的人来说，自我成了一种任意性的选择，它不受是非、好坏观念的影响，随心所欲才是最好的状态，这就从根本上否认了生物学的存在。萨特全然放弃了任何人类观念中的绝对价值观，这就相当于把生命哲学视为一种强迫性的神经症，认为不存在内心的冲动或内在的声音，我称之为"实验性的虚无主义"。

美国的人本主义心理学家和存在主义精神病学家大都更认同心理动力学家的观点，而不太认同萨特的虚无主义心理学学说。他们的临床经验让他们认为，人是具有内在实质和生物学特点的，是生物大家庭中的一员。很容易可以将发现自我的心理疗法理解为帮助人们发现自己的身份、自我，总体上发现个体作为主观的生物存在特点的心理治疗过程。心理治疗更容易帮助他们实现自我，"成就自我"，进行"自我选择"。

难点在于，人类是唯一难以归纳自身本能属性的物种。猫就是猫，这一点猫本身并不会存疑，不会因此产生不良情绪或内心矛盾冲突，也没有任何迹象表明它想变成一只狗。猫的本能十分清晰，但是人类的动物本能就异常脆弱、不堪一击，也不容易实现。外在因素成为比我们的内心深处的动物本能更有力的冲动，而我们自身最为深切的、作为人类种群存在的动物本能已经面临了生死存亡的考验：我们的本能正在消失殆尽，它们极其虚弱、极其微小、极其微妙，必须深入地探究内心才能发现这些本能。这就需要我们研究内省式生物学、生物现象学，让人们了解为获知身份、探寻自我、探寻内在的自主性和自然特性必须了解的知识。这需要我们闭上双眼，将一切外部世界的噪声都挡在心门之外，切断思绪，放下纷扰，以道家和接纳万物的状态放空自己（就像你躺在心理咨询师的沙发上，放空自己那样）。我们只需静静等待，看看会发生什么，头脑中会想到什么。这就是弗洛伊德所说的联想式、自由飘浮式的专注，而不是将目标锁定在某项任务上的那种专注。如果你成功地做到了这一点，并且知道如何做到这一点，就会忽视外部世界的噪声，重新倾听到自己内心那些细小、微弱的声音，那是人作为动物的自然本性的暗示。这些本性不仅来自人类所共有的特征，也来自个体自身的特点。

然而，这里存在着一个非常有趣的矛盾：一方面，我倡导应该发现人的内在特点，也就是个体有别于他人的特点；另一方面，我也提到应该发现个体存在的种群特点，也就是人性。就像卡尔·罗杰斯说的那样："为什么我们越深入地探寻我们作为独特个体的特点，寻找我们自身的身份，就越会发现人类作为整体的共性呢？"难道这一点不会让你想起爱默生和新英格兰超验主义者提倡的思想吗？从足够深入的层面发现个体作为人类的特点，并将它与发现的个体自身特点融为一体。成为（学会成为）完全的人就意味着同时探寻这两种特点。你正在努力地（客观经历着）寻找以下问题的答案：如何成为特别的自己？你何以为自己？你的潜质是什么？你的风格是什么？你的步调是什么？品味是什么？价值观是什么？你将去往何方？你个人作为生物体的发展方向将把你引向何方？也就是你与他人存在哪些差异？诸如此类的问题。与此同时，这也意味着个体应该学习如何像他人一样成为一个社会动物。换句话说：你与他人存在着哪些相似性？

教育的一个目标是让学生明白生命是宝贵的。如果一个人的生命中毫无快乐可言，那他的生命就毫无意义。只可惜很多人在生命中从未体验过真正的快乐。在他们整个的人生中，几乎从未经历过我们所说的高峰体验。弗洛姆(35)曾经说过,那些热爱生命的人常常会经历喜悦的时刻,而那些一心求死的人从未经历过喜悦,因此他们并不眷恋生命。后者就会用他们的生命冒险,做各种愚蠢的事情,好像他们希望一场意外会帮他们了结自己的生命,这样就不用他们费力自杀了。在极其恶劣的条件下,例如在集中营,那些将每分每秒都视为珍贵的生命赐予的人都克服各种困难努力地活下去,而有些人毫不抵抗、一心求死。我们通过研究锡南浓社区的一些瘾君子发现:这些人中的一部分已经扼杀了自己生命中一部分鲜活的成分。如果为他们的生命赋予一些意义,他们会很容易就戒掉毒瘾。心理学家把酗酒成性的人描述为基本上对生命持有消极的态度、对生活感到厌倦的人。他们认为这些人的生活就像一潭死水一般,不会泛起任何涟漪。科林·威尔森(Colin Wilson)(159)在他的作品《新存在主义心理学导读》中指出:生命必须有意义,必须拥有高光的时刻,这样才能证明生命是有价值、有意义的,否则人们就会产生厌世的念头,谁会甘心忍受无尽的痛苦或者无穷的厌倦呢?

我们都知道,儿童也会经历高峰体验,高峰体验在童年时期经常会发生。我们也知道,现存的教育体系是扼杀儿童高峰体验的有力工具。那些尊重孩子天性的教师并不担心个别孩子在教室里快乐地嬉戏、无心听课的情况。在传统的课堂教学模式中,一个班级通常会有35个孩子,而教学任务要求教师在指定的时间内完成特定的教学任务,因此教师不得不把大量的精力放在维持课堂纪律、保持课堂安静上,而不会思考如何将教学内容变得生动。然而权威的教学理念和师范大学似乎认为学生在课堂上玩得很开心并不是一种危险的信号，即便十分困难的教学任务，例如教孩子们学习减法、乘法、阅读，这些在工业化社会必要的学习内容，也可以通过生动的教学方式变得趣味十足。

学校应该采取什么措施增强幼儿园孩子们的生存理念，让一年级孩子们热爱生命呢? 也许最重要的是让孩子获得成就感。帮助比自己年龄小、比自己弱小的孩子可以让孩子获得成就感。如果我们不那样严格管教孩子，孩子就可以自由发挥创造力。孩子们往往会模仿教师，因此教师应该鼓励孩子们快乐成长，成为自我实现的人。家长们会将自己扭曲的行为准则强加在孩子身上，但是教师比家长更健康、更坚强，因此可以鼓励孩子模仿教师的言行。

首先，人本主义教学体制中的教师应该有别于现行教育体制中教师作为传道者、作为提出条件、强化条件的角色。教师应该是道家思想倡导的帮助他人的人，或者说教师应该是被动的接受者而不是主动的干预者。我曾经听说过拳击界的例子: 如果一个年轻人觉得自己身体条件不错，想成为一名拳击手，就会去拳击俱乐部锻炼。他会找俱乐部的老板，然后告诉他:"我想成为一名职业拳击手，我想加入你的团队，希望你来管理我。"在拳击界如果发生了这样的情况，那么俱乐部的老板一般会考验一下这个年轻人，好的老板会为这个年轻人挑选一名职业拳击手当师傅，并且告诉这个拳击手:"带这小子见识一下赛场，好好锻炼锻炼他，让他伸展拳脚，我们看看他怎么样，激发出他最好的一面，让他拿出看家本领。"如果那个年轻人真像他自己说的那样有些本事，是个天生练拳击的材料，那么好的俱乐部老板会留下他，把他训练成一个像拳王那样的拳击明星。也就是说他会因材施教，根据年轻人自身特点塑造他。俱乐部老板并不会从头开始，告诉年轻人，"忘记你之前学过的东西，重新开始"，这就像说："忘记你拥有什么样的身体，"或者"忘记你的长处。"他会根据这个年轻人的特点培养他，将他的潜能最大限度地开发出来，让他实现他所能达到的至高成就。

因此我认为，世界上的大多数教育都应该做到这一点。如我们想成为帮助他人的人，想成为心理咨询师、教师、引路人或者心理咨询师，我们必须要接受人们本来的面貌，并且了解他们是怎样的人；了解他们的现状、他们的风格是什么；他们脾气秉性如何；他们擅长什么，不擅长什么；根据他们的特点，我们能将他们培养成什么人才，他们身上具有哪些优秀的品质和潜能。我们应该制造一种平和、友好的氛围，接纳孩子们的天性，这样孩子们才不会感到恐惧、焦虑，对我们充满戒备和敌意？我们应该关爱孩子，也就是说我们应该欣赏他们，帮助他们成长，成就自我实现（117）。目前看来，这种理念与罗杰斯的心理治疗方法颇为相似。罗杰斯提出了应该给予孩子"无条件地正面尊重"、认同孩子、对孩子持有开放包容的态度、关爱孩子。已经有证据表明，这种教育理念能够激发出孩子最好的一面。允许他们自由表达、自由行动，去实验，甚至去犯错。而我们也通过T小组、会心团体以及非指示性咨询的案例中发现，这些形式的教育可以帮助孩子发现自我。我们必须学会珍视孩子在学校"捣乱"、异想天开、全神贯注地游戏的时光，因为在那种状态下，孩子们会对一切都充满好奇之心，投入了沉醉式的热情，至少我们应该更加重视孩子们的兴奋状态、他们的"兴趣"和爱好, 等等, 这些往往会帮助我们发现孩子内心的世界, 认识到这些特质能够让孩子们在日后的工作中艰辛付出、坚持不懈、全心投入、卓有成效、获益匪浅。

与此相反, 我认为也可以将高峰体验视为充满敬畏、神秘、惊奇或者对完满、目标实现、学习的奖励和目标的喜悦。它既是开始, 也是结束(67)。如果伟大的历史学家、数学家、科学家、音乐家、哲学家和其他伟大的人物都认同这一点, 我们为什么不充分利用这些研究成果, 并将其作为激发孩子高峰体验的源泉呢?

我必须声明一点, 虽然我手头上能够证明这一说法的证据和经验都不充分, 无法说这些经验是通过研究那些智力超群的孩子, 而不是那些智力低下、心智发育不全的孩子获得的。然而, 我必须指出, 我在锡南浓社区、T小组(141)和Y理论社区、萨提亚教育中心以及格罗夫研究致幻药物项目组(40)、莱因研究精神病项目组(65)和其他此类的团队里接触到的很多智力低下和心智发育不全的孩子及成年人都无一例外地证明了一点: 永远也不要轻视任何人。

内在教育的另一个重要目标就是帮助孩子满足基本的心理需要。如果孩子对安全感、归属感、自尊、爱的需要没有得到满足, 是无法成就自我实现的。用心理学的术语来说: 一个孩子之所以能够无忧无虑, 是因为他得到了他人的爱, 他感到自己有归属感, 有人尊重他、需要他。大多数锡南浓社区的瘾君子都有这种需要没有得到满足的经历。在他们的生命中, 几乎他们的一切需要都没有得到满足。锡南浓社区营造了一种氛围, 在这种氛围之中, 这些瘾君子感觉自己好像回到了孩提时代。在这种轻松的氛围下，他们可以慢慢成长。这样，他们基本的需要就会得到逐一满足。

教育的另一个目标就是不断唤醒人们的意识，这样人们就能够常常发现生命中的美丽与神奇之处。我们所处的文化常常会使我们变得麻木，让我们感到迷茫，因而会对美好的事物视而不见、充耳不闻。劳拉·赫胥黎（Laura Huxley）有一个精致的方形放大镜，她会用放大镜观察一朵小花。光线从放大镜的另一侧投射过来，她让光线照在放大镜的边缘。过一会儿，她就会全身心地投入放大镜的神奇世界中。放大镜会把花朵的每个细节都淋漓尽致地呈现给她，放大镜中的世界为她带来梦幻般的经历。劳拉会惊叹于她看到的景象。如果想让我们的日常经历更加美好，一个很好的技巧就是想象我们的生命即将终结或者想象我们身边的人即将死去。如果我们要面对死亡的威胁，那么我们会对每件事情、每个人都投入更多的专注力，也会用全新的方式对待身边的万事万物。如果你知道某个人即将死去，你就会更加关注他，会以一种个人的视角观察他，不会因为某个不愉快的经历就随意地为他贴上标签。我们必须与将人标签化、随意归类的行为惯性进行抗争，不能被我们的行为惯性左右。最终，不论我们教授的是数学、历史或者哲学，最好的教育就是让学生发现所学内容的美妙之处。我们需要教会孩子统一的认知力，那是一种类似于禅宗的体验，能够同时洞见事物的刹那与永恒、神圣和世俗的性质。

我们必须能够再次控制自己内心的冲动。当下，弗洛伊德那种让人们极力压抑自己内心冲动的时代早已过去，但是我们也遇到了与之相反的问题——我们必须抑制我们过剩的冲动。我们能教人们控制冲动，因为这种控制并不一定是压抑型的。自我实现者身上都有一种控制欲。在这种控制欲中，控制和需要的满足共同作用，使需要得到满足给人们带来的快感更深切。他们知道，如果坐在精心布置的餐桌前，餐桌上摆满了精心烹饪的食物，那么吃东西就会成为一种更快乐的体验。不过，人们需要运用控制力布置餐桌、准备食材，这一点与男欢女爱带来快乐，但找到合适的对象需要更大的控制力是一个道理。

真正教育的一个重要任务就是超越问题的假象，从而找到生命中最为核心、最本质的问题。所有神经症面对的问题都是假象问题，而人性中的邪恶和生命中承受的痛苦才是真实的问题，是所有人早晚都要面对的问题。我们可以通过痛苦获得高峰体验吗？我们发现高峰体验包括两个组成部分：情感上的欣喜若狂和智力上的大彻大悟。无须同时具备两个因素就可以获得高峰体验。例如，性高潮可以使人达到一种情感上极度满足的状态，但不会为人带来任何的智力上的启示。而人们在面对痛苦和死亡的时候会获得启示，这一点玛格哈尼塔·拉斯基在她的作品《神魂颠倒》(66) 中提到过。目前有很多心理学文献都研究死亡心理学，通过这些文献我们可以发现：有些人在濒临死亡之际确实获得了某种启示，也可以说他们获得了某种哲学洞见。赫胥黎在他的作品《岛》(52) 中就描写了人在将死之际会与过去和解，坦然接受死亡，体面地离去，而不是以一种没有尊严的方式走向死亡。

内在教育的另一方面是学会如何做出更好的选择。我们可以学会自行选择：我们可以在自己面前放两杯雪莉酒，一杯价格低廉，另一杯价格昂贵，看看我们会选择哪杯雪莉酒。我们也可以闭上双眼，选择两种品牌的雪茄烟，一种是廉价的雪茄烟，另一种雪茄烟价格不菲，但是表面上我们看不出什么差别。我可以分辨昂贵的雪莉酒和廉价的雪莉酒，所以我现在只买贵雪莉酒，但是我分辨不出好的杜松子酒和廉价杜松子酒的区别，因此我就挑最便宜的杜松子酒买。既然我分辨不出二者的区别，那为什么要选贵的呢？

我们所说的自我实现的真正意义是什么呢？我们希望的理想教育体制应该要求我们有怎样的心理特质呢？自我实现者具有良好的心理健康状况。既然他们的基本需要都得到了满足，又是什么驱使他们成为忙碌而能干的人呢？所有自我实现者都具有他们所坚信的奋斗目标和他们愿意投身的事业。当他们说"这是我的工作"时，他们指的是他们的工作和他们的人生使命。如果我们问一个自我实现的律师，"为什么会选择律师这个行业？"为此，他不得不面对无聊的法庭程序和琐碎的案件，那么他的补偿是什么呢？最终他会这样回答："如果我看见一个人欺负别人，就会感到非常气愤，这样不公平。"对他来说，公平就是终极价值观。他无法告诉你为什么自己会追求公平这种终极价值观，同样一个艺术家也无法回答为什么他觉得美才是他追求的终极价值观。换句话说，自我实现者从事他们所从事的工作是为了追求他们的终极价值观，而终极价值观又体现了他们做人所秉持的原则。他们会珍视并热爱这些价值观。如果这些价值观受到了威胁，他们就会感到气愤、采取行动，甚至常常会牺牲自身的利益来维护这些价值观。对他们来说,这些价值观就像他们的风骨一样不可或缺。自我实现者受这些内在的价值观、存在价值观,受到对纯粹的真理和美的追求的驱动,他们超越了自身的极限,努力看到实物内在的统一性;他们努力地整合一切,让万事万物变得更加完整。

我要提出的下一个问题是:对于个体来说,这些价值观是内在的、固有的,就像人需要维生素那样是不可或缺的吗?如果我们的日常饮食中缺少维生素D,我们就会生病。我们对爱的需要就像我们的身体对维生素D的需要,因为爱也是我们生命中不可或缺的。孩子的生命中如果缺少了爱就不会存活。医护人员都知道,如果新生儿得不到爱的呵护就会因寒冷死去。那么,我们对真理的需要是否也是如此呢?我们的生命中没有真理,否则我们就会患上某种疾病——我们会变得偏执,不会信任任何人,任何事情都要三思而行,对任何事件都要刨根问题、一探究竟。这种长期对他人和对事物存在的不信任感觉必然是某种心理疾病。因此我想说的是,如果人的生命中缺少了真理,就会表现出一种病态——一种超越性疾病,超越性疾病是因为存在价值观受挫而引起的病症。

生活中缺少了美感也会使人生病。那些具有高度敏感的审美的人如果生活在丑陋的环境中就会感到不舒服,感到沮丧。在这种丑陋的环境中,女性的生理期也会改变,他们还会出现头疼等症状。

我对美好环境和脏乱环境带给人的影响做了一系列实验,实验结果验证了这一观点。如果我的实验对象在一个丑陋的房间看到一些人的面部照片,他们就会认为照片中的人是神经病、偏执狂、危险分子, 这就表明了在丑陋的环境中看到的人脸照片, 会给看照片的人留下不好的印象, 因此他们会认为照片中的人也是坏人。至于我们在多大程度上会受到这种丑陋环境的影响, 这取决于我们的审美敏感度和我们能在多大程度上把我们的注意力从那些丑陋的环境刺激中转移出来。为了进一步开展这项研究, 我们决定研究与糟糕的人在美好的环境中共处可以为人带来怎样的心理影响。如果我们选择与美丽、良善的人待在一起, 我们会感觉更好、心情舒畅。

公正是另一种存在价值观。历史上不乏这样的例子, 如果人们长期受到不公正的对待, 那么他们就会出现某些问题。例如, 生活在海地的人已经不相信任何事, 不相信任何人。他们对其他人都持有怀疑、警惕的态度, 他们认为所有事物的内在都是肮脏而腐败的。

我对个体存在的这种认为自己无用的病态心理颇感兴趣。我遇到过很多年轻人, 他们身上存在的很多优秀品质都符合自我实现者的标准, 他们的基本需要都得到了满足, 他们能很好地发挥自己的能力, 因此他们并没有表现出明显的心理问题。

他们也面临很多困扰。他们不相信存在价值观, 而那些年过三十的人都真心拥护这些价值观, 并将其视为真、善、美的标志。而在年轻人眼中, 这些价值观不过是一些空洞的陈词滥调。他们甚至丧失了信心, 认为自己没有能力创建一个更好的世界, 因此他们能做的就是以一种毫无意义、毁灭的方式进行抗议。如果人们的生活缺少了价值观的引导就会患神经症; 如果人们患有某种认知或者精神疾病, 那么在某种程度上, 他们和现实的关系也是扭曲而混乱的。

如果存在价值观对人们来说就像维生素和爱一样必要，如果缺少了存在价值观人们就会生病，那么千百年来，人们在宗教、在精神生活领域所谈论的教义和原则似乎就成了人性中基本的组成部分。人的需要是分层级的，人的生理需要处于最底层，而人的精神需要在最顶层。然而人的存在价值观与生理需要不同，存在价值观并不分层级。存在价值观的各个组成元素都同样重要，任何一种元素都可以由其他元素定义。例如，真理必须是完整的，具有美感，是综合性的，而颇为奇怪的是，它就像奥林匹斯神那样幽默；美必须是真实的、良善的、综合的。如果存在价值观的各个组成元素可以彼此定义，那么我们通过因子分析法就可以了解一点，在这些存在价值观的因素背后一定存在一个潜在的总体因素——用统计学术语来说：存在一个总体因素（G因素），因此存在价值观并不是一堆火柴棒，而是一颗珠宝的不同面。那些致力于探求真理的科学家和寻求公平正义的律师追求的都是同一件事，他们都发现了总体价值观中最适合自己的那一个层面，因此他们把追求这种价值观作为终生的事业。

存在价值观的一个有趣的方面就是：它们超越了很多传统意义上的二分法对立，例如自私和无私的对立、灵与肉的对立、宗教和世俗的对立。如果你所从事的工作恰好是你所热爱的，而且你将这个事业视为你所追求的最高价值观的实现途径，那么你在工作时无疑是自私的，但同时又是无私的；是利己的，但也是利他的。如果你将真理视为存在价值观，并且将追求真理融入了你的血液，使之成为你生命的一部分，那么如果你听到了一个谎言就会感到自己受到了伤害，并且你会坚定不移地找出事情的真相。你自身的界限已经远远超越了个人兴趣的范畴。如果在保加利亚有人受到了不公正的待遇，你就会感到好像你自己受到了不公正的待遇。即便你从未见过当事人所遭遇的，你都能够感同身受。

我们再来看看"宗教的"与"世俗的"二者的对立。现在来看，我在孩提时代接受的宗教教义是如此荒唐，笔者本人就放弃了所有对宗教的兴趣，已经无心追随上帝了。然而我的一些宗教朋友对上帝的认识十分深刻，至少已经超越了农民那般粗俗而浅薄的宗教意识，认为上帝有皮肤有胡子。我的朋友们在讨论上帝时流露出的那种崇拜之情就像我谈论存在价值观这样。当今的神学家认为神学中最重要的问题是：宇宙的意义是什么？宇宙是否有方向？对于完美的探寻、对于价值观的不懈追求是宗教传统的真谛。很多宗教团体开始公开地宣扬宗教的外在教规，例如周五不能吃肉等教义，这些规矩并无意义也不利于宗教发展，因为它们让人们感到迷惑，看不到真正的宗教教义。而一些宗教团体也开始身体力行，以实际行动追求存在价值观并且在理论中探寻存在价值观。

那些喜爱存在价值观，并且追求存在价值观的人在基本需要得到满足时会更加享受，因为他们将这些基本需要视为神圣的。爱人在彼此的眼中就是存在价值观的体现，因为他们能够满足对方对存在价值观的需要，而他们之间的结合就会成为神圣的仪式。如果我们想过一种精神的生活，不必长年累月地站在道德的高地，用至高的道德准则约束自己的言行。如果我们的生活得到了存在价值观的指引，那么我们就会欣赏生活的本来面貌，将生活中的一切视为圣洁。

如果我们认为教育的主要目标是帮助人们成就自我实现的另一种形式，也就是帮助人们唤醒存在价值观、实现存在价值观，那么我们就会见证一种全新文明的繁荣发展。生活在这种文明中的人会更强壮、健康，更容易掌控自己的命运，肩负起更多个人责任，用更多理智的价值观指导个人的选择，人们会更积极地改变他们所在的社会面貌。实现个人心理健康的运动也是实现精神和平和社会稳定的运动。

第五编
社　会

第十四章
个人与社会的协同作用（Synergy）

　　我谨将本章内容献给鲁思·本尼迪克特[1]。1941年，她在布林莫尔学院举办了一系列讲座。在这些讲座中，她提出了"协同作用"这个概念。后来，由于她手稿的遗失，这个概念并不为人所熟知。我读到这些讲座的手稿时，才知道这份手稿居然是硕果仅存的一份，颇感震惊。我担心她无意出版这本手稿，她似乎不在意这本手稿是否可以出版，我也担心这些手稿可能遗失。后来，事实证明我的担忧并不是毫无根据的。露丝的代理人玛格丽特·米德（Margret Mead）翻遍了她所有的文档，很遗憾并未找到这本手稿。我尽最大努力，打印了手稿中的大部分内容，这些选文很快就会付梓出版（9，14）。本章中，我节选了其中的一小部分内容，以飨读者。

1.鲁思·本尼迪克特（Ruth Benedict, 1887–1948），哥伦比亚大学人类学教授、诗人（化名为安·辛格莱顿），她的主要研究领域是美洲印第安人。在第二次世界大战期间，她研究了日本文化，为盟军提供宣传所需的基本信息。她的诸多作品中，《文化模式》《宗教、科学和政治》及《菊与刀》最为著名。（编辑附注：海因茨·安兹巴赫）

协同作用的定义及发展

鲁思·本尼迪克特在晚年试图克服文化相对论,并超越文化相对论的束缚进行研究,然而她的义举却遭人污名化。我记得,她为此颇感恼火。她认为自己创作的《文化模式》从本质上看应该是一部整体论的作品。这部作品是用整体论的方法将社会描述为一个统一、完整的有机体,而不是对社会进行微观的描述。此外,作者用有感情、有特点、有态度的笔触,用充满诗意的语言对这一问题进行了描述。

1933年至1937年,我学习人类学,当时各种文化都是独特而怪异的,并没有科学的方法应对这些文化,也无法对它们进行概括。每种文化似乎都与其他文化迥然不同,只有身处某种文化中才有资格评论这种文化,除此之外别无他法。本尼迪克特一直致力于研究比较社会学,她为此付出了艰辛的努力。作为一名女诗人,独特的敏感度让她对这一领域有了一种类似直觉的判断。她一直在探索用一种合适的表达方式将文化之间的差异诉诸文字,但是有些文字她无法以一个科学家的身份公开而直白地表达,因为这些文字具有指向性,表明了作者的态度和观点,并不是客观冷静的。这些话只能在酒会上私下说说,但是绝对不能公之于众。

发展: 正如露丝描述的那样,报纸上曾经大篇幅地刊登了她的文章,这些文章是关于她对所知的四组文化进行对比的研究,她列出了这四种文化的相关信息,并且认为这些文化存在差异。

她有一种直觉、一种感觉，她用文字将这些差异记录下来，我把这些差异记在了我旧日的笔记中。

在每组文化中，有一种文化是焦虑类型，另一种则不是；有一种是乖戾的（"乖戾"这个词显然不是科学用语），而另一种则不是。一类文化中的人是乖戾的，她不喜欢这种人。从一方面来看，生活在这一类文化中的人都是性格乖戾、人品很差的人，而另一类型的文化中的人则非常良善。而在战争迫近时，她也谈到了士气低迷和士气高涨的文化。一方面，她谈到了憎恨和侵略，另一方面她探讨了人的情感。而这四种令她厌恶、令她反感的文化存在什么共性？而那四种她喜欢的文化又有哪些共同之处呢？她试探性地将这两类文化总结为不安全的文化和安全的文化。

她喜欢的那些文化，也是优秀的、安全的文化，她感到深受这几种文化的吸引。这四种文化分别是祖尼文化、阿拉佩什文化、达科他文化和某个爱斯基摩族群（具体是哪个我记不清了）。我还根据自己的实地考察（并未公开）加上了北美印第安的黑脚族文化，这些文化都是安全的文化。而那些糟糕的、乖戾的文化，令她感到不安、不寒而栗的四种文化分别是楚科奇文化、欧及布威族文化、多布文化和夸扣特尔族文化。

她尽其所能，对这些文化逐一进行了概括，就像开罐头那样逐一开启，当时那是唯一可用的方法。露丝从种族、地理位置、气候、规模、财富情况、民族的复杂性等因素比较了这些文化，但是这些比较因素在四种安全的文化中都存在，而在另外四种不安全的文化中都是缺失的，无法对这些因素进行整合，也无法用逻辑法和分类法进行处理，因而她提出了以下几个问题："为什么有些文化允许人们自杀，有些文化不允许人们自杀？""为什么有的文化中存在一夫多妻的现象，有些文化不允许一夫多妻制存在？""哪些文化是母系文化，哪些文化是父系文化？""在哪些文化推崇大家庭，哪些文化崇尚小家庭？"但是这些原则或者归类法都不适用。

最后，我只能说能够解释这些文化之间存在的差异是行为的功能，而不是显性的行为。露丝意识到，行为本身并不是问题的答案，她需要从行为的功能入手寻找答案，探究行为背后的意义，行为想表达什么，想表明何种性格结构。我认为正是这种认识上的飞跃促成了人类学和社会理论的革命性进步，也为比较社会学奠定了基础。比较社会学是对几种社会进行持续性的研究和考察，而不是简单地将每种文化本身视为独一无二的，以下文字节选自鲁思·本尼迪克特的手稿：

在这里，我想以不同文化中的人对"自杀"的态度为例。不断有证据表明，自杀与社会环境有关。在某些社会条件下，自杀率会上升，而在某些社会条件下，自杀率会下降。在美国，自杀率可以作为判断社会是否处于灾难的状态的指标，因为自杀是一种人们无法或不愿再忍受某些问题而采取的快刀斩乱麻的解决问题的方法。自杀被列为文化的共性。也许在不同的文化中，自杀也具有不同的社会意义。在某种文化中，自杀现象也许很常见。在古代日本，如果武士战败就会切腹自尽，这种行为代表荣誉高于生命——这是日本武士精神的信条。在原始社会，自杀有时被视为妻子、姐妹或者母亲哀悼逝去的亲人，为挚爱的亲人所尽的最后的爱的义

务，表明逝者对她们来说比生命更重要。失去了挚爱的亲人，生命
也失去了意义。在这样的社会中，殉情是一种最高形式的道德准
则，是对理想的最终肯定。另一方面，一些部族对于自杀的看法与
中国人对自杀的看法有些相似，就像他们所说的那样，"死亡就是
成为另一个人的开始"，也就是说自杀是一种公认的报复他人的方
式！是对那些冤枉了他、对他心存怨恨之人的报复方式。这种在
原始部落的自杀方式是最有效的报复方式，有时是对他人采取的
唯一的报复行动，但是一些文化就明令禁止这种通过自杀报复他
人的行为。

　　定义：本尼迪克特并没有使用安全的文化和不安全的文化
来表述这两类文化，而是选择了"高等协同作用"和"低等协同作
用"的表述方法。这种表述不那么具有指向性，更为客观，也不容
易让人联想到自己所持有的理想和品味。她对这两种概念的定义
如下：

　　是否存在一种社会条件，这种条件与强烈的侵略性或者与微
弱的攻击性相关？社会的所有最初设计能够实现的程度，都取决
于社会形式所能提供的、为社会成员提供互惠互利、摒弃了牺牲
某些人利益而成就其他人利益的目标和行为……我们根据所有的
比较素材，得到了如下的结论：非侵略性的社会都有其特定的社会
秩序，在这种社会秩序的制约下，个人在获得自身利益的同时也是
在做有利于社会的事情……非侵略性能够存在（存在于这些社会
中）并不是生活在这些社会的人毫无自私之心，将社会义务看得比

个人得失还重，而是社会模式将个人的利益和社会利益趋同。从逻辑上来看，无论是从事农业还是从事渔业都是社会生产，生产活动可以造福社会，如果不进行人为干预，扭曲这种社会秩序，那么每一次山芋的收获、每捕到一条鱼都会为村庄的粮食补给贡献一份力量。如果一个人是一个出色的园丁，他也可以造福社会。他的技术优势也会给生活在同一个社会的其他人造福……

在那些协同作用低的文化中，社会结构所规约的社会成员行为都是相互对立、互相抵触的；而在那些协同作用高的文化中，社会结构所规约的社会行为是相互增强、相互成就的……我所说的社会协同作用高的社会制度确保社会成员从业的互利性。而在协同作用低的社会中，一个人的优势没有为他带来利益，反而让另一个人取得了成功，而大多数没有获益的人只能尽可能地转变自我。

这些社会具有很高的协同作用。在这样的社会中，社会制度是为了超越自私和无私、超越自利和利他之间的对立。而在这种制度下，单纯的自私行为也会为个体自身带来回报。在具有高度协同作用的社会中，一个人的美德会为他带来回报。

我想谈一谈高级协同作用和低级协同作用以及这两种协同作用的表现形式。对于这个问题，我只能参考笔记，不过这些笔记是二十五年前记录的，因此我必须向读者致歉，因为这些笔记记录的内容已经分不清哪些是本尼迪克特的思想，哪些是我的思想了。多年以来，我已经通过不同的方法使用了这种观念，我们的思想已经实现了某种形式的融合。

原始社会的高级协同作用和低级协同作用

财富的虹吸效应与漏斗效应：本尼迪克特发现，对于经济体制的问题，那些显性的、表面的、具有表面价值的东西，不论在富裕的社会还是在贫穷的社会都无关紧要，而真正重要的是那些安全的、协同作用高的社会有一种她称之为虹吸效应的财富分配制度，也就是财富分配的机制；而那些不安全、协同作用低的文化中的财富分配机制，她称之为财富的漏斗机制。我可以简要地总结一下财富的漏斗机制。用一种比喻的方法来说，它们就是两种财富的分配机制，保证钱能生钱的机制。人们拥有的，还会给他更多；人们没有的，连他拥有的也要夺去。这样就会造成穷人更穷、富人更富的局面。而在那些安全、协同作用高的社会中，情况则与之相反：财富往往被分散了，从高处被虹吸到了低处，财富往往通过各种形式从富有的人倾向穷人，而不是财富从穷人手中聚集到富人手里。

财富虹吸机制的一个例子就是我在前文中描述的印第安黑脚部落举行的太阳舞蹈节仪式。在这个仪式上，所有的部落成员都围成一个大圈，部落中富有的人（在这里，富有意味着靠辛勤劳作积累了大量财富的人）会将很多毯子、食物、各种各样的物品堆成堆。有时候情况有点儿可怜，我记得有一次我碰到了一个用百事可乐堆成的可乐堆。一个人在过去一年里积攒的财富都这样被堆积起来，供大家分享。

我想起了我见过的一个人。在这个仪式中，在平原印第安人的传统中，他昂首阔步、耀武扬威地向人们展示着自己的成就。

"大家都知道过去的一年里，我都做了什么事情？我做了哪些了不起的事你们都知道吧？我多聪明啊！我多么健壮！你们都知道吧？我是一个好牧民，所以我积累了这么多财富。"然后，他做出了一个非常夸张的举动，这个举动显示出他骄傲的姿态，但是毫无羞辱人的意味。他将成堆的财富分给了那些寡妇、孤儿、盲人和病人。在太阳舞蹈节结束的时候，他失去了所有的财富，只剩下身上的衣服。他用这种协同的方式（我没法说他的做法究竟是自私还是无私，因为他的做法显然已经超越了这两种极端）奉献了自己拥有的一切。他向人们证明了自己是一个多么可贵、有能力、有智慧、强壮、勤劳、慷慨的人，因此他是富有之人。

我记得我刚刚接触黑脚部落文化时，总想知道谁是最富有的人，最后我发现富有的人其实一无所有，这让我感到十分困惑。我向白人秘书询问，谁是这个族群里最富有的人？他告诉我一个名字，不过那些印第安人并没有跟我提到过这个名字。当我向印第安人询问这个人，问他有多少马匹时，他们都耸了耸肩，不屑地回答："那是他自己的。"结果，大家都不认为这个人很富有。即便白头酋长一无所有，大家也认为他是族里最富有的人。那么，他的美德是如何得到回报的呢？以这种方式表现出慷慨的人最受族人喜爱、尊重和爱戴，族人以他为骄傲，也因为他感到温暖。

换种说法，如果那位慷慨的白头酋长发现了一个金矿或者发了横财，那么这个族群里的所有人都会为他的幸运感到高兴。如果他是个吝啬之人，如果我们认识的这样的朋友发了横财，那么昔日的朋友必然会反目成仇，这样的例子在我们的社会里比比皆是。如果我们身边的人一夜暴富,我们的社会制度往往会催生我们的嫉妒、羡慕、憎恨、疏远,而这些情感最终会化为敌意。

在本尼迪克特列举的财富虹吸机制的具体表现中,赠予财富就是其中的一种,另一种就是很多部落中存在的礼节性招待。人们在发财后,会立即招呼自己的亲戚来自己家里款待他们。这也是一种体现慷慨、互惠互利的关系,分享食物、互相合作的关系,等等。在我们的社会中,我认为我们实行的分级收入和分级缴纳所得税也是一个财富分配虹吸机制的例子。从理论上来看,如果有钱的人变得更加富有,对大家来说是一件好事,因为他的大部分财富都流入了国库,我们暂且认为这笔钱用于造福民众了吧。

至于财富的漏斗机制,这类例子比比皆是:高昂的租金、高利贷(相比之下,我记得即使在沿海城市,我们都不知道还有高利贷这种东西,而夸扣特尔人的年利率居然高达1200%)、奴役劳动和强迫劳动、剥削性劳动、暴利、对穷人征高额税率,等等。

我认为,我们可以理解本尼迪克特描述的有关公益活动的宗旨、效果或风格的意思了。公益活动的行为本身是毫无意义的,我认为这一点从心理学层面上来看也是如此。有很多心理学家并没有意识到,行为有时是一种抵御精神的防御机制,有时它是精神的直接体现。它是一种掩藏,也是暴露动机、情感、意图和心意的手段,因此决不能只凭借一个人的行动这种表面现象来判断他的心意。

使用权与所有权:我们还可以通过所有权和实际使用权之间的关系理解这个问题。我的印第安口译员去加拿大上过大学,能说一口流利的英语，接受过高等教育，因此他非常富有，因为在这个族群里，高智商也与财富关系密切。即便在我们看来，他也是富有的人。他是他们族群里唯一有汽车的人，我们两人的关系很好，不过我几乎没见过他开车。人们会问他："泰迪，能借我一下你的车钥匙吗？"他二话不说就把车钥匙递给了那人。在我看来，有车就意味着他需要支付汽油钱、维修费，如果遇到突发情况，他还得赶去救急，等等。谁有需要，就可以开口向他借车。显然，他是整个族群唯一有车的人，这对于他来说是一种荣耀、一种快乐、一种满足，而不是惹来他人嫉妒、恶意和敌意的导火索。他有车，别人也感到高兴。如果还有另外四个人有车，而不是只有他一个人有车，大家会感到更高兴的。

给人带来安慰的宗教与令人忌惮的宗教：高级协同作用和低级协同作用的区别也同样体现在不同的宗教机构中。你会发现，在安全或协同作用高的社会中，无论神、鬼或其他超自然的存在都是慈善、乐于助人、友好的形象，有时甚至被我们的社会形容为神圣的形象。例如，在黑脚印第安部落，每个人都会有一个神灵，那也许是他在山中看到的一个形象。也许一个人在玩儿扑克的时候突然想起这个形象，就会将它当成自己的守护神。这样的守护神带给人们很多慰藉，如果有一个人在玩儿扑克的时候突然停下来，躲到角落与自己的守护神交流，决定自己跟牌还是不跟牌，他的牌友不会认为这样做有什么不妥之处。反之，在那些不安全或者协同作用低的社会里，神明、超自然的存在或鬼魂都是冷酷无情、令人生畏的面貌。

我用一种非常随意的方式在布鲁克林大学的学生中检验了

这种关系（大约在1940年）。我设计了一份调查问卷，通过调查发现，有几十名学生具有安全感，同样缺乏安全感的学生也有几十名。我非常正式地问那些教徒：假设你一觉醒来，感觉上帝不是在你房间看着你，就是站在窗户外面看着你，你会有什么感觉？具有安全感的学生会回答，他们感到安慰，感到得到了保护，而那些缺乏安全感的人会回答他们很害怕。

我们不妨推而广之，从一种更宏观的角度看，我们可以在讲座和不安全的社会中找到这种感觉。西方关于复仇之神和愤怒之神的观念都是与爱神相对，这表明我们的宗教文献中存在安全的宗教成分，也存在不安全的宗教因素。在不安全的社会中，那些宗教掌权者往往会利用权力谋求一己私利，而在安全的社会中，例如在祖尼人的社会中，宗教用来为民祈雨，用来帮助庄稼生长，用来造福整个社会。

这两种截然不同的心理出发点或宗旨产生的差异也可以通过祷告的风格、领导的风格、家庭关系、男子和女子的关系、两性关系、情感纽带、亲戚关系、友情关系等体现。如果你感受到了这种差异，就可以准确地预测在这两种社会中这些差异会如何体现。在此我只想补充一点，不过这一点西方读者可能会觉得出乎意料。在协同作用高的社会中，通常存在着化解人们的羞耻感、尴尬和伤害的技巧；而在协同作用低的社会中，并不存在这些技巧。情况就是如此，在本尼迪克特描述的四种不安全的社会中，人们的羞耻感挥之不去，他们对此耿耿于怀，似乎没有穷尽；而在安全的社会中，这种羞耻感不会持续，如果有债务，在债了结之后，所有的耻辱也会烟消云散。

我们所在社会中的高等协同作用和低等协同作用

各位读者一定想到了，我们的社会也是一个高级协同作用和低级协同作用的混合体。

例如，我们社会在社会公益方面广泛存在着高等协同作用，而这一特点在很多的文化中都不具备。我们的社会是一个非常慷慨的社会，往往让人感觉非常友善，给人以安全感。

而另一方面，我们的社会中也存在一些制度使人们互相倾轧、互相为敌，迫使人们不得不为了争夺有限的资源陷入尔虞我诈的境地。这就像是零和游戏：若有赢家，必有输家。

也许我通过一个大家都很熟悉的例子能帮助读者理解这一点，例如大多数大学实行的评分制度，特别是曲线评分制就是这样一个例子。我也经历过大学时代，我自己就深受其害。如果我的名字是以Z开头的，而学生的分数是按照字母表的顺序排列的，那么我们都知道能得A的只有六个名额。当然我只能坐在那里，希望名字排在我前面的人得分很低。每一次，如果有谁得了很低的分数，我就会受益，而每次如果有人得了A我就会觉得倒霉，因为那样我得到A的概率就会降低。因此，我那时候真想说："我真希望前面的人都死掉算了。"

这种协同作用的原则十分重要，不仅对总体上较为客观的比较社会学来说如此，而且它也能为超文化价值体系开辟道路，我们可以通过超文化价值体系评估一种文化以及这种文化中的一切现象；它之所以重要，不仅是因为它为乌托邦提供了理论依据，也是因为它为其他领域的更多社会现象提供了科学依据。

　　首先，我认为更多的心理学家，特别是社会心理学家应该意识到在某个地区正在发生一些伟大的、重大的事件，这些事件十分重要，甚至目前还未找到好名字为其命名，我们可以称为组织理论或工业社会心理学或商业理论。在这一领域，我首先推荐读者去读一读麦克格雷格（McGregor）的作品《企业的人性面》（114）。我建议读者可以读一读他称之为"社会组织的Y层级理论"这一部分的内容，并将其作为高等协同作用的一个例子。这个理论说明：社会机构可以合理安排和规划，不论是商业机构，还是军队或大学，都可以用这种方式进行组织和管理。机构内部成员相互协作，彼此之间都是同事、队友的关系，而不是对手关系。在过去几年里，我研究了这种商业管理模式，在此可以向读者保证，我们可以将高等协同作用作为一种管理模式，或至少将它描述为一个安全的社会组织。我希望这些新的社会心理学家可以使用本尼迪克特的高等协同作用和低等协同作用的理念将这样的组织与那些倡导"资源有限，如果你得的多，别人就会分得少"的管理理念的组织进行比较，看看会有什么发现。

　　我也建议读者去读一读李克特（Lickert）最近出版的作品《管理的新模式》（78）。这本书对我们称为"协同作用在工业企业管理的应用"这一课题进行了广泛、深入的研究。书中总结了各种研究过程和研究成果，李克特在书中的一处讨论时称其为"影响派"（详见57页），那是他发现的一个难以解决的悖论，也就是好的工头与好领导之间的矛盾，那些实际影响力越高的人往往是那些将权力下放得最多的人。如何解释分配出去的权力越多，反而越有权这种现象呢？李克特对这一悖论的解决方法很有趣：他在解决问题的过程中，用一种西方的思想与一个非西方的理念斗争。

我想说明一点：如果一个管理者只有渊博的知识，却对协同作用缺乏基本了解，是无法创建乌托邦的社会的。我觉得如果今时今日存在乌托邦社会或优心态社会（我认为这个名字更好），必须建立一种高等协同作用的社会制度作为建立此类社会的基础。

个人的协同作用

认同作用：协同作用的理念同样也适用于个人层面，适用于两个人之间的人际关系。它是一种对高级形式的爱的关系的一种恰如其分的定义方式，我在另一部作品中，将这种爱称为"存在的爱"（89，39-41页）。人们对爱的定义方式有很多种，例如：在爱的关系中，你的兴趣就是我的兴趣，你我之间不分彼此；或者两个人的基本需要层级汇成一种需要层级；你的痛苦我也感同身受；你快乐，所以我快乐。大多数此类对爱的定义说明人们对爱的观念持有一种认同的态度，我们也可以认为人们对高等协同作用也有类似的认同感，人们都会以某种方式安排自己的人际关系，这样一个人的优势也可以成就另一个人，而不是走自己的路，让别人无路可走。

最近，有人调查了美国（61）和英国（142）一些低收入阶级的两性关系和家庭关系。调查发现，这些关系都可以用压榨型关系形容，这种关系显然发生在协同作用低的情况中。在这样的关系中，总会存在"谁说得算"这个问题，或者谁是家里的老大，谁爱谁更多，双方会为此争论不休，结论就是：爱得更多的那个人就是失败者，最后难免受伤害。所有这些说法都是低等协同作用的体现，这表明资源有限，只能你争我夺，而不是资源充足、人皆有份。

我认为这种认同的观念不仅来源于弗洛伊德和阿德勒这样的心理学家，也来源于其他途径，因此内涵更为广泛。也许我们可以说，爱可以定义为自我、个人和个人身份的扩展。我认为我们都有过类似的体验，对我们的孩子、对我们的太太或先生以及那些与我们非常亲近的人，特别是对那些无助的孩子都会有这种感情。我可以说，我们宁愿自己在半夜咳嗽不止，也不愿意听到自己的孩子在半夜咳嗽，听到孩子咳嗽我们就会心疼。因此，如果能代替孩子承受这份痛苦，会觉得更好受。这明显就是打破了两个个体的界限，两者的感情融合为一，因而能够感同身受。我认为，这就是对认同观念的另一个理解方向。

融合自私与无私的二分法：关于这个话题，我的研究要比本尼迪克特超前一些。她对这个问题的看法大多是直线型的，是两极化的，是一种自私和无私的二分法。但是我认为，从严格的格式塔心理学的意义上来说，她的研究方法已经超越了这种二分法，她主张创造一个至高无上的统一体，而此前被视为二元性的东西之所以被如此看待，这是因为它们尚未发展到融为一体的程度。在高度健全、健康的人身上，在自我实现者身上（不管你如何称呼这些人），你会发现这些人从某些方面来看表现得非常无私，但是在某些方面又显得格外自私。读者们如果了解弗洛姆对健康的自私与不健康的自私的论述，或者了解阿德勒有关大同社会的论述就会明白我想表达什么。在这种社会中，两极性、二分法以及"一个人得到的多，别人就会得到的少"的这种假设都不攻自破，烟消云散。矛盾的两极消失不见，取而代之的是一个简单的理念，而我们还没有找到一个合适的词来描述这种理念。从这一观点上来看，高等协同作用可以代表一种超越了二分法，将对立的两面融合为一个简单观念的作用。

认知与意念的整合：最后，我发现协同作用的理念对理解个人动态心理学大有裨益，有时这种益处非常明显。我们在审视那些具有高等协同作用的个体时，会发现他们的认知和意念是合一的整体，而那些低等协同作用的个体的认知和意念往往是分离的，二者并无关联，这会导致个体出现一些病态的症状，例如一个人备受内心的煎熬，因为他内在的两种力量不断进行抗争。

我们选择了不同种类的动物和不同类型的婴儿，研究他们的自由选择，我们可以借助协同作用的理论获得更为贴切的理论表述。这些实验表明，人的认知力和意念可以通过协同作用融合在一起，也就是说协同作用实现了头脑与心灵、理性和感性的融合，这样我们的冲动也可以引领我们做出理智的决定。这一点十分适用于坎农（Cannon）提出的体内环境稳态，他称之为"身体的智慧状态"。

那些焦虑、缺乏安全感的人往往会认为他们想要的东西一定对他们有害。味道好的食物会让他们发胖；他们认为明智正确、正确或应该做的事情很可能是一时冲动做出的傻事。我们不得不逼迫自己做一些事，因为我们存在这种根深蒂固的观念：认为我们所希望的、所期盼的、喜欢的、味道好的东西很可能都不是明智的、好的、正确的。但是通过食欲实验和自由选择的实验，我们发现结果与我们所想的恰恰相反：我们喜欢的东西很可能就是对我们有益的东西。至少在有利的条件下，人们往往会做出明智的选择。

最后，我想以埃里希·弗洛姆（Erich Fromm）的话结束本章的内容，因为这句话给我留下了非常深刻的印象："我们之所以会生病，是因为我们渴求对我们有害东西。"

第十五章　给规范性社会心理学家的问题[1]

　　请注意, 各位在研讨会上的表述应该做到切实、可行, 决不能提出一些痴人说梦、异想天开或者一厢情愿的想法。为了强调这一点, 诸位不仅需要在论文中说明你们心目中良好的社会环境应该具有哪些具体特征, 也应该指出通过哪些途径和方法可以实现这种良好的社会环境, 例如: 通过政治途径。下学年, 这门课程将改为 "规范性社会心理学", 此举旨在强调本门课程注重的是实证的态度。这就是说我们将讨论的是程度、百分比、证据的可靠性以及需要获取哪些必要的缺失信息, 需要开展什么调查和研究才有可能得到相应的结论。我们不会把时间浪费在二分法上, 浪费在非黑即白的对立上, 浪费在妄求事物的完美状态、探究无法

1.1967年初春, 布兰德斯大学为大四学生和研究生组织了长达一学期的研讨会, 本章内容就是以对此次研讨会上开班宣讲笔记的拓展。笔者希望此次研讨会除了向学生提供一些介绍背景知识的素材, 介绍了学科的猜测和规则, 指定一些书目, 布置一些学术论文任务之外, 也希望这些笔记能够为这一领域的经验和科学心理研究尽一份绵薄之力。研讨会列出的学习计划上赫然可见: "乌托邦社会心理学: 面向心理学、社会学、哲学和其他社会科学专业的研究生的研讨会"。研讨会将集中讨论一些有关乌托邦社会和优心态社会的作品。研讨会意在关注一些经验和现实中的问题, 例如: 在人性允许的范围内, 最佳的社会环境是怎样的? 社会能够成就个体怎样良善的天性? 哪些方案是可能且可行的? 哪些方案不可行?

实现的东西或者必然发生的结果上（根本不存在什么必然发生的结果）。我们认为，必须对现行的体制或事物现状进行改革，同样有必要对事物的现状进行改善和提高。然而改革不能一蹴而就，在可以预见的未来，想通过持续性的改进达到尽善尽美，达到理想状态绝无可能，因此我们也无须讨论这个话题（也不可能出现情况恶化或者发生大灾难）。总体上，仅仅反对某个政策或事物不足以解决问题，必须在提出问题的同时提出更好的解决方案。我们提出用整体论的改革方法解决现存的问题，改善个体和整个社会的现状。此外，我还认为没有必要先改变某些人，只有社会中的所有人都得到了改变，社会才能得到改变。也就是说，可以同时改善社会和个体的现状。

因此，我们可以提出一个总体的设想，认为除非我们对个人目标（也就是个人想成为怎样的人，个人可以通过这个目标判定社会环境的优劣），否则规范性的社会心理学就无从谈起。如果接着刚才的总体设想讨论，良好的社会，甚至任何社会应该追求的近期目标应该是帮助所有的社会成员成就自我实现，或者与之相近的目标（实现自我超越——也就是帮助他们活在存在的层面上——只有那些性格坚强、自由的人、自我实现者才更容易成就自我超越）。要做到这一点，就必须调整社会安排，改变我们现行的教育模式，等等，只有这样才能为个体的自我超越提供良好的社会环境。问题是：目前我们对健康的、理想的、超越自我或者理想的个体是否具有非常明确的认识？此外，"规范性的概念"这种说法本身就存在争议。如果我们不知道怎样才算改善了的人，又何谈改善社会环境？

我认为,我们必须对自主社会需求这一概念有一个清晰的认识(它并不依附于个体心灵内部的健康状况或个人的心理健康状况或个人达到成熟而存在)。我认为,一个个地改善个体并不是改善整个社会环境的切实可行的解决方案。即便最优秀的人生活在糟糕的社会环境或生存条件中,也会做出恶劣的行为。我们可以建立社会体制,从而可以保证社会成员之间相互竞争、相互对峙;我们也可以建立一种社会成员之间互惠互利、彼此协同发展的社会制度。由此我们可以设立一些社会条件,这样一个人的优势可以成为他人的优势,社会成员之间彼此成就,而不是互相倾轧。这只是一种对良好社会的基本构想,是值得探讨并需要进一步验证的(83,88-107页)。

1.这种规范是普遍性的(适用于所有人类),国家性的(适用于拥有政治主权和军事主权的国家),还是亚文化的(只适用于某个国家或民族的小团体)?它是家族式的还是适用于个体的? 我认为,只要世界上的主权国家各自为政,世界和平就无从谈起,因为有爆发战争的可能(我认为只要主权国家存在,战争就不可避免)。规范性的社会哲学家必须从长计议,考虑像联合国的世界联邦主义者提倡的那样,限制主权国家的数量。我认为,规范性社会思想家会一直自主地致力于实现这一目标,然而这一目标一旦实现,就只剩下改善现存主权国家的问题了,例如在美国存在的各州,或者在美国生活的亚文化群体,例如犹太人和中国人,那么最终的问题都归结为将个体的家庭汇聚为社会的绿洲。不过,国家之间的角力与个人的发展并不相互矛盾,那么个人如何使自己生存的社会或自身所处的环境更加理想化、更趋于优心态社会呢？我认为，可以同时实现国家发展与个人生存环境的改善，无论是从理论上还是在实践中，二者并不互相排斥（我建议将我在另一部作品《优心态管理》（83，247-260页）中"社会改良论：循序渐进地施行社会变革"的内容作为讨论的基础）。

2.经过选择的社会或未经选择的社会： 如果读者想了解优心态社会的相关内容，可以参见我的另一部作品《动机与人格》（95，350页），以及《人本主义心理学期刊》（优心态，良好的社会）（91）这篇文章。我在《优心态管理》（83）的部分章节中也提到了对这个问题的看法。我对优心态的定义是：经过选择的亚文化（selected subculture），只将那些心理健康或者成熟或自我实现者及其家庭成员作为考察和研究的对象。在乌托邦社会史中，有时人们会认真对待这一问题，有时则会视而不见。我认为这是一个需要人们一直认真思考、谨慎决断的问题。各位必须在文章中明确一点：你们的研究对象究竟是全人类，也就是将未经挑选的人类整体作为研究样本，还是只选出部分具有某些特征的群体作为样本？同时，各位必须解决以下问题：在研究乌托邦社会的过程中，选取的研究样本应该排除那些具有破坏因素的个体，还是应该包括这些个体？一旦个体被社会选择，或出生在某一社会中，那么他必须一直待在这个社会环境中吗？对于那些罪犯、作奸犯科之人以及恶人，各位认为是否有必要制定一些流放或者监禁的法律条款呢？（我认为，凭借各位心理病理学、心理疗法、社会病理学以及乌托邦社会的历史知识的了解，就应该明白那些患有心理疾病或不成熟的个体会破坏研究成果，然而我们对研究对象的选择技术和手段十分有限，因此我认为，任何一个有志成为乌托邦或优心态的社会或者团体必须通过选择技巧，排除那些不利于建立理想化社会的个体）。

3.社会的多元化：应该接受并充分利用个体社会成员在体魄和性格方面的差异。 很多乌托邦社会对待社会成员的态度并无差异，认为社会成员是可以替代、完全平等的关系。我们必须接受这一事实：个体社会成员在智力、性格、体魄等方面存在较大差异。我们允许个性、异质性或个体自由的存在，但同时我们也应该为个体差异的存在设定一个范围。在理想的乌托邦社会中，不存在意志薄弱之人，也没有疯子、年老糊涂者，等等。此外，乌托邦成员以及那些理想化的人往往都具有内在的、隐形的规范，但是在我看来，这些标准太过狭隘，根本不符合个体之间存在差异的事实。一套法则或规则怎么能适用于所有的人呢？是否应该存在多元化的标准？也就是说，允许人们选择不同风格的衣着、鞋子，等等？在美国，我们允许人们选择各种自己喜爱的食物，虽然可供选择的食物种类多样，但并不完全。相比之下，我们选择时尚服饰的范围就小得多。例如，傅立叶（Fourier）将他对乌托邦的构想建立在完全接受个体差异并选择不同类型的研究对象的基础上，而柏拉图理念中的乌托邦社会中只有三种人。如果让各位建立乌托邦社会，你们会选择多少人呢？存在没有另类的人这样的社会吗？自我实现的概念会让这个问题过时吗？如果各位接受个体之间存在很大的差异这种说法，也认同不同的人具有多元化的性格、天赋，那么我们的社会就是一个接受人性中的大部分成分（或者所有的）的社会。自我实现实际上是否意味着对异质性或异常人的认可？如果情况如此，那么这种认可的程度如何？

4.是支持工业化还是反对工业化？是支持科学还是反对科学？是支持知识分子还是反对知识分子？ 很多乌托邦社会都崇尚梭罗的思想，也就是提倡田园化的思想，实质上是提倡农业化文明，例如博尔索迪（Borsodi）提出的"开思启智"。很多乌托邦社会都远离了城市，远离了机械化、货币经济、劳动分工，等等。各位认同他们的做法吗？这种离散的、农业化的工业究竟能否成为现实？道家提倡的天人合一思想究竟能否在现实的环境中实现？是否存在花园城市、花园工厂？社会成员之间能否互不联系、互不往来？现代科技一定会奴役人类吗？在世界各地一定存在小部分群体回归农业文明吗？这些向往传统的农业，不过这种情况只在一小部分群体中可以实现，它能够普遍适用于整个人类吗？如果可以实现，那么为什么有些社区有意建在制造业区域，而不建立在农业区或手工业区，这种现象又如何解释呢？

有时，在反对科技、反对城市的哲学思想中，明显存在一种反脑力劳动、反科学、反抽象的思想倾向。有人认为这是世俗化、脱离社会现实的体现，是冷血的、与美感和人的情感背道而驰，是不自然的，等等。（82，126）

5.集权制的社会、计划社会主义社会或反集权化、无政府主义社会： 在社会运行的过程中，计划在多大程度上能够实现？社会必须进行集权化管理吗？必须强制性地管理吗？大多数知识分子都对哲学上的无政府主义知之甚少，甚至一无所知【我推荐各位读一读《玛纳斯》（79，Manas）这部作品】。玛纳斯哲学思想的一个基本层面就是哲学无政府主义。它强调了应该将权力下放，而不应该进行集权化管理。它强调地方自主、个人责任，不信任任何一个大型组织或者任何形式的集权机构。它不相信武力是解决社会问题的技巧或途径。从本质上说，它强调人与自然和现实的关系应该是原生态的、道家思想提倡的那种无为而治、天人合一的，等等。在社区内部或在社会内部实施分级管理究竟是否必要？例如在基布兹（以色列的集体社区），弗洛姆类型工厂，或者在集体农场或集体工厂等这样的团体中有必要施行硬性指令吗？对他人的领导权有必要存在吗？有必要强制大多数人的意愿吗？有必要施行惩罚吗？科学界可以建立一个优心态的"亚文化"社会并将其作为理想社会的范例，这样的社会是非集权制的，社会成员能够自愿自觉地遵守社会规约，能够通力协作、高效而有力地贯彻行之有效的道德准则（这一点很有效）。这一点可以与锡南浓亚文化（高度有组织性、等级严明）做对比。

6.恶劣行为的问题：很多乌托邦社会都不存在这一问题。也许理想化的社会中根本不存在这样的现象。也许这种现象虽然存在，但已经被人们所忽视了。乌托邦的社会中不设监狱，因为没人会受到惩罚，也没有人伤害他人，没有人犯罪。我们可以假设：如果社会成员存在恶劣行径、暴力、嫉妒、贪婪、剥削他人、懒惰，怀有罪恶之心，对他人怀有恶意，等等，都一定会得到管控和妥善处理【"通向绝望、屈从的捷径就是相信存在可以消除矛盾、斗争、愚昧、贪婪以及个人的嫉妒之心的方法"——戴维·利连撒尔（David Lilienthal）】。恶劣行径的问题必须从人际关系以及社会安排的角度来考虑，也就是说既要从心理层面考虑，也要从社会层面考虑（也包括历史层面）这一问题。

7.不切实际的完美主义的危险性：我认为完美主义，也就是认为社会管理中存在理想化的或完美的解决方案，这种想法是非常危险的。乌托邦的历史中就存在很多此类不切实际的、无法实现的、不符合人性的幻想（例如，让我们关爱彼此、平等分配、一视同仁、没有人想高人一等、统治他人、行使权力本身就是一种罪恶的行径，"根本不存在坏人，只存在不爱他人的人"）。如果有这些想法，最终就会陷入完美主义的囹圄或怀有不切实际的期待，而这些不切实际的期待又必然导致失败，造成理想幻灭，导致人们变得冷漠、失去信心、对所有理想和规范化的希望及努力都持有敌视的态度。也就是说，完美主义常常会（总会）导致人们仇视规范化的希望。如果事实证明不存在完美的社会，人们就会认为要改善社会也成了天方夜谭。

8.如何妥善地处理人们的攻击性、对他人的敌意、打架争斗、冲突? 这些现象在乌托邦社会中会消失吗? 从某种意义上来说，侵略或者敌意是人的本性吗? 哪些社会制度会滋生冲突? 哪些社会制度能化解冲突? 如果各个主权国家之间的战争不可避免，那么在大一统的世界中，武器是否可以不复存在? 政府还需要警察或军队吗? （我建议各位去读我的另一部作品《动机与人格》第十章："破坏性是本能的吗? "以及附录B的内容）。我对这个问题的总体看法是: 侵略性、敌意、争斗、冲突、虐待他人的倾向普遍存在于心理分析领域的人性之中，在幻想中、在梦境中更为常见。我认为每个人都有可能在实际情况中出现攻击他人的行为。不过在现实中，我并没有发现人们无缘无故地攻击他人的现象，我觉得这是人们对攻击性进行压制、压抑或者控制的结果。此外，人们在由不成熟或者神经症走向成熟和心理健康的过程中，攻击性会显著地减弱，但这只是一个人通向成熟和自由的一步，人们的攻击性也可以转化为一种反抗力或正义感，转化为自我肯定、对他人压榨和控制的反抗，转化为对公平正义的追求，等等。同时我认为成功的心理疗法会将人的攻击性引向另一种方向，也就是将人性中的残忍转化为健康的自我肯定。此外，我认为喜欢通过口头表达这种侵略性的人，实际攻击他人的行为反而更少。与年轻的女性相比，年轻的男性更需要找到宣泄负面情绪的出口。需要教年轻人如何明智地表达、妥善处理侵略性、用一种在宣泄过后可以满足自己需要，但是不伤害他人的方式表达自己的侵略性。

9.什么才是生活的极简状态？ 理想化的生活中，复杂的合理限度是什么呢？

10.社会允许社会成员、儿童和家庭在多大程度上保留自己的隐私？ 又在多大程度上要求社会成员保持团结，保持社会的积极性，成为同呼吸、共命运的团体，齐心协力保持社会的生命力？社会在多大程度上允许人们保留隐私？做到"放任不管"、不予干涉？

11.社会在多大程度上能够包容社会成员？不论成员做了什么事，社会都能原谅他吗？什么行为可以容忍？哪些行为必须受到惩罚？ 社会能够在多大程度上包容成员的愚蠢、虚伪、残忍、变态、犯罪等行径？社会应该设置多少维护那些弱势群体利益的机构（例如弱智、老年人、残障人士等）？这个问题也很重要，因为它涉及过度保护的问题，如果存在过度保护，就会伤害到那些无须保护者的利益，从而会影响思想自由、言论自由、实验自由、个人特性，等等。它也会涉及这样一个问题：在乌托邦社会那样没有邪恶存在的社会环境中，能不能实现没有邪恶，就没有危险的理想状态呢？

12.社会可以接受的公众表现出不同品味的范畴是什么? 个体对自己不认同的观点和行为具有怎样的容忍度? 人们能在多大程度上忍受拉低标准、破坏价值观、"品味差"的成员和行为呢? 人们能在多大程度上容忍吸毒、酗酒、服用致幻剂、吸烟的行为呢? 电视、电影、报纸等媒体宣传的不良事件和不良人物，人们又在多大程度上能够容忍呢? 人们都将之称为公众意愿，也许这与统计数字显示的事实相去不远。而各位会认为统计数字显示的就是公众意愿吗? 如果不认同，又会在多大程度上加以干预呢? 各位打算为那些位高权重者、天才、天赋异禀的人、富有创造力的人、有能力的人投票和意志力薄弱的人的投票数相同吗? 英国广播公司总是喋喋不休地给人们灌输政治思想，你会如何看待尼尔森测定法[1]? 应该为不同喜好的观众设定不同的频道吗? 那些电影制片人、电视剧制片人等应该将教育大众、提高大众品味作为己任吗? 这应该是谁的责任? 还是没有人应该承担这项责任? 对于同性恋行为、恋童癖、暴露狂、施虐狂和受虐狂群体，必须开展什么样的举措? 应该让孩子了解同性恋的行为吗? 如果同性恋的行为完全是私人行为，那么社会应该加以干预吗? 如果施虐者和受虐者你情我愿，那大众还应该干预他们的事情吗? 他们应该公开自己的这种倾向吗? 变性人应该在公众场合穿着暴露吗? 暴露狂应该受到惩罚、受限制或者被拘禁起来吗?

1.尼尔森测定法：美国尼尔森公司实行的测定广播电视节目受群众欢迎程度的方法。

13.领导者（与追随者）、能力出众者、表现卓越者、强者、老板、企业家的问题： 各位可能抛开对自己的领导（现实中的）又爱又恨的态度，全心全意地欣赏、拥护他们吗？如何保护他们，使他们不受嫉妒、憎恨和"邪恶之眼"的伤害？如果所有新生婴儿都得到相同且完全的发展机会，那么他们一生会表现出不同的能力、智商和力量吗？对此我们又能做些什么呢？对于那些才能卓著、对社会贡献更大、工作效率更高的人来说，什么才是更好的奖励、回报和特权？那些"幕后操控者"在什么情况下能够得偿所愿？他们可以以更低的待遇（金钱方面）让那些更有能力的人为自己效力，或者以非货币形式给他们报偿吗？例如给予他们自由、自主权、自我实现的机会。那些领导者、老板信誓旦旦地宣称会两袖清风（至少节约度日），他们所说的话可信吗？企业家、组织者、引领者、强烈渴望成功的人以及那些喜欢操控事情、管理他人的人应该获得多大自由呢？如何能让人自愿服从领导？谁愿意做城市的清洁工呢？社会中的强者和弱者、能力出众和资质平庸者的关系如何？警察、法官、法律制定者、父亲、船长等职业或角色如何以权威赢得他人的爱、尊重和感激呢？

14.人们可以获得持久的满足感吗？可以获得短期的满足感吗？ 我推荐各位参考本书第十八章"高级抱怨、低级抱怨和超级抱怨"的内容，以及柯林·威尔逊（Colin Wilson）的《局外人》（St. Neot margin）（159），还有《工作与人性》（46）这两部作品。人们认为，对于所有人来说，不论他们所处的条件如何，满足感只是一种转瞬即逝的状态，因此无须追求持久的满足感。它与天堂、极乐世界、财富、休闲、退休能为我们带来的益处等观念类似,就像解决并不复杂的低级问题不如解决那些棘手的高级问题带给我们的成就感大。

15.男人和女人如何相互适应、互相欣赏、互相尊重? 大多数乌托邦社会的历史都是由男性书写的。也许女性对良好社会持有不同的观念呢? 大多数的乌托邦社会都是父系社会,具有显性或隐形父系社会的特征。不论如何,在历史中,在大多数情况下,人们都认为与男性相比,女性在智力、领导力和创造力等方面略逊男性一筹。如今的女性,至少发达国家和地区的女性获得了解放,因此她们也可以追求自我实现,而这会不会改变男女之间的关系呢? 为适应社会中女性身份和地位的变化,男士应该做出怎样的改变? 有可能超越这种男女之间领导与服从的层级关系吗? 优心态社会的婚姻是怎样的? 自我实现的男子会娶自我实现的女子为妻吗? 在优心态社会中,女性的作用与职责如何? 她们应该做哪些工作? 男女之间变化的关系如何影响他们的两性生活? 而男性的男子气概和女性的阴柔气质又如何界定呢?

16.关于体制化的宗教、个人的宗教信仰、"精神的生活"、具有价值观的生活、超动机生活的问题: 所有已知的文化都存在某种形式的宗教,古往今来都是如此。在乌托邦社会中,非宗教、人本主义宗教或者非体制化的个人宗教第一次成为可能。优心态的社会或小型优心态团体中,宗教生活、灵修生活或以价值观为指导的生活是怎样的呢? 如果宗教团体、宗教机构、传统的宗教继续存在,它们会做出怎样的改变以适应优心态社会的变化呢? 它们会与此前有何不同? 孩子们将得到怎样的教养、教育,以完成自我实现和自我超越呢?(灵修生活、宗教信仰,等等)他们如何成长为优心态社会优秀的成员? 我们可以借鉴其他文明和民族学文献, 向那些协同作用高的文化学习吗?

17.有关亲密团体、家庭、兄弟情、父子情和伙伴情谊的问题: 人的归属感、寻根的情结, 希望加入某个团体, 与人进行面对面的交流, 赢得他人的喜爱和亲近, 并且可以无拘无束地亲近他人, 喜爱他人的意愿似乎是与生俱来的。如果这种团体规模小, 只有五十至一百人, 成员之间的这种亲密的关系更有可能实现。如果团体规模达到了几百万人, 成员之间根本不可能实现这种亲近的关系。因此, 任何社会如果想让成员关系稳固、亲如一家, 必须自下而上进行改革, 最好从成立小团体开始。在我们的社会, 至少在我们的城市中, 这样的小团体就是一个个家庭以及宗教团体、女生联谊会、兄弟互助会这种组织。而T小组和交友会成员之间往往可以坦诚相待, 彼此不加隐瞒、欺骗, 互帮互助、亲密无间。这种团体可以广泛地存在于社会中吗? 工业化的社会中, 人口的流动性往往很高, 人们经常会搬家。这种现实会切断人们之间的联系吗? 这些团队需要各个年龄段的人加入吗? 同龄人可以组成团体吗? 看起来, 儿童和年轻人的自我约束力并不强(除非他们在成长过程中一直受到严格的管教)。未成年人组成的团体可以依靠年轻人自己的价值观行事吗? 也就是说, 如果他们的父母、长辈不加以干涉, 年轻人组成的团体能否存在?

问题: 对于异性成员来说, 亲密无间的同时能否避免男女授受不亲的状况呢?

18.得力助手、帮倒忙的人、不出手帮忙但也能推波助澜者(道家思想倡导的不予干涉的思想)。菩萨慈悲为怀。设想一下, 在任何的社会中,强者都会乐于帮助弱者,或者强者不得不出手相助弱者,那么什么才是帮助他人(帮助那些不那么强壮、不那么富有、不那么有能力、不那么聪明的人)的最好方式呢?如果助人者本身是更为强壮、更为年长的人,以助人为己任是一种明智的做法吗?在助人的过程中,助人者应该发挥多少自主性,又应该承担多少责任呢?如果资助国家很富有,应该如何帮助那些穷苦的国家呢?为了方便讨论,我暂且将菩萨设定为一个人,这个人有以下特征:1)喜欢助人为乐;2)比常人更加成熟、更加健康、身心发育更完全;3)知道何时在助人的过程中做到像道家倡导的那样不加干涉,也就是旁观、不予帮助;4)向他人施以援手,但对方接不接受全凭他们的意愿;5)认为个人成长是通过助人为乐实现的。也就是说,如果一个人有意愿帮助他人,那么一个理想的做法是首先让自己成长为一个更好的人。

存在的问题:一个社会能够存在多少这样不出手相助也能帮助他人的高人呢?也就是那些能够自我救赎的人、隐士、虔诚的乞丐、独自在山洞里参禅悟道的人、遁世之人,等等。

19.制度化的性关系与爱情:我猜测在先进的社会中,两性关系应该朝着在青春期就萌发的趋势发展,在那个年纪不涉及谈婚论嫁,也没有任何羁绊。有些"原始"社会也存在类似的情况,也就是在婚前可以自由选择伴侣,但是在婚后就恪守一夫一妻制,或者差不多做到忠于婚姻。在这些社会中,与人发生关系并不是什么难事,只是选择伴侣的标准是因个人品味和文化规约而异的,例如:要孩子、经济和劳动分工,等等。这样的猜测是否合理呢?它表达了什么意义呢?人们的性欲或性需要已经出现了多元化的倾向,特别是女士(至少在美国文化中情况如此)。因此,认为人们都有同样强烈的性欲并不明智。在一个良好的社会中,如何能接受人们多元化的性欲呢?

在很多社会中,也包括很多乌托邦社会,性、爱情、家庭正经历着快速的变化,例如滥情、集体婚姻、"交换伴侣"、非法婚姻,等等【请参见罗伯特·里默(Robert Zimmer)的小说】。还有人提出了很多解决问题的设想并且进行了尝试。不过,这些"实验"得到的数据尚未公之于众,希望有朝一日在它们与大众见面时会得到重视。

20.选择最佳领导人的问题:我们的社会中存在很多团体,例如青年团体,这些团体不喜欢优秀的领导者,反倒喜欢糟糕的带头人。也就是说,他们会选出带领他们搞破坏、走向失败,他们想成为一群社会败类,而不是社会的佼佼者,他们性格偏执、人格变态、性情暴躁。好的社会会选出最适合的人担任领导,这些领导者有能力,有天赋,德才兼备。我们如何能促进人们做出正确的选择?何种政治结构能减少或者避免偏执狂获得更大的权力?

21.怎样的社会条件,能够使社会成员的天性得到完全发展?这是一种描述性格文化研究的规范性说法。这里涉及社会精神病学的文献,也涉及有关精神卫生和社会卫生运动的文献,各种团体疗法都在处于试验阶段,还有类似于依莎兰学院这类的优心态教育社团应运而生。现在,是时候提出这个问题了:怎样能将课堂教育赋予更多优心态管理的理念呢?也就是说,我们如何在学校、大学和总体的教育体制中,以及其他社会教育机构中推行优心态的教育理念呢? 优心态管理(或者Y理论管理)就是此类规范性社会心理学的例子。在优心态社会以及这个社会中的教育机构都可以称为"优秀的",因为它们可以帮人们成就自我实现、完全发展;如果社会和社会机构减损了人性中的优秀品质,那么它们就可以被定义为"糟糕的"。既然我们谈到了这一点,就必须谈一谈社会病理学和个人病理学的问题了。

22.能够促进人心理健康的团体本身可以被视为自我实现的途径吗?(请参见本书中优心态工厂、锡南浓社区以及意念团体的相关内容)有些人坚信,个人的兴趣一定会与团体、机构、组织、社会——甚至文明的兴趣相悖。宗教的历史中经常有神秘主义的个人获得了启示,因而揭竿而起、反对教会的例子。教会可以促进个人的发展吗? 学校、工厂可以帮助个人成长吗?

23."理想主义"如何与现实性、"物质主义"和"现实主义"相关?我认为低级的基本需要得到满足是高级需要得以满足的前提,而高级需要得到满足反过来又会促成超越性动机的满足(内在的价值观得以实现)。这就是说物质主义是理想主义实现的前提,二者都实际存在,都是心理现实。任何优心态或乌托邦的思想都必须考虑这一点。

24.很多乌托邦成员都认为,乌托邦社会成员都是完全高尚的、健康的、高效的公民。即便最初的社会成员都是这样的人,他们也都会患上疾病,变得虚弱,走向衰老,或者难免变得年老体衰,力不从心,到那个时候,谁来照顾他们呢?

25.我认为,废除社会不公正的现象就会催生"生物学意义上不公正的现象":这些不公平的现象包括基因的、胚胎时期的不公平现象，例如：有的婴儿生下来就有健康的心脏，而有的孩子先天心脏就不健全，当然这种现象本身就不公平。而那些智力超群、体魄健壮、艳压群芳的人也是不公平的存在。比起社会不公平的现象，生物学意义的不公平现象更让人难以接受，但更有可能为这种现象找到借口。那么好的社会如何解决这种生物学意义的不公正这一问题呢？

26. 无知、虚假信息、掩藏真相、审查和某些视而不见、充耳不闻的现象在乌托邦社会一定会存在吗？统治阶层为了安抚民众、施行愚民统治，会有意隐瞒一些真相吗？在专治的政治制度中，不论统治者是否慈悲，都需要掩藏一些真相，因为那些真相被统治者视为危险因素，例如，哪些信息对青年人来说是危险的？杰佛逊式的民主应该让百姓了解全部实情。

27. 很多现实中存在的社会和构想出的乌托邦社会都有一个智慧、博爱、精明、强壮、高效的领袖或者一位富有哲学思想的国王。但是仅凭这一点，我们就能实现乌托邦社会吗？【读者可以参考斯金纳（Skinner）的小说《瓦尔登湖二号》（140）中弗雷泽（Frazer）这一现代社会的明智君主。】这样的明君该由谁来选举呢？如何能保证国家大权不落入暴君之手呢？这样的保证有效吗？明君死后会怎样呢？是否存在无统治者、无政府主义、由个人掌权或者由某些群龙无首的团体掌权呢？

28. 至少在一些历史和硕果仅存的现存乌托邦社会，例如：布德霍非（Bruderhof）（共识社区）将私下与公开场合的忏悔、诚实的品质、可以互相评论、坦诚相待、彼此真诚、互为反馈写入了文化中。目前，这一点在T小组（会心小组）、锡南浓社区和类似于锡南浓的团体、优心态工厂（Y理论工厂）和伊莎兰等心理治疗团队都是如此。请参见依莎兰的宣传手册（32）、《回归的通道：锡南浓社区》（164）（154-187页）以及我的作品《优心态管理》（83）、《吃柠檬的人》（141）；《应用行为科学》（56）、《人本主义心理学杂志》（57），等等。

　　29.人的热情如何与怀疑现实主义统一？怎样才能使现实而精明的神秘主义拥有行之有效的检验现实的能力？那些理想的、完美的，因此也是无法实现的目标（就像旅人需要指南针之路一样），人们应该从容地接受方法和手段中不可避免的不完美之处吗？

第十六章　锡南浓社区和优心态社会[1]

　　首先，为了不引起各位的误解，我必须承认：一直以来，我的生活都受到了很好的庇护。我的生活衣食无忧，所以我并不了解这个社会中人们生活的疾苦。我之所以想深入此地了解各位的情况，就是想知道那些没有像我一样生活得到很好庇护的人的生存状态究竟是怎样的。虽然我不了解各位的疾苦，但是真心希望能为各位提供些许建议，帮助各位走出困境。我所能提供的帮助，就是我将通过各位的视角、各位的表述，了解各位的所见所感。因为大家已经对这些事物习以为常，因此可能会忽视它们，但是我可以帮助各位指出问题所在，也许我可以告诉各位，如果我有此经历会作何反应；如果我也遇到了相同的问题，我会如何解决。

　　首先我来简单地介绍一下自己：我是一位理论型、研究型的心理学家，曾经担任过心理治疗师，使用各种心理疗法帮助各种病患解决心理问题——包括那些大学生和特权阶层的人。我毕生待人都小心翼翼、谦和温柔，好像人们是易碎的陶瓷，稍加粗暴对待就会破碎。这里的生活首先让我感兴趣的一点就是：你们

1.这篇文章（编辑阿瑟·沃尔莫斯Arthur Wormoth评语）是作者根据1965年4月14日，在位于美国纽约斯塔滕岛上锡南浓社区的一个分支"日顶村"的一次即兴讲座内容完成的。锡南浓是一个曾经是瘾君子，后来成功戒毒的人开创的帮助瘾君子戒毒的社区组织。

在这里的现状完全颠覆了我此前对人们的认知。我查阅了一些资料，因而对锡南浓社区有些了解，而且我昨晚和今天下午在这里的种种见闻都表明：将人们视为易碎的瓷器，动辄就会受伤破碎，因此不能用粗暴的态度待人，甚至不能跟人大声说话，那样会伤害他人，或者伤害他们的自尊心，认为如果对他人大喊大叫，他们就会哭泣，就会疯狂，就会自杀——这种想法现在看来过于陈旧了。

而各位待人的方式和认知似乎与我的认知恰恰相反。各位可能认为人是很坚强的，绝不脆弱。他们可以承受很多，因此最好的待人方式是当面批评他们，不必拐弯抹角或用微妙的言辞内涵别人，应该直接单刀直入、快人快语、以诚相告。我认为我们可以称这种待人方式为"不说废话的疗法"，它可以帮助人们除去内心的防御机制，也就是由这个世界的理智、掩饰、逃避以及客套形成的层层面纱。诸位可以说世界对某些事情视而不见，而我们可以帮助世界重见光明。在各位的团队中，人们不愿戴上这些面纱，他们会撕下这虚伪的掩饰，不会找任何借口或者回避任何人和事物。

我一直在提出问题，因为有人告诉我这种方法可以很有效地解决问题。有人因为被粗暴对待而自杀或崩溃吗？答案是没有。有人因为受到了粗暴对待变成了疯子吗？答案是没有。我昨晚就亲眼目睹、亲身经历了这里的情况。成员之间的批评都是非常直接、毫不留情的，不过这种方法非常有效。这与我往日接受的心理学培训以及我所作为一名理论心理学家所掌握的知识完全相反，它让我认识到，我必须重新思考"人性是怎样的"这一宏观的问题。它向我提出了"人类的天性是什么?"这样一个真实的问题。人们究竟有多坚强?人们能够承受多少困苦和粗暴对待?人们能够承受多少不加修饰的事实?能承受多少他人的仗义执言?这对他们有什么益处?有什么害处?我突然想起了诗人艾略特的一句话:"人类无法承受太多现实的东西。"他想表达的是人们无法正视现实。而另一方面,各位在这里的经历却表明,人们不仅可以正视诚实,这种诚实也会让人受益匪浅,会治愈人心、催人奋进,即便实话很伤人,也会帮人们成长。

我的一位朋友对锡南浓社区非常感兴趣。他曾经告诉我,一位瘾君子在接受了这里的治疗之后,生平第一次真切地感受到了与他人的亲近感,收获了友谊,得到了他人的尊重,也第一次得到了他人诚实和直率的对待。因此,他平生第一次感到生命可贵,不应该随便了结自己的生命。那种体验是令人身心愉快的:他越向人们袒露自己真实的一面,人们就越喜欢他。他说了一些话,我很受震撼。他告诉我,他有一个好朋友,他觉得那个朋友如果到了锡南浓社区,也会受益匪浅的。接着他说了一些听起来有些疯狂的话,让我深受触动:"可惜他没吸过毒,如果他没吸过毒,就不能去锡南浓社区了,那样太可惜了,因为那儿真是个好地方。"从某种意义上来说,锡南浓社区就是一个小小的乌托邦,是一个世外桃源,人们可以在这里得到他人真正地坦诚相待,得到他人的尊重。而这种尊重也通过诚实体现出来,在这里,人们也可以真真切切地感到一个真正的集体、大家庭般的温暖和大家齐心协力奋斗的集体精神。

这里给我的另一个感受是:既然这里具有优秀社会的某些

特质,那么它也会存在外部世界的那些疯狂因素吗?很多年以前,我研究了北美黑脚族印第安部落人的生活。黑脚族印第安人都非常良善,我对他们非常感兴趣,因此花了很长的时间了解他们。虽然我与他们共同经历了一些事情,但还是有件事让我觉得莫名其妙。我来到保留地之前,觉得印第安人就像挂在墙上的蝴蝶标本那样不可接近,但是与他们接触之后,我逐渐改变了这种看法。我逐渐意识到那些印第安人都是非常良善、体面的人。而我对保留地的白人越了解,就越发现这些白人才是最恶劣的人,是一群人渣,是我见过的最不堪的人,我此前的认知也愈发让我感到困惑。究竟哪里才是避难所?谁是看守者?谁是被看守者?我觉得一切都是混乱的,就像在那个小小的、良善的印第安社区中的情况那样。那里并不像是一块荒蛮之地,而是像一片荒漠中的绿洲。

我在这里吃中午饭时与人交谈,这让我产生了另一种想法。这里的管理程序向我提出了一个问题:人们普遍的需要是什么?在我看来,大量的证据表明:所有人需要的东西,也就是人类的基本需要种类极其有限,也很简单。第一,人们需要被他人保护的感觉,需要安全感,需要在幼年得到他人的照顾,这样他们才会建立安全感;第二,人们需要有归属感,需要感到自己属于某个家庭、宗族或团体,一个让他们感到自己应该归属并有权归属的集体;第三,人们需要得到他人的爱,也觉得自己配得他人的喜爱;第四,他们需要被尊重和自尊,我们可以谈论心理健康,说人是成熟的、坚强的、富有创造力的,而这些大都是心灵良药的结果,它们就像我们生命中的维生素一样不可或缺。如果这一点是真实的，那么我们可以说大多数美国人都缺乏这种维生素。美国的社会编造了大量的谎言掩盖真相，但事实是，普通的美国民众连一个真正的朋友都没有。只有少数人才拥有心理学意义上的真正友谊。而美国人的婚姻也大都十分糟糕，与理想的婚姻相去甚远。我们可以说，我们面临的各种问题、那些公开的社会问题——无法抵御酒精的诱惑，无法控制自己陷入罪恶，无法抵抗各种诱惑，所有问题都是因为人们的基本心理需要没有得到满足。问题是：日顶村会为各位提供这些生命所需的维生素吗？今天早上，我在日顶村里四处走了走，这里给我的印象告诉我：这里可以提供成员生命所需的维生素。我们应该记得这些维生素都是什么，首先是安全感、无所忧虑、无所惧怕；其次是归属感，也就是个人应该归属于某个团体；再次是他人的喜爱，赢得周围人的爱；最后是赢得他人的尊重，人们需要赢得周围人的尊重。日顶村之所以这样成功，会不会因为它为成员提供了一个感受这些维生素的环境呢？

这里让我感触良多、思绪万千，这些感触和思绪都如潮水一般涌入我的头脑。我问自己千百个问题，也试图用千百种方法解答这些问题，但这似乎只是我来这里收获的一部分。让我这样表述：各位认为坦率、诚实，甚至可以说有些残忍的事实可以给人安全感，让人感受到爱和尊重吗？这些话很伤人，真的很伤人，各位都深有体会。你们认为这样说话明智吗？我向各位抛出了这个问题，也期待各位的回答。现在，剑已出鞘，毫无情面可言。这种快人快语的方式非常直接、直率，也很伤人。各位认为这种说话方式有效吗？我非常期待各位的回答。另一个问题是：这种团队的作用，团队成员齐心协力、一切交给团队处理的管理模式会让各位产生归属感吗？各位在加入锡南浓社区之前，是否未曾感受过这种集体感？似乎这种残忍的诚实是一种尊重的表达，而不是一种对人的羞辱。各位看见的就是实际存在的，就是事物的本来面貌，而这也会成为尊重和友谊的基础。

我记得很久以前，有位心理分析师在团队心理治疗开始前说过的一些话。他也谈到了诚实，当时我认为他说的那番话十分愚蠢可笑，认为他为人一定十分残忍。他当时说："我会为病人施加他们能够承受的最大心理压力，最大限度地让他们感到焦虑。"各位意识到他想表达什么了吗？一个人能够承受多少批评，他就给他们施加多少批评，因为他越是批评那个患者，患者的病情发展得就会越快。随着我阅历的丰富，我现在已经不觉得这个方法很愚蠢了。

这也让我想到了教育，我觉得日顶村也可以作为一种教育机构。它是一片绿洲，是一个小小的良善社会，它为社会成员提供了一切好的社会应该提供却无法提供的。从长远来看，日顶村提出了一个宏观的教育问题：教育体制和文化应该如何教育人？教育并不仅仅意味着读书和识字。日顶村为人们上的课程是更宏观意义上的教育，教育人们如何成为更好、更健康的成年人。

【注：在这里，我们的讨论涉及了马斯洛博士和日顶村成员的一些互动。非常遗憾的是，很多日顶村成员非常有趣的言论都没有留下语音资料，因此下文中很多内容一部分是日顶村成员的看法，有些则是马斯洛博士的评述和观点，这些内容涉及很多方面，从博士与成员之间互动的背景来看，也很容易理解这一点。】

有关日顶村和自我实现的理论：原则上，人人皆有自我实现的可能。如果所有人都无法实现自我，那么他们所在的社会一定出现了什么问题，从而阻碍了人们的自我实现。我在日顶村的发现又对这一结论做出了补充，这一点我还没有完全意识到。人们追求成熟，对责任、对美好生活的愿望十分强烈，可以让人们承受生活中的一切苦难境遇，至少对于某些人来说情况如此。人们需要奋力地与他们所经历的苦痛、尴尬等种种不如意的境遇抗争，我意识到这里的人们比我接触到的其他人自我实现的愿望更强烈。当然日顶村的成员能够承受他们受到的一切诚实的批评和非难，而谁又不是如此呢？有多少人会因为他人的批评太过诚实，而拒绝接受这种批评呢？

有关责任感的培养：要培养一个成熟的人，一种方法似乎是让他们担负起责任，并且认为他们有能力肩负起这些责任，让他们为这份沉甸甸的责任付出辛劳，经受折磨和历练。让他们自己想办法解决问题，而不是帮他们解决一切问题，扫清一切障碍，过度地保护他们、溺爱他们，或者代替他们做一些事。当然，另一方面，我们也不能完全忽视他们，放任不管，不过那是另一回事了。我认为日顶村就在帮助成员们培养这种责任感。在这里，我不欺人，人莫欺我。如果想做什么，去做就是了。任何人都不会为失败找借口。

我可以通过一个黑脚族印第安人的例子来说明我的观点。黑脚族印第安人性格坚强、自尊自重，也是最勇敢的战士。他们性格坚韧，能承受一切苦难和责难。如果你想通过观察了解他们这种性格是如何形成的，不妨去看看他们是如何尊重孩子的。我可以为各位举出一两个这样的例子。我记得我碰到过一个黑脚族印第安小孩儿，是一个蹒跚学步的孩子，他想打开一个木屋的门。我不知道那扇门具体是什么门，但是它非常大，也非常重。孩子试着推了很多次，但是都没有推开。这种情况下，如果换成美国父母，就会马上站起身帮孩子开门，但是黑脚族印第安人只是坐在那里静静地看孩子折腾。一连半个小时，他们都没帮孩子开门，只是坐在那里看着孩子无力地推门。孩子打不开门，急得大声哭喊，满头大汗。可是大人们只是不停地夸奖孩子、鼓励孩子，因为他们认为孩子自己能打开门，最后那个孩子果然自己推开了门。我得说这样看来，黑脚族印第安人比美国人更尊重自己的孩子。

还有一个例子是一个我非常喜欢的小男孩儿，他差不多有七八岁的样子。经过近距离观察，我能判断他是一个富人家的孩子，至少以黑脚族印第安人的标准来评判，他的家境很好。他名下有好几匹马和很多牛，他还有一个很值钱的医药包。有一天，一个成年人想买他的医药包，要知道这个医药包是这个孩子拥有的最值钱的东西。我是从孩子的父亲那里得知他的儿子泰迪是如何处理这笔交易的。别忘了，这个孩子只有七岁大。他为了思考这个问题，独自一人去荒野沉思，并且这一去就是三天两夜。他独自在外露营、思考。他并没有征求父母的意见，他的父母也没有给他任何建议。孩子一个人回来，就向大家宣布了他的决定。这真的刷新了我对一个七岁的孩子的认知。

关于社会治疗： 这个观点可能比较专业，也能引起各位的兴趣。这是一种新型的工作，这项工作适合那些积极的人。这份工作并不要求从业者接受过良好的职业培训，它类似于某种传统意义上的牧师和教师的结合体。做这份工作的人需要关心他人，喜欢直接与人交流，而不是远距离地与人沟通；需要尽可能了解人性。我建议把这份工作命名为"社会治疗师"。社会治疗师的理念似乎在过去的一两年里逐渐形成并成熟，而对这份工作游刃有余的从业者并不是那些具有高学历的人，而是富有经验的社会实践者。他们了解自己，知道自己宣讲的东西是什么。例如，他们知道什么时候应该对帮扶对象的态度强硬一些，什么时候应该对他们的态度柔和一些。

只有三分之一的美国人和世界上其他地区98%的人都可以称为"非特权阶层的人"，因此社会需要很多能帮助文盲识字的人，需要帮助心理不健全和患有精神疾病的人走向成熟、承担责任的精神专家等人才。能够从事这些工作的人远远不够，仅靠培训不足以填补此类人才的空缺。目前，这些工作大都被硬性分配给了社会工作者，而普通的社会工作者并不了解从事这项工作有哪些要求。从实际经验来看，他们甚至不了解自己从事的是什么样的工作，因此所有这类新兴的社会机构至少应该培养一些具有丰富经验且拥有足够智慧的人才，而不是一些只知道理论却缺乏实际工作经验的人。如果这类人才能够从事这项工作，就会为社会带来很大的福音。日顶村一个非常有趣的地方就是，这里的成员经历过的事情，管理者都切身经历过。同病相怜、同舟共济的人才会有共同的话题。这是一份新型的工作，也可能发展为一项新型的职业。

有关目前发生的社会变革：我可以花一个半小时，列举发生在不同领域的社会变革。我们的教堂在改变，我们的宗教也在改变，社会正在经历一场革命。在社会的某些领域，这种变革表现得更为强烈。然而不论在哪个领域，这种变革都朝着同样的方向发展，那就是朝着优心态的方向发展。也就是说，朝着帮助人成长为更完全的人的方向发展。在这个方向中，那些强壮、健康、富有创造力的人，就是那些能够活在当下、享受生活、身心健康的人。我们所谈论的优心态的宗教可能正在形成。我写了一部作品叫《优心态管理》(83) 就介绍了这种管理模式在工作环境、工作、工厂等方面的体现。在各大工厂、各家企业中，也发生了这样的变革。一些地方整体的工作环境都按照这种优心态的管理模式进行设置，这种优心态的工作环境有利于人性的发展，而不是对人性的发展有害。在这种环境下，人性的发展会得到促进，并不会受到减损。

同样，也有很多书籍、文章和研究都以相同的方式探讨了优心态的婚姻、爱情和两性关系。所有这些材料都在告诉我们：我们努力的方向就是帮助人们成就他们所能达到的最高境界，帮助他们最大限度地发展自己的天性。

现实社会仍然像一个巨大而沉重的包袱，让我们感到压抑，这一点也是实情，但是我们发现社会也发生了很多令人惊喜的变化。这些变化很多，让我们看到了未来的发展趋势。美国并不是世界上唯一研究优心态的国家，还有几十个国家也在探索优心态的管理模式。我们之所以听不到相关的反馈，是因为这些国家都在进行各自独立的探索。然而事实是，如果你有了一个好想法，我有了一个新发现，我有一些奇思妙想，与此同时他人也会同样有一些美妙的想法，那时就会出现一呼百应的现象。目前只要有一个研究领域，有一个引领之声，那么敏感的人就会予以回应。

这种变革也发生在教育领域。我认为如果我们集思广益，将所有不论好坏的经验都汇总到一起，我们就可以举众人之力，集众人的智慧将现行的这个可恶的教育体制全部摧毁！当然，我们也可以破旧立新，建立一个全新的教育体制。我们可以提出好的建议，因为我们的确应该建立一个全新的教育体制。这个说法也许太过激进，因为这种新型的教育体制对人类的现实情况，对人类的需要、人类的发展都有很高的要求，并不是仅仅依靠继承几千年的教育传统就能够实现的。

我们可以实现一部分教育体制的革新，因为美国是世界上最富有的国家，我们有资本坐在这里静观其变，我们不需要集中精力发展农业，让人们填饱肚子，存活下去。虽然我们的人民还没有实现锦衣玉食的奢侈生活，但是我们可以坐下来研究这些发展的问题。很多社会并没有这些闲暇时间来思考这些更深层次的发展问题，因为他们还面临着生存的考验。从这个意义上说，我们可以进行一些实验性的尝试，探索一些新的方法。我们可以将这些革命性的变化视为目标课堂，或者生物学家可以把它称为"生长锥"。也许人们在乐观时会这样看待社会，但是人们在悲观失望的时候总会觉得好像是社会拖累了自己。我们接受了各种形式的道德教育，鼓吹我们在19世纪50年代的时候的辉煌历史，不过这种辉煌或多或少地依赖于人们的情绪。我认为，如果我们能用公正的眼光看待我们的社会，就不会认为我们的社会仅仅是死水一潭，也许它就会成为我们人类的"成长锥"。

关于会心小组：我想向各位坦白，目前为止我只参加过一次会心小组的活动，就是在昨晚，我不知道如果我长时间参加这种小组活动会有怎样的反应。在我这一生中，还没有人对我如此直言不讳。这里与我所生活的常规世界，也就是大学校园的环境迥然不同，而在座的各位与我的那些同事、那些大学教授也迥然不同。大学的教务会议当然与日顶村的会心小组活动完全不同，大学的教务会议没有任何意义，因此我会尽量避免参加这类会议。在会议上，所有人都表现得十分礼貌，没有人会当面说你一个不字。我记得有一位教授明明气愤得已经到了怒不可遏的程度，却不敢用"狗屁"这样粗俗的词语来发泄自己的不满。因此，昨晚的会心小组的活动令我颇感震惊，因为我所在的世界里，大家都文质彬彬、礼貌相待，因为他们都不想与人发生正面冲突，因此我们的身边尽是一些"老好人"，我指的是那些男性。我认为如果各位有机会参加大学的教务会就会明白我想表达的意思，也会感同身受。而这样的会心小组的聚会把我所熟知的世界弄得天翻地覆，我认为这样的聚会我今后只好敬而远之了。

一个重要的研究问题：这就引发了一个问题，我想在此与各位分享。这是一个非常重要的问题，我想各位也不会知道这个问题的答案。这个问题是：为什么有的人会留在日顶村，而有的人会选择离开？也就是说，如果各位认为这里是一个有教育意义的机构，那么它会使多少人受益？又会在多大程度上使人受益呢？各位认为有多少人愿意来这里？日顶村适合什么样的人？又不适合什么人？我们都知道，不能把从未来过这里的人算作失败的例子。

生活在日顶村的成员克服了困难，克服了恐惧，跨越了种种障碍，而各位又是如何看待那些无法克服恐惧的人的呢？各位与这些人存在哪些不同之处呢? 这是一个非常实际的问题, 因为在座的各位未来都会成为各行各业的管理者, 经营像日顶村这样的团体和机构。那么到时候, 你们一定会面对如何留住大部分客户这一问题。

有关心理疗法: 对于心理疗法、个人的心理治疗来说, 存在的问题也是一样的。心理治疗师和心理分析师凭借自身经验得到了某种理论, 那就是: 如果用这种直率的、毫不留情面的方式为病人进行心理治疗, 一定会把病人吓跑。心理分析师和心理治疗师只会用一种非常温柔的方式进行心理治疗。在深入挖掘患者的心理问题数月之前, 他们就会与患者亲切地交流。他们首先想建立一种友好的医患关系, 然后再逐渐为病人施加心理压力。而这种情况在这里就不会存在, 没有人愿意等上六个月时间解决别人的问题, 他们会即刻开始对同伴进行高强度、立竿见影的心理治疗。重要的问题是, 哪种心理疗法最有效? 哪些人更适合温柔的心理疗法? 哪些人适合更激烈的心理疗法? 适合后一种心理疗法的人大概有多少? 与常规的、温柔的心理分析过程相比, 这种激进的心理疗法似乎见效更快。

这让我想到了另一件事, 是我提出的一个理论。我已经在心理治疗的实践中应用了这个理论: 告诉患者实情往往不利于他们的病情, 最好让他们自己发现实情, 这会花费他们很长的时间, 因为他们不太愿意看到残酷的事实, 接受冰冷的事实需要一个循序渐进的过程。我向大家汇报, 与那样的心理治疗过程相比, 这里的情况是, 各位的同伴会把事实毫无保留地抛给你, 丢在你的脸上。这里没有人袖手旁观, 静静地等上八个月让各位自行发现事实。至少，留在这里的人可以接受这一点，结果似乎对他们有利，而这种情况似乎与整个精神病治疗的理论都背道而驰。

有关自我认识和团体治疗：不知为何，治疗团体往往会有效地帮助人们解决心理问题，不过没有人知道其中的原因。大家只知道这种方法很有效。我遇到过很多此类的例子，我也无法理解其中的原因，我不知道该如何解释，理解这些现象需要一定的时间。我们昨晚进行的对话让我很强烈地感受到：一个晚上从团体中获得的反馈比某个心理分析师花上一百年的时间给予我们的反馈还要多。团队中的其他成员会告诉你，某人是什么样的人，在他人眼中，你是什么样的人，接着会有六个人认同你的这一印象，这种方法让人受益良多。也许，如果我们没有一个外在世界对我们的画像，就不会真正地了解我们在他人的眼中究竟是什么样子，不过这里的经验为我提供了一种新的思路：好像对于他人来说，你是什么样子并不重要，他们也不会在意这一点。也就是说，你在别人眼中的形象并不重要，而真正重要的是你凭借自己的直觉，凭借内心的声音，依靠自己的梦境和幻想对自己的判断。

我有一种感觉，如果我一直待在日顶村，会听到一些自己此前闻所未闻的事情。我对自己的认知会非常明晰、准确，就像我有一个动态的照相机，能把我的一举一动、一言一行都记录下来，这样我所看到的自己和他人眼中的自己就不会存在任何差异，因为我看到的就是自己的真实记录。接下来，我就会思考、斟酌自己的言行，问一问自己：自己的所言所行是对还是错？我看到的究竟有多少真实成分？我感觉这会让我更有自知之明。这种自知之明对于研究自我身份会大有裨益。

　　在克服了痛苦的经历之后, 我们最终会收获自我认知, 这是一件好事。了解一件事总比臆想一件事、猜测一件事要好, 会让人感觉舒畅。"也许他不跟我说话是因为我太坏了, 也许他们那样对待我是因为我太坏了。"对于普通人来说, 生命就是接连不断地猜测。人们不知道别人为什么会对他们微笑, 也不知道别人看到自己为什么会面无表情甚至冷若冰霜。无须猜测他人想法的感觉真是太好了! 了解真相的感觉真是太好了!

第十七章　优心态管理

关于这个话题的一个基本问题是：什么样的工作条件，什么样的工作、管理模式和奖励机制有助于人们最大限度地实现天性，完全开发自己的潜能？也就是说，什么样的工作条件有利于自我实现？之所以这样问，是因为我们生活在一个非常富足的社会环境中，我们周围的人都是健康或者正常的人。也就是说，他们对衣食住行的基本需要都得到了满足，因此这些基本需要对于他们来说已经司空见惯了。在这种情况下，如何培养他们对一个组织目标的认可度和集体价值观呢？什么样的工作条件能够激发员工的最佳工作状态？哪些物质和非物质奖励最能有效地促进员工的工作热情？

优心态（读作yew-sigh-key-an）的工作环境不仅会提升个人的成就感，也会促进组织的健康和活力，从而保证组织生产的产品或提供的服务不论从数量上还是质量上都能得到质的飞跃。

这样，管理过程中的问题（这种问题存在于任何组织或社会中）就有了新的解决方案。如何在一个组织内部设定相应的条件，使个人的发展目标和组织的发展目标相融合？在什么情况下能实现这一点？在什么情况下无法做到这一点？或者如果实现这一点会造成什么伤害? 哪些因素可以促进社会和个人的协同作用?
另一方面, 哪些因素会激化社会和个人之间的矛盾?

这类问题触及了个人生活和社会生活, 触及了总体上的社会、政治、经济理论, 甚至哲学领域中最深刻的话题。我的作品《心理与科学》(81)证实了一点: 我们需要人本主义的科学, 这种科学可以帮助我们超越人类自身为科学设定的, 不涉及价值观的、机械的科学标准的束缚, 这种人本主义的科学是可以实现的。

我们也可以认为, 经典的经济理论建立在并不充分的人类动机的理论基础之上。如果经典的经济理论能够接受人类存在更高级需要这一事实(包括自我实现的需要、对爱的需要和追求最高级的价值观的需要), 就会取得革命性的进步。我相信这一点也适用于政治科学、社会心理学、社会科学以及各个从事社会科学职业的人, 甚至适用于所有人。

所有这些都是在强调一点: 优心态管理并非新式的管理把戏, 也不是管理者的"小伎俩"或者管理者用来操控他人, 为自己牟取私利的管理技巧。优心态管理并不是帮助统治者更有效地统治人们, 教他们怎样剥削他人的手段。

优心态管理是一种正统的基本价值观与另一套新的、被认为更有效、更真实的价值体系之间的正面交锋。优心态管理理念汲取了一个伟大发现的革命性成果, 那就是一直以来, 人性的价值都被低估了。人类具有更为高级的人性, 这些更高级的人性就像人们的基本人性那样, 也是类本能的。这些高级人性包括对有价值、有意义的工作的需要, 对责任、创造力、公平正义的需要,去追求自己认为有价值的事和值得做的工作, 并全力以赴做好工作的需要。

在这种优心态的管理模式中, "一切向钱看" 的工作理念显然过时了。当然, 钱可以满足员工的基本需要, 但是在人们的基本需要得到满足之后就会产生新的驱动力, 会立志追求更高级的 "回报", 例如归属感、他人的喜爱、感激之情、荣誉, 这些都是最高形式的价值观的体现——也就是真、善、美、高效、卓著、公正、完美、秩序、合法性, 等等。

在这里, 我们应该对优心态管理这个课题给予更多的思考, 因为它不仅仅是马克思主义者或者弗洛伊德派应该思考的问题, 而且也是政治或军事领袖, 或者那些 "统揽全局" 的老板、自由党人应该思考的问题。

第十八章　低级抱怨、高级抱怨和超级抱怨

　　事物的一般发展原则大致如下：人们的生活可能处于动机层级的不同水平，也就是说，人们过的生活可能是高品质的，也可能是低品质的，也就是那种勉强维系生计的丛林生活状态。高品质的生活则是生活在物质条件富足、优心态的社会，人们所有的基本需要都得到了满足，进而产生了更高层级的需要，例如：人们开始思考诗歌的本质或者钻研数学问题诸如此类的追求。

　　判断一个人生活在哪一动机层面的方法很多。例如，我们可以通过引人发笑的幽默类型来判断一个人生活的动机层面。如果人们生活在满足基本需要的动机层面，就会认为那些充满敌意、非常残忍的笑话很好笑，例如，他们觉得"一位老妇被狗咬了"，或者"一个生活在城镇的傻瓜被小孩子捉弄了"这样的笑话很好笑，而亚伯拉罕·林肯式的幽默感，那种富有哲思、富有教育意义的幽默感只能让人会心一笑，不会令人捧腹大笑。这种幽默感与敌意或征服欲并没有多大关系，因而这种更高级的幽默感不会被生活在满足基本需要层级的人所理解。

　　投射实验也可以用来判断一个人生活在哪一动机层面，因为我们生活的动机层面往往会通过各种现象和行为体现出来。罗夏测试可以表明测试者追求什么，他的愿望、需要、欲望是什么。

如果人们的各种基本需要都得到了满足，这些基本需要就会被人们遗忘，从人们的意识中消失。从某种意义上说，得到满足的基本需要不会存在，至少不会存在于人们的意识之中。因此，一个人渴求的、希望的、需要的往往是那些出现在驱动力层级中的东西。人们专注地追求这些需要，这就说明他们的低级需要都已经得到了满足，同时也表明那些更高级的需要尚未出现在人们的脑海中，因此他们根本不会想到自己有这些需要。这一点也可以通过罗夏测试判断出来。此外，通过人的梦境和梦境分析也可以了解这一点。

我们同样可以认为，人们的抱怨也存在层级——也就是说人们的需要、渴求和愿望可以作为他们目前所处的驱动力层级的指示剂，如果在工业化的背景下研究人们的抱怨层级，也可以将抱怨层级作为衡量整个组织健康程度的指标，特别是在样本充足的情况下。

例如，那些在独裁的工业企业工作的工人每天工作时都会提心吊胆，他们连基本的温饱都得不到满足，甚至面临着被饿死的生存危机，这就决定了对工作的选择、老板的行事风格以及工人对恶劣工作条件的顺从度。在这种工作环境中，老板恣意妄为，工人们只能忍气吞声，默默地承受领导的残忍对待。那些心怀不满、牢骚满腹的员工甚至连最基本的需要都得不到满足。如果出现了这种情况，就说明人们食不果腹、衣不御寒、身居陋室、饥寒交迫，最基本的生存条件都得不到保障。

当然在现代的工业条件下，如果一个人产生了这种抱怨，就表明他所在的组织管理极其混乱，工作条件特别简陋，而这种情况即便在最普通的工业企业也几乎不会发生，工人不会有这种低级的抱怨。如果我们积极地看待这种现象，可以认为这种低级抱怨是因为人们对于已经具备的生存条件低于自身的期待标准，因而产生的抱怨。例如，人们有可能抱怨他们的工作环境不安全，或抱怨老板有可能随时炒了自己的鱿鱼，或抱怨他们无法计划家庭开支，因为他们根本不知道这份工作会持续多长时间。他们也许会抱怨自己工作的环境没有安全感，抱怨他们的工头脾气暴躁，抱怨自己为了保住工作不得不忍气吞声，强压心中的怒火，等等。我们可以认为低级抱怨是生物个体安全层面的需要或者因为他归属的团体并不友好而产生的抱怨。

那些更高级的人类需要层面大多与他人的尊重和自尊有关，而这一层级的抱怨大都因为尊严受损或未得到他人的尊重而引发的，同时也与一个人的价值感、取得成就时获得的奖励或赞赏等因素有关。我目前能够想到的涉及超级抱怨的情况都与在自我实现的过程中，因为超越性动机受到威胁有关。说得再具体一些，这些抱怨可以归结为存在价值观未得到满足而产生的抱怨。存在价值观就是人们对于完美、公正、美、真理等因素的追求。在工业的背景下，这种追求往往体现为人们对工作效率低下（即便这种低效并不影响抱怨者的利益）产生的抱怨。事实上，他们所抱怨的是自身所处世界的不完美（这种抱怨并不是一种自私的表现，我们几乎可以称之为一种站在哲学角度上的、利他主义的抱怨），人们也可能会因为自己并不掌握所有实情，了解所有情况，无法与他人进行畅通无阻的交流等情况而抱怨。

人们对真相、诚实和事实的追求也属于超越性动机，而不是

"基本"需要。严格地说，能够产生这种超级抱怨的人应该是生活在一种高级的动机层级。生活在一个充满了愤世嫉俗情绪的社会中，在一个被小偷、暴君或者人品差的人管理的社会中，这样的抱怨不绝于耳。不过，这种抱怨的层级更低。人们对缺乏正义感的抱怨属于超级抱怨。即便在运营良好的工厂里，我也见过很多工人都表达了类似的抱怨。工人抱怨的往往是一些不公平的现象，即便他们知道这种抱怨会损害他们的经济利益也在所不惜。另一种超级抱怨是因为个人的美德没有得到奖励而产生了抱怨，或者因为索要这种奖励但毫无结果产生的抱怨，例如得不到公正的对待而产生的抱怨。

换言之，以上提到的种种出现抱怨的情况表明人们总会抱怨。世界上并不存在伊甸园，也不存在极乐世界。即便天堂存在，也是稍纵即逝。不论人类得到了怎样的满足也不会全然知足。这就是否定了存在人性能达到的至高境界这种说法，因为这就说明在人性达到了这种状态后，就再也无法得到提高，这本身就是无稽之谈。我们无法想象，再过一百万年甚至更久，巨大的技术飞跃可能会将不可能变成可能，届时人类可以达到具备一切、无所忧虑的状态。然而，不论人类得到怎样的祝福，处于怎样幸福的状态，他们只能享受一段时间的幸福时光，或在一段时间内感到自己很幸运。一旦他们习惯了这种幸福的状态，就会忘记这种幸福的状态，然后在未来追求更多，索取更多，因为他们会不停地想：如果现在的生活变得更加完美该多好。我认为，这就像人们虽然活在当下，却希望未来能够实现永恒一样（160）。

因此，我认为有必要强调这一点，因为我发现管理文献中存在很多人们对现实不满或对现实失望而产生抱怨的例子，偶尔还会有因为对现代管理模式的整个思想体系感到失望，呼吁回归专制的管理模式的情况，这是因为新的管理模式总会引起人们的抱怨，让管理者深感失望。他们认为，是这种管理模式让员工变得不知感恩，因此常常抱怨。即便工作条件得到了改善，抱怨也不会停止。这种现象符合动机理论，我们应该知道，人是不会停止抱怨的，但是人们的抱怨会变得越来越高级。也就是说，人们的抱怨会从低级抱怨转变为高级抱怨，最终会变成超级抱怨。这种转变也符合我所提出的另一个观点：人类的驱动力永不会止歇，只会随着条件的改善，级别越来越高，而且这一点也符合我提出的需要受挫伤的层级理论。也就是说，我否认有些人的观点，他们认为需要的挫伤必然是一件糟糕的事情。我认为，人的需要受到挫伤的情况也是分等级、分层级的。这种层级是从低级需要受到挫伤升级到高级需要受到挫伤，而这本身就是一种好现象，它表明社会条件得到了改善，是良好的社会条件的体现。我们所在的城市中，有的妇女团体强烈地抱怨公园里的玫瑰花坛没有得到悉心照料，这就是一个非常好的现象。它表明了抱怨者的生活质量很高，抱怨玫瑰花坛没得到悉心照料就表明抱怨者衣食无忧，不必为了住房忧虑，也无须害怕出现鼠疫，担心被人刺杀；也表明社会治安良好，没有火灾，政府运转良好，教育体系、当地的政治和社会的很多其他方面都运行得井井有条，人们的基本生存需要都已经得到了满足。那么问题来了：对待高级抱怨的态度不能像对待其他抱怨那样简单而粗暴，必须将高级抱怨视为一种指标：它们表明抱怨者所有的基本需要都得到了满足，因此才会产生这样的高级抱怨。

如果一位开明、智慧的管理者能深刻理解上述道理，他们就能料想到，即便改善了工作环境，提高了员工待遇，也会出现上述员工抱怨增多，对单位备感失望的情况，因此他们并不期望改善工作环境就能让抱怨消失殆尽。不过，如果管理者为改善工作环境投入了大量的人力和财力，但是员工的抱怨声仍然不绝于耳，那他们难免生气，感到失望。这是一种非常危险的现象，管理者必须引以为戒，做出明智的判断：这些持续的抱怨是驱动力层面上的抱怨吗？这才是管理者面临的一个真正考验。当然，管理者也应该为这种现象感到高兴，因为这就要求他们锐意进取、求新求变，不能安于现状。

当然，这里也涉及了一些特殊的问题，其中一个问题就是：在这种情况下，如何判断某个员工是否受到了公正或者不公正的待遇？当然，员工的很多抱怨都是因为一些琐碎的小事而产生的，比如抱怨自己的待遇不如别人高，或者抱怨自己的待遇不如以前。他们或许会抱怨其他人工作环境的光线更好，或者其他人的座椅比自己的好，或者其他人的工资水平比自己的高。这种抱怨可能都很琐碎，例如抱怨他人的办公桌大、办公室面积比自己的办公室面积大，或者自己办公桌上的花瓶里只有一朵花，而别人办公桌的花瓶里有两朵花。在这种情况下，管理者必须练就一种能在混乱的抱怨声中明辨哪些抱怨是员工因为超越性动机受挫产生的超级抱怨，也就是因为受到了不公正的待遇而产生的抱怨。哪些抱怨只是一种表面上对控制层级的一种反抗，对待遇存在层级制度的反抗？哪种抱怨体现了抱怨者想要谋求升迁或寻求名誉的一种愿望？甚至这些抱怨就像达尔顿（Dalton）在他的作品中提到的那样，是一种安全感的需要受挫的体现。达尔顿在作品中列举了几个这样的例子，我们如果结合抱怨发生的背景就会发现这一点。我记得书中有一个例子是一个企业的员工们发现了一个现象：如果老板的秘书对一个人的态度十分友好，而对另一个人的态度十分冷淡，那就意味着后者会被开除。换句话说，我们应该根据具体事件猜测其背后的动机水平。

　　另一个例子也许更难以理解，我们往往会用一种动机驱动的方式分析金钱的意义。在驱动力的层级中，金钱可能具有任何意义，它可以代表低级的价值观，或者中级的价值观、高级价值观，甚至超级价值观。如果我们想试着界定金钱具体反映了人们的哪种需要层级，就应该谨记：凡事都有例外。如果我们遇到了一些例外，不妨忽视这些例外，将考察重点放在那些符合规则的例子上。对于那些不符合要求的例子，我根本不会用驱动力层级的理论评价这些例子。

　　当然会存在一些例外的例子，这些例子很难评估。也许最为稳妥的做法就是根本不要尝试评估这些特例或者暂且把它们搁置一边，弃之不用，作为无用数据处理。当然，如果你想要就某个人的抱怨开展一项庞大而细致的研究工作，那么不妨追溯这个个体此前的经历，了解这个人的具体抱怨从驱动力的层面来看具有怎样的意义？例如，这个人对金钱的抱怨。不过，在目前的研究条件下，这种做法并不符合实际，既无可能，也无必要。特别是出于实验性的目的，我们用同样的标准评价两家企业：一家管理良好的工厂，另一家是管理不善的工厂，情况尤为如此。

真正的恶劣条件：我们应该了解极端的恶劣条件究竟是怎样的。在管理文献中，我们并没有找到此类例子，这种恶劣的条件是任何临时工和非职业的劳力已经适应的，工作环境差到接近于内部战乱的程度。也许我们可以用类似于战犯营或监狱或集中营的条件来形容极端恶劣的工作条件。在我们国家里，那种家庭作坊或者只有两个人的小微生意存在的你死我活的竞争、分毫必争的工作环境。而在这种工作条件下，老板和员工之间也把赤裸裸的压榨关系体现到了极致。老板恨不得榨干员工最后一滴鲜血，他们把员工逼到绝境，逼迫员工自动辞职，否则他们就尽可能长久地吸干他们的鲜血，榨干他们的能量和精力，最大化地从员工身上攫取自己的利润，直到员工辞职为之。我们不应该幻想还有哪家大型企业相对存在"工作条件差"、管理不善的情况，因为根本不存在工作条件差的情况。我们应该记得，99%的美国人愿意用自己生命的最后几年时光换取一个到美国工作条件最差的工厂工作的机会。因此我们必须拓展这种比较范围，我认为这样的实验最好从我们自身的经历中搜集一些不良工作条件的例子。

另一种复杂情况：直到最近，好的工作条件的另一个特点才引起了人们的注意，我初次碰到这种情况也颇感吃惊，这一特点就是：虽然好的工作条件会使大多数人受益，但是会给少数人带来消极的影响，甚至带来灾难性的破坏力。例如，如果给管理层完全的自由并相信他们的决策，会让那些消极被动的人陷入焦虑甚至恐惧之中。我并不了解这种情况，只是在几年前才遇到了这样的例子，但是我们在从事这项研究工作的时候应该谨记一点：在我们得出一个确定的理论并开展相关实验之前，最好收集更多

相关的例子。也可以这样说：接受心理治疗的绝大部分的人都有
某种行为倾向，例如喜欢偷窃，但是如果他们在工作中一直受到
监视，只是他们无法察觉，就不得不压抑自己的偷窃意识。假如
某家银行突然发生了"随意支取"的情况，不对内部员工设防，解
雇了侦探，取消了安保等措施，相信员工会遵纪守法。在这种情
况下，十分之一的员工才会生平第一次意识到自己存在偷窃的意
识，如果有的员工认为即便偷了钱也不会被抓，就会抵制不住这
种诱惑而犯错。

　　这里涉及的一个问题是：好的工作环境不一定会使所有人都
向着成长、自我实现的方向发展，因为有些神经症患者并不会朝
着这个健康的方向发展，还有些具有某种特质和禀性的人也不会
朝着这个方向发展。最终，少数人自身存在的偷窃倾向、施虐倾向
以及目前人类存在的其他罪恶倾向都会因为这种"良好的条件"
被唤醒，因为人们得到了信任、完全有权利和自由接触某些资源
而不受任何监督和制约，这就为他们犯错提供了可乘之机。我还
记得1926年至1927年，我在康奈尔大学读研究生期间，学校荣誉
体制的运行情况。当时95%甚至更高比例的学生都会获得荣誉，
他们对这种制度都感到很满意。这种制度很有效，但仍然有1%至
3%的学生并不适应这种制度，他们利用这种制度的漏洞剽窃他
人的学术成果、谎话连篇、考试作弊等等，行为恶劣。如果诱惑太
大、风险过高，这种荣誉制度就会诱使人们误入歧途。

　　原则上，上述所有的思想和技巧都适用于很多其他社会心
理学情景。例如，在大学里，我们可以通过抱怨的整体情况，例如
学生、教职员工以及行政管理人员的抱怨情况对大学校园里的文

明程度和管理情况做出判断。在这种情况下，我们可以通过不同层次的抱怨了解学生的学习和生活现状。我们也可以通过这种方法判断我们的婚姻状况。我们可以说，也许这种方法可以看出我们婚姻生活的质量或健康程度，例如：看婚姻双方的抱怨都处于哪个层级，如果一位妻子抱怨丈夫忘记给自己买花，或者抱怨丈夫在给自己泡的咖啡里加了太多的糖这类事情，这样的婚姻就很健康，比妻子抱怨丈夫打断了她的鼻子或者打掉了她的牙齿，或者差点把她吓死这类婚姻更美满。总体上说，孩子对于父母的抱怨，或者孩子对老师、对学校的抱怨也是如此。

　　我认为可以对上述抱怨做一总结：理论上，人际关系组织的健康状况或者发展程度都可以通过组织成员的抱怨或者牢骚层级来判断。在这里，我们需谨记一点：不论我们的婚姻、大学、学校或家长多么优秀，还是会认为有待改善和提升的空间。也就是说，抱怨和牢骚的现象会一直存在。我们也有必要将这些抱怨和牢骚分为积极的抱怨和消极的抱怨。既存在那些因为基本需要未得到满足或基本需要受挫而产生的强烈而迅速的抱怨，即便在这些基本需要得到满足时，人们已经将其视为自然，并没有意识到它们的存在。如果我们问一个人，他的生活环境有什么好处，他不会不假思索地回答：地面没有发水，他的双脚不会弄湿，也不会说他的办公室没有虱子和蟑螂，因此他感到很安全或者一些类似的事情。他认为所有这些都是理所应当的，因而不觉得这些是什么了不起的事。但是如果这些被他视为理所当然的条件缺少了任何一种，他就会叫苦不迭。换言之，这些基本需要的满足并不会让人心生感激或感谢之情，不过如果不具备这些条件，就会遭来人们强烈的抵抗。说完了这些消极抱怨，接下来我们来谈谈积极抱怨，或者那些改善现状的建议。总体来看，这类建议都与更高层级的动机有关，与那些基本需要满足之后出现的更高层级的愿望相关。

我认为，原则上如果想拓展对抱怨的研究，那么最简单的方法就是首先去收集一些极端恶劣的工作条件或者极其恶劣的老板的现实素材，例如我认识的一位家具商总想谋杀他的老板，但是他又找不到更好的工作，因为那个行业里根本没有更好的工作，所以他只能忍气吞声。他之所以恨老板是因为每次老板为他分配任务，都会吹口哨示意他过来而不称呼他的名字。老板对他的侮辱是长期的，也是有意为之，因此他对老板恨之入骨。几个月过去了，他感到愈发生气，简直可以用怒不可遏来形容。另一个例子是我的亲身经历。我在上大学期间，利用业余时间去酒店和餐馆打过零工。在暑假期间，我与一家旅游景区的旅馆签订了合同，在那里当服务生（那大概是1925年的事情了）。实际情况是：我来到这家酒店工作，并没有成为合同中约定的服务生，而是当了个小工，待遇也低了很多，还没有小费。我知道自己上当了，但是我连回家的路费都没有，而假期剩余时间有限，又不能另找工作。当时，老板向我承诺很快就会让我当服务生，我也相信了他的话。做一个没有小费的小工月收入十至二十美元，而且一周工作七天，每天工作十四小时，没有休息日。除此之外，我的老板还要求我们做一些额外的工作：为客人准备三明治。我们问他准备三明治的人去哪儿了，他总敷衍我们，说那个人明天就回来。这种状况持续了大约两周的时间，但是事实越来越明显：那人把大家都骗了，还想尽一切办法占我们的便宜。

　　最终,在美国国庆日七月四日那天,酒店里来了三四百位客人,老板又要求员工准备甜品,如果不拿出看起来十分考究的甜品就不能睡觉。那些甜品看起来很美观,需要花很长的时间准备,为此我们几乎彻夜未眠。不过,员工们几乎都毫无怨言,默默地完成了这项工作,但是在七月四日那天,我们端上晚餐的第一道菜品后,所有的员工都辞职了。当然这些员工不得不承受很大的经济损失,因为当时已经没有时间找好工作了,但是他们特别憎恶老板,一心想报复老板。我当时的心情就是这样,而当时我感觉那样满足! 这种感觉直到三十五年后的今天,我依然能感受到。这就是我说的极其糟糕的工作条件和差不多像内战的工作环境。

　　不论如何,搜集这种不公正的待遇、极其糟糕的工作条件的实例,可以以这些例子为基础,制定一份清单,这样那些身处良好的管理环境的员工会认识到自己的幸运(这一点他们甚至未曾留意过,他们已经将其视为自然、理所当然的事了)。也就是说,我们不应该让人们自动说出他们的抱怨,理想的做法是列出一份糟糕的工作环境的检验清单,并询问员工清单中的情况是否发生在他们工作的环境中,例如: 他们的工作环境是否有虫子出现? 是否温度过低、温度过高、太过喧闹或太过危险? 是否存在腐蚀性化学品外溅、伤害员工的危险情况? 他们是否在工作场合受到他人的伤害或者攻击? 工作场合是否有防止危险设施和机械伤害的保护措施,等等。如果能够提供一份这样的清单,清单上列有两百种条目,人们就会意识到,如果他们工作的环境中不存在这两百种危险因素,他们能够在一个不错的环境或条件下工作是何其幸运。

第六编
存在认知力

第十九章　有关对纯真的认知力的注解

"真如"一词与日本语中"维持这个状态"（sono-mama）的表达类似，我们在铃木（Suzuki）的作品《神秘主义：基督教与佛教的合一》（144），特别是92、102页中找到了这个表述。这一表述的字面意思就是"保持事物的现状"，而英语中的后缀"-ish"，例如"似虎的"这个词，意思就是像老虎那样凶猛，或者"像个九岁孩子那样"，或者"像贝多芬那样"，德语单词"像美国人那样"（amerikanisch）都是此类表述。这些表达方法都指代事物的整体特点或者格式塔，即个体独一无二的品质或特点，使其成为它本身的特点，赋予事物特别之处，使事物有别于其他事物的特点。

古老的哲学术语"特性"（quale）一词特指感知力的真如状态，特性是一种无法描述、无法定义的品质，正因为它的存在，红色才有别于蓝色，红色正是形容那种发红颜色的真如状态，这种特点有别于蓝色的真如状态。

在英语中，我们在描述某种特定的人时也会用到类似的表述，"他就是这样！"这就说明这个人的这种表现是可以预想到的，他的行为符合他的性格特点，符合他的个性，符合他的行事风格，等等。

在《神秘主义：基督教与佛教的合一》这部作品的第99页，铃木首次把"维持这个状态"这种表述定义为：事物的现状与人们对它的共识相符，也就是"生活在永恒之光"中。他在解释"维持这个状态"这种表达方式时，还引用了威廉·布莱克（William Blake）的诗句："把无限握于手心，让永恒汇于一时。"在这里，铃木所说的就是事物的这种真如状态或者"维持这个现状"，这与存在认知（89）的概念相同。但是，他也表示"看到事物的现状"，也就是看到事物的真如状态、本来面貌等同于对具体事物的认知力。

戈德斯坦对脑部受伤的人进行了描述（39），这些伤者只能看到具象化的事物（他认为这些人对事物颜色的感知力中丧失了抽象认知力，只能看到具体的颜色），这与铃木对存在认知的描述大体一致。也就是说，脑部受伤的人无法看到某个类别的颜色，例如绿色或者蓝色，但是他们可以看出某个事物的具体颜色是绿色的或是蓝色的，除此之外就无法看出别的东西。或许，他们认为这个事物与其他事物差不多，也无法看出任何持续性，看不出哪个事物更好或者更糟，看不出哪个事物的颜色更绿或更蓝，只能看到某种具体颜色，好像那就是全世界的色彩，不存在与之比较的事物。我认为，这就是真如状态的一个要素（无可比性）。如果我的理解没错，那我们必须格外小心，这样我们才不会将戈德斯坦所说的对事物的具体认知力以及健康人具有的对事物具体的、新颖的认知力混为一谈，健康人绝不会对事物进行简单化的、具象化的认知。此外，我们也应该将这种认知方法与宏观的存在认知力区别开，因为存在认知力的认知对象并不仅仅是事物的具体真如状态，也包括世界万事万物的抽象意义乃至对整个宇宙的认知。

如果能将以上我谈论的几种认知力与高峰体验（89）或者铃木描述的"开悟体验"（satori experience）区别开来，就更加理想了。例如，存在认知力（B认知力）常常源于高峰体验，不过也存在无须高峰体验就能获得存在认知力的情况，人们甚至可能从悲惨的经历中获得存在认知力。此外，我们也应该区分两种高峰体验与两种存在认知力。首先，巴克提出的宇宙观（18）中各种形式的神秘主义认知者认为人可以认识整个宇宙，宇宙中存在的万事万物都是相互关联的，包括认知者自身在内。这种认知观被我的研究对象描述为："我知道我属于这个宇宙，我可以看到我存在于这个宇宙的哪个地方，我知道我有多么重要，也认识到自己有多么渺小、多么无足轻重，因此我应该在保持骄傲自信的同时谦卑行事。""我必然是这个世界的一分子，这么说我是世界这个大家庭里的一分子，而不是一个旁观者，我与这个世界不可分割。我不是站在一个悬崖上望向另一个悬崖，而是身处这个事物的中心。我在这个大家庭里，是一个大家庭的一员，不是一个孤儿或养子，或者站在窗外向屋里张望的外人。"这就是一种高峰体验，是对存在认知力的描述，它与那种幻想、想象、认知者将意识集中在某个特定事物上的认知具有明显的不同，例如一张面庞或一幅画、孩子或树等。在这种认知力中，认知者全然忘却了世界，也全然忘却了自我，全身心地沉浸或陶醉在这种认知中，将全世界抛在了脑后，从而产生了一种超越现实的感觉，或者至少可以说他们忘却了自我，失去了自我，忘记了世界。这就意味着这种认知力与此时此刻融为一体，成为目前仅有的存在状态。因此，所有适用于认知世界的认知力法则都适用于世界的现状。这是两种不同的高峰体验以及存在认知力。铃木接着指出，这两种认知力是不同的，但是他并未具体阐明这两种认知力的不同之处。有时他会说，一花一世界，有时他会以一种宗教或神秘主义的方式称这是悟道的体验。人们在悟道的过程中看到了上帝或天堂，或看到了整个宇宙。

这种割裂的、狭隘的陶醉状态与日本人对"无我"状态（muga）的理解颇为相似。当人们处于这种状态时，全身心地投入到当下手中的工作中，心无旁骛，不会存在任何形式的批判、疑惑或约束的态度。这是一种纯粹的、完美的、完全的即兴状态，没有任何形式的阻碍。人们只有在忘却自我或者超越自我的情况下才能达到这种状态。

人们常常会提及这种"无我"的状态，好像它与"悟道"的状态完全相同。而禅宗的文献大多把这种"无我"定义为某人全身心地投入他当下的工作中，例如，全力以赴地砍柴的状态，而参禅悟道的人也认为这种状态就是达到天人合一的神秘境界，不过二者显然在某些方面存在差异。

因此，我们也应该对禅宗抨击抽象思维的言论持有一种怀疑的态度。在禅宗的世界里，具体的真如状态具有一切价值，而抽象的东西成了一种危险因素，我们当然无法认同这种观点。这就是将认知自行退化到具象化的认知方式，而戈德斯坦已经明确地说明了具象化的认知方式会产生哪些危害。

考虑到这些因素，作为心理学家，我们无法接受将具象化的认知方法视为唯一事实或唯一优质的认知方法，同样我们也无法接受抽象事物是危险因素的观点。我们应当谨记，人们将自我实现者描述为既具有具象化思维也能进行抽象思维的人，选择哪种方法认知事物应该根据具体情况而定。我们也应该谨记，这两种思维方式自我实现者能接受和欣赏。

在铃木作品中的第100页，有一个例子能够很好地说明这一点。在这个例子中，一朵小花处于一种真如的状态，同时它也可以被视为像神一样的存在，因为它散发着天堂的光辉，沐浴在永恒之光之中。在这个例子中，花儿不仅仅被具象化地认知为一种真如的存在状态，它同时也被视为一个整体的世界，这个世界中排除了其他事物的存在。如果用存在认知的方法看待这朵小花，它就可以代表整个世界，被视为一朵存在型的花朵，而不是一种匮乏型的花朵。当人们以存在的认知方法看待这朵花时，它就具有真实性、永恒性和存在的神秘性，也闪耀着天国的光辉。一切事物都可以用一种存在认知的方法看待，也就是说，一花一世界、一树一菩提。

接着，铃木话锋一转，把矛头对准了诗人丁尼生（Tennyson）。丁尼生在诗句中表达了这样的思想：他摘下一朵花，并且思考了花的存在意义，随后分解了这朵花。铃木认为丁尼生做了一件非常糟糕的事情。他将丁尼生的做法与日本诗人的类似做法进行了对比。日本诗人并没有采花，也没有拆解花朵，而是让花朵静静地在原地生长。铃木在这部作品的102页这样表述："他并不会将这朵花从它的生长环境中抽离出来，而是会保持花朵的现状，并对花儿的现状进行了沉思，以一种最为广阔、最深入的方式思考了这朵花的存在状态。"

　　铃木在这部作品的104页引用了汤姆斯·特拉赫恩(Thomas Traherne)[1]的诗句。用这个例子用来描述这种统一的意识非常恰当，也就是融合了存在世界和匮乏世界的意识，也是作者在同一页文字中第二次引用这个诗句。但在作品的105页，我们就发现了问题：在探讨纯真的状态时，铃木好像多多少少将统一意识，也就是融合了暂时的意识和永恒的意识的状态等同于孩子的纯真状态，而在105页的脚注中，他称特拉赫恩具有一种质朴的纯真。铃木称这种状态就好像人类再次探访伊甸园，重新回到了天堂，那里的智慧树还没有结出果实。"正是因为人类偷吃了智慧树上的果实，才会常常拥有智慧的思想，但是我们不应该因此忘记我们最初的纯真状态。"铃木认为《圣经》描述的人类最初状态就是纯真的状态，这就将基督教对纯真的理解与"维持这个状态"的思想糅合在一起，也就是看到了事物的真如状态。我认为，作者在这里犯了一个非常严重的错误：基督徒惧怕知识，因为在伊甸园的故事中，知识和智慧是造成亚当和夏娃堕落的原因，因此在基督教传统中，始终存在着反知识分子、惧怕智者、科学家等传统。此外，基督教教徒相信信念、虔诚和纯真的力量，认为像阿西西的圣·弗朗西斯那样纯真的人比满腹经纶的知识分子更良善。更有甚者，某些基督教传统甚至认为纯真和知识是相互排除的。也就是说，如果你掌握了很多知识，就不可能拥有简单、纯真的

1.汤姆斯·特拉赫恩(Thomas Traherne, 1637?-1674年)，英国作家及玄学派诗人。他主要以《罗马赝品》(1673年)及《基督教道德》(1675年)等宗教散文而闻名。特拉赫恩经常在他的诗歌中描写童年的直觉产生的智慧。

信仰, 而信仰又好过知识, 因此最好别接受太多教育, 或者不要成为科学家或者此类的知识分子。当然, 这是我所了解的所有原始宗教派别的观点, 这些观点无一例外都是反对知识分子阶级对知识和智慧持有一种不信任的态度, 好像它们 "只有神才配得拥有, 凡尘之人不配拥有知识和智慧"。

然而, 无知的纯真状态与智慧的人或精明人的纯真并不相同。此外, 儿童的具象认知力和他们能够看到事物真如状态的能力必然和具象化认知方法以及自我实现者具备的真如认知方法不同。从这个意义上来看, 这些认知方法存在很大差异。儿童并未退化到只能靠具象化认知力认知事物的境地, 不过他们尚未成熟到能用抽象化的认知方法认识事物的水平。而儿童的这种状态与那些智慧的长者和自我实现者表现出的 "二次纯真" 或者 "二次天真" 迥然不同, 他们了解所有匮乏世界的认知力真相, 参悟了世界的真谛, 看透了世界上所有的罪恶、争执、贫穷、争吵、眼泪, 然而他们能够超越这些痛苦和不堪, 收获一种统一意识。通过这种意识, 他们能够在一切罪恶、争斗、眼泪和纷争中看到存在世界, 领略宇宙之美。它与孩童以及特拉赫恩描述的那种无知的纯真并不相同, 这种纯真的状态只是那些圣洁之人、贤明之士, 那些经历过匮乏世界并与之抗争, 为此忍受煎熬, 最终能够战胜一切、超越平凡的人所拥有。

这种成年人的纯真和 "自我实现式的纯真" 很可能有很多重合之处, 甚至二者是同义词, 它们都属于统一意识。在这种统一意识中, 存在世界与匮乏世界融为一体。用这种方法可以区分那些坚强之人、强大之人和自我实现者, 实际上, 这正是他们在完全了解"匮乏世界"之后，多少能达到的境界。这与儿童的存在认知力不同，儿童对这个世界一无所知，因而他们的纯真更准确地说是一种无知的纯真，而这种纯真也与一些包括特拉赫恩在内的宗教人士所说的纯真状态不同，因为他们否认匮乏世界的存在。这种不健康的幻想好像只能认知"存在世界"却认知不到"匮乏世界"的存在。这种做法之所以不健康，是因为它终究只是一种幻想，否则就是建立在否定孩童般的无知、缺乏知识或者缺乏经验存在的基础之上。

这就要求我们能够区分高级的极乐世界和低级的极乐世界，能够区分正向统一和负向的统一（93）、高级退化和低级退化、健康的退化和不健康的退化。一些宗教人士试图将人们对天堂的认知或人们对存在世界的认知退化到一种孩子式的天真或无知的纯真状态，或者退化到人们在偷吃智慧果之前，蒙昧无知的状态，这几种无知状态都大同小异。它好像在提醒人们，正是知识和智慧给你们带来了无尽的痛苦，潜台词就是，"如果你们蒙昧无知，就永远不会痛苦。""如果你们蒙昧无知，就能进入天堂，重回伊甸园，到那时你们就不会生活在这样一个充满眼泪和争斗的苦难世界里了。"

原则上，"人们无法回到原初状态了"，人们无法退化到以前的状态。严格地说，成年人是无法退化到孩子的状态的。人们无法"毁掉"知识，无法变得无知。一旦人们见识过某些事，就无法将见识抹去。学习知识的过程是不可逆转的，认知过程也是不可逆转的，人的启智过程也是不可逆转的，因此无法让人们回到原初的蒙昧无知的状态。即便人们自动放弃了所有的优秀品质和能力, 也无法退化到原初状态。人们也不应该向往神话中存在的伊甸园, 如果我们是成年人, 就不应该再留恋那些童年时代我们只能企及但永远无法实现的事情。人类唯一可能的选择就是理解前进是唯一的选择, 带着这样的心态走向成熟, 走向衰老, 回到第二次纯真状态, 实现智者的纯真, 收获统一认识, 理解存在认知力的真谛, 这样才有可能在匮乏的世界中获得存在认知力。只有通过这种方法, 我们才能超越匮乏的现实世界, 只有通过真正的知识和实际的成长, 成为健全的成年人才能实现这一点。

因此, 有必要强调以下情况中真如状态的特别之处: a) 那些退化到只能通过具体的认知力认识事物的人, 包括脑部受伤的人; b) 那些尚未成熟到可以用抽象思维认知事物的儿童, 他们只能通过具象化的方法认知事物; c) 健康的成年人的具象化认知力完全可以与抽象认知力相得益彰。

这种说法也适用于华兹华斯(Wordsworth)的自然神秘主义。儿童自然不是自我实现、存在认知力、具象化认知力、维持现在的状态或者真如状态的认知力的好榜样, 因为他们还没有超越抽象化的认知模式, 他们尚未形成抽象化的认知力。

我们最好这样说: 对于埃克哈特大师(Meister Eckhart)[1]

1.埃克哈特大师(约1260年 - 约1328年), 全名为Eckhart von Hochheim, 是一位德国神学家、哲学家和神秘主义者。埃克哈特大师出生在神圣罗马帝国图林根州(现德国中部)的哥达附近。埃克哈特大师在中世纪经院时代接受教育, 对亚里士多德主义、奥古斯丁主义和新柏拉图主义非常熟悉。埃克哈特大师在阿维尼翁教皇时期Avignon Papacy出名, 当时方济各会Franciscan Order的修道院秩序、教区僧侣, 与埃克哈特大师所在的道明会秩序之间的紧张关系加剧。在后来的生活中, 他被指控为异端。自19世纪以来, 埃克哈特大师受到了新的

和铃木以及很多其他的宗教人士来说，他们界定统一意识的方式，也就是将事物瞬间的状态与永恒的状态相融合，这是通过完全否定瞬间的存在实现的（例如，我们可以通过111页开始部分，埃克哈特大师对于当下的看法瞥见一斑）。这些人盘旋在否认事实的世界边缘之上，他们存在这种倾向：只承认那些神圣的、永恒的或上帝般的存在为现实，但是这些现实只是暂时性的，而神圣的存在必然脱胎于世俗而高于世俗。存在的世界必须通过匮乏的世界来实现。我必须在此补充：地理意义上并不存在"存在的世界"，它必须通过匮乏的世界来实现，除此之外别无他法。不存在与现实世界完全不同的世界存在，不存在非现实的世界，也不存在亚里士多德所说的"非我的世界"。我们所在的世界就是唯一存在的世界，而融合了存在世界与匮乏世界的认知力就是一种既能够保留对存在世界和匮乏世界的态度，又具有将这两种态度统一在认知力中的能力。如果我们认为还有其他的说法，就会陷入了认为还有其他世界存在的认知误区，最终会臆想出一个童话中的云端天堂，就像另一座平行世界中的房子、另一个房间，我们可以看到它，摸到它。在那个世界中，宗教也成了超自然现象，而不是现实存在，不是人文的、自然主义的。

因为我们所谈论的存在世界和匮乏世界容易让人误以为我们指的是在物理空间或者物理时空中两个相互分离、毫无关联的世界，因此我最好明确一下我们所谈论的存在世界和匮乏世界具

关注。在当代流行的灵性运动中，他已经获得了伟大的神秘主义者地位，并且使学者将他置于中世纪的学术和哲学传统之中，引起了极大的兴趣。埃克哈特大师思想的当代影响可见于叔本华、弗洛姆、德里达、荣格的著作，神智学、新-吠檀多、佛教现代主义也与其有关。

体指的是什么。实际上，它们是两种认知力，是两种看待同一个世界的态度。也许最好将它们称为统一态度而不是统一意识。如果将存在认知力和匮乏认知力视为两种认知世界的不同态度或者两种认知力的风格，便会消除这种误解。我们从铃木的作品中可以找到很好的例子，铃木通过探讨灵魂的转世、化身、重生等灵魂之类的话题，提供了化解这种误解的好方法，也就是将这些人们对认知力的态度假设为具体的事物。如果我将这两种认知力看成两种态度，那么就不会存在转世等说法了，这些说法也不适用于任何新型的认知力。就像人们上完了音乐结构课之后，突然能够欣赏贝多芬的交响乐之美的那种豁然开朗的感觉。这也就说明音乐的意义或者贝多芬交响乐的美妙之处在上课之前就存在了，只是因为认知者缺乏领悟力而对其视而不见、充耳不闻罢了。现在他有了正确的态度，就可以认识到这一点，因为他知道如何能找到这种音乐的魅力，也能听懂音乐的结构，了解音乐的意义，理解贝多芬想通过音乐表达的东西，想通过音乐向听众传达怎样的信息。

第二十章　对认知力的补充

存在认知力(存在型)与匮乏认知力(匮乏型)的对比[1]。

存在型认知	匮乏型认知
1.将认知对象视为完整的、完全的、独立的、统一的。 具有宇宙认知观(巴克Bucke),认为整个宇宙都可以被视为独立存在的个体,而宇宙中存在的人、事物或者世界的一部分都可以被视为整个宇宙。也就是说,除此之外的宇宙都可以忽略不计。用整体性的认知方法认知世界或事物。	1.将认知对象视为部分的、不完整的、非独立的,需要依附于其他事物才能存在的。

1.本章的内容是马斯洛教授在《存在心理学的方向》(89)作品中第六章内容的改良版本。我们可以在本书第七章内容中了解存在高峰体验中认知者(自我)的特点。

存在型认知	匮乏型认知
2.完全地、全心全意地、全神贯注，达到一种痴迷的、专注的、全身心投入的状态。可以区分图形和背景，图形与背景对比强烈。看到丰富的细节，看到事物的各个方面，"仔细"地、全面地、专注地、完全投入自己的精力观察。完全沉醉于其中。相对重要的东西变得不那么重要；事物的所有方面都变得同等重要了。	2.在认知的同时，关注一些与认知事物毫无关联的原因。认为所认知事物嵌套在其他事物之中，是世界的一部分。标签化，只看到某些方面；有意忽视认知事物的某些方面；漫不经心地、片面地认知事物。
3.不做对比（多萝西·李的观点），发现事物本身的状态，不将它与其他事物进行对比，将它视为此类事物的唯一（哈特曼的观点）。	3.将认知事物置于一种持续状态或置于一系列事件内部；将认知事物与其他事物比较、评判、评价。认为认知事物是某一阶级的一员，是一个例子、一个样本。
4.与人无关。	4.与人休戚相关，会提出下列问题：这件事有什么益处？有什么用处？对人有益还是有害？等等。
5.通过反复经历，使认知更加丰富、更加透彻。"看到事物内部的丰富性"。	5.反复经历贫困、财富减少，使认知物不那样有趣、具有吸引力、夺取了事物的需求特征。亲不敬，熟生厌。

存在型认知	匮乏型认知
6.认为认知对象不存在需要、毫无目的，用一种不掺杂个人欲望、动机的方式认知事物。好像这种事物与自身的需要毫不相关，因此可以被视为一种独立的认知力。	6.有动机的认知。将认知事物视为可以满足需要的因素，以有用或无用的标准评判事物。
7.以认知事物为中心。忘却自我、超越自我、毫无自私之心，不掺杂个人的利益，因此，能够以事物为中心，将所认知事物和认知者整合为一。能全心投入到认知的经历中，自我消失，全部经历都围绕认知的事物为中心或组织中心。不会让自我玷污或影响认知的事物。对认知者存在的否定。	7.以自我为中心，这就意味着将认知事物视为自我的投影。看不到事物本来面貌，只能看到认知事物所反映的自我意愿。
8.允许认知事物保持本来面貌，以一种谦卑、接纳、消极、不予挑选、毫无要求的方式看待所认知的事物。以一种道家的、不加干涉的态度对待所认知事物或感受，持有一种全盘接受的态度。	8.感知者对感知事物进行积极地塑造、组织、选择。他们改变、重构、改造感知事物。这一定会比存在感知更耗费心力，而存在感知可以抚慰辛劳。这类感知总试图控制、尝试、努力、力求用个人意志改变和控制认知事物。

存在型认知	匮乏型认知
9.将认知事物本身视为目的,认为认知事物存在有其自身意义和价值,是可以自我验证的。因为认知事物的自身价值产生兴趣,认为它们具有内在价值。	9.将认知事物视为一种手段、一种工具,不具有内在价值,只有交换价值,或者代表了其他意义或者实现某种目的的手段。
10.超越了时空。视认知事物永恒的、普遍的。"此时即今日,今日即此时"。认知者在认知事物的过程中,并无时空观念。对事物的认知不受环境、历史背景的影响。	10.受时空观念影响。认为事物只是暂时性的,是局部的,对事物的认知受历史和现实世界的影响。
11.将认知事物存在的特点视为存在价值观。	11.匮乏价值观是手段为中心的价值观,例如:事物是否有用,是否理想,是否适合某种目的。以此对事物进行评价、对比、认可或否认、评判,等等。
12.绝对的(因为不掺杂时空,脱离了现实,看到的是事物本身的面貌,而忽略了现实世界和历史的背景)。这与人们对事物是变化发展的、认知范畴内存在积极组织性的观念一致,但是这一切都仅仅存在于认知者对事物的认知之内。	12.人们对事物的相对受历史、文化、性格、局部价值观以及人们的兴趣和需要的影响。认为事物只是暂时的。对事物的认识依赖于现实世界的人,如果人的因素消失,认知就会消失。将个体的现象视为整体,例如:一会儿被这种现象左右,一会儿又会被那种现象左右。

存在型认知	匮乏型认知
13.对事物的认知解决了二分法、矛盾法、矛盾法产生的问题。认为事物之间的差异性是存在的,这种存在是必然且合理的。也就是说,应该视其为一种更为统一或者更为完整的存在,或者在一个更高级整体之下的存在。	13.亚里士多德的逻辑方式:用分解的、孤立的观点看忽视事物之间的相似性,认为事物之间是相互排斥、彼此对立的关系。
14.具体地(抽象地)认知事物,能看到事物的各个方面,因此认为事物的性质是难以言喻的(难以通过语言表述)、无法形容的,如果必须表现出来,只能通过诗歌、艺术等形式,但是也只有感悟的人才能表现。纯粹的审美体验(并非诺思罗普观念中的)是不应该存在经历者的选择或判断。以事物本来的面貌存在(这与孩子、心智未开化的成年人或脑部受伤的人的具象性认知不同,因为这种需与人的抽象思维能力同时存在)。	14.只有抽象的、分类的、图表式的、标签化的、公式化的、归类的、"归结为抽象"认知方法。

存在型认知	匮乏型认知
15.将认知事物视为独特的、具体的、独一无二的存在，因而无法对事物进行分类（除了事物抽象的方面），因为它没有同类事物。	15.根据事物的合法性、普遍性、统计学意义上的合理性认知事物。
16.增强了认知事物的内部与外部世界动态的同质性，因为认知者看到的是世界的本质，因而可以同时接近事物的存在状态，反之亦然。	16.削弱了事物内部和外部世界存在的同质性。
17.经常将事物视为"神圣的""特别的"。事物"要求"或"呼吁"人们以敬畏、尊敬、虔诚、惊奇之情来认知和看待。	17.认为认知事物"普普通通"、平凡、寻常、毫无特别之处、"人们对它们再熟悉不过了"。
18.经常将世界和自我视为（并非总是）有趣的、幽默的、滑稽的、荒诞的、可笑的，同时也认为事物是可悲的、笑中含泪的，是具有哲思的幽默感。世界、人、孩子等都是可爱的、滑稽的，有魅力的、惹人喜爱的，让人又哭又笑。事物自身存在滑稽性，也就是悲剧性的二分法。	18.认为认知事物本身不存在趣味性，甚至完全无视事物自身的趣味性。严格地将严肃的事情和有趣的事情分开。幽默之中透着敌意或毫无幽默感可言，一本正经。

存在型认知	匮乏型认知
19.认为认知事物不可替代、不可交换，认为认知对象能做的事情无人能够替代。	19.认为所认知事物或人是可以互换的，是可以替代的。

纯真的认知力（作为存在认知的一方面）

在这种纯真的状态中，也就是对于那些纯真之人来说，所有事情都朝着同样可能性的方向发展，所有事物都是同等重要的，所有事物都是同样有趣的。理解这一点的最好方式就是用孩子般纯真的眼睛看待世界。例如，对于孩子们来说，重要性这个词没有任何意义。任何能够吸引他们的注意力，任何闪闪发光、能够博人眼球、偶然间为他们留下深刻印象的东西才是重要的。孩子们会认为事物都是相同的，只是它们所处的环境不同，孩子对事物的认知只是简单的结构型认知（哪些是容易辨识的图形，哪些是不太好辨认的背景）。

如果一个人无所期待、无所预期，就会无所忧虑，如果从某种意义上说，不存在未来，因为孩子只活在"此时此刻"，那样就不会有惊喜，也不会有失望，任何事情都有可能发生。存在一种"完美的等待"以及毫无要求的旁观者态度，不期待会发生什么，不会发生什么。不对事物进行预测，而不预测就意味着不会存在担心、焦虑、担忧或者不祥的预感。例如，任何一个孩子对于疼痛的反应都是不加约束、不加控制的。愤怒、痛苦地哭喊，这种反应就是一个人经历痛苦的完全表现。这种表现部分可以理解为当下状态的一种具体反应。这种反应可能存在，因为经历者对未来发生的事情并不预期，所以不会做任何准备，也不会进行预演或者有所期待，而在未来是未知的情况下，也不会盼望未来的到来（不像有些人认为"我迫不及待了"），自然也不会出现不耐心的情况。

不论发生了什么事情，孩子们都会全然接受，并不会产生质疑。他们既不会对发生的事情保留过多的记忆，也不会从过去的经历吸取多少教训，几乎不会让过去的经历影响现在甚至未来。结果孩子们完全活在此时此地，活在当下，他们不会去猜测别人会说什么，对过去和未来毫无概念。这些都是界定更为深层的具体认知力的方法、存在感知力（孩子们的），偶尔也可以用来界定那些认知力达到了一定的高度，达到"返璞归真"的状态的成年人。

这些都与我对创新型人格的认知有关，我认为这样的人都是活在当下的，他们不念过去，也不惧未来。我们也可以这样说："富有创造力的人是心地纯洁之人。"心地纯洁之人可以定义为那些仍然可以用孩子的视角、用孩子的思考方式行事或者对事物予以反馈的成年人。正是这份纯真在"返璞归真"的过程中被还原了，也许我应该说这是一种智慧长者的"二次纯真"，他们的言行举止就像孩子那般纯真。

纯真也可以被视为一种存在价值观的直接表现，安徒生童话《国王的新装》中，只有那个孩子才能看到国王一丝不挂的事实，而那些成年人都被愚蠢蒙蔽了双眼，认为国王穿着盛装【就像阿希的心理实验那样(7)】。

如果我们从行为层面来看,可以将纯真理解为一种人们在全心投入某件事或者沉醉于某件事的时候,达到的一种忘却了自我的即兴状态,也就是缺乏对自我的认知,意味着忘却了自身的状态或者超越了自身的存在状态,行为完全受对外部世界的沉醉状态控制,也就是说他们"不会去试图影响旁观者",不加任何虚饰或者意图,甚至没有意识到他人正在观察他们。这种行为完全是一种纯粹的体验,而不是一种达到人际交往目的的手段。

第七编
超越与存在心理学

第二十一章　超越的各种意义

1.失去自身意识、自我认知、一种青少年去人格化式的自我审视式的超越。这种超越与人们在专注、沉醉、全神贯注时忘却自我的状态是一致的。从这个意义上说,人们在冥想或者全神贯注地思考自身之外的世界时也会达到一种忘却自我,因而失去自我意识的状态,也就是达到了一种超越自我或超越有意识自我的状态。

2.从超心理学(metaphysicalogical)的角度看,超越自我也意味着超越人类身体束缚,专注于内心世界,认同存在价值观,将存在价值观纳入自身的价值观体系。

3.超越时间。例如,我在出席一次学术活动时感到百无聊赖,觉得自己身穿的学术行头实在滑稽,却突然有所顿悟,感觉自己成了在永恒中象征着某种意义的符号,而不是在某个特定的地点、特定的时间里感到无聊,感到愤懑的个体学者。我幻想着,想象着,头脑中出现了这样一幅图景:从事科学研究的学者排成队列,队列一直向前延伸,一直延伸到很远的地方,远到一眼望不到尽头,一直延伸到未来,苏格拉底在队列的前面。我想这幅图景代表的意义就是:我未来的科研工作会汲取很多学界前辈的养分,我不过是一位后辈、一个继承者和追随者,继承和延续这些伟大的学者、教授以及知识分子的研究之路。我还在这幅图景中看到：这个队列也延伸到了我身后很远、很远的地方，逐渐变成了一种非常暗淡、模糊的混沌状态。那些都是学术研究的后来者，此时还尚未出生，未来那些学者、知识分子、科学家和哲学家终将加入这个学术研究的行列。能够成为这个科研队伍中的一员我感到无比光荣，也深深为自己能成为一名学者、加入科研的行列而自豪。也就是说，我成了一种象征，拥有了个体之外的某种意义。准确地说，我不再仅仅作为个体而存在了。我扮演了一个永恒的教师"角色"，我代表了教师精神意义上的本质。

从另一种意义来说，这种超越时间限制的超越形式也成立，那就是我可以与斯宾诺莎、亚伯拉罕·林肯、杰佛逊、威廉·詹姆斯、怀特海德等伟大的人以一种非常友好、非常亲近的方式进行思想交流，好像这些人依然健在。也就是说，从某种具体的方式来说，他们的确还与我们同在。

此外，我们也可以认为这种超越时间的方式也可以通过我们勤奋工作，为尚未出生的子子孙孙或者后辈奠定良好的根基体现，也就是艾伦·惠理斯（Allen Wheelis）在他的小说《追寻者》（The Seeker）中描写小说的主人公在生命行将终结时，想到的自己能做的最好的事就是为子孙后代栽树。

4.超越文化限制的超越形式。从某种意义上来说，自我实现者或自我超越者是世界公民。他们是人类大家庭的成员，深深植根于某种文化之中，但是他们可以超越那种文化的限制，通过多种途径独立于自身所处的文化，并且站在高处审视自己的文化。就像一棵大树那样，将根深植于泥土之中，又将枝干伸向高空，然而高高昂起的树冠并不蔑视自己植根的土地。我曾经写过有关自我实现者抵制文化同化作用的文章。人们可以用一种疏离、客观的态度审视自己植根的文化，这个过程与心理治疗过程中患者一边亲历治疗过程，一边可以以旁观者那种挑剔、疏离的视角进行自我观察、自我审视，二者是同时进行的。患者可以对自己的表现提出批评、否定或者肯定的意见，也可以进行自我控制，因此可以改变自身的行为方式。而对于自身所在的文化的态度，人们会有意识地接受一部分自己的文化，这与不假思索地接受、盲目地接受、毫不思考、不加分辨地全盘接受自己的文化的做法有本质的区别。

5.超越过往的经历。人们对于过往的经历可能会持有两种态度。一种可以称为超越的态度，也就是一个人对自己的过往经历具有存在认知力。也就是说，个体的现状完全接受、包容过往的经历。这意味着因为理解自我而原谅自我，与过去和解；这意味着超越悔恨、自责、负罪感、羞耻感、尴尬等消极情绪。

这种态度有别于将自己的过往经历视为自己在曾经发生的事件中完全是无助的，自己在过往的经历和情形中是完全被动的，自己无法改变任何事，那些发生在自己身上的一切、自己曾经所处的情景完全是由外部因素决定的。从某种意义上说，这相当于人应该为自己的过往负责，个体"已经成为了动因，并且正在作为动因起作用"。

6.超越了自我、本我、自私和以自我为中心等状态。我们对外部世界、对他人、对外在的现实世界予以回应，也就是个体在履行自己职责的时候，也可以认为他代表了永恒的一面，可以代表一种超越本我、超越了自身的低级需要的状态。当然，最终这只是超动机的一种表现形式，是一种认同"内心使命感"的表现。这是对于外在世界要求的敏感回应，同时也反映了一种道家思想的态度，它意味着认同道家思想提倡的"天人合一"的思想，也就是说人应该以一种遵从自然、接受自然、接受外部现实的态度对待外部现实世界，好像人们自身就是外部现实世界的一部分，或者可以与外部现实世界和谐相处。

7.将超越视为一种神秘体验，将超越视为一种融合宇宙或宇宙间万事万物的神秘体验。在这里，我所说的神秘体验是指各种宗教文献中记录的具有神秘性的宗教体验。

8.超越了死亡、痛苦、疾病、邪恶等人间疾苦。如果一个人的人性发展到了一定的高度，那么他足以平静地接受不可避免的死亡、痛苦等，以一种神或奥林匹亚精神[1]一般的超然态度面对不可避免的死亡、痛苦，等等。所有痛苦都是人生中必须经历的，也是不可或缺的。人们应该用这种态度看待人生中的苦难。如果人们能够做到这一点，也就是用存在认知力看待这些苦难，就不会存在不满、反叛、愤怒、憎恶等负面情绪，即便存在这些负面情绪，至少程度上也会有所减轻。

9.（与上一种情况存在部分重叠）超越就是接受，就像道家思想提倡的那样，无为而治，不会对事物现状进行改变和干预。它是一种超越了自身低级需要，也就是超越自身的身体需要，超越了以自我为中心的判断力，用这种标准判断外部世界存在的事物

1.在希腊神话中，凡是通过不懈的努力，以顽强的意志承受住常人难以承受的巨大痛苦，不气馁，不妥协，不轻言放弃，不断地抗争，不断地向心中的目标一步一步迈进并取得最终的胜利的人。

是否危险，是否可以食用，是否有用，等等。这也就是"客观地看待世界"这种表达方式的终极意义，这是存在认知力的一个必要方面。存在认知力意味着超越本体，超越自身的低级需要，超越自私，等等。

10.超越"我们"与"他们"这种人际交往中的对立关系，超越人际交往中的零和游戏，这意味着将人的思想升华到协同作用的层面（人际交往中具有协同作用，社会制度之间或者文化之间具有协同作用）。

11.超越基本需要（既可以通过满足基本需要的方式来实现，因为基本需要得到满足就会从意识中消失，也可以通过不予满足基本需要，战胜这些基本需要的方式实现）。这是换一种方式来表述"使自己主要受超驱动力驱动"这个说法，这表明个体认同存在价值观。

12.认同"爱是一种超越的方式"这个观点。例如：爱自己的孩子，爱自己的挚友，这就意味着无私，意味着超越自私的自我，也意味着认同更为广泛的人，扩大自身对人类认同的范围，逐渐将这种认同感拓展到整个人类。我们也可以说，这是一种更具包容性的自我，而这里存在的限制就是认同人类，这种说法也可以通过一种增加自我与现实世界的互动，根据现象判断事物的方式来表达，就是认为自我是人类大家庭的一员，四海之内皆兄弟。

13.安吉雅尔式同律性的例子，不论是高级的还是低级的（5）。

14.离开旋转木马。走过屠宰厂，身上却不沾染一滴血，出淤泥而不染。超越广告的宣传就是高于广告宣传，不受广告宣传的影响，不为所动。从这种意义上来说，人可以超越所有形式的束缚和奴役。同样，我们也可以说弗兰克尔（Frankl）、贝特尔海姆（Bettelheim）等心理学家甚至可以超越纳粹集中营的恶劣生存环境。1933年，《纽约时报》头版中有一张照片，照片上是一位蓄着胡须的犹太老人站在一辆垃圾车上，在柏林熙熙攘攘的人群中被游街示众。我感觉这位犹太老人同情那些乌合之众。他是以同情，也许是谅解的眼光看待那些围观群众的。他认为那些人都是不幸的，认为他们生病了，甚至不配为人。人不应该受到他人的恶行或者无知、愚昧、不成熟的行为的消极影响，即便这种影响与自己有直接的关系，想做到这一点虽然并不容易，但是也有可能做到。然而在这种情况下，人们可以审视整个时局，即便我们自身也身处其中——好像我们可以以一种客观的、疏离的态度，好像我们可以以一种不掺杂个人观点，站在一定的超个人的高度审视整个局面。

15.超越他人的观点，也就是说超越他人对自己的反映性评价，这就要求我们在遇到事情时应该自己做决断，有自己的主见，做出自我评判。这就意味着我们不应该随波逐流，要敢于逆流而上，要自主地进行判断，具有自主判断能力，能够听到自己的声音，表达自己的意见，自己做主而不是由他人操控或受他人蛊惑，这就是阿希实验中的抵制者的角色，而不是顺从者。我们应该抵制被标签化，能够做到不扮演任何角色，超越个人的角色，成为个体而不是成为某种角色，这就要求我们敢于反对他人的意见，敢于直面公众舆论和社会的压力，接受自己不受他人欢迎，等等。

16.超越弗洛伊德式的超自我状态，获得内在的良知、内在的负罪感、适当的悔意、后悔和羞愧。

17.超越自身的弱点和对他人的依赖。超越孩童那样拒绝成长的状态，像自己的母亲和父亲那样对待自己。应该成为家长，而不是子女；应该变得坚强，而不是一直依赖他人，超越自身的缺点，提升自我，让自己变得坚强。我们自身同时存在着这两种品格，只不过在程度上不同而已。这种说法也具有一定的深意，毕竟一些个体是软弱的，他们总是依附于强者存在，因此所有的适应机制、应对机制、防御机制都是他们用来抵御强壮的工具。对于依赖他人与自立自强、勇于担当与逃避责任来说也是如此。我们也可以说，这种对立就像有人想成为管理者，当船长或驾驶员，而有人只想当乘客是一样的。

18.超越了现状、当下的状态。这种状态就像科特·戈德斯坦（Kurt Goldstein）形容的那样，"我们以可能性与存在状态的联系与以现实性与存在状态的联系是一致的。"也就是说，超越了刺激的束缚、情景的限制，能够根据实际情况调整自己的状态。戈德斯坦所说的那种将问题还原为具体情况的方法就会得以超越，也许最恰当的表达方式就是超越可能的疆界，超越实际情况的羁绊。

19.超越二分法（超越两级，超越非黑即白的对立，超越非此即彼，等等）。超越二分法，生活在一种高级的、整体性的认知层面中，超越了微观方法、赞同层级整合法。将事物的分离性聚合为一个整体。在这里，终极的限制是整体性的宇宙认知观，将宇宙视为一个整体。这是一种终极的超越，但是这个过程中的任何一步本身也是一种超越。任何一个二分法都可以作为例子，例如，自私与无私、阳刚的气概与阴柔的气质、父母与子女、老师与学生的对立，等等。所有这些二分法都可以得到超越，这样就不会存在二者的相互排斥和对立现象，也不会存在零和游戏。从这个意义上来说，个体的认知力会上升到一个新的层面，人们可以认识到：在这种新的认知层面看到的事物对立性可以调和为一个整体，这个整体才是更加真实、更加现实、更符合实际情况的存在。

20.在存在世界中超越匮乏世界（当然，这一点与其他类型的超越有重合的部分。事实上，这些超越类型互有重合之处）。

21.超越个人意愿（赞成"谋事在人，成事在天"的观点）。接受并遵从命运或者宿命的安排、与命运融为一体、像斯宾诺莎或者道家思想倡导的那样，热爱自己的命运，接受命运的安排。这样就是超越了个人的意愿，做到这一点才能真正地掌握、掌控自己的命运。

22."超越"一词也有"超过"的意思，就是敢于挑战自己能力之外的事情，或者敢于打破过去的极限，例如：比过去跑得更快了，跳舞比以前跳得更好了，钢琴水平比过去更高了，或者成了更好的木匠，等等。

23.超越也意味着成为神一样的存在，不仅是凡夫俗子。但是我们必须谨慎一些，不能说这是超越人类或超自然的存在。我考虑用"超人类"或者"存在人类"这样的表述方式来强调达到这种状态的人境界之高，已经体现出了部分神性，不过人们并不认为这种神性是现实的存在。不过，这也是一种潜在的人性。

超越二分法的国家主义、爱国主义或种族主义，不认为"我们"和"他们"一定是敌对或者像阿德利（Ardrey）说的那种敌我情结（6）。例如，皮亚杰（Piaget）以一个日内瓦的小男孩儿为例说明了这一问题。这个孩子不知道自己算日内瓦人还是瑞士人。超越爱国主义就要求我们的科研工作取得更大的进展，这样人们的认知就会更具包容性、更高级、更健康，更注重人的完全发展，摒弃我们思想中的地方主义和排外主义的倾向。也就是说如果我想成为一名优秀的美国人，首先我必须是美国人（我就是在美国文化中长大的，我永远也摆脱不了这种文化，我也不想成为世界公民而放弃自己的文化）。我们强调的不应该是世界公民是没有根基的、不属于任何地方、四海为家这一点，应该强调的是他们生长在一个大家庭里，居有定所，有自己的家和自己的语言、自己的文化，因此有一种归属感，他可以以此为基础，追求更高级的需要和超越性动机。成为人类大家庭的成员并不等同于否定低级需要的存在，而是将这些不同层级的需要融为一体，例如文化的多元性，喜欢不同文化之间的差异，喜欢不同风格的餐馆、不同类型的事物，喜欢去其他国家旅游，喜欢研究其他人种和异域文化，等等。

24.超越可以表示生活在存在的世界里，说存在的语言，用存在认知力认知事物，处于一种稳定的生活状态。它既包括一种平静的存在认知力，也可以指高峰体验的存在认知力。人们在获得洞察力或生活发生了重大转变，或经历了伟大的神秘体验，或者获得了启示，实现了顿悟时，都可以处于这种状态。随着新奇的感觉消失，人们习惯了美好、伟大的事情，可以无所顾忌地生活在天堂,生活在永恒和无垠的世界中,就会逐渐恢复平静。人们面对新奇或伟大的事物就不再会表现出惊奇、惊异,而是平静、安详地生活在精神世界或者生活在存在价值观中。这里,为了与人们在高峰体验中获得洞察力或存在认知力时产生的强烈情感或高涨的情绪相对比,我们采用了"高原体验"这种表述方式。高峰体验一定是短暂的,实际上,我认为高峰体验是转瞬即逝的,而洞察力或者启示则是更为持久的。如果一个人获得了洞察力或者存在认知力,他不可能表现出纯真或者蒙昧无知的状态。然而,一定有某种表述可以形容某人实现了巨大的思想转变,或者获得了巨大的启示,或者感觉如同生活在伊甸园一般。意识觉醒的人往往会对日常的事物存在一种统一意识或者存在这样的认知力——当然,都是在他自愿的情况下。人们可以自行控制这种平静的存在认知力或平静的认知力,可以随时根据自己的心情选择开启或关闭模式。

而(暂时性地)实现了人性的完全发展或者达到了人性的至高境界可以被视为一种目的,这是自我超越的一个例子。

25.实现了道家式的客观性境界(道家的、存在层面的),从而超越了自我,达到了一种中立、不偏不倚,像一个旁观者那样客观公正的境界(这种境界本身就超越了纯粹的以自我为中心和不成熟的、缺乏客观性的状态)。

26.超越的状态——将事实和价值观分开,融合了事实和价值观,使二者合而为一(请参见第八章的内容)。

27.超越了各种消极因素(包括邪恶、痛苦、死亡,等等,但并不仅限于这些因素)。我们通过经历了高峰体验的人对我们的描述得知，他们眼中的世界是美好的，并且能够接受自己看到的邪恶现象。这也是一种超越了限制、阻碍、否定或者拒绝等消极因素的表现。

28.超越了空间。最简单地说，这种超越就是一个人专心致志地做一件事情，从而忘却了自己身处何方。从更高的意义上来说，个体也可以代表整个人类，四海之内皆兄弟，位于地球上另一处的他人也就是自己的一部分。从某种意义上来说，这就打破了空间的限制，空间意义上位于此地的自己和位于地球另一面的自己是一样的。这一点也适用于人们对存在价值观的认知，因为价值观无处不在，它们都是对自我的定义，因此自我也是无处不在的。

29.这种超越与上面提到的一些自我超越的努力、自我超越的愿望和希望，以及在矢量和目的特点方面来看，与其他自我超越形式存在部分重合。最简单地说，自我超越的状态就是一种获得满足感、纯粹的享受状态，是实现了个人的愿望，达到了终点，而不是努力地冲刺的状态；是实现了自己的目的，而不是为了实现目标而奋斗的状态。也可以说这是一种非常幸福的感觉，用加里特（Garrett）女士的话说就是"实现了无忧无虑的状态"，也就是道家道法自然的状态，而不是对事情进行干涉，迫使事情发生。他们对事物的现状持有一种认可、接纳、欣赏的态度，无为而治，道法自然，不加干预，不加控制，不强行掺杂个人的意愿，这样就超越了个人的志向，超越了个人的能力，这是一种拥有的状态，而不是失去的状态。当然，处于这种状态的人已经拥有了一切，这就意味着他们已经达到了幸福、满足、知足常乐的状态。这是一种纯粹的感激或者感恩的状态。他们为自己好运而心存感激，感念上天和生命的赐予。

从各种意义上来说，处于实现目的的状态就是超越了手段的状态，但是我们在讨论这种情况时必须谨慎，因为这种状态绝非轻而易举就能达到的。

30.出于研究目的和心理治疗的临床目的，我们需要注意，在选择超越状态的类型时，可以考虑从畏惧到无所畏惧、勇而无畏的超越（二者并不完全相同）。

31.巴克（18）的宇宙观对自我实现也有很大的意义，这是一种特别的现象学状态。在这种状态下，人们可以看到整个宇宙，至少可以将宇宙以及宇宙中的万事万物视为一个整体，包括他们自身。他们会感觉自己生来就属于这个宇宙，他们成为宇宙大家庭的一员，而不是孤儿；他们是家里的人，而不是站在家门外向屋里张望的人。在浩瀚无垠的宇宙面前，他们感到渺小，但与此同时也感到了自身的强大，因为他们生来就是宇宙中的一分子，是宇宙的成员，而不是陌生人、不速之客。这种归属感是很强烈的，与孤立无援、被排斥、孤独感和被排挤、没有根基、四海漂泊的感觉形成了鲜明的对比。人们获得了这种认知力以后，就可以永久地获得这种归属感，感觉自己生来就是某个团体中的一分子（我曾使用高峰体验中，存在认知力的宇宙观这种表述与另一种认知力进行对比，也就是缩小认知范围，将全部的专注力放在一个人、一个事物，或者一个正在发生的事件中，认为它们就是整个世界、整个宇宙。我暂且称这种认知力为狭隘的高峰体验以及存在认知力）。

32.也许应该在此将存在价值观的心力内投（intrajection）和认同单独算作一种特殊的自我超越形式，而且这种状态主要受存在价值观的驱动。

33.从特定的意义上来看，一个人甚至可以超越个体的差异。对个体差异的最高态度就是意识到它们的存在，接受它们，同时享受这种个体差异，最终感激这种差异，认为它们是宇宙独特之处、美妙之处——也就是承认个体差异的价值，并且为个体差异感到惊奇。我认为，这当然是一种更高级的态度，因此应该属于一种自我超越。然而，这种自我超越与个体差异的终极感激之情不同，它超越了个体差异的态度，承认个体差异普遍存在，在最终的人性中会彼此归属，彼此同化。认同所有人类都具有中级的人性和人类的生物属性，四海之内皆兄弟。这样，个体之间存在的差异，甚至性别之间存在的差异最终会以某种特殊的方式得以超越。也就是说，有时候人们可以清楚地看出个体之间存在的差异，而有时，这种个体之间存在的差异微不足道，人们往往会选择忽视这种差异，或者认为在这种特定的时间或者条件中，与普遍的人性和人类存在的共性相比，这些差异相对而言就不那么重要了。

34.超越人类的极限是一种具有理论研究价值的特殊超越形式，也就是超越了人类的不完美，克服了人类的缺点和限制。这种超越有可能发生在完美的终极体验，也有可能发生在平稳的完美体验中。在这种体验中，人们可以达到的完美状态可以成为一种目的、神、完美的化身，甚至成为一种存在状态（而不是成为的状态），变得圣洁、神圣。这种状态可以形容为超越了平凡、普通的人性，或者超越了人性等类似的表达。这完全是一种现象状态，也可以是一种认知状态或者哲学以及理想的限制，例如柏拉图思想的本质或者精髓。在这种极端的时刻，或者人们接近于实现稳定认知力的情况下，人变得完美或者被视为完美。也就是说，在彼时彼刻，我们可以热爱一切、接受一切、原谅一切，甚至可以接受那些邪恶的、伤害我们的事物和人，我们可以理解事物的现状并且享受其中，我们甚至可以产生一种类似于只有神才能拥有的能力，也就是无所不在、无所不能、无所不知（从某种意义上说，在这种时刻，人们往往会将自己看成是神、圣人、圣贤、谜一样的存在）。也许用来强调人性中最好的部分、最好的状态的表述是超越人性。

35.超越自身的信条、价值体系或者信仰体系。这一点特别值得单独讨论，因为很多人都认为在心理学这一特殊的研究领域中，原初力量、次级力量和三级力量均是互相排斥的，当然这种观点是错误的。人本主义心理学对此持有更为包容的态度，因此它是一种超越了弗洛伊德心理学和实证主义心理学的科学。并不能说这两种观点是错误的或者不正确的，只是它们存在局限性和狭隘性。它们的观点和实质都包含在一个更为宏大、更为包容的心理学体系中。当然，将这两种心理学派囊括在更加宏大的心理学体系中必然会在一定程度上改变它们，纠正它们错误的观点，不过也会包括它们本质上，也许是部分的狭隘性和局限性。这就会在知识界引发一场轩然大波，势必会使学术人士选择阵营：应该忠于弗洛伊德、克拉克·赫尔（Clark Hull）、伽利略、爱因斯坦还是达尔文？会引发人们产生一种排除异己的爱国主义情结，为此一些人组成了俱乐部或者团体，吸收志同道合的人，排除意见不同的人。这就是包容性，或者层级性整合，或整体论的一个特例，但是这一点对于心理学家以及哲学家、科学家和知识分子来说很重要。因为在这个圈子里，存在着一种"思想流派"的倾向。也就是说，对于一种思想流派来说，人们只能选择二分法或者整体论的方法来看待。

　　总结性陈述：超越指的是人的意识中最高层次的、最具包容性或整体层面的人类意识以及与之相关的意识活动，它是目的，而非手段，与自我、与自我关系密切的人、与整体的人类、与其他物种、与自然、与宇宙都密切相关。（整体论也就是假设分层次的整合意义，考虑到了事物的层级性整合，人的认知力和价值的同质性也是如此。）

第二十二章　Z理论

　　最近，我发现将两种自我实现的人区分开来更有益于我们的研究（如果能从程度上区分就更好了）。这两类自我实现者都是健康的人，但是其中的一类人很少经历自我超越的情况，或者未曾经历过自我超越，而另一类人的自我实现中，自我超越占据了重要地位，甚至是中心地位。前一种人我想到了艾利诺·罗斯福（Eleano Roostvelt）女士，也许还有杜鲁门和艾森豪威尔，而后一种人，我想到了赫胥黎，也许还有茨威格（Schweitzer）、布贝尔（Buber）以及爱因斯坦。

　　很遗憾，我无法简明扼要地说明这一观点的理论依据。我发现，自我超越的现象并非为自我实现的人所特有，那些不健康的人和非自我实现者也具有自我超越的经历。在我看来，在对自我超越进行定义时，我发现很多普通人身上也在一定程度上存在自我超越的情况。也许我们开发出更好的技巧，获得更好的概念以后，会发现自我超越存在的范围更广。毕竟，我的发现都是根据初步的实验结论得出的印象。总之，我得到的初步印象是：不仅自我实现的人更容易获得自我超越的体验，而且那些富有创造力的人、天赋异禀的人、具有高智商的人、性格刚强的人、那些精明能干的人、具有高度责任感的领导，特别良善之人（品格高尚的人），那些克服了艰难困苦，没有被逆境击垮，反而变得更加坚强的"英雄"人物都有自我超越的经历。

从某种程度来说，我们可以称后一类人为"峰化者"，而不是"非峰化者"（85），对事物持肯定态度而不是持否定态度的人（159），对积极看待人生而不是消极度日的人（赖希Reich），留恋生命而不是厌倦生命的人，至于具体的程度是多少，我们不得而知。

前一类人更加实际、务实、平凡、有能力、世俗化。他们生活在当下的世界里，也就是我们所说的匮乏世界，由未经满足的需要和匮乏认知力组成的世界。在这种世界观的指导下，人们看待事物的态度往往更为实际、具体、注重当下、务实，正如需要尚未得到满足或者需要受到挫伤的人所表现出来的那样，他们总是用事物是否有用，事物是否对自己有帮助或者是否对自己构成威胁，对自己是否重要等指标来评判事物。

在这种背景下，"用处"既代表"对生存有用"也代表"对自我实现、个人成长和脱离需要匮乏的束缚有用"。具体地说，它代表一种生活方式和一种世界观，这种生活方式和世界观并不仅仅由基本需要的层级而产生（仅仅为了维持生存，获得安全感、归属感、友谊、爱情、尊重、自尊、尊严及价值感），也为了实现自我，为了潜能的同质性而产生（例如：身份、真实的自我、个性、独一无二之处、自我实现）。也就是说，它的意义不仅仅实现自身的生存，同时也为了实现自身潜能的同质性。人们在这个世界里生存，也在这个世界里成就自我。他们会成为这个世界的主人、领导者、使这个世界为人们造福，就像健康的政治家或者务实的人那样。

也就是说这些人往往会成为"行动者",而不是思考者,他们更为高效,更切实际,不仅仅注重审美、检验现实、追求认知力,而不是注重情感或者体验。

我们可以说另一种自我实现者(是否可以称他们为自我超越者?)能够认识到存在的世界(认识到存在世界、具有存在认知力),生活在存在世界的层面。也就是说,他们能认识到目的、内在价值观(85),更多地受超越性动机的驱动,具有统一的意识和"高原体验"(阿斯兰尼,Asrani),经历或曾经经历过高峰体验(神秘的、神圣的、令人心神荡漾的体验)并由此获得了启示、洞察力或者改变他们自身认知以及对世界的认知力,这种情况也许偶尔发生,也许经常发生。

可以公平地说,那些"仅仅是健康的"自我实现者总体上符合麦克·格雷格的Y理论(83)。但是对于那些实现自我超越、自我实现的人来说,我们必须说这些人不仅符合了Y理论的要求,而且超越了这种理论。他们生活在一个更高的层面上,我们可以称之为Z理论。Z理论是X理论和Y理论的延续,并与二者共同形成了一个层级。

显然,这里我们需要解决的问题错综复杂。事实上,我们探讨的是宏观上的生命哲学的问题。如果我们想详尽地展开讨论,那我们的讨论将永无止境。

然而,我突然想到,我们可以通过表格1,也就是凯斯·戴维斯(Keith Davis)的表格来缩短我们的讨论篇幅。这个表格为我们的讨论奠定了便利,可以以此作为基础。下面的内容决不能称作轻松,但是我认为,那些对这个话题感到好奇或真正感兴趣的人可以通过我们的讨论获得些许灵感和启示,也可以从参考文献中找到更多相关文章进行深入研究。

最后,我想提醒读者一点,我们应该注意:这种分层级式的排序留下了一个复杂的、悬而未决的问题,也就是以下进程或者层级重叠以及相关程度的问题:

1.按照需要的层级顺序(我们既可以仿照埃里克森的那种按照时间顺序和进程相继出现危机的顺序来考虑这个问题,也可以用人们惯用的、将年龄设定为常数的方法考虑这一问题)。

2.按照人的生命周期中需要满足的顺序:婴儿时期、孩提时期、青少年时期、成年时期、晚年时期基本需要满足的渐进顺序,但是只选取生命的片段。

3.按照生物进化、物种进化的顺序。

4.从病态(人性受到减损、阻碍)到健康状态,再到人性完全发展。

5.从生活在糟糕的环境中到生活在良好的环境中。

6.从生物学意义上来看,从总体上"坏的标本"进化为"优质标本"的顺序(动物园管理员的观点)。

当然,这些复杂因素的存在使得"心理健康"这个概念比一般性的概念更模糊,这也促使我们使用"完全发展的人性"这一概念代替"心理健康"这一概念,因为后者可以轻而易举地适用于所有情况。反之,我们也可以用"人性发展得不完全或者人性受到减损"这一概念代替不成熟、不幸运、病态、生而残疾、生来就没有特权的人。

自我超越的人和健康的人存在的差异（程度上的差异）

自我超越型自我实现者和非自我超越型自我实现者（或者适合Y理论与适合Z理论的人）都具有自我实现者的特征（95），只有一点除外：他们是否具有高峰体验或者存在认知力，或者更准确地说是高峰体验和存在认知力，以及阿斯兰尼所说的高原体验（即平和的、沉思的存在认知力，而不是波澜壮阔的认知力）对他们的重要性有多少。

有一点让我印象深刻，与自我超越型的自我实现者相比，非自我超越型的自我实现者不具备或者具备的下述特征更少：

1.对于自我超越者来说，高峰体验和高原体验成了他们生命中最重要的事情、高光时刻，是品质生活的校验器，是他们生命中最宝贵的方面。

2.自我超越者谈吐自如、正常、自然且无意识地使用存在语言，用诗一般的语言，用充满神秘色彩的语言，用先知的语言，具有浓重宗教色彩的人，这些人都生活在一种柏拉图式的精神世界层面或者斯宾诺莎式的精神层面的人，他们都生活在永恒的层面中，因此他们更容易理解寓言、修辞手法、悖论、音乐、艺术以及非语言的交流方式，等等。（这一点很容易就能得到检验。）

3.他们都用一种统一或神圣的认知方法看待和认知事物（也就是从世俗中发现神圣），或者他们能在所有事物中发现神圣性，与此同时，他们也会从实际、日常的匮乏层面认识这些事物。他们可以随意地从永恒的层面认知事物。这种能力存在于匮乏的世界中发现检验实际的能力之外,并不与之相排斥(禅宗中"无所一切皆为虚空nothing special"。)

4.他们无论从潜意识还是从主观意识都更多地受超越性动机的驱动。也就是说,存在价值观即是他们眼中存在的事实,也是价值观。这些价值观包括完美、真理、美、良善、统一、超越二分法、存在的乐趣,等等(85),这些因素是他们最主要或者是最重要的驱动力。

5.他们之间往往有一种惺惺相惜的感觉,即便初次见面也马上就会彼此熟络起来,彼此能心意相通。初次见面也会打成一片。他们可以通过语言进行有效的交流,也可以用非语言的方式进行有效沟通。

表格1[1] 管理水平与其他层级变量之间的关系

	专制型	监管型(维持作用)	支持型(驱动作用)	组织型(家庭型、同事型)	Z理论型管理模式(超越组织型)
取决于:	权力	经济资源	领导力	互帮互助、互相促进	专注于存在状态和存在价值
管理倾向:	权威认可	物质奖励	支持与鼓励	融合为一个整体	认为所有人都努力工作,无论职位高低

1.这里,作者采用了凯斯·戴维斯的表格(28.1,480页,工作中的人际关系,1967年第三版,作者补充的素材都用斜体字标注)。

	专制型	监管型(维持作用)	支持型(驱动作用)	组织型(家庭型、同事型)	Z理论型管理模式(超越组织型)
员工目标:	服从	安全感	业绩	责任	欣赏、爱、接受
员工心理:	依赖个人	依赖组织	参与	自律	自我牺牲、自我奉献
员工需要:	最基本的需要	满足	高级需要	自我实现	超越性动机、实现存在价值观
员工士气:	顺从	满足	驱动力	忠于工作与团队	追求存在价值观
与其他理论的关系					
麦格雷戈的理论:	X理论		Y理论		Z理论
马斯洛的需要层级理论:	生理需要	安全感	中级	高级	超越性动机,存在价值观
赫兹伯格双因素理论:	维持生活	维持生活	动机	动机	
怀特的理论:		团队中的组织管理者			

	专制型	监管型（维持作用）	支持型（驱动作用）	组织型（家庭型、同事型）	Z理论型管理模式（超越组织型）
布莱克和摩顿的管理矩阵：	9.1	3.5	6.6	8.8	
动机环境：	外在的	外在的	内在的	内在的	融合的
动机风格：	消极的	大多是中立的	积极的	积极的	
管理者的风格：	专制型	中立型	参与型		优秀的、卓越的、客观的、超越个人的，包括自愿放弃权力
个人发展：	领导者	老板、父亲	不分长幼式的平等	健康的	超越自我、超越本我，超越个人

	专制型	监管型(维持作用)	支持型(驱动作用)	组织型(家庭型、同事型)	Z理论型管理模式(超越组织型)
人的形象:	有用之物,可以替代,不具备个性,所有者	宠物、孩子、玩具、仁慈的独裁者	互惠互利、相互协作、彼此成全、匮乏的爱	人人皆为领袖,自主者结成同盟,真实的自我,自我实现	圣人、圣贤、政治家、实用主义者、神秘主义者、菩萨、存在者、无私奉献者、公正的甘于奉献的近乎神化的人、赫拉克利特般的人
客观性:	陌生的、拥有的、毫无认同感、以占有为目的、旁观的			融合了客观存在和爱	道家的客观性、超越型的客观、不加干预的客观性、爱的客观性

	专制型	监管型（维持作用）	支持型（驱动作用）	组织型（家庭型、同事型）	Z理论型管理模式（超越组织型）
管理原则：	奴役、拥有	家长式的	因利结盟	议员型；人人皆平等、完全自主	存在的管理原则、存在的人性、无为而治、公正透明
宗教原则：	愤怒和恐惧并存	父权之神	爱、慈善	人本主义	超人本主义（以宇宙中心，而不以人类为中心）
男性与女性：	控制、剥削型	负责任、关爱、控制型	爱、善良；相互需要、相互满足	相互尊重、平等、存在之爱、完全自主	存在之爱、相互融合

	专制型	监管型（维持作用）	支持型（驱动作用）	组织型（家庭型、同事型）	Z理论型管理模式（超越组织型）
经济情况：	勉力维系、物质主义、满足最基本的生存需要	博爱、控制、位高则任重	民主的、伙伴关系、满足高级需要	道德的经济、道义的经济、包括统计报告制度中的社会指标	无政府主义，分权，将存在价值观视为至高价值观，精神经济，超越性动机经济，超越个体的经济
科学水平：	研究事物	研究类人猿←人本主义科学→			超越人类的科学；研究宇宙，超越个人
价值观水平：	无价值观	低于人类价值观的水平←人本主义价值观→			超越人类的价值观，存在价值观，宇宙价值观

	专制型	监管型（维持作用）	支持型（驱动作用）	组织型（家庭型、同事型）	Z理论型管理模式（超越组织型）
人的形象：	有用之物，可以替代，不具备个性，所有者	宠物、孩子、玩具、仁慈的独裁者	互惠互利、相互协作、彼此成全、匮乏的爱	人人皆为领袖、自主者结成同盟、真实的自我、自我实现	圣人、圣贤、政治家、实用主义者、神秘主义者、菩萨、存在者、无私奉献者、公正的、甘于奉献、近乎神化的人、赫拉克利特般的人
方法：	微观的→二分法→还原法→分析法→分层级的、融合法、协同的、合一的				
畏惧与勇气：	畏惧	畏惧	勇气	勇气	超越了勇敢与恐惧的二分法

	专制型	监管型（维持作用）	支持型（驱动作用）	组织型（家庭型、同事型）	Z理论型管理模式（超越组织型）
人性的程度：	人性受到减损	人性受到抑制→人性得到完全发展			超越人性，超越个体的人性
矢量方向：	退化←→形成→进展→成长→存在				
卓越程度：	←→依次提升→				
心理健康：	完全的人性→健康与人性依次提升→				
教育：	培训	控制教育、外在的教育	交互式教育	内在教育，自发型教育，培养即兴、临场发挥的能力	超越人类限制的教育、个性化、道家的、赫拉克勒斯式、"事情不由个人意愿发展"、接受命运的安排、勇于担当

	专制型	监管型（维持作用）	支持型（驱动作用）	组织型（家庭型、同事型）	Z理论型管理模式（超越组织型）
心理治疗水平：	机械的治疗	兽医型、家长型（惧怕与信任并存）、指令型	博爱的、全能之父型（可爱且爱人，关爱他人但难以捉摸）	存在型，同事关系、长兄式的；发现自己的身份、命运及价值观	道家般的引导,咨询,巨擘,圣贤,分享存在价值观,菩萨,对世人悲天悯人的爱
性：	肮脏的、邪恶的、单方面的、一时的、剥削的	中立型	参与型	优秀的、卓越的、客观的	超越个人的,包括自愿放弃权力
交流风格/方式：	命令	命令		你中有我、我中有你	存在的语言
抱怨等级：	低级	中级		高级	超级

	专制型	监管型(维持作用)	支持型(驱动作用)	组织型(家庭型、同事型)	Z理论型管理模式(超越组织型)
报酬:工资、奖励等形式	物资或者财物形式	现在及未来的安全保障	友谊、他人的爱、归属感	尊严、身份、荣誉、表扬、自由、自我实现	存在价值观:真、善、美、卓越、完美等、高峰体验、高原体验

6.他们对美往往更为敏感。这种对美的敏感度往往会使他们看到所有事物的美好,具有美化一切事物的倾向,包括存在价值观,他们会比普通人更容易发现美,或者比普通人更具审美能力。他们认为美是最重要的品质,也能从那些官方或者传统观念认为不具备美感的事物中发现美感。(这种表述让人感到很迷惑,但是我目前也想不出更好的表达方式了)。

7.与那些"健康人"或者实际的自我实现者相比,他们具有更完整的世界观。(从这个意义上来说,这些人也具有整体性)人类是一个整体,宇宙也是一个整体,这种观念会成为"一个国家的利益"或者"父辈的信仰"或者"不同智商、不同等级的人"这些差异不是不复存在,就是得以超越。如果我们将其视为亟待解决的政治问题(也是当下最亟须解决的问题),认为四海之内皆兄弟,认为国家主权(发动战争的权力)不过是愚昧或者不成熟的观念,那么超越者会以一种更简单、更灵活、更自然的方式思考这些问题。对于他们来说,我们认为的那种"正常"的愚蠢或者不成熟的做法对于他们来说是一种努力的方式,他们甚至可以用这种方式得偿所愿。

8.这一点与整体论的认知方法具有重叠之处,这就增强了自我实现者对协同作用有着一种天然的追求——这种协同作用存在于人与人之间、人与现实之间、不同文化之间、国与国之间。这一点我们无法在此详细阐明,否则就免不了长篇大论。我们只想言简意赅地说明,也许这种解释并不透彻,协同作用可以超越自私与无私的二分法,将它们包含在一种更高级的概念范畴之中。它超越了竞争,超越了零和游戏,超越了输赢对垒。对这一话题感兴趣的读者可以参考作品(83)中的内容。

9.当然存在超越自我、超越本我、超越自我的身份限制的更容易的方法。

10.这样的人不仅像所有自我实现者那样,十分可爱,而且他们也更容易赢得他人的尊重,更加"超凡脱俗",更具有神性,更具有中世纪圣徒的风范,用通俗的话说,他们更"优秀"。他们往往会让我产生这样的想法:"他是一个伟大的人。"

11.而这些所有特点带来的一个结果就是:与健康人相比,自我超越者往往更容易成为改革者,发现新鲜事物和新鲜思想的人。而那些健康的自我实现者只能将他们必须做的工作完成好。而自我超越者富有精力,也获得了启示,他们对存在价值观、对理想、对完美、对事物理想的状态和现实状态、对事物存在的现状都有非常清晰的认知,因此他们可以更加从容地应对由此产生的问题。

12.我有一种模糊的印象：与健康的自我实现者相比，自我超越者的生活常常"不那么快乐"。他们在经历喜悦时刻时可能会更加心荡漾、沉醉其中，也体会了更多至高无上的快乐（这个词的表达效果太弱了），但是我认为他们往往都会因为一种悲天悯人的情怀，或因为他人在现实中的种种愚昧表现、盲目性、尔虞我诈的伎俩、他人目光短浅的行为而忧心忡忡，为此备受内心的煎熬。也许超越者的这种内心煎熬源自理想世界和现实世界之间落差过大，而理想世界又如此清晰地存在于他们的脑海中。原则上，他们看到的理想世界是可以实现的。也许这就是他们为看到世界之美、看到人性中的神性、看到本不应存在的人性之恶、看到本应存在的良善世界所付出的代价。在他们看到的良善世界中，政府与社会存在高度协同作用，教育是以培养更为良善的人，而不是让人更加聪明或者习得某项工作所需的专业技能为宗旨和目的，等等。任何一位自我超越者都可以坐下来，花五分钟的时间写出一份获得平和、博爱、幸福的秘方，这份秘方绝对可以实现，也是可行的。然而，他觉得他理想中的一切都没有实现，或者实现的过程太过缓慢，还没等理想世界实现，人类就会惨遭屠戮。难怪他会感到难过，或者愤怒，或者焦虑，因为从长远来看，他是那样乐观，而现实对于他却又那样残酷！

13.超越者的内心深处都存在着对"精英主义"根深蒂固的矛盾态度。毕竟他们比普通人更优秀，因此自我超越者的这个矛盾，比健康人对精英主义的矛盾态度更容易解决，至少可以更好地管控。之所以如此，是因为他们同时生活在匮乏的世界和存在的世界中，因此可以更容易将任何人视为神圣化的存在。这就意味着他们能更容易地调和匮乏世界和存在世界的矛盾，一方面他们可以找到某种形式用以检验、比较匮乏世界中的精英主义理念的标准（必须选择一个好木匠完成这项工作，绝对不能让糟糕的木匠来做；必须区分犯罪分子和警察、病人和医生、诚实的人和谎话连篇的人、聪明人和愚笨之人），另一方面他们也看到了人性中普遍存在的无限性、平等性、不可比拟的神性。卡尔·罗杰斯以一种经验化的方式探讨了"无条件的正面关注"是有效的心理治疗的必要条件，这是经验性的总结，具有重要的实际意义。我们的法律禁止"酷刑"存在，也就是说不管一个人犯了多么深重的罪过，都必须给予他们应有的尊严，不能让他的人性受到屈辱。而那些严肃的宗教有神论者认为"每个人都是上帝的孩子"。

他们认为每个人、每个生物，甚至那些美丽的非生命物种都存在神性，万物生灵皆为美好。每个自我超越者都能轻松、直接地从现实中看出这一点，并且时时刻刻都将这一点谨记于心。他们还将这种理念与更高级的、检验匮乏世界现实性的理念合而为一。他化身为类似神明的惩罚者、比较者，对任何人都一视同仁，不会压榨那些弱者、愚笨之人、毫无能力的人，即便他们认识到匮乏世界存在着将人与世界分成不同等级的标准。我找到了一种说法描述这种矛盾，我个人觉得这种描述很恰当：事实上，那些更优秀的自我超越者和自我实现者把那些不如自己的人视为兄弟，视为家庭中的一员。不论家庭成员做出了多么不堪的事情，都需要爱护他、关心他。不过，他们也可以扮演严父或者兄长的角色，而不是原谅一切的慈母或像母亲那样迁就孩子一切的父亲。这种惩罚与神爱世人的那种爱如出一辙。从超越的观点来看，很容易看出即便对犯错的人自身来说，受到惩罚、感到失望、受到否定也是一件有益的事情，比只是一味地满足他、取悦他更有利于他的成长。

14.我强烈地感受到，自我超越者显示出一种更积极的正向关联，而不是更常见的负向关联。这种关联就是：一个人获得的知识越多，就会发现事物的神秘感越少，他对事物的敬畏感也会减少。大多数人都将科学知识视为消除神秘感、驱散恐惧感的工具，因此大多数人都认为神秘感会滋生恐惧。那么人们学习知识就是为了减轻焦虑感。(89)

但是对于那些经历过高峰体验的人，特别是对于自我超越者以及自我实现者来说，神秘感是极具吸引力的，也是具有挑战性的，而不是令人心生恐惧的事情。自我实现者往往会对大家熟悉的知识感到乏味，即便这些知识很有用处。对于经历了高峰体验的人来说，神秘感与畏惧感是一种奖励，而不是一种惩罚。

无论如何，我发现与我讨论的那些富有创意的科学家越是知识渊博，就越表现出谦逊，觉得自己愚昧无知，觉得自己十分渺小，面对浩瀚的宇宙会感到一种由衷的敬畏感。他们感慨蜂鸟的神奇，也惊异于婴儿的一举一动，所有这一切他们都以一种非常积极的主观态度来看待，作为一种奖励来看待。

因此，这种谦卑和自谦地说自己"愚昧无知"的科学家实际上也是伟大而快乐的自我超越者。我认为大家都有这样的经历，特别是在自己的童年时代，然而自我超越者会更容易、更频繁地获得这种经历，或者更深切地感受到这种经历，并且将这些经历视为人生中的高光时刻。科学家和神秘主义者、诗人、艺术家、工业家、政治家、母亲以及很多其他人才都适合都存在这种情况。无论如何，我认为这种说法可以作为科学理论和科学认知力的理论（可以经过检验），在人类发展的最高层面，知识与神秘感、敬畏感、谦卑、终极的无知、尊敬以及献祭感是正向相关的，而不是负向相关的。

15.我认为，自我超越者不会像自我实现者那样惧怕"疯子"和那些"格格不入"的人，因此他们可以慧眼识珠，发现并选拔那些富有创造力的人才（这些人有时候看起来的确举止怪异、疯狂）。我猜测，总体上自我实现者应该更为看重人们的创造力，因此会更加重视富有创造力的人才，会成为最佳的人力资源经理、知人善用的领导和顾问。不过原则上，像威廉·布莱克（William Blake）这样的人才属于自我超越型人才，因此会更受这些人的赏识。诸如此类的选人用人标准反之亦然：自我超越的人更善于在人群中甄别出那些并不富有创造力的真正疯子和怪人，我认为这样的人占据了这类人中的大多数。

我手中并不掌握此类的证据，这是我根据自我超越的理论总结出来的推测，这个推测也可以加以验证。

16.理论上，我们可以得到这样的结论：自我超越的人应该"更容易接受人们的恶行"，因为他们知道人性中的恶是不可避免的。从一种更为宏观的整体论来说，这一点也是必要的，也就是以一种"俯视一切的视角"，以一种像神一般或奥林匹亚的精神来理解和看待。这就表明，自我超越的人对人性中的恶有更为透彻的理解，因此对人的恶行往往会更加包容，并以一种更坚决的态度与之抗争。虽然这种说法听起来有些矛盾，但如果我们深入思考，就会发现事实并非如此。如果我们对这种说法有着更深刻的了解，采取更强硬的手段（而不是更软弱的手段），态度更果决，没有更多矛盾、悔恨的情绪，就能更加迅速、更加果断、更有效地遏制人性中的恶。如果必要，人们应该满怀同情之心狠狠地打击恶人。

17.我觉得，自我超越的人身上还体现出一种矛盾，也就是一方面他们认为自己是天赋的承载者，是人际交往的工具、高智商或拥有高技能的临时看护人，因此他们具有过人的智慧、记忆、领导力和效率。这就意味着他们身上具有一种客观性或者疏离感，会让那些非自我超越者觉得有些傲慢、装腔作势甚至有些偏执。我能找到的最好的例子就是孕妇对尚未出世的孩子的态度。哪个是自我，哪个不是？孕妇是那样盛气凌人、孤芳自赏，那样傲慢自大、不可一世，她有权那样做吗？

我认为，如果我们听到如下的判断会感到大吃一惊的："这项工作我才是最佳人选，所以应该由我来完成。"我们也可能会听到这样的判断："你是最适合这项工作的人选，因此应该由你来做这份工作。"自我超越也就意味着"超越了自我"，失去了本我。

18.原则上，无论从有神论的角度还是从无神论的角度来看，自我超越往往更加具有深刻的"宗教特质"或"属灵特质"（我并没有此类数据证明这一点）。高峰体验和其他自我超越的体验实际上都可以视为"宗教上或者属灵"的经历，如果我们重新定义这些术语，排除它们的历史、传统、迷信、制度上的意义，仅仅是从传统的角度看，或者从作为宗教的替代品的角度来看，此类的经历确实可以被视为"具有反宗教性质"或者"一种过去被称作宗教或精神的新说法"。存在一种矛盾的现象：有些无神论者比一些牧师更为虔诚，这种现象可以很容易就能验证，因此这种说法是切实存在的。

19.也许这两种自我实现者表现出了可以量化的差异性。我认为自我超越者可以轻松地超越本我，超越自我以及自己的身份，更容易超越自我实现。这只是我的猜测，不过我无法证实这种猜测。说得更明确一些，也许我们可以说，如果我们想更详细地描述健康人的特征，不妨这样描述：首先他们的往往具有很强的自我认同，知道自己是谁、在做什么、需要什么、擅长哪些事情。总而言之，他们拥有很强大的自我认知，他们善于利用自身的这些特点，并且使这些特点与自己真实的天性融合在一起。当然，这些并不足以充分地描述自我超越者的特点，不过他们一定具有这些特征，而且他们的特征远不止这些。

20.我认为，这又是一种印象，不过我也没有具体的数据支撑这种观点——因为自我超越者更容易看到存在的世界，因此会比自我实现者获得更多的终端体验（事物的真如状态），这就像孩子看到水坑里的彩虹时表现出的喜悦，看到玻璃窗上滴下的雨滴、光滑的肌肤，或者毛毛虫爬行时表现出的惊喜一样。

21.理论上说，自我超越者的行事风格往往更具有道家的风范，而健康的自我实现者则表现得更为务实。存在认知力使他们的行事风格更加出众、完美，就像事物本身呈现给人们的样子，因此无须人为地进行干涉，因为事物本身的现状就已经够好了，不需要改善或加以干预。人们只需注视它们、审视它们，无须画蛇添足。

22.我想在这里补充一个观点，这个观点没有什么新意，但是足以用弗洛伊德理论将上述种种区别联系起来，这就是"超越矛盾心理"的概念。我认为，所有自我实现者都具备这种认识，而自我超越者还在某些方面做得更好。也就是全身心的投入、毫无矛盾的爱、完全接纳的态度、富有表现力，而不是将爱恨交织的矛盾情感冠以"爱"、"友谊"、性爱、权利或权威等头衔。

23.最后，我还想在此呼吁读者们思考"报偿的等级"和"报偿的种类"，不过我并不能确定两种自我实现者在这两个方面是否存在区别。在这里，至关重要的一点是：很多报偿都不是以金钱的形式给予的。如果一个人已经很富有或者他具有成熟的性格，那么物质报偿对他的意义就不那么重要了，他会更看重更高级的超级报偿，而这些报偿方式对他的意义也更大。此外，即便在个人更看重物质报偿的情况下，也不一定是具体的，完全是金钱的形式，也可以以地位、成功、自尊等形式给予，因为人们可以用这些报偿赢得爱情，赢得他人的喜爱和尊重。

这个课题研究起来很容易，我已经收集了一些招聘职业人才、管理人才或者行政人才的广告招募和平部队队员的广告，有时甚至可以招聘到职业技能要求不那么高的人才，包括一些蓝领工人。这些吸引应聘者的广告之所以能够招募到一些人才，并不是上面提出了多么诱人的薪资待遇，而是这些职位能够满足人们更为高级的需要和超越性动机，例如：友好的同事、良好的工作环境、稳定的前景、收获个人成长、机遇与挑战并存、可以实现理想、责任、享受自由、生产重要的产品、产生对他人的同情心、帮助人类、帮助国家、将自己的理想付诸实践、加入引以为傲的企业、良好的教育体系、可以钓鱼、爬山享受美景，等等。维和部队的广告更离谱，甚至强调此项工作待遇低、工作苦，需要牺牲个人利益，等等，所有这一切都是为了帮助他人。

我认为，如果人们的心理更健康，这些工作报偿方式会愈显珍贵，特别是当物质待遇丰厚且收入稳定的情况下。当然，大部分自我实现的人很可能已经将工作与休闲融为一体。也就是说，他们热爱自己的工作。我们可以说他们将工作视为一种爱好，做自己喜欢的事情既能养家糊口，也能获得满足感。有此等好事，何乐而不为呢？

随着我对两类自我实现者的研究逐渐深入，我发现能够想到的二者的唯一区别就是自我超越者能够主动地寻求为他们带来高峰体验以及存在认知力的工作，这个发现有待实践的检验。

我之所以提到这一点，其中一个原因就是，我坚信它是规划优心态社会、营造良好的社会环境的必要理论支点。理论上，必须将权力与特权、剥削、财产、奢侈品、地位、凌驾于他人之上的特权分开。我所了解的、能够让有能力的领导者摆脱手下人的憎恶，远离那些弱者以及没有特权的人和那些能力平庸之辈的嫉妒，也就是远离邪恶之眼的觊觎，免受处于劣势者的倾覆的好办法就是不用金钱满足他们，而是给他们"更高级"的待遇，给予他们"超级待遇"。这种做法符合了本章中提到的理论原则和其他相关的理论（83），这样做既可以让那些自我实现者满意，也会让那些心理不那么健康的人满意，进而抑制特权阶层和普通民众互相排斥、互相敌对的状况。我们需要做的只是将后马克思主义思想、后历史主义的可能性变成现实,谨记不应给予员工过多的物质报偿。也就是说,用更为高级的报酬取代物质报酬。同时,有必要杜绝一切向钱看的风气,金钱并不代表成功,并不是一个人的报酬越高,他就越受人尊重,他就越可爱。

原则上,这些变化应该是很容易实现的,因为它们与自我实现者的前意识或者模糊的意识中的价值生命不谋而合。这种世界观是否会成为自我超越者的价值观特点呢? 我认为答案是肯定的。因为纵观历史,大多数神秘主义者以及自我发现者似乎都崇尚质朴,反对奢侈、特权、荣誉和头衔加身,但是那些最普通的平民百姓却因此热爱他们、尊敬他们,而不是惧怕他们、憎恨他们。也许这种现象能帮助我们设计一个更理想的世界。在这个世界里,多数有能力、意识最为觉醒的、最理想化的人才得到人民的选择和拥戴,成为领袖、教师和特别博爱、无私的掌权者。

24.我有一个非常模糊的预感,但是我觉得有必要在这里提出: 也许在我研究的两类自我实现者中,自我超越者的体态可能更多的是身形瘦长型,而自我实现者和普通人往往是筋骨发达、体格健硕之人。(我之所以提出这一点,因为原则上这种预感是很容易验证的。)

尾 声

也许很多人都难以相信,因此我必须在这里明确地指出: 我在企业家、工商业领域、管理者、教育工作者和政治家中发现的自我超越者和那些专业领域中的"宗教人士"、诗人、知识分子、音乐家和其他被公认为自我实现者的人数大致相同。我必须说，每一种职业中都有自身的行业习惯、行话、职业形象和职业着装。即便牧师对自我超越的感受丝毫不了解，也能从自身职业的角度对自我超越这个话题侃侃而谈。而工商业人才则会小心翼翼地掩藏他们的理想主义、超越性动机、自我超越的经历，戴上"勇敢坚毅""现实主义""自私自利"的面具，还会用种种言行向人们证明：做这一行的人都比较肤浅、戒备心重。他们虽然并未刻意地压抑更为真实的超越性动机，但是也多少受到了影响，有时我发现通过直接提出问题或者与他们当面对峙的方式很容易打破这些人自我保护的表象。

我们也应该注意，我们不想因为列举的诸多的研究对象（我只是详细地与其中的三四十人交谈并细致地观察他们，而另外的一二百人我只是简单地与他们进行了交谈，简要地进行了观察，但是并不十分详细和深入）而给读者留下错误的印象。此外，我掌握信息的可靠性也值得商榷（这只是探索或者调查，而不是最终研究；只是粗略地调查，而不是科研那种正规的、需要验证的证据，因为我们会在后期收集这些证据），也有人会怀疑我的样本是否具有代表性（我选择的研究样本都是随机的。我的研究对象大多数都是那些具有高智商、富有创造力、坚强性格和体力的人以及成功人士，等等）。

同时，我必须强调一点：这项研究只是经验上的探索，我只是阐述了我的所见所思，我的研究不是我凭空编造出来的。我发现，如果在这种随机的调查、论证、提出假设可以称为科学研究的预备实验，而不是科学调查，我可以更加自由地进行研究、推断、假设，少了一些束缚，那样我的研究会容易很多（很多人认为科学需要验证而不是发现）。无论如何，在这篇文章中的每个结论从理论上来说都是可以验证的，通过验证便可以知道它们是正确的还是错误的。

第八编
超越性动机

第二十三章
超越性动机理论: 价值人生的生物学根基

一

从定义来看, 自我实现者 (成熟的、人性发展得到更为充分发展的人) 的基本需要均已得到满足。他们的驱动力上升到了更高级的层次, 我们可以称这种驱动力为"超越性动机"[1]。

从定义来看, 自我实现的人的所有基本需要都得到了满足 (包括归属感、他人的爱、尊重、自尊)。也就是说, 他们已经具备了归属感, 感觉自己属于某个团体。他们对爱和友情等情感需要也得到了满足。他们配得他人的爱, 也有了身份, 生活有了满足感, 也赢得了他人的尊重, 因此他们有理由相信自己是有价值的, 从而获得了自我尊重。如果我们从反面说——也就是从基本需要的挫伤以及因此产生的心理疾病的方面来看, 我们可以说自我实现的人不会感到焦虑 (无论持续多久), 缺乏安全感, 感到不安。他们不会感到孤独, 受人排斥, 毫无根基或者感觉受到孤立, 也不会觉得自己不被他人爱、被他人孤立。他们不会觉得自己受到鄙视, 不会感觉低人一等, 也不会瞧不起自己, 觉得自己是个没用

1.此处以黑体字标出的二十八篇论述的论题都可以得到验证。

的人，更不会因为自卑阻碍自己的发展。（第12章，95页）。

当然我们也可以换一种说法，例如：一直以来，基本需要都被视为人类唯一的驱动力，因此"自我实现的人无须驱动力驱动"，这种说法在某些情况下是有益的（作品95，第15章）。这种对自我实现者的认识与东方哲学对健康人的概念类似，东方哲学将健康人视为一种无欲无求、超越了人的欲求和欲望的超凡脱俗状态。（这一点与罗马斯多葛派[1]的思想颇为相似。）

也可以将自我实现的人描述为表现型，而不是应对型的人，并强调他们的行为和表现都是自发的，是自然的。与其他人相比，他们往往更容易表现出自己本真的样子。这种说法与神经症患者的描述一致，这是它的另一个优势。人们认为神经症是一种应对机制，是人们努力满足自己需要的方法（不过这种做法非常愚蠢，也很可怕），这些需要都是深层次的、内在的、与生物学意义的自我息息相关。

上述每种说法在特定的研究背景中都有实际意义，但是出于某些特殊的目的，最好通过下述问题进行研究：例如，"自我实现者的驱动力是什么？"自我实现的动态心理学是怎样的？自我实现的人采取行动是受到了哪些因素的影响？自我实现的人的动力是什么？是什么促使自我实现的人采取行动、努力拼搏的？什么会让自我实现的人生气？什么会让他们全力以赴，或做出自我牺牲？自我实现的人忠于什么？自我实现的人为什么会全心全意地付出？自我实现的人会珍视什么？看重什么？渴望得到什么？自我

1.斯多葛派（Stoic）：对痛苦或困难能够默默承受或者泰然处之的人。

实现的人会为什么而生，为什么而死？

　　显然，我们需要区分尚未达到自我实现水平者的普通动机，也就是受基本需要驱动的普通人的动机，以及基本需要均已得到满足，因而不再受这些基本需要的驱动而产生的更为"高级"的驱动力这两种动机。换句话说，我们应该分清需要驱动力和"高级"驱动力。因此，我们不妨将自我实现者的这些高级需要和驱动力称为"超越性需要"，同时应该从类别上分清普通动机和"超越性动机"。

　　【我认为，现在我更清晰地认识到，基本需要得到满足并不是产生超越性动机的充分条件，不过它有可能是一个必要的前提。在我研究的一些个体中，他们的基本需要显然都得到了满足，但是他们仍然表现出"存在性神经症"的症状：他们找不到人生的意义，也找不到适合自己的价值观。现在看来，高级驱动力并不是在人的基本需要满足后就自动出现的。我们必须考虑到，还存在"抵御超越性动机的防御机制"这一变量。这就表明，为了便于交流和理论构建，应该对自我实现者的概念进行补充，使这个概念不仅仅局限在下述标准（a）没有疾病，（b）基本需要都得到了满足，（c）能充分发挥自己的各种能力，（d）忠于自身所秉持的价值观，并努力追求这些价值观，为实现这些价值观而奋斗。】

二

　　所有的自我实现者都积极投身于某种任务、天职、职业、所热爱的工作（"他们自身以外的事物"。）

如果我们审视这些自我实现者，就会发现所有自我实现者，至少我们文化中的自我实现者都是兢兢业业的人，他们都积极投身于他们自身之外的事业，投身于某种职业、职责或者他们钟爱的工作。通常情况下，这种投入和奉献在自我实现者的身上体现得非常明显。因此，我们可以用"天职"、职分或任务形容他们对工作的那种热爱之情、毫无私心的付出，对工作持有的深切感情。我们甚至可以用"使命"或者"宿命"来形容职业对于他们的意义。有时，我会用宗教意义的"献祭"这个词来形容他们对工作的热情，因为他们将自己奉献给工作，或者让自己成为某项任务祭坛上的祭品，或者投身于自身以外更为宏大的事业，他们从事这些事业绝无私心，只为造福他人。

我认为，我们可以说自我实现者的工作是他们的命运或使命，并且就这种说法做出一些详细说明。这种说法是用一种并不充分、并不恰如其分的语言描述人们在倾听自我实现者（和其他人）谈论自己的工作或任务时产生的感想(83)。人们认为自我实现者非常热爱自己的工作。此外，工作对于他们来说是一件"自然而然"的事情，他们非常适合这项工作，可以说他们天生就是为这份工作而生的。可以感受到他们和工作之间存在一种预先设定好的和谐关系，或者可以说他们和工作是非常完美的搭配，就像一对珠联璧合的情侣或者像一拍即合的朋友，好像天生就属于彼此。在理想的情况下，个人与工作的完美匹配就像一把钥匙开一把锁，就像一个个音符完美地演绎出一首交响乐一样，或者像琴键完美地融入钢琴键盘一样。

应该说以上的种种表述也适用于女性受访者，不过这种天职对于他们来说具有不同的意义。我的受访者里至少有一位女性全身心地投入到为人母、为人妻，投入到家庭主妇的角色中，后来她成了族长。我们可以理性地说，她的职业就是将儿女养育成人，让丈夫感到幸福，维系亲戚之间的和谐关系。这份工作她十分胜任。在我看来，她十分享受这份工作，她完全热爱自己的工作和自己的生活。据我所知，她从来也没有向生活索取更多。这个过程中，她也充分发挥了自己的能力。其他的女性受访者也兼顾家庭和家庭生活之外的事业。她们既热爱生活，也热爱自己的事业，认为二者都很重要，都值得为之付出。一些女性认为"生孩子"是成就自我实现的途径，至少在一段时间是这样的，然而我必须承认，在讨论女性的自我实现方面，我并没有多少自信。

三

在理想的情况下，人们的内在需要和外在需要应该达成一致，也就是"我想做的"和"我必须做的"应该达成一致。

在这种情况下，我认为自己区分两种确定因素（实现合一或融合，或者产生化学反应），这两种因素在二元性中创造出了一个统一体，它们互相独立，有时这两种因素会存在差异。我们可以将其中的一种因素称为人的内在反应机制，例如："我喜欢孩子（或者绘画、或科研、或者政治权力）胜过这世上的其他一切事物，我为TA感到痴迷……我不可救药地被TA吸引……我觉得我必须……"我们可以称这些感受为"内在需要"，它更像是一种自我满足感，而不是一种责任。它与"外在要求"不同，必须与之分开。

"外在要求"更像是人们对于外部环境、情景、问题、外在世界的要求而做出的一种回应，就像火"需要"人们扑灭，或者不公正的现象"要求"人们伸张正义。在这种情况下，人们感受到更多的是责任，是义务，是职责，是人们计划的或者希望的必须做的事情、不得不做的事情。这种情况更像在说"我必须这么做，我不得不这么做，我别无选择"，而不是说"我想这么做"。

这种"我想做的事"和"我必须做的事"如果一致就非常理想，而幸运的是，这种理想的情况往往也在现实中占多数，也就是内在与外在完美地达成了一致。观察者看到人们为了必须做的事情，为了不可改变的事情，为了宿命，必然性投入的程度，以及他们把热爱的事情和必须做的事情和谐地融合在了一起，不免会心生敬意，感到由衷的敬佩。此外，观察者（也包括相关的人）不仅会感到"情况必须如此"，也会感到"情况应该如此，这样做是正确的、合适的、恰当的、适合的"。我常常会觉得，如果外在和内在趋向统一，人们产生的归属感就会具有某种单一性的格式塔特质，好像两者已经合而为一了。

我不愿把人们对工作的热爱简简单单地归结为"目的性"，因为那就表明人们之所以会热爱工作，完全是出于自己的意愿，有自己的目的、决定或者自己的计划，这不足以形容人们因为热爱自己的事业，在主观上产生的那种完全被热爱控制、完全自愿、不由自主、迫不及待地屈从或服从命运的安排，接受命运的安排的状态。在理想的情况下，人们也会在工作中发现自己的命运，而命运绝非能够打造出来、创造出来或者能由他人决定的。人们会在工作中发现自己的命运，好像他们一直都在不知情的情况下等待着命运的降临。也许用"斯宾诺莎主义"或者"道家思想的"这类表述方式，甚至用意愿来描述这种选择、决定或目的更为恰当。

　　向那些不会从内在、无法直接感受到这一点的人传达这种感觉的最佳方式就是用"恋爱中的人"作为例子。恋爱显然有别于履行职责或采取理智、明智的行动。显然，"意愿"也是如此，它具有特殊的意义。如果两个人全心全意地爱着对方，他们就会明白：对方就像一块磁铁，而自己就像铁屑一样为之吸引是一种什么样的感觉。对方也是这样看待自己的，恋爱的双方都有这种感觉。

四

　　这种理想的情况会让人感觉自己很幸运，同时也会让他们觉得自己毫无价值，这是一种矛盾而复杂的感觉。

　　以恋爱中的人为例说明自我实现者对工作的热爱也有助于人们理解那种只可意会不可言传的东西，也就是这些人感到幸运、幸福，心存感激，因为会发生这样的奇迹而产生敬畏之情，为自己能从事自己热爱的工作而感到惊喜，不过这种感情中也会掺杂着一种谦卑感，一种油然而生的自豪感和傲慢，以及为那些不像自己这般幸运的人产生一种怜悯之情，就像恋爱中的人都具有的复杂情绪。

　　当然，这种好运和成就感也可能伴生各种各样神经症的恐惧感，觉得自己毫无价值，产生反价值观的倾向、约那情结，等等。这些恐惧感成为阻碍我们实现最高成就的心理防御机制，我们必须在全心全意地接受最高价值观之前克服这些恐惧感。

五

在这个层面，工作和休闲的二分法就会得以超越；薪资、爱好、假期等都应该在更高的层面上加以界定。

那时，我们当然可以说自我实现的人，也就是真正意义的自我实现者会成为真实的自己或成就了真实的自我。如果我们说得更抽象一些，根据我们的观察，终极或者完美的理想情况就是：这个人是世界上最适合做这项工作的人，而这项工作是最符合这个人的天赋、才能和品味的。这个人最适合这项工作，这项工作也最适合这个人。

当然，一旦我们接受这种说法，并且感受到这一点，我们就可以进入下一个话题的讨论，也就是存在的世界（89）与自我超越。现在我们可以用存在的语言传达其中的意义（存在的语言只是从一个神秘的层面表达事物的真正意义等）。显然对于自我实现者来说，他们完全超越了普通人认为的工作和休闲存在对立关系的二分法（80，83）。也就是对于自我实现的人而言，工作和休闲是一体的。工作就是他的休闲方式，而他休闲的方式就是工作。如果一个人热爱自己的工作并且享受其中，认为工作比其他活动更能让自己放松，在工作被打断之后，他们马上就想恢复工作状态，这样我们又怎么能说他们工作违背了自己的意愿，是被迫工作的呢？

那么对他们而言，假期又是什么呢？对于自我实现者来说，假期就是在一段时间内，他们拥有完全的自由，自己想做什么就可以做什么，没有外在的责任，也不需要对任何人负责。即便是在这样的时期内，他们也会全身心地、乐此不疲地投入到工作中。而对他们而言，放松自我，去找点儿乐趣就意味着享受休闲活动吗？而"休闲"这个词对他们来说具有怎样的意义呢？他们负有怎样的"职责"、责任，肩负着怎样的义务？他们有什么爱好呢？

　　自我实现者热爱工作，金钱、报酬或工资对于他们来说又具有怎样的意义呢？显然，如果一个人的命运很好，或者足够幸运，那么他热爱的事业也是他安身立命之本，这样的好事可能会发生在任何人的身上。很多人的工作就是这样的，或者差不多是这样，我的很多受访者的工作也是如此。当然，薪酬多多益善，人们对薪酬也有一定的要求，但是薪酬并不是人们工作的终极目标，也不是目的或最终的目标（也就是说，在一个富裕的社会中，对于富有的人来说，情况是这样的）。一个人得到的物质报酬只是他酬劳的一部分。自我实现的工作或存在性的工作（存在层面的工作）本身就是一种奖励，这使物质奖励成了工作的一种附属品、一种附属现象，而这一点就与大多数人不同，因为大多数人工作都是为了挣钱谋生，做自己不喜欢做的事情。他们会用工作的酬劳去做自己真正想做的事。存在世界中金钱的作用必然与匮乏世界中金钱满足基本需要的作用不同。

　　如果将我所说的这些观点作为科学论题就会大有裨益。这些问题都可以通过科学的方法调查研究。我所说的这些问题已经在猴子与猿的身上进行了一定程度的实验，目前存在很多研究猴子好奇心的相关文献，这与人追求真理的需要具有异曲同工之处(89)。原则上，研究猴子、猿和其他动物在恐惧或者毫无畏惧感的情况下的审美选择，或者研究在理想条件以及在糟糕条件下做出的审美选择有怎样的差异也不是难事。我们也可以检验其他存在价值观，例如秩序、统一、正义、合法性、完满。我们可以通过动物或者孩子身上表现出的这些追求存在价值观的倾向进行考察和研究。

当然，"最高级别的"也就意味着最脆弱的、最有可能被取代的、最不紧急、最容易受忽视的、最容易受压抑的（详见作品95，第八章）。人的基本需要之所以具有优势是因为它们对人的生存至关重要，也是人类生存下去的首要条件，是人们身心健康和生存的必要条件。然而，超越性动机并不存在于自然世界和普通人身上，而超越性动机理论又不承认存在超自然力量的干预，也无法随意地发明存在价值观或者存在价值观的存在的前提条件。存在价值观也不仅仅是逻辑的产物或是人们意愿的法定产物。如果人们愿意，可以通过反复练习发现这种超越性动机或者揭开超越性动机存在的秘密。也就是说，有关超越性动机存在的说法是可以经过检验知其真伪的，而且这种检验的操作是可重复的。有关超越性动机的大多假设都可以公之于众或者向大众展示，可以同时被两个或更多的研究者所认知。

如果人们的生命中更为高级的价值观可以经过公开的科学研究，而显然又属于科学研究（82，126）的范畴（人文科学），我们可以合理地认为这一领域的研究一定会取得长足进展。随着人们对更高级的价值观了解增多，人们不仅会更加理解这种高级价值观，也会找到更多提升自我、改善人类的生存环境和所有社会制度的可能(83)。当然,我们没必要因为"同情策略"或者"精神科技"这样的表述心生恐惧,显然,它们与那些我们了解的"低级"策略和技巧完全不同。

六

这样的热爱自己职业的个人往往会将自己与工作联系起来(与工作融合、合而为一),也会将"职业"视为界定自我的特点,工作也成为他们自我的一部分。

如果人们问自我实现者(也就是自我实现者、热爱工作的人)这样一个问题:"你是谁?"或者"你是怎样的人?"他往往会以自己的职业回答这个问题:"我是一名律师。""我是一个母亲。""我是一个精神科医生。""我是一个艺术家。"等等。也就是说,他会告诉你,自己的职业就是自己的身份,也就是他的自我。职业成为他的全部标签,职业成为界定这个人代表他身份的特点。

如果人们问他:"如果你不是科学家(或者教师,或者飞行员),那你会选择什么职业呢?"或者"如果你不是心理学家,那么你会做什么呢?"我认为他的反应往往是感到疑惑,陷入沉思或者感到惊讶。也就是说,他们并没有思考过这个问题,也没有现成的答案。也许他们的答案会惹人发笑,因为他们的回答都很幽默。事实上,我的回答是:"如果我不是母亲(人类学家、工业家),我就不会是我了,我会变成其他人,我无法想象成为其他人会是什么感觉。"

这种反应也与以下让人出其不意的问题引来的反应一致：
"如果你不是男子，而是一个女子，你会做什么呢？"

我们不妨尝试性地总结一下：对于自我实现的人来说，他们
将所热爱的事业视为界定自我的特点、他们认同自己的事业，并且
与事业融为一体。事业成了他们存在状态的一种外在表现形式。

【我从未问过那些非自我实现的人这样的问题。显然，上述
情况并不适用于一些人（对于他们来说，事业就是一种外在的工
作）。而对于一些人来说，他们的职业或工作具有功能自主性，成
了自动代表他们的标签。也就是说，一个人只能作为律师而存在，
而除此之外他就无法存在。】

七

**他们所肩负的任务似乎可以理解为他们内在的价值观的体现
或者他们价值观的象征（而不是在工作本身之外，工作只是一种实
现目的的手段而已，并非工作本身自动具有某种功能）。人们之所
以热爱自己的工作（与工作融为一体）是因为工作可以体现他们的
价值观。也就是说，他们把热爱的工作看成了自己的价值观，而不
仅仅是工作。**

如果有人问这些人：为什么热爱自己的工作？（或者更具体
一些，他们的工作可以满足他们哪些更高级的需要？他们工作的
哪些时刻可以为他们带来奖励，让他们感到工作中所有的杂事和
烦恼都是值得的，都是可以接受的？他们在工作会有怎样的高峰
体验或峰值时刻）？人们会给出各种具体而混乱的答案，我将这

些答案整理并做了总结,列在表格2中。

表格2 自我实现者的驱动力以及通过工作
和其他途径获得的满足感
(这些是在基本需要得到满足之后的额外满足感)

为人伸张正义而感到喜悦。
为阻止他人残酷的行为和剥削行为感到喜悦。
抗争谎言与虚伪感到喜悦。
看到美德得到奖赏就会感到喜悦。
他们似乎更喜欢皆大欢喜的结局、圆满的结局。
他们厌恶罪恶得到奖励,坏人逍遥法外。
他们是惩治邪恶的高手。
他们努力纠正错误、拨乱反正。
他们喜欢做善事。
他们喜欢奖励,赞赏人们的承诺、天赋、美德,等等。
他们避免抛头露面、名誉、荣耀、荣誉、他人的喜欢、名声或者至少不会主动去追求这些东西,这些对于他们来说似乎并不重要。
他们并不需要得到所有人的爱。
总体上,他们会选择自己的事业,而能够自主选择自己事业的人很少,因为大多数人择业都会受招聘广告的影响或者受他人鼓动的影响。
他们热爱和平,喜欢平静、平和,他们往往不喜欢喧嚣、吵闹、打架、战争等(他们都不喜欢挑起争端)。虽然他们不会挑起争斗,但也不惧怕争斗。
他们看起来都很务实、很精明,并且很注重实际,而不是不切实际。他们喜欢工作高效,不喜欢拖拖拉拉。

他们虽然与种种不喜欢的事物抗争，但是这并不会成为他们对人怀有敌意、偏执、威风凛凛、权力加身、反叛等借口，而是成为帮助他们拨乱反正的手段。他们做事以解决问题为出发点。

他们可以同时热爱世界并改造世界。

他们希望自然环境与社会环境都可以得到改善。

他们可以同时真实地看到事物和人身上存在的善与恶。

他们积极地应对工作中的各种挑战。

改善环境或者改善做事的程序的机会对他们来说是一个巨大的奖励。

他们很喜欢自己的孩子，孩子会给他们带来莫大的快乐，他也会尽心尽力地帮助孩子成长为优秀的成年人。

他们不需要也不会去寻求他人谄媚、掌声、喜爱、地位、名誉、金钱、荣耀，等等。

他们会向他人表达感激之情，至少他们会意识到自己的幸运，发现他人的善举。

他们具有"权力越大、责任越大"的意识，这是权贵阶层的责任，作为那些看到更多、了解更多的人的责任，他们更有耐心，包容性更强，就像对小孩子们那样。

他们往往会受到神秘事物、无法解决的问题、被人们不了解的具有挑战性的事物的吸引，并不会惧怕这些神秘事物。

他们喜欢伸张正义、拨乱反正，喜欢为杂乱无章、肮脏不堪的环境带来秩序。

他们厌恶（也会抗争）贪污、残忍、人们的恶意、不诚实的行为、浮夸的行为、虚情假意和造假的行为。

他们尝试将自己从妄想中解放出来，去勇敢地面对现实，去除自身存在的盲目性。

他们会因为才能被浪费感到惋惜。

他们不会做出卑鄙的事情，他们看到他人做出卑鄙之事时，会感到气愤。

他们往往会认为每个人都应该得到平等的机会开发自己的所有潜能，人人机会都应该均等、平等。
他们喜欢把事情做好，"把工作做好""把该做的事情做好"。很多这样的表述总结起来就是"成就好的手艺"。
作为老板的一个优势就可以将公司的财产分配给大家，利用公司的钱财做一些好事。老板喜欢将公司的资产投入那些他们认为重要的、好的、值得的事业。他们热衷慈善事业。
他们喜欢发现并且帮助他人成就自我实现，特别是帮助年轻人。
他们喜欢看到他人生活幸福，并且帮助他人实现幸福生活。
他们可以通过结识可爱的人（勇敢的、城市的、高效的、"直接的"、"大人物"、富有创造力的人、圣洁的人等）获得快乐。"我的工作让我结识了很多精英。"
他们喜欢谈论责任（他们也能很好地肩负起责任），当然他们不会害怕承担责任，不会逃避责任。他们会主动担负起自己的责任。
他们都无一例外地认为自己的工作是有意义的，很重要，甚至是不可或缺的。
他们喜欢工作更为高效，简化流程、压缩流程让事情变得更加简单、便捷，成本更低，生产出更好的产品，更优质高效地完成工作，减少生产流程，简化生产步骤，降低人力消耗，使人们更加智慧、更加安全、更加"优雅"、更省力地工作。

当然，除此之外，我们也会得到很多此类的"终极回答"——
"我就是爱我的孩子，仅此而已。我为什么会爱他？因为我就是
爱他。"或者"一想到我的工作提高了工厂的效率，我就感到非常
来劲儿。要问我为什么，我就是喜欢这么做呀。"高峰体验是一种
内在的快乐，是一种非常有意义的成就感，不论程度如何，都是
无须经过证实和验证的。

可以将这些奖励的时刻进行分类，或者为这些高光的时刻

划定具体类别，我就在尝试做这件事。很快我就发现，最佳、最
"自然"的分类方法大部分或者完全是根据抽象的终极"价值
观"，无法进一步划分的终极价值观进行分类的，例如真理、美、
独特性、正义、紧密性、简单、优秀之处、整洁性、高效性、爱、诚
实、天真、改善、秩序、优雅、成长、整洁、权威性、宁静、祥和，等
等。

对于这些人来说，他们的职业本身似乎并不自动具有某种
功能，而是承载了一种终极价值观，或者是实现价值观的一种工
具、一种终极价值观的化身。我们以律师这个职业为例：律师是
实现正义的工具，而律师这个职业本身并不是一种目的。也许，可
以通过这种方式向读者传达二者的微妙差别。对于一个律师来
说，他热爱自己的职业，因为律师这个职业代表了正义。然而对于
另一个人来说，不具有价值观的技术人员也可以热爱法律，他单
纯地喜欢法律条文、法律规定和法律程序，并不会在意这些法律
工具可以实现什么目的。我们可以说，这种人不会考虑职业的目
性，就像一个喜欢下棋的人只会将下棋看成一种游戏，并不在乎
下棋的目的和输赢。

我们必须学会区分几种职业的概念，不能把事业、职业或天
职混为一谈。职业是一种将压抑的目的轻易地转化为外在现实的
手段。更准确地说，职业是人们为了填补某些基本需要，甚至神经
症的需要，也可能是超越性的需要而必须做的事情。职业可以由
多种需要或者单一需要或者所有需要决定，或者由超越性动机决
定。如果仅凭"我是一名律师，我热爱我的工作"这句话，人们无
从判断说话的人是否真正热爱自己的职业。

　　我有种强烈的感觉，那些越接近自我实现，人性发展得越充分的人，越会发现他们的"工作"是受超越性动机驱动，而不是受基本需要驱动的。而对于发展层次越高的人，"法律"往往更会被他们视为一种寻求正义、真理、良善等价值观的手段，而不是获得经济保障、获得他人的羡慕、地位、名声、控制他人的权力、让他们更具男性魅力的方式。如果我提出下列问题："你最喜欢自己工作的哪些方面？是什么让你收获了最多快乐？你的工作什么时候会给你带来快感？"这样的人往往会从内在价值观、超越自我、超越自私、无私的满足来回答，例如：看到正义得到伸张，从事更加完美的工作，推动真理发展，惩恶扬善，等等。

八

**　　这些内在的价值观在很大程度上与人们的存在价值观重合，也许与存在价值观一致。**

　　我掌握的"数据"（如果我可以称它们为数据）有限，不足以支撑我得出精确的结论，所以我只能根据我发表的有关存在价值观的分类标准（85）做出一种猜测，这种分类接近表格1中的分类，我认为，人的内在价值观对这种分类方法很有效。显然，这两种分类存在很多重合之处，因此二者很可能相似，甚至相同。我觉得采用我对存在价值观的描述方法是较为理想的，不仅因为这种描述方法从理论上来说更具说服力，也因为这种方法可以通过很多实际的方法界定（85，附录G）。也就是说，很多研究方法都印证了这种结论的正确性，例如：可以通过教育、艺术、宗教、心理分析、高峰体验、科学、数学等方法进行验证。如果事实果真如此，我们也许还可以补充一点：还有一种方法可以帮助人们实现终极价值观，那就是"事业"、使命、职业，也就是说自我实现者的"工作"可以帮助他们实现终极价值观（从理论上说，存在价值观更具优势，因为我有一种强烈的感觉：自我实现者或人性发展得更完全的人会从他们的天职中发现这些价值观，或者通过天职发现自己对这些价值观的热爱）。

我们也可以换种说法，那些基本需要均已得到满足的人会受到存在价值观，也就是"超越性动机"的驱动，或者至少不同程度地受到某种"终极"价值观或终极价值观的结合体的驱动。

也可以这样说：自我实现者并非受到主要驱动力的驱动（也就是受基本需要的驱动），而是受到超越性动机的驱动（超越性动机也就等同于存在价值观）。

九

这种融合意味着自我得到了拓展，包括了现实世界的各个方面，因此自我和非自我（外部的、他人的）的区别就得以超越。

因此，这些存在价值观或超越性动机不再是内在的或集体的，它们既是外在的，也是内在的。超越性动机是内在的，而它所有的外在条件都是外在刺激和内在反应之间的联动，这样二者就趋向成为不可分割的整体，也就是说，二者趋向融合。

这就意味着自我和非自我的区别被打破了（或者得到了超越）。外在的世界和内在的个体之间的区别越来越少，个人融合了世界的一部分，并且以世界的一部分来界定自我，从这个意义来看，我们可以说他的自我得到了拓展。如果他认为正义、真理、公正对自己十分重要，他认同这些价值观，那么他应该去哪里找寻这些价值观呢？应该从他的内在找寻，还是要在外部世界找寻？这种内在世界和外部世界的差异在这一层面已经变得很小，甚至毫无意义了。身体肌肤已经不能作为划分内在世界和外部世界的界限了。人的内在光芒似乎与外在的光亮一样闪耀。

如果实现了这一点，自私必然会得到超越，在更高的层面得以重新界定。例如，我们都知道，如果一个人的孩子喜欢吃某种食物，那么他的孩子吃这种食物为他带来的快乐可能比他自己吃这种食物获得的快乐更多（这种快乐是自私的还是无私的）。在这种情况下，他的自我因为包括了自己的孩子而得到了拓展。如果伤害了他的孩子就等于伤害了他。显然，自我就不能再通过生物学中"心脏的血通过血管输送到身体各个部位"这种概念进行定义了。心理学意义上的自我显然比生理意义的自我大得多。

正如我们所爱之人也可以与我们合而为一，成为界定我们的特点。我们所热爱的事业和价值观同样也可以与我们的自我融为一体。例如，很多的人都极力阻止战争发生，或者极力反对种族之间的不平等现象，反对贫民窟、贫困的存在。他们认为这是他们身份的一部分，因此他们为这项事业做出了巨大的牺牲，甚至献出了自己的生命，显然这种做法对于他们生物意义的身体来说是显失公平的。他们考虑的不再是他们的身体，他们将公正视为一种总体的价值观，认为人人都应该享有公正，公正成了一种原则。如果有人攻击了存在价值观，就是攻击了所有认同这种价值观的人，是一种人身攻击，是一种对个人的侮辱。

将最高形式的自我等同于外部世界最高形式的价值观就意味着至少在一定的程度上实现了自我与非自我的融合。但是，这一点不仅仅适用于自然世界，也适用于人类世界。也就是说，一个人最高级、最珍视的自我那部分就等同于自我实现者最为珍视的最高级的部分。这样就实现了不同个体之间的自我融合。

这种价值观与自我的融合也会产生一些其他的重要影响力。例如，你可以热爱这个世界上的正义、真理或者一个人身上存在的这两种品质。如果你的朋友也追求正义和真理，你会感觉更快乐；如果他们远离了正义和真理，你会感到伤心，这一点很容易理解。但是如果你自己成功地追求到了正义、真理、美和美德，你会如何反应？当然，你可能会发现，你会以一种更为客观、更为疏离的眼光审视自己，不会再被文化影响，你会更加爱自己，欣赏自己，如同弗洛姆描述的健康的自爱的方式那样(36)，你会尊重自己、欣赏自己、照顾自己、奖赏自己，感觉自己品德高尚，配得他人的爱和尊重。具有天赋的人也会保护这种品德，将自己视为承载了某些品质的人，既是自己又不只是自己。我们可以说，他可能会成为自己的守护者。

十

而那些尚未成就自我实现的人似乎更倾向于用工作满足他们的基本需要，满足他们的神经症需要，将工作作为一种达到目的的手段，或者将工作视为习惯上做的事情，或者将工作作为文化期待

的反馈, 等等。然而, 可能这些存在着程度上的差别。也许所有的人
(潜在的)都在某种程度上受到超越性动机的驱动。

这些人虽然具体的工作不同, 但都遵纪守法、忠于家庭、科
学或者精神病理学或者教育、艺术。也就是说, 他们忠于某种传
统的工作(或者忠于终极现实或现实的某些方面)。对于他们来
说, 职业只是一种实现价值观的工具(85, 89)。我通过观察他
们、采访他们, 例如询问他们 "为什么喜欢医生的工作, 为什么喜
欢管理一个家庭, 担任一个委员会的主席或者生孩子, 写作在什
么时候会让他们感到富有成就感" 这些问题了解他们的自我实现
情况。他们也许会回答: 为了追求真理、美、良善, 为了维护法律
和秩序, 为了追求正义, 为了寻求完美。我将他们的各种回答归结
为十几种内在价值观(或存在价值观), 从一系列具体或者详细
的回答中总结出他们想得到什么, 渴望什么, 什么会让他们感到
满足, 他们看重什么, 他们日复一日为了什么而工作, 他们为什么
工作。(当然, 除了为了满足他们的基本需要之外的原因。)

我并没有有意避开那些混乱的人群, 也就是那些尚未完成
自我实现的人。我可以说大多数人都是可控群体, 这一点自然是
实情。不过我也接触过很多普通人、不成熟的人、神经症和处于
社会边缘的人、变态, 等等。毫无疑问, 这些人对职业的态度都离
不开金钱, 离不开基本需要的满足(他们工作不是为了追求存在
价值观), 是纯粹出于习惯, 为了寻求刺激, 是神经症的需要, 是
传统或内在惰性使然(一种不会提出疑问、不会进行检验的生活
方式), 遵照他人的命令或者期待行事。然而, 这种跟着直觉走的
常识性或自然的结论当然很容易得到更为仔细、更为可控、预先

设计好的检验方式的证实或者驳斥。

我强烈地感觉到，在我研究的自我实现者的过程中，所选取的研究对象和其他人之间并不存在非常明显的区别。我相信，每个我研究过的自我实现者都或多或少地符合我的描述，但还有一些身心不像他们那样健全的人也在某些程度上受到存在价值观的驱动，特别是那些具有特殊才能的人。在特别理想的情况下，他们也会做到这一点。也许所有人都在某种程度上受到超越性动机的驱动吧。[1]

传统的事业、职业或者工作都可以作为人们实现驱动力，出于习惯或遵循传统或者实现机能自主性的渠道。人们可能会徒劳地想通过工作满足他们所有的基本需要，甚至神经症的需要。这些工作成了他们"实践"或者"防御性"的活动，也是他们用来真正地满足基本需要的行动。

我凭借"经验印象"和一般的动态心理学理论做出了如下猜测：我们最终会发现一种正确的观点，证明所有的习惯、决定因素、动机和超越性动机都同时以一种非常复杂的模式发挥作用，而这种模式是由某种动机或者因素决定的。也就是说，我们所认识的层次越高的人更大程度上是受超越性动机的驱动，受基本需要驱动的程度很小，而普通人或者人性未得到充分发展的人则会更多地受基本需要的驱动。

我的另一个猜测是，"困惑"的程度也与之相关。我已经在前文提到过，(95，第十二章)我认为我研究的那些自我实现者能

1.我可以肯定地说，这一点表明有必要设定一个研究超越性动机的研究机构，这种机构一定会和那些所谓的研究驱动力的机构一样，获得丰厚的利润的。

够轻而易举、果断地判断出是是非非，这一点与很多普通人为价值观感到困惑的状态形成了鲜明对比。大众不仅存在着价值观方面的困惑，也存在一种奇怪的颠倒黑白的倾向，对那些善良之人、人上人、卓越的人、美且富有才华的人怀有一种天然的仇恨。

"那些政客和知识分子让我感到无聊至极，他们看上去显得那么不真实，我认为那些风尘女子、小偷、瘾君子等才是生活在这个世界的真实的人。"（选自对尼尔森·艾格林，Nelson Algren 的采访。）

我将人们的这种敌视心理称为"逆反性评价"，我也可以将它称之为尼采式的无名怨恨。

十一

对于人以及人性的完全定义必须包括人的内在价值观，内在价值观必须作为人性的必要组成部分。

如果我们试着为真正的自我、自我认同或真正意义的人做出最深刻、最真实的定义，就会发现，为了尽量使这种定义的覆盖面广一些，使它不仅包含人的体魄和秉性、人体解剖学、生理学、神经学和内分泌学，不能只考虑人的能力、生物学特征、基本的内在需要，也应该包括存在价值观，那是人们的存在价值（这种存在价值应该理解为对萨特的武断的存在主义的否定，萨特认为自我是由法令创造的）。存在价值也是一个人的"天性"或本质，以及他的"低级"需要的一部分，至少对于我研究的那些自我实现者来说是这样的。它们必须都包括在任何一种"人类"或人性，或者"人"的终极定义中。对于大多数人来说，它们并不明显或者都得以实现（它们是人为地促成，其存在具有功能性）。然而，据我了解，人们生来并不具备这些潜能（当然可以想象，未来我们会得到新的数据驳斥这种假设，不过那需要严格的语义证据和理论支撑。例如：对于那些意志薄弱的人来说，自我实现具有怎样的意义呢）。不论如何，我认为至少这一点对于某些人来说是成立的。

对于一个人性得到充分发展的人来说，这是一个非常全面的定义，它包含了一种价值体系，而这种价值体系又是他的超越性动机。

十二

从本质上来说，这些内在价值是与生俱来的。也就是说人们需要：（1）没有疾病；（2）充分发展人性或者实现个人成长。这种疾病是由于内在价值观的丧失（超越性动机）而引发的，我们称之为超越性精神疾病。精神生活是最高级的人类志愿，它应该成为科学研究的课题。它们也存在于自然世界之中。

我希望进一步拓展另一个主题，这个主题也源于我对研究对象以及普通人的观察和二者之间的对比。这一主题是：我之所以说人的基本需要是固有的，或者是生理学意义上必要的，其中有很多原因（95，第七章），但主要的原因是人们的基本需要应该得到满足，这样他们才不会生病，他们的人性才不会受到减损。如果我们从积极的意义来看，人们满足基本需要是为了追求自我实现，或者为了实现全部人性。我强烈地感受到，自我实现者的超越性动机也可以用类似的说法表述。人的超越性动机也是生物学意义的必需品，原因如下：消极地说，是为了避免"生病"；积极地说，是为了实现人性的完全发展。因为这些超越性动机也是一种内在的价值观或价值观的组合，所以可以说存在的价值观从本质上说也是人类所共有的。

　　如果存在价值观没有得到满足，人就会生病。这些"疾病"（是由于存在价值观、超越性动机，或存在事实被剥夺造成的）是人们新发现的，此前人们并未描述过这些病症，只是无意提到或者暗示了这种病症的存在，或者像弗兰科在他的作品（34）中描述的那样，只是对这些病症进行了非常笼统的、概括式的概述。总体上说，几百年来，宗教史学家、历史学家和哲学家为这些病症冠以一种人们的精神或宗教信仰缺失的标签，但是物理学家、科学家、心理学家或精神科专家、生物学家并未将其视为"病症"，阻碍或减损人们心理健康的疾病。在一定程度上，它也与社会乱象、政治纷扰和一些社会病症有所重复（参见表格3）。

　　我将这些病症（最好称之为人性的减损）称为"超越性病症"，并且将它们定性为人们因为所有价值观或者部分存在价值观被剥夺而产生的病症（参见表格2、表格3）。根据我此前的描述与对各种存在价值观的推断，辅之以各种方法，我们可以总结出一个类似于周期表的表格（表格3）。一些尚待发现的病症也可以在表中列出，方便人们日后发现并描述这些病症，而我的假设也能得到证实。（电视成了我搜集研究素材的有力工具，我通过电视广告搜集了丰富的超越性病症的病例。这些病例种类繁多，都是因为内在价值观遭到破坏或者变得庸俗化引发的，不过我也通过很多其他的途径获得了很多的实验数据。)

表格3　一般性的超越性病症

疏远
缺乏道德规范的制约
缺乏快感
失去生命的热情
认为生命毫无意义
没有享受生活的能力，对任何事都漠不关心
感到生活无聊、倦怠
认为生活不再具有内在的意义，生活本身无法自我确证。
存在空虚
神经官能症
哲学观遭遇危机
对事情态度冷漠、顺从、宿命论
毫无价值观可言
世俗化的生活
精神世界患上了疾病，遭遇危机，变得"干枯"和"枯燥"，陷入停滞状态
价值观沦丧
一心求死，生无可恋，觉得死也无所谓
感觉自己毫无用处，不被人需要，感觉自己不重要，没有价值

感到绝望、冷漠、挫败感, 不再应对, 破罐子破摔
感觉自己完全被人控制、无所适从, 毫无自由的意愿
产生了终极的怀疑, 任何事都值得去做吗? 一切都重要吗
绝望、悲观, 高兴不起来
感觉自己没用
愤世嫉俗、不相信他人, 失去信仰或者抛弃了所有高级价值观
超级抱怨
"毫无目的性"的破坏力, 对他人憎恨, 报复心强
远离长者、父母、权威、社会

表格4 缺失存在价值观与超越性精神疾病的具体表现

存在价值观	未得到满足而引发的病症	具体的超越性精神疾病表现
1.真理	不诚实、欺诈	不信任他人、愤世嫉俗、怀疑主义
2.善良	邪恶	完全自私、憎恶他人、反感他人、凡事只依靠自己、凡事只为自己考虑、虚无主义、愤世嫉俗
3.美	丑陋	感到特别不幸福、不安，对事物失去品味，感到紧张、疲惫，庸俗、心情阴郁
4.完整、统一性	混乱、微观、毫无关联性	离散、"世界分崩离析"、随意
4a.超越二分法	非黑即白的二分法，失去层次感，非此即彼的、强迫性的、极端化的思维方式及选择方式	将一切视为战争、决斗或冲突，协同作用低，简单地看待生活
5.活力	死气沉沉、机械化、程式化的生活	死气沉沉、死板、觉得自己完全受他人控制、失去情感、穷极无聊、失去生活的热情、经验上的空洞

存在价值观	未得到满足而引发的病症	具体的超越性精神疾病表现
6.独特性	同一性、统一性、不可替代性	失去自我感觉,个性,感觉自己可以替代,也就是不被他人需要
7.完美	不完美、邋遢、技艺糟糕、拙劣	感觉灰心丧气、毫无希望、没有值得为之奋斗的事情
7a.必要性	偶然、偶因论、不一致性	混乱、不可预测性、失去安全感、随时保持警惕
8.完满、终结	不完整	一种有所保留的残缺感、失望、停止努力和应对、感觉努力和尝试毫无意义
9.公正	不公正	不安全感、气愤、愤世嫉俗、对他人不信任、无法无天、丛林法则、完全自私
9a.秩序	无法无天、一团混乱、失去权威	不安全感、好战、失去安全感、可预测性、需要保持警惕、戒备、紧张、草木皆兵
10.简单	令人迷惑的复杂度、无关联性、支离破碎	过度复杂、混乱、迷惘、矛盾、失去方向感
11.丰富性、整体性、可理解性	贫乏、缩窄	压抑、不安、对整个世界失去兴趣
12.难易程度	费尽心力	疲惫、费力、努力、笨拙、尴尬、粗笨、僵化

存在价值观	未得到满足而引发的病症	具体的超越性精神疾病表现
13.趣味性	毫无幽默感	严肃、压抑、偏执式的一本正经、失去对生活的热情、死气沉沉、失去享受生活的能力
14.独立性	偶发事件、事故、偶因论	取决于认知者、成了他责任的一部分
15.存在的意义	毫无意义	认为生活毫无意义，感到悲观绝望，认为生活没有价值

表格中的第三列只是尝试性地列出了一些内容，暂且不必认真对待，不过它们可以作为未来研究任务的参考。如果将一般性的超级病症视为研究背景，那么具体的超级病症似乎就可以作为研究的图形。而我所研究的唯一超级病症就是表格中的第一种（第五章，89页）。也许我的研究可以起到抛砖引玉的作用，能够唤起人们对研究其他超越性病症的热情。我认为，如果人们阅读宗教病理现象的文献，特别是一些有关神秘主义的相关文献，可以获得启示。我猜测这些启示可以从那些通过"优雅"的艺术领域，从同性恋亚文化，从反对存在主义的文献(159)中获得灵感。在存在主义心理学的以往病例中，精神疾病、存在真空、"无聊"和"枯燥"的神秘主义、二分法、语言表达、普通语义学的过度抽象、艺术家反对的庸俗化、机械化以及社会精神病学家谈论的个性丧失、疏离、自我身份的丧失、一味地责怪他人、牢骚满腹、抱

怨、无助感、人们的自杀倾向，荣格探讨的宗教病症、弗兰科探讨的心理障碍、心理分析师所说的性格障碍等——所有这些和其他由价值观引发的问题无疑都能找到相关的研究素材。

小结：如果我们认同这些障碍、病症、症状或者人性的减损（都是由于人的超越性动机未得到满足而引起的）都是完全的人性或人的潜能受到破坏的表现，如果我们觉得人的超越性动机应该得到满足或者应该实现，认为存在价值观可以增强或实现人类的潜能，那么显然这些内在的超级价值观可以视为人的内在需要（83, 33-47页），也就是我们所说的基本需要。这些超级价值观同样是分层级的，但是它们又可以区别于基本需要的特点，它们应该也和基本需要一样，同样值得人们研究，因为它们就像人体对维生素C或者对钙的需要一样，是人体不可或缺的营养成分。如果从更广泛的范畴来看，它们也属于科学研究，显然不是那些神学家、艺术家独有的研究课题。价值观或者精神世界属于自然的范畴，而不存在于与自然世界完全不同甚至对立的世界范畴中。这一课题，心理学家和社会科学家曾经研究过。理论上，如果神经学、内分泌学、基因学和生物化学等研究领域发展出合适的研究方法，它也会纳入这些学科的研究范畴。

十三

那些生活条件富足、骄纵的年轻人之所以会患超越性精神病症，一部分原因是他们的内在价值观被剥夺，"理想主义"因为遭遇残酷的社会现实（错误的认知）而幻灭，因而退化到了一味地追

求满足低级的基本需要或者物质需要的水平。

通过超越性精神疾病，我们可以提出一个很容易验证的假设：我认为很多生活富足的年轻人（他们的基本需要已经得到了满足）对现实社会感到失望而出现了病理现象的原因是他们的内在价值观没有得到实现。换种说法，那些富家子弟、权贵阶层和基本需要已经得到满足的高中生和大学生的种种不良行为是因为这些年轻人的"理想主义"屡屡受挫，这种现象在年轻人中十分常见。我认为这种不良行为可能是因为他们的信仰遭遇幻灭，并因此感到愤怒与失望的结果。（有时，我会看到年轻人陷入完全绝望的状态，他们甚至无法容忍别人提起存在价值观。）

当然，这种受到挫伤的理想主义和偶然发生的绝望情况在一定程度上是由全世界普遍存在的驱动力认知匮乏引发的。我们暂且不谈行为主义和实证主义的理论——或者非理论，以及对问题视而不见的简单处理方法，也就是心理分析学中的拒绝接受，那么这些满怀理想的年轻人拿什么理论武器救赎自己呢？

19世纪的正统科学和学院派心理学并没有为这些年轻人提供解决问题的方法，而且大多数人秉持的主要动机理论也只能将他们引向绝望或者愤世嫉俗的深渊。至少弗洛伊德派在发表的文章中提出（虽然它们称不上在实践中效果显著），应该还原人类的全部高级价值观。人类最深切、最真实的动机往往被视为危险和肮脏的；人类最高级的价值观和美德成了虚假的，并非本质的人性，只是人性中"最深刻、最黑暗、最肮脏"的本性的伪装。我们的社会科学家也同样让人失望。文化决定论仍然是社会的主流思想，是很多社会学家和人类学家所推崇的正统思想。这种思想不仅否认了人类存在着内在的、更高级的驱动力，甚至有时到了干脆否认"人性"存在的危险边缘。东西方的经济学家基本上都是物质主义者。我们必须义正词严地对经济学"科学"说，经济学总体上不过是运用一些准确的技巧和应用，不过其理论内核，也就是关于人类需求和价值观的理论却是错误的，因为它只承认人类基本需要或者人类物质需要的存在。

在这种情况下，年轻人怎能不感到失望？怎能不对整个社会感到绝望呢？如果只有物质需要，人们的基本需要虽然得到了满足，却感觉不到快乐，因为他们不仅受理论家的误导，也受思想传统的父母和教师的教诲，还有电视广告那无休无止的灰色谎言的影响。误导他们的因素无处不在，他们还有别的出路吗？

那么，人类"永恒的真理"该何去何从呢？社会中的大多数人认为那是教会，是那些教条主义，体制化、传统化的宗教机构的事情，但是这恰恰是对高级人性的一种否定！也就是说，那些追求理想的年轻人绝不会在人性中找到他们的理想。他们必须在非人类、非自然的环境中才能找到理想，但是理想的来源本身就为很多当今社会的年轻人所否认和排斥。

这种过度放纵自我的状态产生的一个结果就是，物质价值观越来越主导人们的思想。结果，在人们的精神世界中，对价值观的渴求更加难以满足。因此文明已经接近了一种近乎灾难的边缘。

【E.F.舒马赫】

我关注的是"那些理想受挫"的年轻人，因为我认为这是当今社会的一个焦点问题。但是我认为所有人都存在因为"理想主义受挫"而引发的超级病症。

十四

这种缺乏价值观以及寻求价值观的现象是由外部条件引发的，也源于人们的内在矛盾心理和反价值观的倾向。

人们不仅仅会因为环境影响而陷入被动、消极、缺乏价值观指引的状态，从而患上超越性精神疾病，也会惧怕最高的价值观，不论是内在的还是外在的。我们不仅会受到这些价值观的吸引，也会对它们心存敬畏，感到震惊、畏惧。也就是说，我们往往会对高级价值观存有矛盾的心理。一方面，我们用存在价值观保护自己，抵御压抑、否定、反向形成，还有抵御所有弗洛伊德式的心理防御机制的消极影响；另一方面我们也用这些防御机制抵御自身存在的最高价值观以及最不堪的低级价值观。谦卑与觉得自己一无是处的自我否定会使我们逃避最高价值观，而与此同时，我们也害怕高级价值观会让自己茫然失措。

因此，我们假设人们的超越性精神疾病是人们自我加注的需要剥夺，就像外在原因导致的需要受挫会引发病症，这种假设是不无道理的。

十五

人的基本需要优于超越性动机。

　　基本需要和人的超越性动机都具有层级。也就是说，它们都处在同一个延续体中，处于同一个讨论范畴，都具有"被需要"的特点（必要的、对人有益的）。如果它们没有得到满足，人就会"生病"；人性就会受到减损；而它们如果得到了"满足"，人性就会得以完全发展，个人就会收获成长，得到幸福，实现心理学意义上的"成功"。人们会获得更多高峰体验，总体上说，人们会更多地生活在存在的层面。也就是说，从生物学意义上来看，它们都是理想的，都会成就生物学意义的成功。然而，它们也存在着明显的差异。生物学意义的价值观或成功往往被视为负面的，例如：将这种价值观或成功视为一种延续生命、生命活力、避免生病、保证个体及其子孙后代存续下去的手段。不过，生物学或进化的成功也具有积极的一面，它们不仅仅是生存的价值观，也是成功的价值观。基本需要和人的超越性动机如果得到了满足，就会使人"变得更好"，在生物学意义上比他人更有优势，在统治的层级中处于更高的地位。他们不仅仅身体更强壮、更富有统治力、更成功，而且他们的需要也会得到更大程度地满足：他们具有更好的领地、更多的子嗣，等等。而弱小的动物不仅处于统治层级的底端，它们也更加容易被替代，更容易被吃掉，更不容易繁衍后代，更有可能会忍饥挨饿，等等。更优秀的物种比孱弱的物种享受更为优越的生活，基本需要会得到更多的满足，而不会受到挫伤、忍受痛苦、面临恐惧。我并不想在此描述动物的舒适生活，然而我们可以通过动物界存在的现象反思人类，这些现象同样适用于人类世界。我们可以提出这样的问题："印度的农民和美国的农民都同样繁衍后代，他们的心理生活以及生理生活完全一样吗?"

首先,很明确的一点是基本需要的层级优于超越性动机的层级。我们可以换种说法:人的超越性动机的满足并不像基本需要的满足那么重要(不那么迫切,重要性稍逊一筹)。我认为,总体上这是一种统计学的陈述,因为我发现一些个体存在某种特殊的才能,或者拥有一种独特的,对真理、美和善的敏感度,对于他们来说,追求这些品质往往比基本需要得到满足更为重要、更为迫切。

其次,基本需要可以称为匮乏需要,它们所具有的特点我们已经在"匮乏需要"一章中描述过,而人的超越性动机似乎应该描述为人的"成长需要"。(89,第三章)

十六

一般来说,人的各种超越性动机也是分层级的,只是我无法找到一种总体性的层级顺序。不过对于个体而言,超越性动机会因个人的特殊才能和体质差异表现出不同的层级顺序。

目前我所了解的超越性动机(或存在价值观、存在事实)并没有按照层级顺序排列,但是总体来说,它们似乎是同等重要的。换句话说,这种说法也具有其他意义:每个个体都有自身对超越性动机的排序方式或者层级顺序,都根据他们自身的才能、秉性、技术、能力等安排超越性动机的顺序。一个人会认为美比真理重要,而他的兄弟与他的观点恰好相反。

十七

似乎任何一种内在价值观或存在价值观都可以通过大部分或者所有其他的存在价值观加以定义。也许，这些存在价值观可以组成一个整体，这样每种存在价值观都可以视为一个整体的一方面。

我认为（虽然我不能确定）任何一种存在价值观都可以通过大部分或者所有其他的存在价值观进行定义。也就是说，如果我们想完整地定义"真理"这个词，必须用美、良善、完美、公正、简单、有序、合法、生动、综合、统一、超越二分法、轻而易举和有趣这些存在价值观予以定义（而"事实、全部的事实、除了事实别无其他"这一描述模式显然不足以形容这一点）。如果我们想完整地定义美，必须通过真理、良善、完美、生动、简单等价值观。好像所有的存在价值观都具有某种统一性，每种价值观都可以视为一个整体的一方面。

十八

价值观的生活（精神的、宗教的、哲学的、价值论的，等等）是人类生物学的一方面，它与人的低级生活处在同一个延续体中（而不是各自分开、二分法或者处于相互对立的世界中）。因此，一定会存在一种适用于所有物种、各种文化的价值观生活，不过这种价值观生活必须通过文化才能实现。

这就意味着所谓的精神生活、价值观生活或者"高级的生活"与肉体的、身体的生活（本质上说是相同的），即动物性的生活、物质生活、"低级生活"处于同一个延续体。也就是说，我们的精神生活是我们生物意义生活的一部分，是它"最高级"的一部分，但仍然是这种生活的一部分。

人们的精神生活也就是人类本质的一部分，是人性的确定性特点。没有这些特点，人性就不能称之为完全的人性。它也是真实自我的一部分，是一个人的身份、内核、种类、完全人性的一部分。人们可以在多大程度上纯粹地表达自我？在多大程度上可以表现出纯粹的自发性？在多大程度上可以表达人们的超越性动机？可以以一种"揭示性"、道家的、实证主义的、意义疗法（34）或"个体发生技术"（20）发现并加强超越性动机以及基本需要。

深入的心理诊断以及心理治疗技术最终应该也能揭示超越性动机的秘密，因为我们"最高级的天性"正是"最深切的天性"。这种说法虽然听上去有些矛盾，但确是事实。人们的价值观生活和动物性生活并不存在于两个独立的世界，这与大多宗教的、哲学的猜想不同，也有别于经典的科学设想。人的精神生活（人的思想具有的沉思的、宗教的、哲学的或价值观的生活）也属于人的思想范畴，原则上是可以通过人们的努力实现的。即便精神世界已经被经典的、不涉及价值观的、以物理世界的模子定了型的科学排除在现实世界之外，但是我们可以通过人文科学对它进行研究和界定。也就是说，这种拓展的科学必须用永恒性、终极的真理、终极价值观等标准进行研究，用那些"真实的"、自然的、以事实为依据的事物为基础进行研究,而不应该凭人们的意愿进行研究,它们是属于人类世界的现象而不是超自然现象,是合理合法的科学问题,需要通过科学进行研究。

当然,这样的问题实际研究起来更加困难,因为人的基本需要优先于更为高级的需要,这就意味着高级需要不太容易发生。而超越性动机生活的存在前提更多,这些前提并不仅包括所有基本需要都得到满足这一个,还有对"良好的条件"(85)的诸多限制。有了这些前提,高级的精神需要才会实现。也就是说,高级需要的产生要求有良好的环境,因此除了物质得以满足这个条件之外,还需要很多良好的条件,物质条件不能匮乏,需要存在很多可供选择良好的条件,这样人们才能更有效地选择实现高级精神需要的条件。此外,还要求人们所在的社会制度具有协同作用(83)等。总之,我们必须在此说明一点,更高级的精神生活只能在原则上存在,不过想让它变成现实绝非易事,也不太可能。

我还想在此明确地表明,超越性动机人皆有之,因此它超越了文化,是全人类共有的,并不是某种文化创造的,也不是某种文化所特有的。这一点必然会引起人们的误解,因此我想在此说明:在我看来,人的超越性动机是与生俱来的,也就是说它是全人类所共有的,但是它们是一种潜质,而非事实。文化可能也无法将它们转化为现实。事实上,这是大多已知的文化一直以来都在努力实现,也是现在正在尝试的事情。因此,这里暗示的是存在一种超级文化,这种文化可以置身于任何一种文化之外,它高于任何一种文化,可以根据这种文化促进或抑制自我实现、完全的人性以及超越性动机的程度来对这一文化进行批判(85)。一种文化可以与人的生物特质呈协同作用，也可以与之对抗。不过原则上，二者并不存在对立的关系。

因此，我们可以说每个人都希望实现更高级的生活吗？也就是精神生活、存在价值观，等等？在此，我们苦于受语言表达的限制，找不到合适的表达方式说明这一问题。原则上，每个新生儿都有这种潜质，只是后来他们的经历改变了这一点。我们可以猜测，人们在出生时都有这种精神生活的潜质，只是出生后才失去了这种潜能。不过我们可以肯定地说，当今的社会中，多数新生儿都不会实现这种潜能，他们永远也无法到达驱动力的最高层级，因为现实存在的种种贫困、剥削、偏见等限制，阻碍了他们达到那种层次。事实上，在当今的世界里，处处都存在不公平现象，因此对于成年人来说，成年人的境遇会因为生活方式、所处的社会环境、经济条件、政治地位、心理健康状况等因素产生差异，这是一种比较明智的说法。然而，如果我们因此就放弃了对实现超级生活的追求，那就绝非明智之举（将其作为一种社会策略）。那些"不可救药的人"不论从精神意义还是从自我实现的意义上都得到了"医治"。锡南浓社区就是这样的一个例子。当然，如果我们放弃了这种努力，对我们的子孙后代也是不公平的。

所谓的精神生活（或者超越性的、价值论的）显然植根于人类的生物特性之中，它是人类存在的一种更为"高级"的动物性的体现，而它存在的前提是人们各种健康的"基本需要"都得到了满足，也就是基本需要和高级需要在层级上处于一个整体（而不是互相排斥的）。但是这种更高级的、精神层面上的"动物性"太过薄弱，太过脆弱，因此很容易丧失，很容易被各种更为强势的文化力量所摧毁,只能在认同人性、积极地促成人性完全发展的文化环境中才能得以实现。

正是这种思路为很多不必要的二分法或矛盾法提供了可能的解决方案。例如,如果黑格尔提出的"精神"和马克思提出的"本质",包括"理想主义"和"现实主义"事实上也是处于同一个延续体上的层级整体。例如,基本需要(兽性的、天性、物质的)在具体的、经验的、实践的方面比那些所谓的高级基本需要更具优势,而更高级的基本需要又比超越性动机更具优势(精神、理想、价值观)。这也就是说,从某种意义上来说,生命的"物质"条件要比人们的高级理想更具优势(具有优势,更强大),甚至比人们的意识形态、哲学、宗教、文化等更具优势。不过,这种优势是可以界定的,也是有限的。然而这些更高级的理想和价值观绝非基本价值观的附属品,它们具备与人们的生理和心理现实相同的特点,只不过在程度上、紧迫性或优先顺序上有所差异。任何优势层级中,就像人们的神经系统或群体中的尊卑顺序,不论是高级还是低级的因素都同样"真切",都是人类所有的。如果人们愿意,可以通过人们为实现完全的人性发展付出的艰辛努力的角度,或者以一种展示内在、德国教授类型的自上而下或者自下而上的审视法来审视历史(人们就可以接受"自私自利"是所有人的本性这种说法是正确的,因为自私性在人性中占据优势,但是我们不能因为这一点就认为它足以描述人类的一切动机)。对于不同的知识目的,它们都有其理论意义,也同样具有心理学意义,我们不能就"精神高于物质"还是"物质高于精神"的命题争论不休。如果时至今日,俄罗斯人还在担心理想的层级、精神哲学的问题，那就大可不必。以我们对个体内在以及社会内部的发展趋势的了解，精神生活是完全有可能实现的，是物质生活得到了满足之后能实现的（不过我并不能理解物质生活丰富就能促使一些人追求个人成长，而导致另一些人安于现状、不思进取）。但是很有可能对于那些追求精神世界的富足的宗教主义者来说，还是应该先考虑衣食住行的问题，这些基本的生存问题远比布道更亟待解决。

如果我们将更低级的动物性需要与我们更"高级的"精神上的、价值论的、珍贵的、"宗教的"特质（因此说精神性也具有动物性，也就是说高等动物）相提并论，会有助于我们超越很多二分法。例如，将人性中，那些邪恶、堕落、色欲、私欲，以自我为中心、追求私利的劣根与人们神圣的、理想的、良善的、永恒的、高级的追求等特质完全对立。有时神圣的或最优秀的品质往往脱胎于人性，但是在人类的历史中，往往存在良善的品格形成于人性之外、高于人性、超于人性的情况。

我有一种模糊的想法，那就是大多数宗教、哲学或者意识形态多少都倾向于人性本恶的说法，但是即便是人类最为"邪恶"的冲动有时也会被具体化、外化为某种事物，例如撒旦的声音，等等。

而且，我们具有的"最低级"的动物本性经常会自动被认定为"邪恶的"（95），虽然原则上这些低级需要很容易就会被一些文化认定为"良善的"——在一些文化中曾经出现过这种情况。时至今日，这种现象仍然存在。也许诋毁人性中最低级、最具有动物性特点的部分是因为二分法造成的（二分法是病态的，而它又迫使人们使用二分法看问题，在整体性的世界中，这种做法往往是错误的）。如果情况如此，那么超越性动机的观念应该可以为解决所有的错误二分法提供一个理论依据。

十九

快乐和需要的满足都可以以一种从低级到高级的层级或顺序排列，而享乐主义的理论可以视为人们先满足低级需要，再满足高级需要，最后满足超越性动机的做法来理解。

存在价值观可以视为人们对超越性动机的满足，它也是我们所知的最高形式的快乐。

我在其他的文章中(81)指出：人们应该意识到，人们的需要和快乐是存在层级的，认识到这一点十分必要，也十分有用。在一个需要层级中，从泡热水澡缓解疼痛，到交友产生的幸福感，再到欣赏伟大的音乐作品获得的快乐，再到生产获得的幸福感，最后升华为爱情带来的至高幸福感，快乐与幸福如果到达了顶点，就与存在价值观融合为一体。

这种层级的存在为享乐主义、自私自利、责任等问题提供了解决方案。如果人们把最高等级的快乐包含在一般的快乐之中，那么天性得到充分发展的人从真正意义上来说只会追求一种快乐，那就是超越性的乐趣。也许我们可以称之为"超越型享乐主义"，并且指出在这一层面上，快乐和责任并不存在矛盾，因为人类的最高责任一定会与真理、正义、美等存在价值观有关，然而它们也会为人类带来最高级的快乐。当然在这一层面上，自私和无私的对立也会消失。对我们有益处的事情也会使所有人受益，能够满足人需要的事物就会得到人们的称赞。我们可以认为，我们的品味是值得信赖的，是理智、明智的，我们喜欢的东西都对我们有益，而追求我们个人的（最高形式）利益也就是在为大众谋福利，等等。

如果人们谈论的是以满足低级需要的低级享乐主义、满足高级需要的高级享乐主义和满足超越性动机的超越型享乐主义，那么这也是按照从低级到高级的顺序（95），提出了各种可以实施而且可以得到检验的意义。例如。如果人们的层次越高，处于同一层次的人就会越少；前提条件设定得越多，社会环境就会越好，教育的质量也一定会越高，等等。

二十

因为人的精神生活是类本能的，因此所有的"主观生物学"技巧都适用于培养这种主观生物学。

因为人的精神生活（存在价值观、存在事实、超越性动机，等等）都是真实自我的一部分，是类本能的，因此原则上是可以进行自我反省的。它具有"冲动的声音"或者"内在的信号"。这些信号虽然比基本需要微弱，但仍然可以"被听到"，因此我们可以将它划归到主观生物学这一范畴之内。

因此，原则上所有能够提升（或者教化）我们的感官意识、身体意识，我们对内在信号的敏感度（内在信号是由我们的需要、能力、体质、秉性、身体等发出的）的原则和操作也同样适用于我们的超越性动机, 虽然在程度上并不那么强烈。例如教育, 我们对美、法律、真理、完美等存在价值观的渴求。也许我们可以发明出类似"具有丰富的体验"这样的术语描述对内在信号十分敏感的人, 甚至对超越性动机敏感的人, 以及可以了解和享受这些内在信号和超越性动机的人。

原则上, 正是这种经验上的丰富性是可以传授, 或者在某种程度上是可以恢复的。只要我们使用了恰当的心理疗法、依莎兰疗法和非语言的方式[1], 例如通过冥想、沉思的技巧, 以及对高峰体验或存在认知力的进一步研究实现。

我不希望读者认为我们的内在信号是神话 (是我们内在的声音, 是我们良知那真实而微弱的声音)。我认为体验性的知识一定会成为一个良好的开端, 帮助我们了解万事万物, 但是它并不是所有知识的终结。它是了解万事万物必要的条件, 但不是充分条件。我们内心的声音偶尔会出现错误, 即便最聪明的人也不例外。无论如何, 这样智慧的人可能会用外在的现实考验他们内在的指令, 他们会随时随地进行这种考验。有时, 即便真正的神秘主义者确信无疑的内在声音经过证实也可能是邪恶的魔鬼之声 (53)。因此, 不论我们多么尊重内在体验, 认为自己的良知高于其他获得知识和智慧的渠道, 这种做法都不是一种明智之举。

1.位于加利福尼亚州大苏尔的依莎兰学院就以这种方法闻名。这种新型的教育方式的潜在含义就是人们可以热爱身体和"精神", 二者是协同性的, 就层级来说是一个统一的整体, 而不是互相排斥的关系, 一个人可以同时享有身心健康。

二十一

存在价值观似乎与存在事实相同，事实上，它最终会成为事实价值观或者价值观事实。

在最高的认知层面，存在价值观（启示、觉醒、存在认知力、神秘认知力等，89，第六章）也等同于存在现实（或终极现实）。当人们的性格、文化发展、认知力和情感释放（脱离恐惧、约束和防御机制的束缚）发展到了一定的高度，无须外力干预就可以实现相互重合，那么我们就找到了充分的理由相信，人的天性可以独立于现实存在（独立于人），而且这种存在不会受到观察者主观因素的影响（82）。那样，现实就可以被描述为真实的、良善的、完美的、完整的、鲜活的、美好的，等等。也就是说，用来描述现实的词语都是最准确、最适合描述所认知的事物的词语，它们就是传统意义的价值词汇。传统的二分法将现状与理想状态对立，这种二分法是低级生存状态的特点。如果人们的生活处于高级生存状态，这种二分法就会得以超越。在这高级生存状态中，事实与价值观融为一体。这些词语同时具有描述性与规范性，因此可以称它们为"融合性词语"。

在这种融合的状态下，"热爱内在价值观"就等同于"热爱终极事实"，忠于现实就是热爱现实。人们为客观性或感知做出的最大努力就是尽可能地减少感知者或观察者的恐惧、意愿、自私等算计主观因素污染事实，从而产生一种情感上的、审美上的、价值论的结果，而这种结果往往是那些具有清晰感知力的哲学家、科学家、艺术家、发明家等才能接近的。

对终极价值观的思考也就是对世界本质的思考。追求真理（完全定义）也可能与追求美、秩序、统一、完美、公正（完全定义）一致，追求真理可以通过追求其他存在价值观实现。这样说来，科学不就与艺术、宗教、哲学混为一谈，无法区分了吗？那么一项对现实本质的科学发现不就成了精神或价值论上的论证了吗？

如果上述情况均为事实，那么我们对现实的态度，至少是当我们和现实都处于最佳状态的情况下，我们瞥见的事物呈现出的最佳状态。我们对事物的态度就不再是冷酷的，完全是认知的、理性的、逻辑的、疏离的、无关自身的了。这种现实也需要人们以一种温暖而有感情的方式来回应，一种对爱、忠诚、奉献甚至高峰体验的回馈。事实在最佳的状态下并不仅是真实的、合法的，有秩序的、完整的，等等，它本身也是良善的、美丽的、可爱的。

如果我们换个角度来看待这一问题，可以说我们在此为那些很难以解答的宗教和哲学问题提供了隐晦的答案，例如哲学的求索、宗教的求索、生命的意义等问题。

我们在这里提出的理论依据只是尝试性的假设，需要经过检验和证实，也许它们是无法验证的。它是由各种水平的、具有科学可靠性、来源于临床和人格学或纯粹的直觉和预感组成的"事实"网络。换种说法，我可以自信地说，在未经验证和检验的情况下，我可以提前判定这种说法是可以经过验证的，并且我敢打赌它得到验证的一天终会来临。但是各位（读者）不应该像我这样武断，即便感觉自己的感觉是正确的，也应该有坚实的理论和现实依据支撑自己的说法，应该更为谨慎。毕竟这是猜测，即便是正确的，也应该经过验证。

如果存在价值观与个体的自我一致，并成为界定这个个体的特点，那么这是否意味着事实、世界以及宇宙也与这个个体的自我一致，并成为界定这个个体的特点呢？这种说法具有什么意义呢？这种说法听起来好像经典的神秘主义中个体与世界、与神明融为一体的故事。它也让我想起了东方世界有关类似观点的说法，例如：当个体与整个世界融为一体的时候，自我就消失了。

在这种情况下，我们可以说存在提升绝对价值观，使它变得有意义的可能性吗？同样，至少可以说现实本身是绝对的吗？如果此类事情证实是有意义的，那么它究竟是人本主义的，还是超越人类的呢？

目前，我们已经穷尽了语言能够表达的极限了，我们想传达的意义绝非词语都能传达。我只是列出了种种说法，因为我希望打开一扇门，抛出一些尚待解决的问题，留下一些尚需探寻的答案。显然，对这个问题的研究和探索还未结束。

二十二

不仅人是自然的一部分，自然是人的一部分，而且只有在人与自然存在最小程度的同质性（与之相似）时才能在自然世界中生存。自然使人进化，这样人才能与自然界中超越人类存在的事物进行交流，因而这种交流不再被界定为非自然或者超自然之事，而是被视为一种"生物学体验"。

海舍尔（Heschel, 47, 87页）称："人类真正的成就取决于他与超越自我的事物交流的程度。"当然，从某种意义来说这种说法是正确的，但是这种说法需要具体明确。

我们已经了解，在人与超越他的现实之间并不存在绝对的鸿沟，他可以认同这种现实，将现实融入对自我的定义之中，并像他忠于自我那样忠于这种融合，这样他就成了其中的一部分，而这种融合也成了他的一部分，他与这种融合合而为一。

这种说法把我们引向了另一个讨论的话题，也就是人类的生物学进化理论。人不仅是自然的一部分，而且人与自然存在一定程度的同型性，也就说人不能完全与非人类的自然相对，也无法与自然迥然不同，否则就无法在自然界中生存。

人存在于自然界这一事实本身就证明了人与自然是相容的。人是认同自然的，也为自然所接受。作为一个物种，人在维持生存的条件下屈从于自然，而自然也没有灭绝人类。从生物学的意义上说，人接受了自然的法则，这实属明智之举，如果违背了自然的法则，就难逃死亡的劫难。人能够做到与自然和谐共生。

也就是说，从某种意义上说，人必须与自然相似。我们所说的"人与自然相融合"也许就表达了这个意思。也许人面对自然时会感到欣喜（他看到了自然的真善美），而他的这种表现终有一天会被理解为一种对自我的认可或是对自身存在状态的认知、一种完全发挥自己能动性的方式、一种回归的方式、一种获得生物意义的真实性的方法，获得"生物意义的神秘感"。也许我们不仅可以将这种神秘或者峰值融合视为与自己所热爱的事物的沟通方式，而且也将它视为一种将现状与存在方式的融合，因为他属于自然，是自然的一部分，是自然这个大家庭中的一员。

……我们发现一个观念变得愈发确定：我们是宇宙中的一分子，而不是不速之客。【加德纳·墨菲Gardner Murphy】[1]。

如果我们从生物学或进化论的角度理解神秘经历或高峰体验——在这里似乎与精神体验或者宗教体验并不存在什么差异，这又一次提醒我们：最终我们不需要用"最高级"、"最低级"或者"最深切的"这些词语来描述和相对的状态。在这里，"最高级"的经历是人们能够想象的、自身与终极现实的快乐融合，同时可以被视为人们终极的动物性和种群性的最深切经验，视为一种对自身深刻的生物天性的认可、对人与自然同型性的接受。

我认为这种经验主义的，或至少是自然主义的说法使我们愈加不必像海舍尔那样，把"超越个人之外的事物"界定为"超自然、非人类或非自然的现象。"人与超越人之外的事物进行交流可以视为一种生物学意义的体验。虽然我们不能说宇宙爱人类，但至少我们可以说宇宙以一种非敌对的方式接纳了人类，允许人类繁衍生息，允许人类成长发展，偶尔还会允许人类自得其乐。

二十三

存在价值观有别于我们对这些价值观的态度，也有别于我们

1.加德纳·墨菲（1895-1979），美国社会心理学家，著有《近代心理学历史导引》《实验社会心理学》，提出了"生物社会"的人格理论。

对这些价值观的情感反应。存在价值观会使我们产生一种"必要的情感"，同时也会产生一种自卑感。

存在价值观最好与人类对这些价值观的态度区分开来，这一点是可以做到的，但是想做到这一点并不容易。如果我们将这些态度列出一份清单，那么这份清单中包括的我们对终极价值观（事实）的态度应该有：爱、敬畏、喜欢、谦卑、敬重、感觉自己不配、惊异、惊奇、惊叹、欣喜、感激、恐惧、喜悦，等等（85，94页）。这些态度显然都是人们在亲眼见到了超越自身的事物时，在情感上和认知上的反应，是独立于语言表述的。当然，一个人与这些伟大的神秘高峰体验融合的程度越高，这种超越了自身的反应就会越少，作为独立存在的自我部分就会越少。

我认为，保持这种独立性的主要原因是伟大的高峰体验，启示、绝望、欣喜、神秘的融合并不是稀松平常之事，只是它在超越了理论和研究价值之外的明显优势。人的一生中，这样的高光时刻并不多见，即便是最敏感的个体也不例外。人们绝大部分的时光都会在一种平静和状态下，在获得启示时思考和享受终极现实的状态（而不是与它们融合时达到高潮状态）。因此，我们称罗伊斯式的"忠实"（131）对于终极价值观、责任、职责都大有裨益。

此外，我们在这里提出的理论架构不会使人们认识到：存在价值观能是在任意的、偶然的情况下产生的。我们根据经验判断，这些反应从某种程度上说是形势要求的、需要的、合适的。也就是说，从某种意义上，存在价值观是值得的，人们应该爱它、敬畏它、忠于它，这是存在价值观对人提出的要求。人性得到完全发展的人一般都会这样看待存在价值观。

我们也不应该忘记，我们在亲眼见证了这些终极事实（或者价值观）后，常常会产生一种强烈的自卑感，认为自己没用、渺小，意识到自己的缺点和不足，认识到在宏大的世界面前，作为人类家族中的一员，自己的终极存在不过是渺小的、无助的。

二十四

用来形容驱动力的词汇也必须分层级，描述超越性动机（人的成长驱动力）的词汇必须有别于描述基本需要的词汇（匮乏需要）。

这种内在价值观以及我们对这些价值观的态度之间的区别也使描述动机的词汇产生了层级（我们可以运用词汇的普遍和内在的含义）。在这部作品的另外一章中，笔者提醒读者注意需要得到满足、快乐与超越性动机（82）带来的满足和体会到的快乐在程度上是不同的。此外，我们必须谨记，在超越性动机或成长动机的层面，"满足"这个词的概念就得到了超越。在那个层面，人们的满足是无休无止的。幸福的概念也应如此，在最高层面，它应该超越了我们对普通幸福概念的认知。它可能是一种悲天悯人的情怀或者是一种不掺杂个人感情的沉思或清醒状态。在最低级的基本需要层面，我们当然会用"受驱动""极度渴望""争取""需要"这样的词汇形容人们被切断了氧气供应时的垂死挣扎状态，或者形容人在经历深重的痛苦时的状态。随着我们的基本需要得到满足，形容这一状态的词汇也有所变化。"欲望""意愿""倾向""选择""想要"，这些词汇比形容基本需要的词汇更为合适。但是到了最高的需要层次，也就是超越性动机的层次，所有的描述性词汇都不含有主观色彩，例如："渴求""投身于""致力于""热爱""喜欢""赞赏""崇拜""被吸引"，这些用来描述人们对超越性动机情感的词语更准确。

除了这些情感，我们也应该肩负起另一项艰巨的任务，那就是找到能够准确地表达这种感觉的词语：恰当、职责、适合度、完全的正义、值得热爱的、需要人们热爱的事物、要求人们去爱的事物、人们应该去爱的事物。

但是，所有这些词语仍然将需要者与被需要的事物分离开来。那我们应该用什么样的词语描述超越了这种分离的状态、人们所需的事物和需要事物的人之间实现了融合的状态呢？或者需要事物之人与需要人的事物之间的融合呢？

也可以形容为一种超越了自由意愿与决定论的二分法的斯宾诺莎式的超越。在超越性动机的层面，一个人可以自由地、快乐地、全心全意地接受这些决定因素，可以自由选择、自由渴求自己的命运，而不是心不甘情不愿地被迫接受，也不是"失去本我式的"接受，而是热情而欢欣地接受。人们的洞察力越强，这种自由意识和决定论之间的融合程度就会越高。

二十五

存在价值观需要人们用行为来表达或者"庆祝"，同时引出人们的主观状态。

我们必须认同海舍尔（47, 117页）的观点，他将"庆祝"描述

为"一种人们表达对需要尊敬或者尊崇之情的行动……其本质是
将人们的注意力引向生活中至高或者神圣的方面……庆祝也就是
分享喜悦,参与到外部世界的永恒的戏剧之中"。

我们注意到,至高的价值观不仅被人们享受和思考,而且它
也会促使人们做出行为或表达上的反应。这当然比人们的主观状
态更容易研究。

在此,我们还发现了"应该产生的感觉"的另一种心理学意
义。人们感觉庆祝存在价值观的行为很恰当、合适,是一种迫切
的职责,好像存在价值观值得我们庆祝,好像我们亏欠了它们这
个庆祝,好像这场庆祝是公正的、公平的、自然的。我们应该保
护、促进、加强存在价值观,分享它们,为它们庆祝。

二十六

**将存在的世界(或层面)与匮乏世界(或层面)区分开来,并
承认描述这两种层面的语言存在差别,必然会对教育和诊疗大有
裨益。**

我发现,对我个人而言,区分存在的世界和匮乏的世界令我
受益匪浅,这样做也就是将永恒的和"实际的"区分开来,并将其
作为一种生活的策略和战略,使人们能够更好地享受生活,更明
智地选择自己的生活方式,而不是由他人决定我们的生活方式,
这对于我们个人来说十分有益。在日常生活的熙来攘往中,很容
易忘记这些终极价值观的存在,特别是当今的年轻人。我们往往
是反应者,也可以说我们只会简单地对刺激,对奖赏、惩罚、紧急

情况、痛苦和恐惧、他人的要求和表面的现象做出回应。至少一开始,我们需要做出一些具体的、有意识的、有的放矢的努力,从而能够关注我们内在的价值观和精神世界,也许仅仅是为了寻找现实中的孤独感,也许为了让自身沉浸在伟大的音乐作品中,也许为了结交一些优秀的人,陶醉于欣赏大自然的美景之中。只有我们经过了实践的历练,这些策略才会变得容易、自然,这样我们甚至可以在不知不觉中或无须努力的情况下,(也就是以一种"统一的生活""超级生活""存在生活"的状态)生活在存在的世界中,也就是生活在一种"统一的生活""超越性的生活""存在的生活"的状态中。

我发现,这些词汇能帮助人们清晰地认识到存在价值观、存在语言、存在的终极事实、存在的生活、统一的意识。这些词汇略显笨拙,有时甚至会刺痛敏感之人,但是它们可以起到特定的效果(85,附录1:存在分析的一个例子)。无论如何,它们在研究设计中的实际操作意义已经得到了证明。

这里存在一个通过偶然的观察做出的次级假设:那些发展到较高层次或者成熟的个体(我们是否可以称这些人为"超级的个体")即便在初次见面时,就可以在生活的最高层面上,彼此愉快地交流,我们把他们之间交流的语言称为存在语言。为此,我们可以说,如果存在价值观真实存在,是真实而真切的,只有一部分人能够认知这种语言,而生活在更低级层面的人和不成熟的人则无法认知存在价值观,不过沟通依然存在于这些人中,只是他们用于沟通的语言也是低层次且不成熟的。

此时,我还没有想到如何检验这些假设,因为我发现,有些人虽然能够使用这种存在的语言,但是他们并不理解这种语言的含义,就像有些人可以附庸风雅、装腔作势地谈论音乐或者爱,实际上他们完全未经历过谈论的话题。

我的另一些印象甚至更加模糊,是伴随这些存在语言出现的现象,那就是存在语言能拉近任何人之间的距离,让人们产生亲密感,彼此忠于某种价值观或者共同完成某项任务,感觉彼此可以和谐共处,产生亲切的感觉,感觉彼此都服务于某项崇高的事业。

二十七

"内在的良知"和"内在的负罪感"都存在终极生物意义上的根源。

我们受到了弗洛姆有关"人本主义良知论"(37)和霍妮(50)有关弗洛伊德"超我"的思考,以及其他人本主义作家观点的启示,他们都认为在超我之外还存在着"内在良知"和"内在负罪感",人们会因为背叛了内在的自我而惩罚自己。

我相信超越性动机的理论存在生物学的根源,可以进一步阐明并且巩固这些理念。

霍妮和弗洛姆都反对弗洛伊德本能理论的具体内容,也可能因为他们过于接受社会决定论,因而否认任何生物理论和"本能论"的存在。这是一种严重的错误,本章提供的背景资料可以帮助人们发现这种错误。

一个人的个体生物学无疑会成为"真实自我"的一个必要条

件、一个组成部分。成为自己、成为自然的或者自发的、成为真实的自己、体现出一个人的身份，这些都是生物学意义上的描述，这就意味着应该接受个人在体格、秉性、解剖学意义上、神经学意义上、荷尔蒙的以及内在驱动力层面的天性。这种表述既符合弗洛伊德学派的思想，也符合新弗洛伊德主义的思想（更别提罗杰斯派、荣格派、谢尔登派、戈德斯坦派等心理学派的观点）。它是一种对弗洛伊德探索偏差及模糊之处的纠正和厘清，因此我认为，它继承了经典的弗洛伊德心理学派的传统或具有"后弗洛伊德"传统的风范。我认为弗洛伊德想通过各种本能论表达的思想与这种说法有异曲同工之妙，我也相信这种说法是对霍妮自我论观点的认可和改善。

如果我对内在自我的更具生物学意义的解读得到了证实，那么这种解读也支持应该区分神经症的负罪感和内在负罪感这种说法，因为内在负罪感是对自己本性的对抗，尝试成为自己不适合成为的人产生的。

但是考虑到上述观点，我们应该将一个人的内在价值观或价值观包含在内在的自我范畴之内。理论上说，背叛了真理、公正、美或其他的存在价值观的做法会令人产生这种内在的负罪感（是否可以称之为超级愧疚感）。这种愧疚感是合理的而且必要的，具有生物学意义。这就相当于说痛苦也是一种祝福，因为它告诉我们，我们在做一件对自己有害的事情。如果我们背叛了存在价值观，我们就会感到受到了伤害。从某种意义上说，我们应该有这种受伤的感觉。此外，它也是一种"我们应该受到惩罚"这种说法的重新解读。我们也可以积极地把它理解为一种心愿，希望通过自我赎罪，感觉自己重获"清白"（118）。

二十八

很多终极的宗教功能都可以由这种理论结构得以实现。

通过人们对人类一直以来追求的永恒和绝对的事物的观点来看，在某种意义上，存在价值观也有可能服务于这种目的。存在价值观能够独立存在，它本身并不依附于人们的奇思妙想存在。它们需要人们去认知，而不是去创造。它们是超越人类的，是超越个体的。它们的存在超越了个体的生活，它们可以被理解为某种完美的状态，可以认为它们满足了人们对确定性的渴求。

然而，从某种特定的意义上来看，它们也是人类特有的，但是它们的意义并非只限于此。它们需要人们喜爱、尊重、庆祝乃至献祭。它们值得人们为之生、为之献出生命。思考它们或者与它们融合会让人们觉得自己很了不起，从而产生极大的喜悦感。

在这种背景下，不朽也一定具有经验性的意义，因为与人融合的价值观可以作为界定自我的特点，并且这种特点在人们逝去之后仍然存在。也就是从某种真实的意义上来说，他的自我超越了死亡而存在。

有组织的宗教试图实现其他的功能也是如此。显然，所有的或几乎所有的宗教经验都可以囊括进这一理论之中，并且可以被任何宗教用其自身的方式、用一种具有实际意义的方式进行表述，不论是有神论者还是无神论者，无论是东方的还是西方的，也就是用一种可以经过验证的方法表现出来。

附录、参考文献及索引

附录A
《宗教、价值观和高峰体验》作品评述

　　自从笔者完成《宗教、价值观及高峰体验》这部作品以来，世事变迁、人事浮沉，感慨良多，自觉学无止境。在此，我谨与读者分享几点与这部作品有关的感悟，作为对这部作品论题的有益补充。或许，我应该以此敬告读者提防对这一论题滥用、误用或片面使用的倾向。当然，对于有志于用整体论综合地、全面地看待问题的思考者来说，上述思想倾向是极其危险的，这一点想必大家都知道。多数人的思想模式都是微观、狭隘的，他们倾向于用二分法来看待问题，非此即彼、非黑即白，全盘肯定或者全盘否定，认为事物互相排斥、互相孤立。我举个例子说明这一点，母亲为儿子准备的生日礼物是两条领带，儿子戴上了其中一条领带，想让母亲高兴，没想到母亲却伤心地问他："为什么不喜欢另外一条领带？"

　　我想通过史实提醒人们，用二分法和两极分化的方法看待问题和认知事物是极其危险的。我在史料里发现，很多有组织的教派往往存在一种倾向，它们发展出极端的两翼：一端是"神秘的"、个人化的羽翼，而另一端是规则、组织的羽翼。那些真正的、虔诚的宗教人士的信仰都达到了一定高度，往往会轻而易举地、自动协调这两种极端的两翼。他们在教规教义、各种宗教仪式和言传身教中成长，因此这些宗教束缚已经深深植根于他们的心中，成了有意义的象征，成了一种宗教原型和整体宗教的一部分。这些教徒也像普通大众一样，会做出各种行为，经历种种考验，但是他们绝不会像普通人那样沦为行为主义者。大多数人都会忘记主观的宗教经历，将宗教重新定义为一套习惯、行为、教条，形式上的规约，而这种倾向如果走向极端，就会演绎为完全规约化、官僚化，沦为传统的、空洞的束缚，从而走向宗教的对立面。而神秘的体验、启示、伟大的觉醒与那些为他们播撒下宗教种子的富有人格魅力的先知早就被他们或抛诸脑后，或抛弃，或视为敌人。而有组织的教派、教会最终沦为宗教经历以及宗教信徒的仇敌。

而另一个宗教羽翼，也就是神秘主义（或经验主义）也存在陷阱，我在此前的作品中对这一点的论述并不充分。品德高尚的人绝不会因为遭遇困境就沦为行为主义者，神秘主义者也不会因为身处逆境就转变为经验主义者，沉醉和高峰体验为他们带来的喜悦和惊喜吸引他们追求这些体验，珍视这些感觉，并将它们视为人生唯一或者至高的快乐。为了追寻极致的快乐，他们只关注那些美好的主观体验和高峰体验，甘愿放弃其他的是非标准，因而可能会面临脱离现实世界，脱离周围人的危险。总之，他们并非只是暂时沉迷于自我的世界里，也许他们会因此变成一个自私之人，只追求自己的救赎，一心想进入天堂，却不顾及他人的命运。他们也许会利用他人获得这些美好的感觉，利用他人获得他们唯一的、至高无上的快乐。总而言之，他们可能不仅变得自私，还有可能变得邪恶。我参阅了有关神秘主义的历史文献，发现具有这种倾向的人有时会变得可恶、卑鄙，失去同情心，甚至在极端情况下会变成施虐狂。

历史上，神秘主义者（极端化的）容易陷入的另一个陷阱就是需要升级所谓的快乐诱因，也就是他们需要更强大的刺激去获得相同的快乐。对他们来说，如果生活中唯一快乐的源泉就是高峰体验，多种获得高峰体验的方法都有效，但是他们认为高峰体验多多益善，必须想办法、尽全力找寻更多获得高峰体验的方法，因此他们经常会求助于魔力、秘密和机密，深入异域、造访神秘之境，寻求更为激烈、更为危险、更加狂热的手段获得高峰体验。如果人们能以健康、开放的态度，实事求是地用谦卑的态度承认自己对这个课题知之甚少，并且能够虚心接受并感怀自己目前所拥有的好运，上述的种种表现就会逐渐变成反理性、反经验主义、反科学、反认知的行为。高峰体验成了他们获得知识的最佳途径，甚至是唯一途径，因此所有的检验和测试高峰体验的方法及启示都会被他们抛诸脑后。

我们内在的声音、"启示"也许是错误的。存在这种可能性，只不过我们只能通过种种经历得到这种清晰而深刻的教训。我们否认存在这种内在声音，也无法证明我们内在的声音究竟是好的还是坏的（乔治·伯纳德·萧的戏剧《圣女贞德》就探讨了这一问题）。人们把自主性（来自我们自我中最好的部分）和冲动（源于我们自我中病态的部分）混为一谈，认为人性善恶难辨。

缺乏耐心的人（特别是年轻人，他们骨子里就缺乏耐心）总想寻求通向快乐的捷径，因此他们依靠毒品获得极致的乐趣。如

果毒品能够善加利用就会使人受益，然而使用不当就会深受其
害。如果他们能认识到这一点，就会顿悟，不会将那些"耐心"而
自律的"努力求索"暂时搁置或不予理会。他们不会"喜悦而惊
异"，而是谋划如何能够"玩儿得兴起"，因此他们宁愿相信毒品
的宣传和承诺，以身试毒、急于求成，认为快乐就像商品一样，可
以通过买卖获得。两性之爱本是通向神圣的快乐的途径，可对于
他们来说，却是庸俗的"两性游戏"，是世俗的东西。他们寻求更
多新奇的、肤浅的"技巧"获得快乐的感觉，并且试图不断升级这
种技巧，最终把自己弄得倦怠不堪、兴致全无。

　　人们对新奇的、奇特的、非凡的、特别的事物的追求往往会
通过朝圣的行为、远离世事、"远走他乡"、皈依不同的宗教表现
出来。而我们从真正的神秘主义者、禅宗僧侣、人本主义和超越个
人的心理学家身上学习到一点：神圣的事物往往存在于寻常事物
之中，可以从日常生活中获得，从我们的邻居、朋友，从我们生活
的地方获得。旅行也许是为了避免与神圣之物正面冲突，去他处
寻求神迹——而这种体悟容易失去。我们总想去他处寻得神迹，
却不会发现身边的美好，我认为这就是一种明显的无知表现，表
明他们并没有认识到万物皆神奇的道理。

　　我认为，否认"牧师阶层是人们灵魂的监护人，是通向神圣
的唯一媒介"的说法是解放人类灵魂迈出的巨大一步。我们通过
他人也可以发现一些神秘主义的倾向——他们会感谢神明让自
己取得了成就，然而如果人们用二分法看待这种洞察力，或者愚
蠢的人误用或滥用这种洞察力，就会将它扭曲为一种否定他人引
导，否定教师、圣贤、心理治疗师和心理咨询师、长者，以及在自我

实现的道路上、在存在世界中帮助他们的人。这是极其危险的倾向,这种倾向会将他们引向歧途。

总之,那些身心健康、品德高尚的人(这就意味他们的身心合一)可能会因为极端的、夸张的、二分法的认知方式患上强迫性神经疾病,而健康的享乐主义如果走向极端就会转变为病态:人们会变得歇斯底里,爆发狂热的情绪[1]。

很明显,我想在此提倡一种整体论的认知事物的态度和思维方式。人们在认知事物和思考问题时,不应该唯经验至上,应该将认知力纳入心理学和哲学的范畴,不应该认为心理学和哲学只是抽象的、深奥难懂的东西,应该将其视为获得正确认知力的先决条件,我称之为"充氮词语"。认知力必须与抽象思维以及语言表述结合。也就是说,我们必须在以经验为基础的理性中为"以经验为基础的概念"和"经验之谈"留出位置,不应该将经验和抽象概念视为理性的前提条件或者将这种前提条件等同于理性本身。

这一点也同样适用于经验主义和社会改革之间的关系。目光短浅的人认为二者是对立的关系,认为二者互相排斥。当然,历史上不乏这样的例子,今时今日也存在这样的现象,但是事实本不应如此。这是一种错误的认知,是二分法和不成熟导致的病态认知方法。很多自我实现者通过经验证明,那些具有完美经历的人也是最富有同情心的人、最佳的社会改革者、公平与正义最有力的捍卫者、反对不平等、奴役、残暴制度和剥削制度的坚强斗士(也是卓越、高效、能力的追寻者与守护者)。目前愈加明晰的

1.柯林·威尔逊的系列小说《局外人》中就有很多这类的例子。

是, 那些"助人为乐的人"也会变得更好, 但是成为更好的人的一个必要条件是助人为乐, 因此一个人必须通过帮助他人才能变得更好, 二者是同时发生的(而如果有人问:"这二者的顺序是怎样的?"这个问题就显得格局太小了)。

我想借此话题谈一谈我在《动机与人格》(95)这部作品的修订版序言中写的一段话: 规范的热情虽然不能与科学研究强调的客观性相容, 但是二者可以合而为一, 从而转变为一种更高级别的客观性, 也就是道家倡导的道法自然。

也就是说: 如果个人发展到更高的层次, 他的宗教信仰就可以与理性、科学以及社会热情相容。不仅如此, 原则上, 他的宗教信仰也很容易能与健康的动物、物质相容, 自私可以与自然主义意义上超越的、精神的价值论相容。

我认为《宗教、价值观以及高峰体验》(85)这部作品的观点过于倾向个人主义, 对团体、组织以及社区不太友好。在过去的六七年里, 我们已经逐渐认识到一点: 并非所有的社会体制都是官僚主义的, 我们也发现了更多以人为本、能够满足人们需要的团体, 例如发展组织和Y理论管理团体, 以及互助小组、会心小组、个人成长团体、锡南浓社区、以色列的基布兹集体农场等团体, 这些团体都是成功团队的案例【可以参照优心态社区,《存在心理学》修订版(89)附录】。

事实上, 现在我可以比以往更加确定一点: 很多先例和经验都可以证明个人的基本需要只能通过其他人才能得到满足, 也就是个人的基本需要应该由社会满足。人们之所以加入团体(归属感、渴望与他人交流、集体感), 就是为了满足归属感这种基本需要。孤独感、疏离感、被排斥、不被团队接受的感觉不仅会让人感到痛苦，也会使人生病。当然我们早在几十年前就知道了存在于新生儿身上的人性和族群性质只是一种潜质，这种潜质必须通过社会才能实现。

我研究过很多失败的乌托邦社会的例子。我通过这些例子明白了一个道理：想要探究这些社会失败的原因，应该首先向构建者提出以下几个切实可行的问题："一个社会要求人性中的善达到怎样的程度？""一个社会允许的人性至善应该是怎样的？"

最后，我还想就高峰体验补充几点。我们不应该仅仅考虑我们人生中最糟糕的经历、格罗夫（Grof）疗法（40）、死里逃生的经历、手术之后出现的幻想，等等，我们也应该想想那些高原体验，那些让我们心神宁静、不引起我们情绪波动的经历，这样我们在面对神奇的、令人惊奇的事物、神圣的、统一的、存在价值观时才会出现情绪大起大落的情况。据我了解，高原体验总是富有诗意的、含有认知的元素，而高峰体验并非如此。高峰体验完全是情感上的，因此高原体验比高峰体验更自主，一个人在高原体验中可以自主地以统一的认知力看待问题、认知事物。这样，这种认知力就变成了一种默默见证、静静欣赏的行为，我们可以称之为一种平静的认知幸福状态，然而这种认知力中也包含了一种漫不经心和闲情逸致的成分。

在高峰体验中，人们感受更多的是惊讶、难以置信、审美上的冲击和初次经历高峰体验时的震撼。我在其他的文章中指出：人们日渐衰老的身体和神经系统无法承受这种惊心动魄的高峰体验，因此我想补充一点，随着人们成熟、衰老，经历世事时就会丧失很多初次接触事物时的震撼感、新鲜感以及出其不意的惊喜。

高峰体验和高原体验的差异也体现在它们与死亡的关系上。高峰体验本身就含有"劫后余生"的意味，在不同的情景中都具有重生的意义。而较为和缓的高原体验带给人的完全是一种纯粹的享受和幸福状态，例如：一位母亲安静地花一个小时看孩子玩耍，她观察孩子的过程中表现出惊讶、惊奇，并产生了哲学性的思考，不太敢相信眼前的惊喜。她认为这是一种非常舒适、持续性的、沉思性的体验，而不是情绪达到高潮，即将走向终结的感觉。

年长的人已经看淡生死，他们往往更能深切地被悲伤（好的）、被眼泪打动，将悲伤视为与自己终将面临的死亡与死亡具有的永恒性对立的反应。这种对比使他们对看到的事物有着更深刻的认识和更强烈的感受，例如："海浪是永恒的，但是很快我们就会离去，不如让我们再多停留片刻，好好地欣赏这海浪，把它们完全记在心里！""应该心存感激！""我们是多么幸运啊！"

当下，人们逐渐意识到一个非常重要的问题：人们通过长期的努力可以获得高原体验。如果人们想得到这种高原体验的意志非常强烈，也有助于获得这种体验，但是我知道，只有在生活中经历事情、积累经验、走向成熟才能获得高原体验，而所有这些努力都需要一定的时间积累，我不知道除此之外还存在什么捷径能实现这一点。然而在高峰体验中，人们可以短暂地瞥见完美的世界，这一点有时也会让人苦恼。然而，如果我们想生活在更高级的高原体验主导的统一意识中，情况就完全不同，因为那需要我们终其一生付出不懈的努力。这种体验与年轻人每周二晚的狂欢一夜不同，年轻人都将狂欢之夜视为通向自我超越的路径。高原体验不应与这种肆意狂欢的体验混为一谈，也不应该与任何一种体验混为一谈。这种"精神上的约束"既包括一些传统约束，也有一些新式的约束。我们现在仍在通过工作、纪律、学习和研究探寻这些约束的具体内容。

与超越的生活和超越个人状态，以及生活在存在的各个层面相关的话题还有很多，在此我只想用简短的语言纠正一些人的错误倾向。他们认为，超越经历是夸张的、短暂的、引人兴奋的、"巅峰状态的"，好像人们登上珠峰的高光时刻。我们应该获得一种可以持续保持"兴奋"状态的高原体验。

简单总结一下上述内容：人具有更为高级、超越的天性，这种天性是人本质的一部分，也就是说人作为一个种群的生物特性。我想尽可能清晰地阐述这种意义，它是对萨特式存在主义观点的一种全然否定。萨特的存在主义否认种群的存在，否认人性的生物学意义，这就是拒绝承认生物科学的存在。现在，很多人在不同的领域中都用到了"存在主义"这个词，甚至这个词的用法违背了它的本意，并非所有使用这个词语的人都误了这个词，但是正是由于这个词语有多种用法，人们误用、滥用这个词，如今使它变得毫无用处了。我认为最好弃用这个词，但问题是我们尚未找到一个合适的替代词，不过我们可以这样使用这个词，"从某种意义上说，人只是他自身的投影，是他成就了自己"。不过他能成就的自己也是有限制的，因为所有人的生物学性质都是预先设定好的。"因此人的投影就是成为人，因此人无法投影成黑猩猩，男人无法投影为女人，也无法把自己投影成婴儿。"人的正确标签应该是人本主义的、超越个人乃至超越整个人类的。此外，也应该是经验性的（现象的）。至少，它应该建立在这个基础上。它应该是整体的，而不是具体的；应该是经验主义的，而不需要先决条件等。

对这个课题感兴趣的读者可以继续顺着本书的线索研究，参考相关的文献，包括1969年出版的《超越个人心理学杂志》（邮编：4437，斯坦福，加利福尼亚94305）和更早出版的心理学周刊《玛纳斯》（Manas）（邮编：32112, El Sereno Station, 洛杉矶，加利福尼亚 90032）。

附录B
人与灵长类动物在两性关系与上下级关系的相似性 及心理治疗过程中患者的幻想[1]

亚伯拉罕·马斯洛博士、兰德医学博士、纽曼硕士整理的。

我们想通过这篇文章指出：我们通过研究，发现人与灵长类动物在上下级关系以及男、女之间的关系存在一些相似性。

灵长类动物公开表现出的行为竟然与人类私下愿望和幻想、梦境、神话、性格适应、神经症和变态的行为和症状，以及父母和子女、男性和女性、心理治疗师和病人以及总体上的强者和弱者、统治者与被统治者之间存在的一些显性的和隐形的心理互动关系存在着惊人的相似。因此，这些相似性可以为我们提供一个切入点，一些人类的心理状态很难通过观察参透，我们希望这个切入点能够帮助我们理解这些难以捉摸的人类心理状态。

在此，我想尽可能强调一点：讨论的这些有趣并引人深思的相似性并没有有力的证据支撑。猴子以及猿的行为并不能代表人的行为，但是我们可以通过这些灵长类动物的行为推测人的行为，我们也可以验证这种推测的真伪。这些相似性丰富了我们

1.我们在研究的过程中并未费力查找有关这一课题的相关文献，整篇论文几乎完全是依据参考文献（94，95 97—109页）中作者的调查研究展开论述的。

的认知，赋予我们另一种了解人类心理问题的维度，使我们发现很多我们此前没有注意的问题，同时也向我们提出了很多新的问题、猜测和假设，当然这些问题、猜测和假设有待通过其技术手段进一步验证。

可以说，我们的这项研究无疑是一种智力游戏。我认为在科研成果、科学研究和创意层面将其称为一种"原始的创造过程"（95）也不为过，甚至有必要这样做。当然，我们希望本着谨慎的态度从事科学研究（特别是我们强调了"相似性"这一点），但是仅有谨慎的态度并不足以开展科学研究，还需要有科学的前瞻性和果敢性，大胆开展理论研究、合理猜测，因为这些都是科学研究必要的。

灵长类动物存在的统治-从属现象

这种统治-从属现象存在于所有灵长类动物中，也存在于其他种类的动物中。从真骨鱼类到人类的所有脊椎动物（除了两栖类动物）都存在这一现象。这一现象是我们对这个课题开展研究的最佳切入点，我们集中研究了猴子和狒狒这两种灵长类动物，因为它们表现出的统治-从属关系与施虐者和受虐者的关系如出一辙。猿与美洲的猴子在某些方面的表现存在差异，这些差异我们已经在此前描述过（101），我们会在后面详细说明这些差异。

简单地说，两只猴子初次见面，这种统治-从属的关系就会无一例外地形成，也就是由谁是老板，谁是下属；谁支配对方，谁受对方支配的关系已然形成。在实验的条件下，这种关系与猴子的性别并无关系，无论公猴还是母猴都可以成为统治的一方，也都可以成为从属的一方。不过统治一方在体形上一般都占据优势。那些长得更大的一方通常都是统治者，因此在动物界，性二型现象往往意味着雄性动物是统治者。如果雌性动物体格健硕，长得比雄性激素还结实，也可以成为统治者管理雄性。如果两个雄性动物与两个雌性动物配对，体格较大的那个雄性动物一般都处于统领地位。在开展这项研究之前，人们对动物的研究只能通过野外观察或者观察能够接触的动物群进行，因此我们不难理解，为什么人们会相信动物中的统治者只能是雄性动物了。如果排除体形因素，让体形较大的雄性猴子与体形较大的雌性猴子配对，就会发现一些更微妙的决定因素。处于统治地位的猴子往往会表现沉着、毫不迟疑，举手投足之间透出自信和傲慢的态度。总之，如果我们观察这些猴子，就会发现它们表现出自信、掌控大局的样子，好像动物们只需看一眼就知道谁是统治者，谁是下属。这种关系一般涉及两只动物，有时这种统治-从属的关系需要一方让出统治权，一方会自动进行统治或扮演统治者的角色，但是更多的时候，二者是同时发生的。一般情况下，一只猴子会死死地盯着另一只猴子，而另一只猴子则会眼目低垂，不敢正视对方，只能通过眼角的余光打量对方。二者的姿势也不同，从属的一方会做出讨好甚至求和的姿态，它会低垂尾巴、俯身、肚皮贴地，它的眼神中透露出迟疑和犹豫，它可能会因为恐惧发出"吱吱"的叫声，或退到角落里，以免挡住老大的去路。

　　动物之间的不同地位也会通过虚假的性行为体现出来。处于从属低位的动物不论是雄性还是雌性都在对方下方（那是雌性进行交配动作时所处的体位），而处于统治地位的一方不论是雄性动物还是雌性动物一般都在对方上方，这也可以称为一种虚假的性行为，因为它具有一定的象征意义。在这个过程中，双方并不会表现出任何的交配兴趣，处于统治地位的雄性丝毫不会表现出交配的欲望，或者只会象征性地做做样子，甚至骑到从属一方的头上。有时，它们只希望处于比从属的一方更高的位置，不论对方的姿势或位置是怎样的。有时处于从属地位的动物会自愿进入这种状态，有时则是被迫摆出某种姿态。在少数情况下，那些不情愿的从属动物会与处于统治地位的动物进行面对面的"亲密接触"，而不是俯首帖耳，这种统治者高高在上、从属者俯首帖耳的情况则更为常见，会经常发生在这种统治-从属关系刚开始建立时期，而不是这种关系稳定之后。

此外，处于统治地位的动物会先发制人、抢夺食物，它们的夺食行动并不会遭到反抗。它们会以各种方式欺负处于从属地位的动物，但这种现象在处于稳定关系的动物中并不常见。处于统治地位的动物会先发制人，抢夺任何好东西——好的休息地点、笼子里的新事物、笼子的前方位置，等等。

由于动物园或实验室里能观察到的动物数量有限，这种相对的统治-从属地位一旦确定，就被视为永久性的。通过观察，我们发现如果雌性动物发怒或者情况发生变化的时候，或者当几只处于从属地位的猴子联合起来试图推翻统治者的统治的时候（106），原有的统治-从属情况也会发生相应变化（105）。在一些特定的实验条件下，情况也会发生改变，例如：注射激素、受伤、服用药物的情况。

人类的统治-从属现象

在灵长类动物中，争夺统治权可能会需要体力的角逐，例如男孩儿或者青年男子结成的帮派或者团体。如果一个男孩可以用拳头征服他人或者用拳击威慑他人，那么他就成了这个帮派或者团体的领导者；而角逐统治者地位的争斗常常以摔跤的形式分出胜负，胜者会压在败者身上一定时间，比赛通常都是以旁观者数数结束或一方承认失败而结束（失败的一方会"叫'叔叔'"）。

但是威胁他人动用武力或者明显的外在威胁——体格更壮、明显更自信、展示自己强有力的肌肉、走路大摇大摆、昂首阔步或者傲慢无礼，有时这种装腔作势的威胁就已经足够了。对于猴子来说，做到这些就足以夺得统治权了。我们也可以在男孩儿中观察到这种现象，还有青春期前的男孩儿和女孩儿。有些女孩儿想与男孩儿较量较量，但是她们最终还是承认男孩子更加强壮。有时候，孩子们会考虑到家长和其他成年人的反应，也会选择策略性地接受这个事实。

而在后续生活中，这种对统治力的争夺也会体现在人际交往的方方面面：既包括显性的行为，也包括在梦境中、在幻想中、在神经症和神经病的病症中的表现。在性的方面，通过我们的观察，我们认为人类和灵长类动物的行为模式和幻想内容存在相似性。

在动物界中，如果成熟的动物没有达到身心健康（弗洛伊德）的融合状态，那么雄性动物的交配行为可以被视为一种等同于统治、控制、操纵、侵略，甚至施虐的行为。这种现象也可能延伸到更广泛的现象中。在极端情况下，处于统治地位的一方可能会锁定一个下属进行虐待，让对方感到痛苦，或者让处于下属地位的一方会感到惧怕、动弹不得、处于被动地位、被操控、被统治、被利用。人类社会也和灵长类动物的世界相似，人们对权力、统治力、侵略性的渴求超过了性欲，但是性是人们表达他们对权力、统治力和侵略性的渠道，而处于统治地位的一方和处于从属地位一方之间的斗争往往都不会涉及性，不管处于斗争双方的人是同性的还是异性的。因此在争夺统治力的斗争中，往往会出现以下几种可能的组合情况：

1.男性与女性的关系

2.女性与女性的关系

3.男性为主导的男性与女性关系

4.女性为主导的男性与女性关系

在例3与例4中，男性与女性的关系往往具有欺骗性，常常将"正常的"性别关系作为一种伪装。

然而即便是在这种情况下，看似是"正常的"性行为中，人们也常常会幻想存在着统治地位和从属地位。

1.在一个同性恋女子的例子中，她在心理治疗的过程中表现出了强烈的男性欲望，这种欲望在她第一次同性恋的经历中就体现了出来。她骑在了男伴的身上，感觉自己是一个男子。

2.一个有难言之隐的男性患者想通过性行为获得一种强壮的感觉，他反复幻想着自己手执鞭子抽打妓女的场景。

3.一个病人称自己在正常的性交过程中产生了一种吮吸母乳

的幻想,虽然他处于统治地位,但是他幻想自己处于从属地位。

4.一个同性恋女子感觉她引诱其他女子的行动就要达到高潮了,因为一个纯洁的姑娘屈从于她,但这种快感并不是她自己的高潮体验。当然这种体验与她自身的经历无关。

在"正常"(照相机拍摄下来的)的性行为中,双方产生的幻想可能表现为处于统治-从属地位的冲动,而不是爱、性、生殖冲动,我们可以通过人们在描述一些与性无关,却使用了性暗示的表述的现象看出这一点。这种行为表达了人们的一种意图:一种想控制他人的侵略性,对他人的鄙视、征服欲,认为自己处于统治地位,甚至虐待他人。这些词语在很多情景中都会出现。"我被人占便宜了!"一个男人这样说可能想表达他被人利用了。"我被强奸了!"男人和女人都可以这样说,因为他们认为自己被人利用,受到愚弄、受欺骗或被剥削了,或被一个惹人讨厌的上司占了便宜。男子碰到了一个轻浮的女子,往往会说"她就该被强奸",好像这样说对方就会羞愧难当。

成年人都会有意无意地用比较幼稚的方式描述性行为,因为男性(统治的一方,残酷、坏的一方)做了伤害女性的事情(女性往往是"无助的"、心不甘情不愿的、柔弱的)。孩子可能会认为父亲杀害了母亲或者伤害了母亲,他们看到动物的交配行为也会产生这种想法。

人们对性行为的认知也可能是施虐与受虐的双方、操控型的关系,这种现象也可能会通过他们的语言体现出来。

以下内容是一个处于统治地位的女子(手淫女子)的幻想:她是一位东方国家的女王,拥有至高无上的权力,有一群男性奴隶围在她身边,他们几乎一丝不挂。她挑选了一个奴隶作为伴侣,命令奴隶服侍她。男性奴隶以她喜欢的方式服侍了她:他趴在女王的后背上,因为女王喜欢对方压在自己身上的感觉。男子很勇武,她感到很满意,完全处于亢奋的状态,但是服侍活动结束,女子就以冒犯君主罪下令将男性奴隶处死。女王的命令不得违抗,男子被处决却并未反抗,因为他知道这个结局是必然的,也是合乎情理的。一切结束之后,女王又挑选了另外一名奴隶服侍她。

然而,在实际的情况中,这个女子表现得十分僵硬,她有普遍的被强奸和作为娼妓的幻想,显然这些幻想可以让她处于放松的状态,从而可以更加享受整个过程。几个同样处于高级统治地位的女子也在这方面出现了神经症的症状,她们想"控制"性行为,通过一些幻想获得某些折中的乐趣。她们的幻想如下:

1.幻想自己处于统治地位,要求男伴一动不动,这样她们就可以想象自己是男性("好像男性的器官是自己身体的一部分,好像自己扮演着男子的角色")。

2.幻想男性器官长在了自己的身上,是自己在侵犯对方,一些女子虽然实际上被男子压在身下,却幻想自己骑在对方身上。

3.幻想是男子在服侍她们,男子是她们的奴隶,他们都在卖力地工作。他们挥汗如雨只为了取悦她们,而不是为了取悦自己,而她们轻松自如、毫不费力,只是尽情享受其中。

4.幻想自己像男子一样表现。

5.幻想自己净化了"屈服者",也就是拒绝屈服(即便在整个过程中处于屈从的状态),不去享受,掩藏自己享受的状态,做出一些蔑视的姿势,例如在整个过程中漫不经心地吸烟、打呵欠,在对方亢奋时鄙视地大笑起来。

处于从属地位一方的调整模式

在动物界，向处于统治地位的动物展现自己服从对方的领导可以通过一种象征性的姿势来完成，表明自己承认对方比自己更好或者"放弃"自己在现实中的统治地位，以此免受对方的伤害或惩罚。

有人往笼子里投喂食物时，完全处于屈从低位的动物会跑到笼子的一个偏远角落里，用这种方式表明自己不会与统治者争抢食物。如果它想得到食物，就必须做出被肯普夫（Kempf）称为的"妓女行为"，也就是向处于统治地位的一方"献身"。这也是一种避免受到攻击、获得保护的方式。这些"献身"的行为常常只是象征性的、流于表面的。这种行为与真正热烈的交配行为完全不同。以下是处于从属地位的动物在对处于统治者淫威之下的种种表现：恐惧、担心、不感兴趣、顺从、心烦意乱、不耐烦、被动、谄媚、僵化或试图逃跑。在很多例子中（并非所有例子），这种反应模式表明它们不喜欢自己的处境。

这种向统治者"献身"或者表现屈服的行为只是一种一箭双雕的手段而已，它们想达到的目的可以总结为自我保护以及在具有威胁的情况下应对恐惧感的方式，包括避免被攻击、受惩罚、获得事物和其他利益或特权。

在人类社会，人们从幼年时期就学会了屈从的行为模式。年幼的人弱小无助，他们知道必须表现出对父母和其他成年人的屈从，他们明白自己必须这样做，因为他们太小，只有靠父母照顾才能活下去。此外，在他们遇到威胁或者感到害怕的时候，父母（或者能代替父母的成年人）能够帮助他们消除恐惧感。孩子只有在父母允许的情况下才能实现自己的愿望，不会因为说出自己的愿望就受到威胁。渐渐地，小孩子在得到了父母的爱和照顾之后，会渴望得到安全感，但是除非父母允许，他们不可能在父母面前展现出自己阳刚、自信的一面，或者父母们并没有意识到，孩子们在通过各种隐秘的妥协方式维护自己的权力，例如：他们显然无法取得父母要求的高分成绩。

只要孩子还小，这种无助的情况就会持续下去，因此留给人类个体和整个人类社会的文化、艺术和社会方面这种深刻的印象。莱奥纳多·达·芬奇在自己的笔记本里记录了一则有关海狸[1]的故事：一只海狸为了逃避追杀自己的天敌，不得不自我阉割才能逃生。虽然无法继续成为雄性动物，但是至少它保住了性命。有时男孩儿或者成年男子试图脱险或逃避敌人的攻击，或逃避惩罚，往往也会以这种自我阉割的方式来保住性命或者脱离险境。

1.请参见1955年美国心理分析协会组织的冬季会议中有关受虐倾向问题的讨论，讨论的具体内容发表于1956年7月刊《美国心理分析协会杂志》，作者是马丁·H.斯坦博士，特别是文章中提到的鲁道夫·M.洛温斯坦提出的区分不同形式的受虐倾向的内容。他认为受虐倾向有时确实可以起到保存性命的作用……是"弱者、孩子在面对外敌入侵的情况下的生存武器……（出处同上，537页。放弃统治权或大丈夫的尊严也好于丢掉性命。）"
这种倾向也许只是人类的一种投影，因为我们并不了解动物阉割的行为，动物争夺权力会采取杀戮、打斗、逃跑或者原地不动。只有人类社会才存在阉割敌人的情况。

成年人也可能表现出这种屈从的行为，以此应对威胁、逃避惩罚、获得他人的喜欢或认可。换句话说，这样的成年人并不能强调他们的意愿，他们不会用打架的方式，也不会通过竞争或挑战的方式保护自己，而是通过"贬低"自己、屈服或讨好他人、求和的方式摆脱危险。这并非一种要么全盘肯定、要么全盘否定的情况，还有很多中间情况。例如，如果一只猴子如果不情愿屈从于处于统治地位的猴子，那么它就会在"献身"的时候面对着对方，而不是背对着对方。这种妥协式的屈从在人类社会中也比较常见，绝对服从的情况很少。如果情况允许，人们都会尽可能地保留一些自主权和自由。

诏媚、一直赔着笑脸、不肯获胜，通过某些形式表现出自己的善意——所有这些行为都可以视为一种为躲避危险而主动接受他人统治，向对方表明自己不会威胁他们的统治地位的示弱行为。其他的示弱技巧包括求和、服从、假意服从、谦卑、安抚、顺从、缺少威慑力或挑战性、讨好、诏媚、表现出惧怕、用甜言蜜语哄骗、屈从，通过表现出无能而取悦对方，表现得孤立无援、恐惧不已或者病痛缠身、依赖他人、求得他人可怜、欣赏统治者、崇拜统治者、尊敬统治者、消极性、"你总是对的"。这些都是处于从属地位的小孩儿或弱者为了适应有施虐倾向的父母或者强者的表现和举动。我们应该注意，这些都是一些惯常的表现，还有很少一部分处于从属地位的人可以适应更强势的统治者。

这些处于从属地位的人的生存技巧（"献身技巧"）都具有明显的性暗示特征，因此这些技巧大多在我们的文化中或者在更传统的、有施虐倾向的文化中，都被称为"女士技巧"。这些文化对女性的重视程度普遍都没有男性高。而弱者通过献身的方式或以某种形式象征性地向强者献身就可以逃离险境,而强者或未来的统治者也可以通过征服他人的方式证明自己的实力。

为什么不同形式的献身方法可以有效地平息统治者的怒火呢?这一点我们不得而知,我们只知道这种方法很有效。灵长类动物中也存在这样的现象,这就迫使我们思考:灵长类动物的这种行为也许是固有的,例如,动物行为学家宣称在狼和狗的身上发现了人类才有的"骑士风度反应"。这两种动物都会殊死搏斗,甚至战死也在所不惜。然而,只要它们趴在地上打个滚,向敌人袒露它们的喉咙和肚子,以这种方式承认认输就不必再打斗下去,征服者也不会再继续攻击,而是会转身离开。很多其他种类的动物也存在此类现象。在灵长类动物中,这类献身的行为也可以表达同样的含义,至少能够达到相同的求和保命的效果。

在等级更低的动物中,这种机制可以让发起攻击行为的雄性动物分清攻击对象的性别。如果被攻击的一方进行还击,那么它就是雄性,于是一场大战便拉开序幕;如果对方不予还击,那么对方就是雌性,于是一场寻欢作乐的行动就此上演。在某些鸟类中,雌鸟摆出献身的姿态不仅仅表示服从对方的领导,也像一个嗷嗷待哺的半成年幼鸟那样,向雄鸟讨要食物。我们尚且不知道雄鸟如果想讨要食物时会做出何种的举动。人类社会也存在类似的现象,为了向男性展现自己的恐惧、无助、被动、接受态度,等等。女子,特别是尚未成熟的女子使用这一招式特别有效,因为在我们的文化中,男士通常不会被那些强壮、自信、自以为是的女性吸引,如果他们喜欢这样强势的女性,我们就会认为他们自身存在的女性气质为对方的阳刚气质吸引。也就是说，在潜意识或者幻想层面，这恰恰是一种性别角色的颠倒：强势的女子也可能会被依赖性强的男子所吸引，正如女子依赖男子那般，而母亲反过来也可以依赖儿子，即便这些现象也让我们联想到骑士风度。（当然，我们不能忘记我们会在人类身上，至少在我们的文化中发现那些心理成熟、强壮的男性可能会被那些同样心理成熟、健壮的女性所吸引，即便一般不那么强壮的男子会觉得这些女性过于健壮。）

统治力、从属地位、男性气概、女性气质

在很多文化中，年轻人或神经症的人都有一种倾向：他们会将从属地位等同于女性的地位，将统治地位与男性的地位画上等号或者混为一谈。一旦男子处于从属地位，不管他是否心甘情愿地处于从属地位，被老板、上司或他人发号施令，就会感觉自己像个女子一样被玷污了。他对现实情况的反应好像也是他收到了指令变成女子，或者被迫"献身"。猴子的世界里，统治者不论性别，这种情况有可能发生在统治者是雄性或雌性的情况中。一些人对这种从属地位的态度是心甘情愿地服从，甚至求之不得，但是这种低贱的表现只会招来对方的鄙视。

在此类例子中，这种人或者这样的行为被称为"马屁精""谄媚者""阿谀奉承"，等等，也可以说"他出卖了自己"。还有些人会奋起反抗他人的统治，好像这是对他们男性气概的一种侮辱，即便是在命令或者要求是完全自然、合理的情况下。也就是

说，这样的统治以及从属关系只有在性被视为体现统治-从属地位的隐喻时才会成立。

此外，在那些重视男性气概、轻视女性气质的文化中，被迫处于从属地位就意味着被降低身份或者被降职。在这样的文化中，不论男子还是女子都以这种态度看待这种从属地位。女子认为她们的女性气质被视为一种从属地位或者屈从地位的表现，因此会有意无意地否认自己的女性气质，想比肩男性或者争取自信、地位，或者索性将自己想象为男性。她们认为唯一变强壮或者有能力、变得聪明或通向成功的途径就是成为男性。我们顺着这种思路推想，如果女性想变得优秀，就会觉得不应该太强势，不应该太聪明或者有天赋，因为她们担心那样会使她们看起来不那么像女子。

这种现象会在一些小女孩儿身上体现出来，她们声称自己是男孩儿，会像男孩儿那样站着排尿。成年女性很少会公开表达自己想成为男子的愿望（有些患有精神疾病或者女同性恋者除外），但是她们会在幻想中模糊自己的性别或阉割男性，或拒绝被迫成为女性，不论是现实的女性身份还是女性身份所代表的从属地位。

同性恋

我们都知道，伊芙琳·霍克（Evelyn Hook）列举了很多同性恋的类型，从而使人们放弃了对同性恋的一元论的理解和认识。然而，同性恋行为在猴子的世界中更普遍，也就是说，这种关系具

470 / 人性能达到的境界

有体现统治地位和从属地位的作用。而人类世界的同性恋现象也有这种功能，这种作用既是显性的，也可以是隐性的。势必存在处于统治地位的女同性恋者，她们完全认同女性献身是一种屈从于男性统治地位的说法。这种统治-从属的关系使女性丧失了个性、自我，她们无法接受女性就是"软弱"的角色。她们认为女性是坚强的，也认同强势地位的男性。而男同性恋者有时会觉得自己太柔弱了，他们无法扭曲自己的个性，以适应统治地位的男性身份，成为强奸者、剥削他人的人、自私傲慢的索取者，一味地攫取自己欲求的东西。但是他们的献身行为可以视为一种保护自己、赢得他人喜欢的方式。在男子监狱就存在这种现象，在"正常的"男性中往往也存在这种现象。

在潜意识中，被动、胆小的男子会讨好、谄媚他的心理治疗师，他的梦境内容如下："我顺着一条狭窄的雪路走在阿拉斯加的荒野中。突然，我面前出现了一只熊，它站立起来，挡住了我的去路，令我心惊胆战。我在恐惧中转过身，背对着它，向他'献身'，祈求它能饶我一命。没想到这一招居然有用，我可以继续走了。"这个梦令他感到很困惑，因为他本身是同性恋者。

至少我们可以说在同性恋这张复杂的网上，一个决定因素是统治-从属地位的施虐-受虐版本。很多孩子和成年人都说出了他们的一些显性幻想，"爸爸杀了妈妈"。他们看到动物交配的场面后，就会说："那个雄性动物正在伤害雌性动物。"有些男性无法忍受被人当成猎人或者相当于猎人的角色。有些女性也反对将她们视为猎物或者相当于猎物的角色，她们更希望当猎人。在这些例子中，如果将性别与统治力区分开，而不是将二者混为一谈也许可以治愈人们在这一方面的疾病。

移情中的性成分

　　接受心理治疗的患者处于真正意义上的从属地位，实际上显露出软弱、必要的谦卑，放低身段，向心理治疗师寻求帮助，完全向医生袒露自己的尴尬或羞愧，这些行为不仅会引来惯常敌意幻想和言语表达，也会诱惑他人产生非分之想。不论患者的性格如何，具有怎样的心理防御机制，都会在这种医患关系中被解读为一种挑逗的意味，以一种统治模式体现出来。也就是说，病人不是想通过强奸就是想通过阉割心理分析师来控制他们。医患关系更常见的情况是：患者想献身男性心理治疗师，以求获得他们的爱（当然病人会幻想以很多其他的方式赢得男性心理治疗师的爱）。所有这些都不受心理分析师或患者性别的限制，就像在猴子的世界里发生的情况那样，可以称其为"献身于心理分析师"，这就像他们在孩提时代屈从于父母一样，是弱者屈服于强者（不分性别）的体现。我们可以假设任何的心理治疗或者心理治疗技巧都会最大限度地弱化从属者的实际地位，从而削弱移情关系中性的成分。

　　这个患者是一个二十三岁的单身男子，生命中的大部分时光都惧怕年龄大的男子，特别是那些身居高位的男子。他从未意识到自己对这些男子怀有敌意，渴慕或幻想能与他们亲近。而他的父亲是他这种情结的源头，他对父亲也持有同样的态度。事实上，如果有人批评他的父亲，他会义正词严地替父亲辩护，捍卫父亲的尊严。在接受心理治疗期间，这个病人也对心理治疗师萌生了同样的情愫，有一天他做了这样一个梦：

他身处一个类似于监狱的环境中，一个体形硕大的男子逼他就范。那个男人走近他想图谋不轨时，他的梦就结束了。

这个病人突然想到了自己在前一天的经历，那是他第一次意识到自己对年长的男子怀有敌意，并因此产生了幻想。他离开了心理分析师的诊疗室上了自己的车，看到心理分析师的车就在附近。他幻想用自己的车撞向心理分析师的车尾，这个幻想稍纵即逝，很快被他压抑了。显然，这个梦是他在现实中报复倾向的投影。

宗教献祭

我们可能不仅会从尼采的观点的角度谈论"基督教的女性方面"（也包括其他宗教），我们也可以谈论所有宗教经验中，特别是在改变宗教信仰的经历中存在的献祭具有的相似意义，从而我们会对这一问题有更深入的理解。这些宗教经历将性与统治——从属关系（骄傲-谦卑）分割。詹姆斯、贝格比和很多其他的心理学家的观点都很明显地具有性暗示，但是他们都放弃了自己的骄傲和自主性，选择屈从和献祭，以获得内心的宁静。在他们的陈述中，他们都放弃了自己的意愿与自立，可以理解为一种对渴望统治他人与渴望被他人统治、渴望统治他人与渴望屈从之间的矛盾态度，如果我们意识到屈从的乐趣，就会更加理解为什么在这些例子中，人们会甘愿放弃自己的意愿和自立。西方的男性认为这种屈从会威胁他们的男子气概，这是一种同性恋的表现。

一个患者害怕同性恋的倾向，他逃跑了，躲在了另一个城市酒店里。他无法入睡，大多数时间都会担惊受怕。到了晚上，他躺在床上，突然坐起来，感到有什么东西压在自己身上。他屈从于这种感觉，感觉是上帝降临，然后平静地进入梦乡，这是他几个月来第一次睡着。第二天一早，他神清气爽地起床，感到格外放松，决心行善、努力工作侍奉上帝，他到现在还是一个虔诚的信徒。他改掉了同性恋的倾向，回到了妻子身边。

我们可以假设这个男子是双性恋者（他同时具备男子气概和女性的阴柔气质，或者可以说他同时处于统治地位和从属地位），这对于他来说是一件十分危险的事情，因为他会认为女性的气质是从属性，而屈从就是女性的表现，因此他觉得自己作为一名男子像是被阉割了一样，失去了自尊，变得柔弱。他也会通过几种方式表达自己的阴柔气质，或者表现出女性的屈从或献身冲动。但是，他如果皈依上帝，皈依某种无所不在、无所不能的神明，就更有可能以一种不威胁自身男子气概的方式表现自己的这种阴柔气质。神的世界里是不存在敌对关系的。拜倒在上帝面前总比拜倒在对手或竞争者或同辈人面前更能体现男人的气概。而在格式塔心理学中，拜倒在上帝面前也是更合适、更受推崇的，这种行为本身并不是失败的表现。

当然，这种令人满意的献祭也适用于拜倒在像神一样的人面前，也就是敬拜那些"伟人"，例如名垂青史的拿破仑、林肯或者遗臭万年的希特勒和施韦泽。

我们认为，在大多数文化中，我们认识的多数妇女有宗教信

仰（在这种意义）的人往往比男性多。她们并不害怕献祭，可以以
一种更为简单的方式享受献祭。妇女的破坏力和反叛性也不像男
子那么大，她们也不会表现出男子那样的"神经症"，总想凭一己
之力征服外在的世界。她们对征服者和统治者的羡慕之情往往
不会像男性那样威胁到她们的正义感，而男性往往会反对宗教献
祭，因为这有损他们的自尊。我们可以换种方式说，遭人玷污（不
论从何种意义上来说）为女性带来的心理创伤并不像为男性带来
的心理创伤那样强烈。女性可以更加放松，以一种更为平静的心
态接受这种经历。

区分统治力与性的健康方法：去性化

深入的心理治疗的一个理想效果是将人生的这两个领域区
分开来，了解男性的器官并不是棍棒或刀剑，女性的器官并不是
垃圾桶或深渊，它们不过是帮助人们获得快感，赋予两性之爱意
义的工具。接受上司的命令并不等同于受到玷污，强者不必将弱
者的献身行为作为泄欲的渠道。女子希望在性行为中的屈从并不
是一种放弃自我或者放弃自尊的表现。这种行为也不是一种征服
和屈从的过程，她并不是就此接受了奴隶的身份。男性必须认识
到性行为并不是向妻子确立自己统治地位，征服妻子的行为，也
不是对妻子施虐。妻子的屈从也不代表在生活的方方面面都要就
范于丈夫。如果丈夫对妻子更加热情，而不是充满怨愤，也不必
感到愧疚或觉得恐惧，认为自己并没有征服妻子，反而成了妻子
的同党。

这一切说明，应该将性与统治-从属关系区分开来。人类有可能甚至完全可能实现这一点。在猩猩的世界中，使用一些方法似乎也可以将二者区分开来。

一篇论文（101）就针对这一问题进行了讨论，而这篇论文的理论并未受到人们的重视。这篇文章呼吁人们关注被称为人类三大近亲的灵长类动物存在的"统治特质"。也就是说，在美洲的猴子和狒狒的世界中存在着一种施虐者或者统治的、暴君式的统治特点，这篇文章主要谈到了这个问题。我们并不具备充分的数据，甚至在对黑猩猩的研究中，我们也无法信心满满地说我们搜集到了充足的数据。但是我们通过调查和研究发现，黑猩猩没有那么多假象的交配行为，也不存在那么多向统治者献身的行为，当然也不存在那么多强者欺负弱者、弱者谄媚和讨好强者的现象。

这就表明（当然不是更多地）这种将性行为和统治力混为一谈是一种认为性别差异会影响统治地位的观点更低级的错误，它与我们的猜测不谋而合。也就是人类社会中，这二者存在的区别可能是一种心理更为成熟的表现或者附属现象。我们认为这种假设是十分重要的，因此应该得到更多的关注和研究。

以上论述表明，将性行为中男女的表现与人类社会的统治-从属关系混为一谈也许是神经症患者不成熟的表现，或者表明个体缺乏分辨力或患有轻微的心理疾病，或者人性受到了减损。

健康的女性气质和男子气概

当然，还存在很多理论可能，这些理论都很耐人寻味。我们只在此讨论其中的一个，因为我们掌握了这一理论构想的相关数据。也许心理治疗的健康发展所预期的效果并不是想消除男女之间、父母与子女之间根深蒂固的统治-从属关系。心理治疗可能带来的改变是我们称之为"统治特点"从狒狒的层面上升为黑猩猩的水平。黑猩猩的世界中也存在这种统治-从属的现象，但是这种关系的性质完全不同于存在于狒狒世界中的统治-从属关系。前一种关系中的统治者是一种帮助、负责任的力量的化身，它们为弱者服务，类似于长兄对弟妹的统治。这里如果用"统治"和"从属"这两个词就有些不合适了，可能会引起误解。我们可以用其他表达方式来代替这两个词，例如"善良有爱的力量"和"信任的依赖感"。

不论如何，在人类社会中，健康的倾向是远离贬低处于从属地位的人的价值，消除统治者和下属之间的敌意，使二者的关系朝着接受、有爱的方向发展。与这种情况相伴出现的是逐渐弱化强者和弱者、领导性别的呼声，这样无论男女都可以成为领导者，这可以在一定程度上消除领导者的焦虑感和从属者的自卑感。一个人不被定性为领导者或者下属，例如：心理治疗师不一定是慈母式的，可怜的寡妇也可以接受女士成为自己孩子的"父亲"。

实质上，我们一直关注两性之间存在的敌对关系，关注男性与女性存在的男性气概与女性气质的冲突，男性的嫉妒和女性的焦虑、男子的反抗和阳刚气质。

我们不想在这里具体列出这些结果，只想指出潜在的可能性。有证据表明，性冲动不仅会让人产生性欲，也会产生统治的欲望。也就是说，荷尔蒙不仅会促使人们发生关系，也促成了这种统治-从属关系, 难怪二者的关系如此紧密。当然, 应该清楚二者是两种独立的现象, 也应该知道如何区分二者, 例如两性关系中男女的姿势必须与统治-从属关系区分开, 男性的器官只是一种工具, 而不是一种夺取统治权的有力武器; 女性的器官不再是被动的接受器官, 男员工可以接受女上司的指令而不会感到自己屈从于女性的指挥。

后 记

总而言之, 对于那些热衷于玩儿理论猜测游戏和操纵理论的人来说, 这个课题包含了很多游戏。例如, 对于有关弗洛伊德的理论, 我们已经开启了将恋母情结的理论与阉割理论整合为一个统一整体的研究。我们可以用"强者与弱者相互融合, 这些融合的病态性表达"这样更概括的说法总结这项研究。我们也以弗洛伊德和阿德勒的理论开启另一种可能性, 也就是这个课题是一种同质性的语言, 是同一个课题的两个方面: 一方面是从性的方面谈强弱的融合, 另一方面是从统治的角度谈强弱的融合。目前, 我们探讨了健康的男子汉气概和女性的阴柔气质的定义, 这只是这个神秘的课题游戏的一种玩儿法。我们刚刚触及将两性的问题脱离跨阶级、跨种姓关系的复杂网络这一话题, 而灵长类动物的文化继承这一繁复的问题我们根本没有涉及, 不过我们坚信, 对灵长类动物的研究可以使社会学家受益匪浅。我们暗示心理疗法可以另辟蹊径, 从直觉理论寻找突破口, 也可以通过对施虐-受虐、权威主义、假设人们对成功的需要、对不同种类的爱的定义、对宗教献祭，甚至对仆人问题的研究来实现。这样的方法还有很多。

附录C　两种文化中的青少年犯罪现象

　　亚伯拉罕·马斯洛博士、罗杰里奥·迪亚兹·格雷罗[1]整理的。数据表明，墨西哥的青少年犯罪率远比美国低得多，墨西哥青少年破坏公共财产的现象比美国少得多，也没有发生过青少年犯罪团伙袭击成年人的案例[2]。去过墨西哥的人很快就会发现一个现象：墨西哥的孩子与美国孩子的行为方式存在很大差异。我们普遍会感觉墨西哥的孩子"更有教养"、更有礼貌、更乐于助人。他们似乎能与成年人融洽相处，他们喜欢成年人的陪伴，相信他们、顺从他们、尊重他们，丝毫不会表现出任何敌意。与此同时，他们

1.罗杰里奥·迪亚兹·格雷罗（Rogelio Diaz-Gurrero，1918—2004），墨西哥心理学家，拉丁美洲心理学先驱之一，研究领域包括社会文化、人格和跨文化研究，他通过研究表明社会文化信仰与墨西哥文化的认知发展和人格发展有关。

2.最近，墨西哥一些报纸上出现了有关大城市"青少年犯罪"的评论文章。1959年5月14日《墨西哥至上报》（Excelsior）报道："年轻人喜欢这样的信条：年轻人应该变得更加勇敢一些、卑鄙一些、不负责任一些，像一个吉卜赛人那样。"这样的见解指的是年轻人应该像电影里那样，成群结队地闯入民宅、毁坏家具、骚扰妇女，特别是那些富家子弟——他们组织小偷、强盗残暴地袭击其他年轻人。不过目前很少有青年人袭击成年人的情况发生。据《至上报》报道，这种擅闯民宅的行为效仿了电影中的情节，其中有一张照片是猫王。这种情况在墨西哥历史上只出现过三四次。

也可以和其他孩子打成一片（他们不会黏着成年人），这让我觉得他们比美国孩子更喜欢成年人和其他孩子。我们通过观察发现了另一种现象：在墨西哥，兄弟姐妹之间似乎并不存在竞争的关系，而是彼此的玩伴，这种关系比美国的手足情谊更为紧密。在墨西哥，年龄稍大一点儿的孩子，不论男女，都会照顾弟弟妹妹。这不仅是他们必须做的事情，似乎也是他们真心喜欢做的事情。总之，这让那些费尽心力带大孩子的美国父母颇感惊讶。养儿育女在美国和墨西哥竟然有如此大的差异！换句话说，墨西哥父母养育孩子遇到的烦恼并不像美国父母那样多。墨西哥孩子似乎不像美国孩子那样憎恶权威，他们要求的东西更少，也不会经常撒娇或者抱怨，不会吵闹，也不会经常哭闹不止。他们常常会大笑，似乎总能自得其乐。他们好像从未顶撞过父母，或几乎很少顶撞父母，或公开地表现出对父母的轻视和叛逆。他们更喜欢大人，他们会亲吻父亲，搂着母亲和祖母，等等。我们根据这一印象查阅了相关资料。虽然我们找到的数据并不多，但是这些数据都是了解美国文化和墨西哥文化的人[1]。

假设这些印象是正确的，那么这些差异是如何产生的呢？美国一些社会学家和犯罪学家给出的解释似乎并不成立。墨西哥的孩子生活条件更艰苦，几乎到了食不果腹的地步（然而他们比美国孩子更具安全感）。墨西哥家庭，特别是那些处于社会底层的墨西哥家庭往往比美国社会底层的家庭更为破碎（预计墨西哥父

1.罗森奎斯特博士和索丽斯·奎洛加分别是得克萨斯大学与墨西哥国立大学任教，她们在研究墨西哥和美国的青少年犯罪对比研究中达成了一致观点，并且以此为切入点对这个问题进行了研究。

亲遗弃孩子的比率高达32%)[1]。

墨西哥家庭的相似性比美国家庭的相似性更大：父亲下班后常常不会回家（他们都喜欢与男性朋友聚在一起，只有周日除外）(24, 12页)。在墨西哥，男士常常会有情人，有时这差不多是公开的秘密[2,3]。他们一生不会只忠于妻子一人，也不会履行日常抚养孩子的义务。虽然在墨西哥家庭，父亲常常不在家，但在孩子们的心中他们一直陪伴在自己身边，是慈爱的父亲(77, 158, 28, 12)。虽然美国父亲与孩子相处的时间更多，但是他们往往身在曹营心在汉。即便他们真的想管教孩子，孩子也会误将他们的管教行为当成虐待行为，因为邻居孩子的父亲都比他们宽容得多。墨西哥的父母如果任由孩子耍脾气，就会被视为软弱的父母，会被人说成是"糟糕的父母"。

我们想在此说明，也许这个问题的答案应该从其他方向寻找，这样可以通过观察轻松地得到答案，也可以验证这些答案的真伪。

1.首先，墨西哥文化虽然经历了工业化的洗礼，但是仍然比美国文化保留了更多的传统文化底蕴。我们在这里指的并不是天主教对墨西哥文化的影响，因为墨西哥社会存在着一种强烈的

1.这一数据引自拉米雷兹作品(127)。他是从一个公共医院人口采集的家庭数据。1950年墨西哥城人口调查结果表明一家之主是女性的情况占17%，位于它西部的哈利斯科州这一比例为15%，北部的新莱昂州这一数字为10%。其余都是男性为一家之主。

2.以下这个问题："你认为大多数的已婚男性都有情人吗？"墨西哥城的受访对象中，51%的男性与63%的女性的回答都是"是的"。

3.在波多黎各大学学生的调查问卷中，36%的男性和42%的女性都同意以下的陈述句式："大多数的已婚男性都有情人。"(33)

反对教权、崇尚传统社会文化信仰的风尚。我们指的是在抚养孩子和教育孩子这一方面。墨西哥社会存在着广泛认可的价值观体系，这种价值体系具有高度的社会一致性、统一性和普遍性。所有墨西哥父亲（母亲和孩子）都知道父亲应该怎样对待孩子。事实上，墨西哥父子间的行为举止的相似性比美国父子间的行为举止的相似性更高，这一点并不会因为种族和阶级有所差异，也不存在城乡差异（24, 12, 28, 158, 77）。换言之，墨西哥人认为，抚养孩子应该以一种"润物细无声""无心插柳柳成荫""潇洒一些、随性一些"的态度，而不能凭借理智抚养孩子。与之相比，美国父母面对抚养儿女的问题更多的感觉是困惑、迷茫、愧疚和纠结，因为旧时的育儿观念已经过时，又没有新的育儿观念可以参考（习惯成自然的、毫无疑问的、十分确定的自然反应）。他们必须理性地思考这个问题，研究这个问题，参考一些"权威育儿专家"指定的书目（在墨西哥才不存在什么"权威育儿专家"呢。从某种意义上来说，所有的墨西哥父母都是"权威育儿专家"）。而所有美国父母必须靠自己解决这个问题，好像这是他们从未遇到过的问题一样。而关于育儿，几乎没有哪位美国父亲能够非常果决而信心十足地拍着胸脯，说自己做得很好，认为自己毫无困惑、绝无矛盾、问心无愧，就像艾伦·惠勒的歌《找寻身份》唱的那样。

因此墨西哥的孩子往往会效仿父亲的行为举止，虽然父亲常常不在家，不过他们也会凭心情奖惩孩子。墨西哥父母，特别是父亲为孩子设定的限制往往比美国父母为孩子定下的规矩更明确、不可变更、一以贯之（也许美国父母根本不会给孩子订立什么规矩，在这些规矩的限制范围内，墨西哥的父母会爱孩子、宠孩子、给他们自由,特别是母亲,她们更加宠爱孩子)。墨西哥父母,特别是父亲会在孩子破坏规矩时果断而迅速地惩罚孩子。他们惩罚孩子不会像美国父母那样,他们绝不会有半点迟疑,也不会产生负罪感。在墨西哥,不论父母与孩子住的地方相隔多么遥远,孩子们都会同样尊重父母(应该尊重母亲)。

在美国和墨西哥的育儿文化中,父亲之间的差异比母亲之间的差异更大。我们假定母亲或者相当于母亲角色的人的主要任务就是无条件地爱孩子,满足孩子的需要,治愈、安慰、平复孩子的情绪;而父亲或者相当于父亲角色的人的主要任务就是保护、支持,充当家庭和现实(世界)之间的媒介,通过管教、指导、奖惩、判断、有区别的价值评价等方式让孩子变得坚强,用理性和逻辑(而不是通过无条件的爱)武装孩子,让孩子做好准备,面对现实世界的生活,让孩子在必要的时候学会拒绝他人。墨西哥父亲似乎比美国父亲更胜任这项工作。例如,我们通过观察发现美国父亲不仅更惧内,而且他们的孩子也更惧怕母亲(因此更害怕受惩罚、拒绝,受挫折[1])。

父权制在美国社会早已消亡,但是在墨西哥家庭中,这种制度依然很活跃。不仅墨西哥男子支持父权制,就连墨西哥女子也支持父权制。即便妻子受到丈夫的冷落,看着自己的丈夫与别的女人生活十分伤心,也不会在公开场合向丈夫抱怨。她们只会一边服侍自己的丈夫,看重丈夫,对待丈夫像对待到访的皇室那样

1.费尔南德斯·玛利亚等(33)称,在对波多黎各的学生展开的一项调查中,63%的男性和百67%的女性都会选择下列说法:"大多数男孩子都害怕父亲。"69%的男生和76%的女生都选择了下列说法:"很多女孩儿都害怕父亲。"只有很少一部分人选择了害怕母亲的说法。

小心翼翼, 在孩子面前维护丈夫的权威[1], 一边默默忍受着这份痛苦。

我们无意在这里谈论家庭成员之间更深层次关系的问题, 在这里我们只想谈谈与孩子有关的话题, 例如: 从家庭汲取更大的"力量"、责任、墨西哥妇女的可靠性、更为深切的消极性、不负责任、墨西哥男子的自卑情绪, 等等。在父权制掩盖下的表面行为, 延缓了父亲高大形象在孩子心目中不可避免的幻灭的进程, 孩子们认为父亲是神一样的存在, 他们无所不知、无所不能。但是这样的形象终会幻灭, 而父权制也延缓了这种父亲神化形象的崩塌进程。不过, 美国孩子会比墨西哥孩子更早经历这种父亲神化形象的幻灭。在美国社会, 孩子们对于性别分工的认识往往比较模糊。此外, 我们希望在此强调一点: 我们并不关心成年人对家庭的管理方式是怎样的, 我们只关注孩子和青少年的成长[2]。

我们希望在此强调, 与这个研究课题相关的是墨西哥的孩子接受的价值观教育是一种更稳定、公众更认可的成年人的育儿观念。孩子的生活是由成年人的价值观影响的, 这一点确定无疑, 不过成年人会给孩子留下思考空间, 让他们自己参悟什么是"对的", 什么是"错的", 并且也允许他们质疑成年人的价值观。

2.但是墨西哥青少年和美国青少年之间也存在着一个十分

1.坎沃斯·威格拉认为在她对二十五个低收入的工人家庭展开的一份研究中, 最重要的发现就是母亲在家庭中为父亲树立起的权威形象几乎建立在她们无止境的自我牺牲式的妥协的基础之上。这与美国家庭一般的母亲形成了鲜明的对照, 美国的女子如果被丈夫激怒, 就会不尊重丈夫、在公共场合贬低丈夫的形象, 或者在孩子们面前嘲讽他们的父亲。

2.迪亚兹·古列罗讨论了这些现象对于成年人的影响。

显著而且有趣的区别。传统的墨西哥文化对于男女的分工十分明确，社会的主要力量都会维持这种分工。墨西哥的文化中存在一种隐性的类似于公理的力量（28），其目标就是将这种男女分工明确地分开。墨西哥公共教育部部长（1943）在建议改变公共教育法时，说了如下的一段话：

教育的理想目标就是使女子更具女性气质，使男子更有男子汉气概。换言之，教育可以使男孩儿和女孩儿重新界定或者强调他们性别的不同特点，而不是将这些区别模糊化、作废或者代替[1]。

他在致墨西哥国民的信息中强调：

寻求精神复兴的教育会使男子气概和女性的阴柔气质[2]更加精确、更加深化。

费尔南德斯·玛丽亚等人（33）根据掌握的数据以及在几个拉丁美洲国家存在的男女分工的定义，证明这种男女分工的现象在波多黎各体现得尤为明显。不论人们怎样理解男女分工的定义，在墨西哥，作家、心理学家、人类学家等人都认同这种分工的存在。因此，墨西哥心理分析师圣地亚哥·拉美雷斯（127）想通过外族征服墨西哥的事实为男女分工提供合理的解释。他认为对于墨西哥人来说，他们最初对男人以及父亲的认识是从西班牙人那里得来的，而对于母亲、女人的认识是从印第安人那里得来的。他们认为男性是强壮有力的统治者与征服者，而女性则是被

1.诺维达德斯，1943年12月12日。
2.《公共教育组织法》，墨西哥公共教育部部长，1943。

统治者,她们应该是谦卑而顺从的。从历史角度来看,他的观点是正确的,我们可能并不认同拉美雷斯关于男女分工产生的历史原因的分析,但是我们接受他用四百年前的历史数据很好地说明现在的问题这种做法。

我们无须用证据说明这一点。任何一个去过墨西哥的美国人都会发现那里的男人和女人行为方式存在的差异。人们很容易就会意识到墨西哥的女子穿衣、走路和总体的行为方式好像给人的感觉是她们人生的主要目标就是强化自己女性的阴柔之美。而墨西哥男子的行为则更加复杂,但是我们发现了他们表现中的两个有趣方面:一方面他们都在极力且夸张地展现着自己作为男性的行为方式(如果我们将男性模式理解为前瞻性态度、吹嘘男性性别、吹嘘支配地位和统治地位以及他们在家庭中对抽象问题和需要智慧解决的问题具有决策权);另一方面,男性可以自然而然地表达对其他同性的喜爱,并不会因此感到焦虑,他们甚至会表现得兴高采烈,例如握手、拥抱或者其他形式的身体接触。我们一定会记得这样一则趣事:一位年轻的墨西哥精神病学家与一位美国的心理分析师一同参加治疗人们重度忧郁症的培训,他无法理解,为什么每当他想伸出双臂想拥抱对方(这个姿势在墨西哥是完全正常的),对方总会后退,他认为对方被这个举动"吓得要死"。后来他才知道,大家都不知道他这样做的用意何在!

从出生到死亡,人们在每个成长阶段显然都会面对男女之间剪不断理还乱的事情,面对有关行为方式和期待的烦恼。不论在大城市(28)还是在大部分农村地区,人们都会遇到这样的困扰。(158,77)

3.墨西哥孩子几乎都是在家人的怀抱里长大的,而美国孩子则不同。在西班牙的传统中,家门和四壁围成的世界才是家,家里面的人才是家人(亲戚除外),除此之外的世界便是外部世界。墨西哥孩子只会跟自己的兄弟姐妹玩耍,而不会接触街头的孩子、同辈人或者同龄人,他们的游戏范围不会超出成年人的视野,而美国孩子则不是这样。特别是在城市的环境中,一个八岁的美国孩子很可能与其他和自己同龄的孩子玩儿,而不会跟自己四岁的弟弟玩儿,更不会跟妹妹玩儿。

我们认为这种现象为孩子们依据大人的价值观生活这种观点提供了额外的证据[1]。此外,我们发现可以这样理解美国人的育

1.认为墨西哥的儿童和青少年的价值观是成年人的价值观这种说法有很多来源。阿伦·肖博士研究墨西哥村庄(136)时得到了这一结论,他的研究初衷是研究墨西哥社会的权威和侵略。研究选择了不同性别、年龄在6~12岁的四十个孩子。肖博士发现34%孩子的陈述并不符合他对于权威或者侵略的任何标准。这些表达都体现了以下特点:安抚人们的情绪、勤奋、与人和睦相处、热爱工作、服从、做个好孩子、做个好学生、说自己很幸福、请他人原谅、原谅他人、称赞他人、拥抱孩子、把孩子抱在怀里、哄孩子睡觉、给他人喂水喂饭、对他人彬彬有礼、感谢他人、尊重他人、向他人表达爱和喜爱之情、遵从命令、注意倾听,等等。肖博士为此发明了一种新的分类方法将这些表达分类,他获得了帮助,最终将其称为A-4,并表明这些表述至少包含了两种因素:内在的社会文化因素(也许是价值观)以及即兴的表达。
但是这些回答无处不体现了成年人或者人本主义的评判因素,我们通过以下的例子就可以发现。国家小学教科书委员会刚刚发布了一则一年级和二年级阅读书籍的评选公告。哲学家、作家、教育家等组成了评选委员会,除了对入选数目技术细节的评判,还有硬性规定,入选数目(以自然科学数目为例)必须通过明确的例子教育孩子(特别是在配套教材中)以下信息:"做体育锻炼让我感到开心;帮爸爸妈妈做家务会让我开心;我对所有人友好,就不会有敌人;我干净整洁,就会感到

儿观：美国人把孩子的价值观抛给孩子，而不是将成年人的价值观强加给他们。美国的成年人，特别是美国父亲放弃了为孩子打造世界的理想化角色，而是为孩子树立一套清晰的价值观，教他们什么是"对的"，什么是"错的"，然后在他们还无法自行决断是非的情况下就让他们自己做决断。我们认为这样的做法不仅会让孩子产生不安全感和焦虑感，也会在他们小小的心灵里种下对父母的"合理的"敌意、蔑视和怨恨。美国的父母让孩子在很小的年龄时完成超出自己年龄的任务，又不告诉孩子们标准答案。孩子们年纪尚轻，正需要建立自己的价值观，而这样的做法会挫伤他们建立价值观的需要，把关注的重点放在这个过程中遇到的种种限制和约束。我们看到孩子们在感受到价值观没有形成的危险、需要价值观的时候，就被父母弃之不管，需要靠自己寻找外部世界唯一的价值观来源，那就是其他的孩子，特别是那些年纪比他们大的孩子。

　　我们认为，我们可以通过以下的几个问题来很好地说明这个问题："如果所有的人到了二十岁左右就会死去，那么孩子们的安

开心；我尽我所能帮助整理屋子，打扫教室，学校就会感到开心；我帮助邻里和那些需要帮助的人就会感到开心"（《时代杂志》，1959年5月25日）。而算数和几何学的教学目标是："培养孩子严谨、确定、准确、自我批评和尊重真理的习惯……"历史及公民义务教育课程的目标是帮助孩子认识到"理解、宽容、公正、尊重和互助是良好人际关系的唯一基础"，而后者作为一个重要的目标，"尊重、服从、爱家庭成员"（出处同上）。

吉拉尔多·安捷尔引用了玛格丽特·赞德哈斯教授未出版的研究墨西哥青少年价值观的数据。研究发现青少年（不论男女）对补充以下句式"我最为尊重的人的特点是……"，他们会无一例外地做出如下补充："我最为尊敬的人的特点就是比我年长的人。"

全感会发生怎样的变化？"我们看来，在这种科幻小说里才会发生的事情恰恰发生在今日美国文化中的年轻人身上（既包括中产阶级和上流社会的年轻人，也包括社会底层的年轻人）。东方的牛仔电影投射出的可供我们研究的素材都是典型的年轻人的价值体系（或者用弗洛伊德派的表达方式来说，是一种性崇拜阶段的价值观体系）。

我们认为青少年的暴力行为、蓄意破坏公物、残暴、蔑视权威、与成年人斗争的出格行为并不是标准的弗洛伊德式的成长问题（试图长大、与个人依赖他人的需要抗争、反恐惧机制、抗拒软弱、天真、懦弱，等等），而且这些问题也反映了这些年轻人对那些让他感到失望的、软弱的成年人的一种反叛表达和情绪发泄，是可以理解的。我们认为这种不满情绪针对父亲的更多，男孩的叛逆情绪会比女孩儿的更为强烈，而他们的攻击对象往往是男性（以及男性所代表的一切），发起进攻的往往会是男孩儿。

为了明确地说明我们的猜测，我们进行下列简要概括：

1.我们在这里表明所有的人类，包括孩子"都需要一个价值体系"（93），"理解力的体系"（95），需要"一个指导他们行为和他们忠于的行为框架"（35），"一套有序的、理解宇宙及其对人类意义的概念指南"（120）。

2.如果这样的体系缺失或者遭到了破坏，人们就会患上心理疾病和精神疾病。

3.人们也渴望得到这样的体系，并且寻求这样的价值观。

4.任何价值观体系，不论好坏，总好于毫无价值观体系、价值观混乱的状态。

5.如果没有成年人的价值观体系，那么也可以接受儿童或者青少年的价值观体系。

6.青少年犯罪（所谓的）正是这种青少年价值观体系的一个例子。

7.这种价值观体系应该与其他形式的青少年的价值观体系区分开来，例如：牛仔世界或者大学兄弟情的价值观体系，也就是仇视和鄙视那些让他妈感到失望的成年人之外的价值观体系。

8.我们设想价值观体系目前涉及法律、秩序、正义以及对是非的判断，这些主要应该由父亲传授给子女。

9.如果父亲缺乏价值观体系或者只有非常脆弱的价值观体系，那么孩子们是否应该依靠自己匮乏的价值观判断事物呢？

10.如果心理脆弱（毫无价值观、缺乏明显的男子汉气概）的父亲形象干扰了孩子对于父亲形象的理解（理想的自我），像弗洛伊德派描述的那样，结果孩子们会因此更为困惑，不知道"父亲的形象应该是怎样的"。父亲对父亲形象的理解则停留在牛仔世界中的理想父亲形象以及与他同样困惑的同辈人理想中的父亲的形象中。

11.这些价值观体系的来源也不足以满足孩子们对价值观体系的需要。

附录D　判断需要是否为类本能的标准

我对这一问题的研究是以像弗洛伊德那样探究人们最深切的愿望、冲动和需要为切入点，而不是像动物行为学家那样，通过研究人们的行为入手（95）。我通过心理病理学的资料倒推，追溯成年人的心理或精神疾病的根源。在研究的过程中，我产生了一些疑问：什么促使人们患上神经症？神经症是怎么产生的？最近，我也想了解："性格障碍和价值观扭曲的现象是如何产生的？""如何使人身心健康、人性完全得到发展？"我认为这些疑问对这一问题的研究大有裨益。我甚至想了解，人们的思想能够到达的至高境界是什么？又有哪些因素阻碍人们达到这种境界呢？

我的结论是：总体来说，神经症以及其他精神疾病主要是因为某些需要没有得到满足而引起的（包括人们在主观上和客观上可感知的要求和愿望）。我们将这些未得到满足的需要称为基本需要，并且认为这些需要是类本能的，因为它们必须得到满足，否则人们就会生病（或人性会受到减损，例如：失去人性中的某些特点）。我想在此说明一点：神经症类似身体的营养缺乏症，其相似程度甚至比人们想得还高[1]。我还认为，除非所有未经满足的需要

1.然而基本需要受到挫伤并非导致人们患心理疾病和精神疾病的唯

都得到满足,否则病人无法恢复到健康状态。也就是说,即使基本需要的满足不是治愈精神疾病的充分条件,也是必要条件。

在生物科学和医药学领域,重构生物技术已经取得了令人瞩目的发展,例如这项技术已经用于探明人们隐藏的生理需要。营养学家用这项技术发现人体"生来"就需要维生素、矿物质,等等。这些病是由于人体缺乏了人体必需的元素才患上的,如佝偻病和坏血病,因此我们可以称这些必要的元素为人体的"一种需要"。"人们对维生素C的需要",它意味着人体获得了维生素C就可以保持健康,不生病。这一点也可以通过控制性实验进行验证,例如预防性的控制实验、替代性控制实验,等等,我们也可以用这些实验检测人们的基本心理需要。

本附录是对1954年作品《动机与人格》(95)第七章"基本需要的内在属性"内容的延伸和拓展。我将要点总结如下:

1.人体具有内在性质,人体可以自行管理这些内在性质,人体对内在性质的管理能力甚至超出了人们的预期。

2.认为人的成长和自我实现的倾向是类本能或者与生俱来的,这种设想具有很充分的理由。

3.大多数心理分析师被迫接受需要是类本能的说法,接受需要如果得不到满足就会引起心理疾病这种说法。

4.这些需要为人们提供了从生物学的角度解释人的目的、目标或者价值观的依据。

在《动机与人格》这部作品的第七章中,我列出了早期的直觉理论,并且详细探讨了人们是否可以避免落入这些理论的窠

一诱因。

臼, 由此得到了下列结论:

1.力求用行为("促皮质素")术语界定人类直觉的做法注定会失败。(人类的)行为可以作为抵御冲动的防御机制, 并且现实往往如此。这种防御机制并不仅仅表现为冲动, 也表现为由冲动引发的行为、人们为抑制这些冲动而采取的行动以及这些冲动和行为的表达方式。它是一种意念因素, 是一种欲望或需要, 而这些意念、欲望或需要在某种意义或程度上似乎是与生俱来的。

2.完全的动物本能在人类身上并不存在, 但是人类似乎残存着一些动物本能, 例如: 完全受欲望或能力驱使。

3.人类根本没有不具备种群需要或种群能力的原因。事实上, 一些临床证据显示, 人类具有动机(很可能是与生俱来的), 而动机是人类特有的。

4.人类具有的类似于直觉的冲动总体上来说很微弱, 动物的直觉也是如此。

直觉很容易受文化、后天习得以及防御机制的影响。而我们可以将心理分析理解为发现人们的内在需要, 并且允许这些需要变得足够强大, 可以抵御恐惧和习惯压抑这一漫长而艰辛的过程。也就是说, 人们需要外界帮助才能发现自身的内在需要。

5.在讨论人类的内在需要时, 有些人会坚信人类的动物需要是不良的兽性需要, 而我们最原始的冲动只是贪婪、邪恶、自私, 具有破坏作用的需要。这种理解是不准确的。

6.人类固有的冲动如果弃之不用, 就会消失。

7.不能用二分法把人类内在的本能与学习和理性分开。理性本身也是一种意念的产物。无论如何, 身心健康的人的冲动和理性往往具有趋同作用,而不是彼此对立的。此外,类本能很快就会转化为工具性行动,指引人们为实现目标而努力,也就是说它们成了"人们的观点"。

8.我相信,人们对直觉和遗传感到困惑,多半是因为他们错误的认识,或者在潜意识中认为遗传的事物一定是保守的或是反动的,环保主义者一定是民主的或者进步的。事实并非如此,也许那只是人们的一种误解。

9.人们认为人的一些更深切的冲动往往在那些疯子、神经症患者和酒鬼、动物、意志薄弱的人、孩子的身上体现得更为明显,这也是一种误解。即便在最健康的、层次高的、成熟的人身上也可以发现这种深切的冲动,它们的体现方式可以是"高级的"也可以表现为"低级的",例如:人们对真理和美的需要,等等。

很多标准都可以判定某种需要是不是类本能的,我要探讨的正是这些标准。此外,我还想在此补充一些看法。我同时也想对几种需要的可行性做出比较,首先是人体对于维生素的需要;其次是人们对于爱的需要;再次是人们满足好奇心的需要,还有人们的神经症需要。我们可以看出:人们对维生素C的需要和人们对爱的需要何其相似,如果人们要否认其中一种需要的存在,差不多就否认了另一种需要的存在。我将好奇心或者人们的求知欲称为人的成长需要(或者超越性动机、存在价值观),它们与匮乏需要截然不同(87,88),因为它们虽然是类本能的,但是与基本需要存在较大差异。神经症的需要显然并不符合这些标准,因此我们无法称之为类本能的需要。上瘾的需要、习惯需要或习得性需要也属于此类。

如果需要具有以下特点，那么我们就判定这种需要为类本能需要或者固有需要：

1.如果人们的需要长期得不到满足，人就会生病，特别是这些需要挫伤的情况发生在人们幼年（但是有一点我们不能忽视：如果需要暂时得不到满足，也会引发类似的结果，例如，食欲不佳，忍受挫折，能够健康地延迟需要，进行自我控制，等等）。

维生素：+（+代表"真"或者"符合这种标准"）

爱：+

好奇心：+

神经症需要：这种需要得不到满足会使人焦虑或出现其他症状，但是并不会使人们出现性格问题。如果人们的神经症需要能够在早年就得到满足，他们的心理可能会更加健康。

1a.如果这些需要在人生的重要时期受到了挫伤，可能会造成这些需要/欲望永久性地丧失或消失，也许再也无法习得或恢复。人性会因此受到永久的减损，失去生而为人的某些特征，因而这个人也不再是真正意义上的完全的人了。

维生素：如果我们并不了解这一点是否属实，如果人体失去了各种维生素就会产生不同的结果，可具体的表现我们无从得知。

爱+：（患有心理疾病的人就是例子）

好奇心：我们也没有足够的证据能证明如果好奇心的需要受到挫伤会产生怎样的后果，但是一些文化及临床数据清晰地表明好奇心本身可以失去，并且一旦失去，就不会再恢复。福利院的孩子就是这样，他们在年幼时，好奇心丝毫没有得到满足，因而就丧失了好奇心，表现如下：变得迟钝，没有求知欲，永久性地处于一种愚昧状态，蒙昧主义，显得愚笨，迷信状态，等等。

神经症需要：这些标准不适用于这种需要。

1b.直接剥夺人们的需要产生的效果，像罗森·茨维格（Rosenzweig）描述的那样（130）。

维生素：维生素缺乏症等。

爱：渴求爱、D.M.利维（D M Levy）形容人们对爱的渴望就像"猎蝽虫"的嗜血性（70，72）。

好奇心：好奇心增强、强迫性好奇心、保留好奇心、窥视症，等等。

神经症的需要：如果神经症的需要得不到满足，人们就会产生焦虑、矛盾、敌意等反应，但是这些矛盾、焦虑能够缓解人们的焦虑，带来一种如释重负的感觉，等等。

1c.基本需要的神经症表现，例如：基本需要常常变得不可控制、无法满足、自我矛盾、僵化、刻板、强迫性、缺乏分辨力、选择错误的对象并为此焦虑，等等。人们对于需要的态度也变得矛盾，充满恐惧、矛盾和否定。需要变得危险起来。

维生素：标准不适用（？）

爱：+

好奇心：？（窥视症）

神经症需要：—

1d.性格、价值观体系、世界观扭曲、达到目的的手段变得扭曲、病态化（93）。机体为应对这种匮乏形成了一套应对机制。

维生素：？

爱: +

好奇心: +(愤世嫉俗、虚无主义、厌倦、不信任、忘名病, 等等) (窥视症)

神经症的需要: 需要—

1e.人性受到减损, 失去人性的某些特点; 失去本质, 人性退化, 自我实现受到阻碍

维生素: +(需要退化的趋势是, 沿着基本需要的层级退化, 趋向于任何一种优势需要, 也就是未得到满足的需要)

爱: +

好奇心: ? (窥视症)

神经症需要: —

1f.出现各种情感的反应, 既有强烈的, 也有持久性的, 例如: 焦虑、威胁感、气愤、抑郁, 等等

维生素: +

爱: +

好奇心: +

神经症需要: +复杂的、矛盾的、冲突的情感

维生素: +复杂的、矛盾的、冲突的情感

2.如果此前未得到满足的需要得到了满足, 只要来得及, 人们就会恢复健康(基本上), 心理疾病和精神疾病就会痊愈(基本上)。这样看来, 需要未得到满足造成的破坏是可逆的, 例如: 通过替代控制、情感依附等疗法进行治疗。

维生素: +

爱: +

好奇心: +

神经症需要: —

3.需要具有内在的(真实的)满足条件,这些条件不仅可以确实地满足人们的需要,而且还具有指向作用,它们不是联想式或随机的学习。这种内在的需要满足条件不可替代,也无法升级。

维生素: +

爱: +

好奇心: +

神经症需要: —

4.在人的一生中,是否存在"真正"能够满足人们需要的条件,并且可以使人免受心理疾病和精神疾病的困扰? 也就是说,是否存在预防心理疾病和精神疾病的措施?

维生素: +

爱: +

好奇心: +

神经症需要: —

4a.在人的一生中,存在"真正"能够帮助人实现成长、成就"自我实现"、身心健康、拥有良好的性格的条件。总体上说,需要得到满足可以使机体受益,特别有益于人的性格。(请参见我的作品《动机与人格》第六章"心理学理论"中"基本需要得到满足的作用"的内容。)

维生素: +

爱: +

好奇心：+

神经症需要：—

5.如果人的需要能够一直得到满足（健康的人），那么他就会表现出无欲无求的状态；他的需要处于最佳的状态；他可以控制或推迟需要的满足，或者在一段时间内没有任何需要；他会比其他人应对需要长期得不到满足的情况；他接受需要，并且公开享受这种需要；他不具有对需要的防御机制。需要是可以满足的，而神经症的需要则不然。

维生素：+

爱：+

好奇心：—好奇心得到满足，往往会使人们的好奇心变少

神经症需要：—（神经症的需要即便得到满足，也是暂时性的）

6.如果存在自由选择，健康的机体往往会通过行为倾向选择那些能"真正"满足他们需要的条件。如果个体越健康，他的选择就会越"明智"。我们可以换种说法：一个人的心理越健康，越倾向于选择真正能够满足他需要的事物，而不会选择只能带来虚假满足感的事物。

维生素：-【存在莎卡琳（165）之类鱼目混珠的合成物质】

爱：+

好奇心：+

神经症需要：—

7."真正"能够满足人们需要的事物会让人觉得很美好，比那些只能给人带来虚假满足感的事物的感觉更好。真正能够满足

人们需要的事物会带给人们一种心满意足或幸福的感觉, 也许还能带给人们高峰体验或神秘体验。(即便在人们没觉得自己有某种需要的情况下。生活条件差的人在第一次需要得到满足之前, 并没有意识到自己有什么需要, 也可以告诉他们, 这就是他们一直以来需要的东西。)

这就是我们在最终定义"需要"或者"欲望"时面临的难题, 偶尔会发生这样的情况: 一个人不知道自己缺少什么, 即便感到不安也不知是何原因, 但是在需要得到满足之后, 他就会十分清楚自己想要什么、欲求什么。

维生素: +【莎卡琳(一种甜味的铅盐)可以起到鱼目混珠的作用】

爱: +

好奇心: +

神经症需要: 一或者? 神经症需要得到满足可能会让人感觉良好, 但是这种情况并不经常发生, 即便发生也是暂时性的。在获得满足的同时也掺杂了其他的情感, 往往会感到后悔, 反思后就不会感到满足, 等等。

8.人们在生命早期(接受教育之前)时, 往往会公开表明自己的需要, 在学习文化或开始学习之前, 人们只追求愿望的满足, 这一点也印证了我们的猜测: 人的需要是类本能的。

维生素: +

爱: +

好奇心: +

神经症需要: 一

9.通过洞察力疗法、发现疗法可以发现、接受、认同和增强需要得到满足的程度（或者提升人们的总体健康水平），（或者通过社会"良好的条件"），接触心理防御、控制、恐惧。

维生素：+（很有可能）

爱：+

好奇心：+

神经症需要：—

9a.如果人们的身体健康、心理健康和社会健康状况都得到了改善，会更加追求能够真正满足自身需要的条件。

维生素：+（很有可能）

爱：+.

好奇心：+

神经症需要：—

10.这是跨越了文化，超越了种族、种姓的。越接近于所有物种共有的现象，越有可能是类本能的。（并没有绝对的证据支持这种说法，因为每个婴儿在出生时，所处的文化就固定了，或者说必须证明这种需要已经被永久性地消除或暂时抑制了。）

维生素：+（很有可能）

爱：+

好奇心：+

神经症需要：—

11.那些可以被称为安全的、健康的或者具有协同作用，可以满足人们基本需要的文化、亚文化或者工作环境会让人感到更加满足，感到具有安全；而所有不安全、病态的或者协同作用低的文化、亚文化或者工作环境都无法满足人们的基本需要,会威胁人们的基本需要,人们必须付出很高的代价才能满足基本需要,或者一些基本需要处于互相矛盾的状态,等等。

维生素: +(很有可能)

爱: +

好奇心: +

神经症需要: —

12.不同物种存在着共同的需要,这就增加了需要是类本能的这种说法,但这并不一定是一个必要的判定条件或一个充分条件,因为有很多物种具有所有物种都具有的"本能",包括人类。

维生素: +

爱: +

好奇心: +

神经症需要: —

13.在人的一生中,需要呈现出一种动态的持续性,就像弗洛伊德所描述的那样(除非某些需要在生命初期就被扼杀了)。

维生素: +

爱: +

好奇心: +?

神经症需要: —

14.人们发现神经症是隐秘的,令人恐惧,是一种折中方案,是怯懦的、寻找满足需要方法的迂回式方法。

维生素: ?

爱: +

好奇心: +

神经症需要: —

15.人们可以通过适当的工具行为更容易地了解人们的要求, 也可以通过恰当的渠道明确目标状态, 等等(121)。一开始, 需要必然被视为一种可能性, 而不是实际存在, 因为它必须经过使用、预演、锻炼, 在成为现实之前必须通过文化加以表达。这可能会被视为某种学习的形式, 但是我认为, 这样会让人感到困惑, 因为"学习"这个词本身的含义就太多了。

维生素: ?

爱: +

好奇心: +

神经症需要: —

16.需要本身最终都具有自我协调性(也就是说如果情况并非如此, 通过发现疗法也可以实现这一点)。

维生素: +

爱: +

好奇心: +

神经症需要: —? (这里情况正好相反, 需要常常是自我矛盾的)

17.如果每个人都喜欢需要, 并且因为需要得到满足而高兴, 那么需要往往是内在的, 会变得更加具有类本能的性质, 而神经症的、上瘾的、习惯性的需要只有某些个体才会喜欢。

维生素: +

爱: +

好奇心：+

神经症需要：—

18.人们使用致幻剂等精神类药物，也包括用酒精满足自己的一些需要，最后我提出可以尝试性地将这种方法作为今后的研究课题。也许像酒精那样，靠抑制人体中处于最高地位的中枢神经可以释放更多性格中固有的特点和非文化层面的特质，也就是更深层次的自我内核。我在研究致幻剂的时候发现了这种可能性（这并不是弗洛伊德式的超我，而是一套随机性的社会抑制作用，这种作用是通过机体的生物性或内在特性发挥抑制功能的）。

我并没有提及有些人建议的两种标准，我觉得这两种标准并未有效地区分生物需要、神经症的需要和习得性的需要或成瘾性需要。这两种标准是：a）人们为了满足需要而甘愿面对痛苦或忍受不适；b）需要受挫时引发的好斗性或者焦虑。

我主要讨论的是人类固有的类本能的特点，并没有提及人类内在的独特性，而心理治疗师和研究性格的理论家认为这种特殊性十分重要。虽然心理治疗师的直接目标是帮助人们恢复人性、健康的动物性，但是心理治疗的基本终极目标是帮助患者恢复他们的身份（对个体来说），发现真实的自我、真正的自我、个性、自我实现，等等。也就是说，心理分析师发现个体的自然特性、他固有的个性。他的体质、秉性、神经系统、内分泌系统通过某种暗示给予他的生命问题的答案（并非直接而强硬地给予）。总之，他所探求的是他身体和身体发挥机能的方式，他"生物意义上的命运"，他最重要、最容易获得幸福感的方向。我们关注的不仅仅是像莫扎特的特殊才能和天赋，还有他们具有的内在能力。如果现实中不存在这种能力，那么就是理论上的内在能力。

也许终有一天，在缺乏数据的情况下，临床试验机构可以以一种更可靠的方式给我们答案，我们也依赖这些临床试验机构的答案。作为心理分析师，我们努力发现人们更容易做什么？什么最适合他们的天性？什么最适合他们（就像脚适合鞋那样）？做什么会让他感觉最舒服？做什么"是对的"，做什么让他感到没有压力和压迫感？他最适合做什么？什么与他的性格最契合【这就是戈德斯坦成为人们"行为倾向性"(39)】。作为实验者，我们也可以提出这样的问题。在杰克森实验室，我们已经根据不同类型的狗的性格特点为它们分配适合它们秉性的任务。也许有一天，我们也可以在人类社会做到这一点。

此外，为了将重点放在我想讨论的课题上，我有意避开了人类基因学家使用的、更为直接的生物技术（双生子研究方法、直接对基因进行微观研究，等等），实验主义胚胎学家和神经生理学家（植入电极法研究，等等），还有动物行为学、研究儿童发育心理学中的丰富的参考文献和技术。

我们急需整合的方法，将这两组伟大的数据结合起来研究这个课题，因为现在数据与整合性方法鲜少结合，一方面是生物学-行为学-人种学结合的研究方法，另一方面是动态心理学的研究方法。我毫不怀疑，如果整合性的方法可以有效地与科学的数据结合，这个课题一定会得以攻克【至少我们已经做出了这样的努力，例如科特兰(Kortlandt)的专著(63)就是例子】。

我在本章中探讨的大部分内容都是以临床证据和经验为基

础的，因此得到的结论并没有通过可控性实验得到的结论那样可靠。然而，正是这样的结论才需要实验加以验证。

附录E　亚伯拉罕·马斯洛: 参考书目

1932

从狐猴到猩猩的灵长类动物的延迟反应测试(与哈丽·哈洛与哈罗德·威灵合作《比较心理学杂志》13: 313-343)

布朗克斯公园动物园灵长类动物的延迟反应测试(与哈丽·哈洛合作)(《比较心理学杂志》, 14: 97-101)

狗的"厌恶情绪"《比较心理学杂志》, 14: 401-407

1933

灵长类动物的食物偏好(《比较心理学杂志》, 16: 187-197)

1934

差异动机对猴子延迟反应的影响(与伊丽莎白·格罗斯合作)(《比较心理学杂志》, 18: 75-83)

不同的外部条件对学习、记忆留存和记忆再现的影响(《实

验心理学杂志》, 17: 36-47)

不同的时间间隔对于主动抑制的学习行为的影响(《实验心理学杂志》, 17: 141-144)

1935

动物动机中的食欲与饥饿(《比较心理学杂志》, 20: 75-83)

猴子与猿的个体心理学和社会行为(《国际个人心理学杂志》, 1: 47-59)

在《国际个人心理学杂志》以德文译本重新出版(《国际个人心理学杂志》, 1936, 1: 14-25)

1936

优势在非人类灵长类动物的社会和性行为中的作用, 第一部分: 在维拉斯公园动物园的观察(《基因心理学》, 48: 261-277)

第二部分: 支配行为综合征的实验测定(与西德尼·弗兰兹博姆合作,《基因心理学》, 48: 278-309)

第三部分: 非人类灵长类动物的性行为理论(《基因心理学》, 48: 310-338)

第四部分: 确定成对及成组的层级(《基因心理学》, 49: 161-198)

1937

社会行为的比较方法（《社会力量》, 15: 187-490）

熟悉程度对偏好的影响（《实验心理学杂志》, 21: 162-180）

支配感、支配行为和支配地位（《心理评论》, 44: 404-420）

性格与文化模式（《性格心理学》, 纽约, 麦格劳·希尔公司, 于布里特再版, 《社会心理学选读》, 莱因哈特出版社, 1950）

猴子洞察力的实验性研究（与沃尔特·格莱德合作）（《比较心理学杂志》, 27: 127-134）

1939

女性的支配感、性格以及社会行为（《社会心理学杂志》, 10: 3-39）

1940

类人猿灵长类动物的支配特性和社会行为（《社会心理学杂志》, 11: 313-324）

女大学生的支配感（自尊）测试（《社会心理学杂志》, 12: 255-270）哈珀兄弟出版社, 盲人有声版本

1941

女大学生的支配感（自尊）测试（《社会心理学杂志》，12：255-270）哈珀兄弟出版社，盲人有声版本

剥夺、威胁和挫伤，（《心理评论》，48：364-366），收录在再版《社会心理学读物》中，纽约，1947；在M·马克思《心理学理论：当代读物》中收录，纽约，麦克米伦出版社，1951；收录在《理解人类动机》克利夫兰：霍华德·艾伦出版集团，1958

1942

《民主领导及人格自由》2：27-30

《女大学生社会性格面面观》，帕罗阿尔托，加利福尼亚州：咨询心理分析师出版社

《动态心理安全感—不安全感：性格和人格》，10：331-344

《女子的自尊（支配感）及性》（《社会心理学》，16：259-294），收录于《性意识及性格特点》纽约城堡出版社，1963；收录于《心理分析与女性性意识》（《社会心理学》16：259-294）；再版收录于《性行为及性格特点》中，纽约：城堡出版社，1963；再版收录于《心理分析与女性性意识》，纽黑文：大学和学苑出版社，1966

1943

《动机理论序言》,《心身医学》, 5: 85-92

《人类动机理论》,《心理评论》50: 370-396, 再版收录于《二十世纪心理学》, 纽约, 心理图书馆出版社, 1946; 再版收录于《成长、教与学》, 纽约, 哈珀斯兄弟出版社, 1957; 再版收录于《理解人类动机》, 克利夫兰: 霍华德·艾伦出版社, 1958; 再版收录于《管理销售》, 霍姆伍德, III, 理查德·艾尔温出版社, 1958; 再版收录于《心理学读物: 人类成长与发展》纽约, 霍特莱因哈特温斯顿出版社, 1962; 再版收录于《儿童》(纽约莱因哈特出版社, 1958); 再版收录于《心理调整读物》(纽约, 麦格劳希尔出版社, 1959); 再版收录于《管理中的人际关系》辛辛那提: 西南出版集团, 1960; 收录于《精神健康课本》俄亥俄州, 哥伦布, 梅丽尔出版社, 1961; 再版收录于《理解人类行为心理学读物》, 纽约: 麦格劳希尔出版社, 1962; 再版收录于《管理中的心理学: 研究方向》(新泽西, 学徒屋出版社, 1963); 再版收录于《管理心理学》(芝加哥大学出版社, 1964);《美国心理学中的人事与激励问题》, 华沙国立出版社, 1964;《成长中的自我: 教与学》(恩格尔伍德克里夫斯, 纽约: 学徒屋出版社, 1965); Reprinted in Y. Ferreira Balcao and L. Leite Cordeiro (Eds.), Comportamento Humano Na Empresa. Fundarllo Getullo Vargas. Rio de Janiero. 1967.《企业中的个人行为》, 再版收录于《管理与行为科学》(波士顿: 阿林和培根出版社, 1968); 再版收录于《消费者行为视角》(斯考特福斯曼出版社, 1968);再版收录于《组织行为与管理实践》(斯考特福斯曼出版社, 1968);再版收录于《行为暗示与课程与教学》(爱荷华, 杜比克, 布朗出版社, 1969);再版收录于《学习中的阅读》,(纽约, 美国图书出版公司, 1969);再版收录于《理解自我: 性格及性格调整研究》(斯考特福斯曼出版社, 1969)

再版收录于《冲突、挫伤以及挫伤理论》(《变态心理学及社会心理学杂志》, 38: 81-86)

再版收录于《当代心理病理学: 绪论资料集》(马萨诸塞州: 哈佛大学出版社, 1943)

再版收录于《性格组织动态: 第一部分、第二部分》(心理评论, 50: 514-539; 541-558)

再版收录于《性格结构的独裁者》(《社会心理学杂志》, 18: 401-411)

再版收录于《二十世纪心理学: 最新心理学发展》(纽约, 心理学图书馆, 1946)

再版收录于《语言交流》(恩格尔伍德克里夫斯, 新泽西, 学徒屋出版社)

1944

再版收录于《智商测试的意义》(《普通心理学杂志》, 31: 85-93)

1945

再版收录于《建立在临床基础上的测试心理安全及不安全的方法》（《普通心理学杂志》, 33: 21-41）

再版收录于《语义学用法的改良建议》（《心理学评论》52: 239-240）

再版收录于《普通语义学杂志》（1947, 4: 219-220）

1946

再版收录于《母乳喂养与心里安全感》（《变态心理学及社会心理学杂志》, 41: 83-85）

再版收录于《以问题为中心的科学研究方法对比以手段为中心的科学研究方法》（《心理学科学》, 13: 326-331）

1947

再版收录于《整体思维的象征: 人格伪装, 第一部分》24-25

1948

再版收录于《"高级"需要与"低级"需要》（《心理学杂志》, 25: 433-436）

再版收录于《理解人类动机》(克利夫兰: 霍华德·艾伦出版公司, 1958)

再版收录于《应用动态心理学》(伯克利: 加利福尼亚大学出版社, 1958)

再版收录于《特殊及一般认知力》(《心理学评论》, 55: 22-40)

再版收录于《基本需要得到满足产生的理论性结果》(《性格杂志》, 16: 402-416)

1949

再版收录于《我们恶毒的动物本性》《心理学杂志》(28: 273-278)

再版收录于《社会学读物》(纽约: 学徒屋出版社, 1953)

再版收录于《行为的表现成分》(《心理学评论》, 56: 261-272)

再版收录于《神经学与精神学文摘浓缩版》(1950年1月)

再版收录于《性格研究读物》(纽约: 约翰威利出版公司, 1954)

1950

再版收录于《自我实现者: 心理健康研究》(性格座谈会: 对价值观的讨论, 纽约: 格鲁恩斯特拉顿出版社, 11-34)

再版收录于《自我》（纽约：哈珀兄弟出版社，1956）

再版收录于《心理学世界》（纽约：乔治·布拉齐勒出版社，波士顿：霍顿米夫林出版社，1964）

1951

再版收录于《动机的社会理论》（评论文章）（《二十世纪精神健康》，纽约：社会科学出版社）

再版收录于《心理咨询读物》（纽约：联合出版社，1952）

《性格》《心理学理论基础》（纽约：莱茵霍尔德出版社）

《高级需要与性格》（烈日大学，5：257-265）

《抵制文化同化现象》（《社会问题研究杂志》，7：26-29）

《变态心理学原理》（修订版）（纽约：哈珀兄弟出版社，盲人有声版，第十六章）；《心理学大纲》（纽约：当代图书馆，1955）

1952

《金赛实验中的志愿者选择错误》（《变态心理学及社会心理学杂志》，47：259-262）

《美国社会的性行为》（纽约：诺顿出版社，1955）

《S-1测试（测试心理安全感—不安全感）》（帕洛奥托，加利福尼亚：心理学家出版社，西班牙语译本，1961，马德里大学教育学院，波兰语译本，1963）

1953

《健康人的爱: 爱的意义》(纽约: 朱利安出版社, 57-93)

再版收录于《性行为及性格特点》(纽约: 城堡出版社, 1963)

《大学教学能力、学术活动及性格》(《教育心理学杂志》, 47: 185-189)

再版收录于《案卷: 高中教育以外》(与W.齐默曼合作)(第一部, 华盛顿特区, 卫生教育福利部, 1958)

1954

《基本需要的内在特点》(《性格杂志》, 22: 326-347)

《动机与人格》(纽约: 哈珀兄弟出版社, 西班牙语译本, 巴塞罗那: 左西塔里奥, 1963)

选文再版收录于《人格心理学: 理论读本》(芝加哥: 兰德麦克纳利出版社, 1965, 日语译本工业效率研究所, 1967)

《变态心理学》(国家大百科全书)

《常态, 健康及价值观》(主流出版社, 10: 75-81)

1955

《缺乏动机以及成长动机》, (内布拉斯卡州动机研讨会,

1955）, 林肯, 内布拉斯卡, 内布拉斯卡大学

再版收录于《普通语义学简报》, 1956, 18-19期: 33-42

再版收录于《人格动态及有效行为》,（格伦维尤, 第三部分）福斯曼出版社, 1960

再版收录于《心理学读物: 理解人类行为》（纽约: 麦格劳希尔, 1962）

再版收录于《人际关系心理学及社会心理学》（普林斯顿, 新泽西, 莱茵霍尔出版社, 1964）

《内布拉斯卡动机研讨会》, 1955, 林肯, 内布拉斯卡, 内布拉斯卡大学出版社, 65-69

《对教授旧文之评述》,《内布拉斯卡动机研讨会》, 1955, 林肯, 内布拉斯卡大学出版社, 143-147

1956

《审美及环境的影响: 第一部分, 三个审美条件对感知人脸"活力"与"健康值"的影响（与闵特合作）,（《心理学杂志》41: 247-254）, 再版收录于《人际交流》（波士顿, 霍顿米夫林出版社, 1968）

《人格问题及性格成长》,《自我》（纽约, 哈珀兄弟出版社）

再版收录于《大学里的成就》第三部分, 1961

《存在、成为及行为》（纽约, 乔治布雷齐勒出版社, 1967）

再版收录于《心理学及教育中的人类动态》, 波士顿: 艾伦培

根出版社, 1968

《防御与成长》(《发展心理学季刊》3: 36-47)

再版收录于《个人问题及心理前沿》(纽约: 谢尔丹出版社, 1957)

再版收录于《玛纳斯》1958, 第二部分, 17-18

再版收录于《我们的语言和我们的世界》(纽约: 哈珀兄弟出版社, 1959)

再版收录于《时代文章》(纽约: 麦格劳希尔出版社, 1963)

再版收录于《人类成长学院》, 1964

再版收录于《心理学的人本主义观点》(纽约: 麦格劳希尔出版社, 1965)

再版收录于《信函与往来论坛》, 1968, 第一部分: 12-23页, 乌尔都语译本, 印度: 阿里巴赫穆斯林大学出版社, 1968

1957

《权力关系及个人发展模式》(《美国字典里的权力问题》)(底特律: 韦恩大学出版社)

《将安全感作为判断他人热情与否的因素》(于J.博索姆合作)(《变态心理学与社会心理学》), 5: 147-148

《两种认知力及二者的融合》(《通用语言学简报》21: 17-22)

再版收录于《家庭及教育的新纪元》, 1958, 39: 202-205

1958

《创造力的情感阻碍》(《个人心理学杂志》14: 51-56; 再版收录于《电子机械设计》2: 66-72页; 再版收录于《人本主义》, 1958: 325-332;)《创意性思维原始资料》(纽约: 查尔斯斯克里布纳出版社, 1962; 再版收录于《人性》, 1966, 3: 289-294)

1959

《心理学数据与人类价值观》《人类价值观新知》(纽约: 哈珀兄弟出版社)；《心理咨询与心理治疗: 经典理论及问题》帕洛阿尔托, 加利福尼亚,《科学与行为指南》, 1966

《人类价值观新知》, 纽约: 哈珀兄弟出版社, 希伯来语译本, 以色列特拉维夫: 达加书业出版社, 1968 (平版印刷本), 芝加哥莱格尼利出版社, 1970

《自我实现者的创造力》(《创造力及创造力的培养》, 纽约: 哈珀兄弟出版社)；再版收录于《电子机械设计》, 1959 (一月刊、八月刊)；再版收录于《普通语义学简报》, 1959, 24-25期: 45-50

《培养创造力》, 1967

《高峰体验中的存在认知力》(《基因心理学杂志》, 94: 43-66)

《国际心灵学期刊》1960, 2: 23-54

再版收录于《社会及自我：社会心理学读者》(纽约：自由出版社，1962)

《教育心理学》(第二版)，(纽约：科罗威尔出版社，1964)

《成长、教与学中的自我》(恩格尔伍德克里夫斯，新泽西州，学徒屋出版社，1965)

《自我实现批评第一部分：存在认知力的一些危险》，《个人心理学，15：24-32》

1960

《将青少年犯罪视为一种价值观的迷失》(纽约：哈珀兄弟出版社)

《对存在主义及心理学的评论》，《存在主义调查》，第一部分：1-5

再版收录于《宗教调查》，28号：4-7页；再版收录于《存在主义心理学》(纽约：兰登书屋，1961，日语译本，1965)；《自我成长、教与学》(恩格尔伍德克里夫斯，新泽西，学徒屋出版社，1965)

《拒绝标签化》，《心理学理论视角，纪念海因茨·沃纳，纽约：国际大学出版社

《猴子的控制和性行为与心理治疗患者幻想之间的相似性》(《神经与精神疾病研究杂志》，131：202-12)

《性行为与性格特点》(纽约：城堡出版社，1963；)《人际交往动态》(第二版)，多赛出版社，1968

1961

《健康作为环境的超越》(《人文心理学杂志》第一期：1-7页，再版收录于《田园心理学》，1968，19：45-49)

《将高峰体验作为强烈的身份认同体验》(《美国心理分析杂志》，21：254-260)

《性格理论及咨询实践》(佛罗里达出版社，1961)

节选收录于《神经学及精神病学文摘》盖恩斯维尔：佛罗里达大学出版社，1961

再版收录于《社会互动中的自我》第一卷，纽约，约翰·威利出版社，1968

《优心态—良好的社会环境》(《人本主义心理学杂志》，第二卷，1-11)

《我们的出版物和规约适合个人科学吗?》(美国心理学家)16：318-319

再版收录于《普通语义学简报》(1962，28-29：92-93)

《新教育媒体指南及应用：1962年会议报告》(华盛顿特区：美国人士及向导协会，1967)

《斯金那科学态度评论》：代达罗斯，90：572-573

《精神健康的一些前沿问题》(《性格理论以及咨询实践》，盖恩斯维尔，佛罗里达大学出版社)

《摘要评论：人类价值观座谈会》(所罗门出版社，17期，1961，1-44)

再版收录于《人本主义心理学》2: 110-111

1962

《为实现自我成长与自我实现心理学提出的几点建议》，《感知、行为、成为: 教育新焦点》, 1962,《督导与课程开发协会年鉴》, 华盛顿特区

再版收录于《理解人类动机》(修订版), 克利夫兰, 霍华德艾伦出版社, 1963

再版收录于《人格理论: 主要资源及研究》(纽约: 约翰威利出版社), 1965

再版收录于《心理咨询与心理治疗: 理论及课题经典》(帕洛奥托, 加利福尼亚);《科学与行为指南》, 1966

再版收录于《历史与心理学: 资料集第三卷(F、E部分)》(孔雀出版社, 1968)

《存在心理学》(普林斯顿, 新泽西: 凡诺斯特兰出版社《普通语义学简报序言》, 1962, 28-29: 117-118页, 日语译本, 东京: 查尔斯·E·塔托出版社, Y.上田译)

《逃离权威》书评, (《人本主义》, 22: 34-35)

《高峰体验之经验》,《人本主义心理学杂志》, 2, 第一期: 9-18

《研究神经系统及精神疾病文摘》, 1962, 340

再版收录于《开启》, 1963, 第二期

《科学及人类事务》, (帕洛奥托, 加利福尼亚: 科学与行为

书籍出版社, 1965)

《存在心理学笔记》,《人本主义心理学杂志》(第二期: 47-71)

《人格类型理论》(纽约, 达顿出版社), 1964

再版收录于《人本主义心理学读物》,(纽约: 自由出版社, 1969)

《阿德勒是弗洛伊德的门徒吗? 一本笔记》《个人心理学杂志》18: 125

《工业级管理行业社会心理学笔记》(德尔玛, 加利福尼亚州: 非线性系统出版公司, 1962)

修订版《优心态管理杂志第三部分》, 霍姆伍德, 埃尔文多赛出版社, 1965

1963

《畏惧知情的必要性》《普通心理学杂志》68: 111-124

《校园心理咨询: 视角及流程第三卷(F、E部分)》(艾塔斯卡, 1968)

再版收录于《探索中的探索》(纽约: 莱因霍尔出版社, 1969)

《创造的态度: 构建者》(第三期: 4-10)

再版收录于独立卷《精神综合基础》, 1963

再版收录于《道德论坛》, 1966, 第五期

《创造力探索》(纽约: 哈珀与罗出版公司, 1967)

《事实与价值观的融合》,《美国心理分析杂志》, 23期: 117-131页; 再版收录于《道德论坛》, 1966, 第五期

《判断需要是否为固有之标准》, 1963年国际心理学大会, 阿姆斯特丹: 北荷兰出版社, 1964: 86-87

再版收录于《存在心理学补充笔记》《人本主义心理学杂志》第一期: 120-135

《纯真的认知力笔记》,《发展心理学今日之问题》, 哥廷根: 心理学出版社, 1963

再版收录于《探索》, 1964, 1: 2-8

《价值观的科学研究》, 美洲国家心理学大会, 墨西哥, 1963

《组织混乱团队笔记》《人类关系培训新闻》7: 1-4

1964

《优秀者》,《超越行为》, 1: 10-13

《宗教、价值观及高峰体验》, 哥伦布, 俄亥俄州: 俄亥俄国立大学出版社, 第三章, 1964.12 (平装版), 纽约: 维京出版社, 1970

《社会与个人的协同作用》(与L·格罗斯合作)(《个人心理学杂志》, 20: 153-164)

再版收录于《人情》, 1964 1: 161-172

再版收录于《人与社会道德的科学》(波士顿: 布兰登出版社, 1969)

《存在心理学笔记补充》，（《人本主义心理学杂志》，4，第一期：45-48）

日语译本《存在心理学》序言，东京：正心书房，1965

1965

《观察与报告教育实验》，《人本主义》25：13

《神经症及其疗法—整体论：安德拉斯·安吉雅尔作品前言》纽约：约翰威利出版社，V-VII

《对创造型人才的需要》，《人力资源管理》，28：3-5；21-22

《评论与讨论》，《性研究新发展》，（纽约：莱因哈特温斯顿出版社，135-143，144-146）

《人本主义科学及超验主义体验》，《人本主义心理学杂志》，5，第二期：219-227

再版收录于《玛纳斯》，1965年7月28日，18：1-8

再版收录于《挑战》，1965，21-22

再版收录于《美国心理分析杂志》1966，26：149-155

再版收录于《教育心理学的课题及进步第三部分（F、E部分）》，依塔斯卡，孔雀出版社

《判断需要是否为内在之标准》，《人类动机研讨会》，林肯，内布拉斯卡：内布拉斯卡大学出版社，33-47

《优心态管理杂志第三部分》，霍姆伍德，日语译本，东京，查尔斯·E塔图尔出版集团，1967

《艺术鉴赏力及鉴别他人的能力：初步研究》，《临床心理学杂志》，21：389-391

1966

《知情者及所知之物关联的同质性，符号、图像及象征》（纽约：乔治布雷齐勒出版社）

再版收录于《人类对话：交流的视角》（纽约，自由出版社，1966）

《科学心理学探究》（纽约：哈珀与罗出版社，平装版，芝加哥，瑞格纳瑞出版公司，1969）

《对宗教认识的心理学探究》，9：23-41

《人本主义心理学杂志：评论弗兰克博士的论文》，第二期：107-112

再版收录于《人本主义心理学读物》，纽约：自有出版社，1969

1967

《将神经症视为失败的个人成长》，《心情》，3：153-169

再版收录于《宗教人本主义》，1968第二期，61-64

《人际交往的动态学第三部分》（霍尔姆德，多赛），1968

《锡南浓郁优心态》，《人本主义心理学杂志》，7，1，28-35

《超动机理论：价值观生活的生理根源》（《人本主义心理

学杂志》，第二期：93-127）

　　《人本主义》，1967, 27: 83-84、127-129

　　《今日心理学》（缩减版）1968, 2: 38-39、58-61

　　《当代社会道德问题：人文道德文章》，恩格尔伍德克利夫斯，新泽西：学徒屋出版社，1969）

　　《玛纳斯》，1969。4: 301-343

　　《健康的人格读物》，纽约：凡诺诗兰莱茵霍德出版社，1969, 4: 301-343

　　再版收录于《心理学重印本系列》，1970

　　《交流对话》（与E·M德鲁斯合作），《新教育媒介：1962年会议报告》，华盛顿特区，《美国认识与向导协会》，1-47、63-68

　　《动机与人格》日语译本前言，《自我实现与自我超越》

　　《人本主义心理学的挑战》，纽约：麦格劳希尔出版社

　　再版收录于《人类动态心理学及教育》（波士顿：艾琳与培根出版社，1968）

1968

　　《音乐教育与高峰体验》，《音乐教育者杂志》，54: 72-75、163-171

　　再版收录于《艺术与教育：高等教育的新起点》，纽约：二十世纪基金会，1969

　　《人类的潜能及健康社会》，《人类的潜能》，沃伦格林出版社；

《人类新科学》,《人类潜能》论文,纽约:二十世纪基金会

《存在心理学》(第二版),普林斯顿,新泽西,凡诺诗兰出版社,意大利语译本,罗马:乌尔巴蒂尼编辑部,1970

《亚伯拉罕·马斯洛对话录》《今日心理学》,2:35-37、54-57

《暴力研究》《暴力替代品》(纽约:时代生活书社)

《哈佛教育书评》中一些有关人本主义心理学与教育的评论文章,38:685-696

再版收录于《信函与联系论坛》,1969,2:43-52

再版收录于《加利福尼亚初级管理员》,1969,32:23-29

再版收录于《倒影》,1969,4:1-13

《人本主义教育的目标》,加利福尼亚,伊莎伦研究院:1-24

《马斯洛及自我实现》(电影)圣安娜,加利福尼亚:心理学电影

《人本主义心理学杂志》中规范性社会心理学家面临的一些基本问题,第二期:143-154

《优心态网络》(油印版)

1969

《人性能达到的至高境界》,《人际心理学杂志》,第一期,1-9

再版收录于《心理学情景》(南非),1968,2:14-16

再版收录于《哲学研究与分析》，1970, 3：2-5

《Z理论》，《超越个人的心理学》第二期：31-47

《超越的各种意义》，《超越心理学杂志》，第一期，56-66

再版收录于《田园心理学》，1968, 188号，45-49

《创造力的整体论方法》，《创造力氛围：有关创造力的第七次全国研讨会》，犹他大学，1968年12月，盐湖城，犹他州

《健康的人格：读物》（与黄民强合作），纽约，凡诺诗兰出版社

《传记与书目》（《心理学杂志》，18：167-173）

《人本主义生物学》（《美国心理学家》，24：724-735）

《人本主义教育与职业教育：教育的新方向》第二部，第一部分：6-8

1970

《动机与人格》（修订版），纽约，哈珀与罗出版社

《人本主义教育与职业教育：教育的新方向》第二部，第一部分：6-8

参考书目

1.亚伯拉罕斯,致幻剂在心理疗法中的使用,纽约:乔赛亚·梅西基金会,1961

2.阿尔伯特,《个人及宗教》,纽约:麦克米伦出版社,1950

3.安吉尔,《青春期:生活与存在》,未发表的博士论文,墨西哥国立大学,1957

4.安吉雅尔,《神经症与治疗:整体论》,纽约:约翰威利出版社,1965

5.《人格科学的基础》,剑桥,马萨诸塞州:英联邦基金,1941

6.罗伯特·阿德里,《领地寸土必争》,纽约:雅典娜神殿出版社,1966

7.阿希,《社会心理学》,纽约:学徒屋出版社,1952

8.阿沙吉欧力,《精神综合法:技巧与原理手册》,纽约:霍布斯多曼出版社,1965,(平装本);纽约:维京出版社,1971

9.露丝本尼迪克特,《协同作用:优秀文化的模型》,《美国人类学家》,1970,72:320-333

10.《文化模型》,波士顿:霍顿米夫林出版社,1934

11.E.本尼特、M.戴蒙德、D.科什、M.罗森茨维格,《大脑的

化学成分及解剖韧性》,《科学》, 164, 146: 610-619

12.E.伯母德斯,《墨西哥的家庭生活》,墨西哥城, 罗伯雷多古书籍出版社, 1955

13.J.波索姆、亚伯拉罕·马斯洛,《将安全感作为判定他人是否热情的标准》,《变态心理学及社会心理学》, 1957, 55: 147-148

14.《产妇护理及心理健康》, 日内瓦, 世界健康组织, 1952

15.W.布兰顿,《私人海域: 致幻剂及对上帝的寻求》, 芝加哥, 四边形出版社, 1967

16.J.布隆诺夫斯基,《科学的价值》, 亚伯拉罕·马斯洛《人类价值观新知》, 纽约: 哈珀与罗出版社, 1959

17.M.布博,《您与我》, 纽约: 查尔斯·斯克里布纳出版社, 1958

18.R.巴克,《宇宙意识》, 纽约, 达顿出版社, 1923

19.尤根塔尔,《人本主义心理学的挑战》, 纽约: 麦格劳希尔出版社, 1967

20.《追求本真性》, 纽约, 莱因哈特及温斯顿出版社, 1965

21.C.布赫勒,《心理咨询的价值》(第三部分), 自由出版社, 1962

22.《儿童》第一部分,《弥合跨文化空缺的专家与判断力》,《今日心理学》, 1968, 2: 24-29

23.克拉顿·布罗克,《终极信仰》, 纽约: 达顿出版社, 1916

24.坎沃斯·韦格拉,《联邦区一个低年级实验班的家庭动态与疾病》, 未发表的博士论文, 墨西哥国立大学, 1958

25.J.柯蒂斯，《心理疾病的宗教方面》，《宗教与健康杂志》，1965，4：315-321

26.R.克雷格，《性格特点清单及创造力》，《心理学》，1966，9：107-110

27.K.戴维斯，《工作中的人际关系》（第三版），纽约：麦格劳希尔出版社，1967

28.古列罗·迪亚兹，《神经症及墨西哥家庭结构》，《美国精神疾病杂志》，1955：411-417

29.《心理健康程度测定试验的初步结果：个人与社会》，墨西哥城：《精神病研究杂志》，1952，第二期，31

30.邓巴，《心身诊断》，纽约：霍珀出版社，1943

31.M.伊利亚德，《神圣与世俗》，纽约：哈珀与罗出版社，1961

32.依莎兰学院，《居住计划手册》，加利福尼亚，依莎兰学院，1965-1969

33.玛丽娜·费南德斯、希尔拉·马尔多纳多、D.R.特伦特，《墨西哥与波多黎各家庭价值观的三大基本主题》，1958，48：167-181

34.弗兰科，《作为人类社会现象的自我超越》，《人本主义心理学杂志》，1966，6：97-106

35.E.佛洛姆，《健全的社会》，纽约：莱因哈特出版社，1955

36.《为了自己》，纽约：莱因哈特出版社，1947

37.《逃离自由》，纽约：法拉与莱因哈特出版社，1941

38.格洛克与史塔克，《紧张的宗教与社会》，芝加哥：兰德

麦克纳利出版社,1965

39.戈德斯坦,《生物体》,纽约: 美国图书集团,1939

40.格罗夫,《心理治疗中致幻剂的应用理论与实践》,帕洛奥托,加利福尼亚,《科学与行为书籍》

41.哈里斯,《露丝本尼迪克特与失落的手稿》,《今日心理学》,1970: 51-52

42.哈特曼,《价值观的构造: 科学价值论的基础》,第三部分,南伊利诺伊大学出版社,1967

43.亚伯拉罕·马斯洛《人类价值感新知》之《价值观科学》,纽约: 哈珀与罗出版社,1959

44.R.海德,《人际关系心理学》,纽约: 约翰威利出版社,1958

45.M.海伦,《格式塔心理学》,伯克利: 加利福尼亚大学出版社,1961

46.F.赫兹伯格,《人的工作与天性》,纽约: 世界出版社,1966

47.A.海谢尔,《人类是谁?》,斯坦福,加利福尼亚: 斯坦福大学出版社,1965

48.J.霍尔特,《孩子是如何失败的》,纽约: 皮特曼出版社,1964

49.K.霍妮,《神经症与人类成长》(纽约: W.W.诺顿出版社),1950

50.《心理分析新方法》,(纽约: W.W.诺顿出版社),1939

51.C.L.霍尔,《行为原则》,纽约: 阿普礼顿-世纪克罗夫斯

出版社

52.赫胥黎,《岛》,纽约:哈珀与罗出版社,1962

53.《幕后操纵者》,纽约:子午出版社,1959

54.《你不是目标》,纽约:法勒、斯特劳斯和吉鲁出版社

55.M.伊瑟尔伍德,《不受教条约束的信仰》,艾伦与昂温出版社,1964

56.《应用行为科学杂志》,(期刊)

57.《人本主义心理学杂志》(期刊),人本主义心理学协会,旧金山,加利福尼亚

58.乔·卡米亚,《有意识地控制脑电波》,《今日心理学》,1968,1: 56-61

59.肯普夫,《类人猿灵长动物的性行为与社会行为》,《心理分析评论》,1917,4: 127-154

60.C.D.金,《正常的意义》,《耶鲁生物与医药杂志》1945,17: 493-501

61.L.科肯道尔,《婚前交往与人际关系》,纽约:朱利安出版社,1961

62.W.克勒,《现实世界中价值观的地位》,纽约:里夫莱特出版社,1938

63.A.科特兰德特,《直觉面面观》,《层级理论的变迁》,莱顿: 布里尔出版社,1955

64.L.库贝,《被教育遗忘的人》,《哈佛校友会简报》,1953-1954: 56: 349-353

65.莱因,《分裂的自我: 健全与疯狂研究》,伦敦: 塔维斯托

克出版社, 1960

66.M.拉斯基,《神魂颠倒》,伦敦: 克雷萨特出版社, 1961

67.G.莱昂纳德,《教育与沉醉》,纽约: 德拉蔻特出版社, 1968

68.列维,《病态人格中的缺失与沉溺》,《美国精神卫生学杂志》, 1951: 21: 250-254

69.《活动限制》,《美国精神卫生学杂志》, 1944: 14, 644-671

70.《母性的过度保护》,纽约: 哥伦比亚大学出版社, 1943

71.《直觉的满足,小鸡啄食行为实验》,《普通心理学杂志》, 1938, 18: 327-348

72.《饥饿感的主要影响》,《美国心理学杂志》, 1937, 94: 643-652

73.《小鸡啄食行为笔记》,《心理分析季刊》, 1935, 4: 612-613

74.《狗的吮吸反应及社会行为实验》《美国精神卫生学杂志》1934, 4: 203-224

75.K.勒温,《心理力量的概念性代表及测量》,杜伦, 北卡罗莱纳州, 杜克大学出版社, 1938

76.《拓扑心理学原理》,纽约: 麦格劳希尔出版社, 1936

77.O.刘易斯,《墨西哥村镇的生活》,乌尔班纳, 伊利诺伊大学出版社, 1951

78.B.莱克特,《管理新模式》,纽约: 麦格劳希尔出版社, 1961

79.《玛纳斯》,（期刊）,邮箱: 32112, 洛杉矶, 加利福尼亚州9032

80.H.马库斯,《爱欲与文明》,波士顿: 贝肯出版社, 1955

81.亚伯拉罕·马斯洛,《科学心理学》,纽约: 哈珀与罗出版社, 1966

82.《评弗兰科博士之论文》,《人本主义心理学杂志》, 1966, 6: 107-112

83.《优心管理杂志》,霍姆伍德, 艾尔温多赛出版社, 1965

84.《存在心理学补充笔记》,《人本主义心理学杂志》, 1964: 45-58

85.《宗教、价值观与高峰体验》,哥伦布, 俄亥俄州, 俄亥俄州立大学出版社, 1964（平装本）,纽约: 维京出版社, 1970

86.《存在心理学补充笔记》,《人本主义心理学杂志》, 1963, 3: 120-135

87.《求知欲与对知之惧》,《普通心理学杂志》, 1963, 68: 111-124

88.《高峰体验之启示》,《人本主义心理学杂志》, 1962, 2: 9-18

89.《存在心理学》,普林斯顿, 新泽西州, 凡诺士特兰出版社, 1962

90.《精神健康的一些前沿问题》,《人格理论及心理咨询实践》,盖恩斯维尔: 佛罗里达大学出版社, 1961

91.《优心社会—优秀的社会》,《人本主义心理学杂志》, 1961, 1: 1-11

92.《评斯金纳对科学的态度》，代达罗斯，1961：90：572-573

93.《人类价值观新知》，纽约：哈珀与罗出版社，1959

94.《权力关系与个人发展模式》，《美国民主中的权力问题》，底特律，韦恩大学出版社，1957

95.《动机与人格》，纽约：哈珀兄弟出版社，1954

96.《抵御文化同化现象》，《社会问题杂志》，1951，7：26-29

97.《本真的性格结构》，《社会心理学杂志》，1943，18：401-411

98.《女性的自尊与性欲》《社会心理学杂志》，1942，16：259-294

99.《女大学生社会性格图鉴》，帕洛奥托，加利福尼亚：心理咨询师出版社，1942

100.《统治欲、统治行为及统治地位》，《心理学评论》，1937，44：404-420

101.《类人猿灵长类动物的统治特点及社会行为》，《社会心理学杂志》，1939，10：313-324

102.《女性的统治欲、统治行为及社会行为》，《社会心理学杂志》，1939，10：3-39

103.《统治欲、统治行为及统治地位》，1937，44：404-420

104.《社会行为的比较法》，《社会力量》，1937，15：487-490

105.《类人猿类灵长类动物的性行为》《遗传心理学杂志》，

1936, 48: 310-338

106.《对与组中的层级确定》,《遗传心理学》, 1936, 49: 161-198

107.《类人猿类灵长类动物社会行为及性行为中的统治作用》第一部分(维拉动物园的观察研究),《遗传心理学》, 1936: 48: 261-277

108.《猴子与猿的个体心理及社会心理》,《国际个人心理学杂志》, 1935年第一期: 47-59

109.《统治行为表现的实验确定》,《遗传心理学杂志》, 1936, 48: 261-277

110.《变态心理学原理》, B.米特尔曼, 纽约: 哈珀与罗出版社, 1941

111.F.马特森,《经纪人的形象》, 纽约: 乔治·布拉齐勒出版社, 1964

112.R.梅,《心理学与人类的困境》, 普林斯顿, 新泽西, 凡诺诗兰特出版社, 1967

113.《存在心理学》, 纽约: 兰登书屋, 1961

114.R.E.莫格,《致幻剂研究: 研究方法及结果评述》, J.F.布根塔尔,《人本主义心理学的挑战》, 纽约: 麦格劳希尔出版社, 1967

115.M.米德与R.默特劳克斯,《高中生心中的科学家形象》, 1957: 126, 384-390

116.R.E.莫格,《致幻剂研究: 研究方法及结果评述》, J.F.布根塔尔,《人本主义心理学的挑战》, 纽约: 麦格劳希尔出版社,

1967

117.C.穆斯塔克斯,《真正的教师》,剑桥,马萨诸塞州,霍华德多伊尔出版集团,1966

118.O.H.莫尔,《新式小组心理疗法》,普林斯顿,新泽西,凡诺诗兰特出版社,1964

119.L.芒福德,《生命的行为》,纽约:哈考特布雷斯出版社,1951

120.G.莫菲,《人类的潜能》,纽约:基本书籍出版社,1958

121.《人格》,纽约:哈珀与罗出版社,1947

122.J.奥尔兹,《奖励的心理学机制》,内布拉斯卡动机研讨会,1955,3:73-138

123.O.奥本海默,《新直觉理论》,《社会心理学杂志》,1958:47:21-31

124.H.奥托,《密涅瓦经历:初步报告》,J.F.布根塔尔,《人本主义心理学的挑战》,纽约:麦格劳希尔出版社,1967

125.R.奥托,《神圣的概念》,纽约:牛津大学出版社,1958

126.M.波兰尼,《个人知识》,芝加哥:芝加哥大学出版社,1958

127.S.萨米雷兹,《墨西哥人》,《动态心理学》,墨西哥,1959

128.C.R.罗杰斯,《个人形成论》,波士顿:霍顿米夫林出版社,1961

129.《心理治疗师看个人目标》,彭德尔山宣传册,1961

130.S.罗森茨维格,《应对挫折的需要至上及自我防御机

制》,《心理学评论》, 1941: 347-349

131.J.罗伊斯,《忠诚的哲学》,纽约: 麦克米伦出版社, 1908

132.M.谢勒,《憎恨》, 第三部分, 自由出版社, 1961

133.E.F.舒马赫,《经济发展与贫困》,《玛纳斯》, 1967年2月15日, 1-8

134.F.塞维林,《心理学中的人本主义视角》,纽约: 麦格劳希尔出版社, 1965

135.W.H.谢尔登,《心理学与Promethean will》,纽约: 哈珀兄弟出版社, 1936

136.A.肖尔,《墨西哥村庄的权威主义和侵略现象》, 未发表的博士论文, 墨西哥国立大学, 墨西哥城, 1954

137.E.肖斯特罗姆,《个人取向量表》, 教育与工业考试出版社, 1963

138.G.G.辛普森,《自然主义伦理学与社会科学》,《美国心理学家》, 1966, 21: 27-36

139.E.W.新诺特,《生命之桥》,纽约: 西蒙与舒斯特出版社, 1966

140.B.F.斯金纳,《瓦尔登湖第二部》,纽约: 麦克米伦出版社, 1948

141.J.索尔,《吃柠檬的人》,纽约: 戴尔出版社, 1967

142.E.史宾利,《被剥夺的与享特权的》, 伦敦: 劳特利奇与K·保罗出版社, 1953

143.A.J.苏蒂齐,《成长经历及以成长为中心的态度》,《心理学杂志》, 1949, 48: 293-301

144.铃木大佐,《神秘主义：基督教与佛教》,纽约：哈珀与兄弟出版社,1957

145.D.W.坦泽尔,《孕妇及产妇心理学：自然生产的心理学调查》,未发表的博士论文,布兰迪斯大学,1967

146.保罗·蒂立希,《成为的勇气》,纽黑文：耶鲁大学出版社,1952

147.E.P.托兰斯,《引导创新型人才》,纽约：学徒屋出版社,1962

148.A.凡卡姆,《存在主义心理学基础》,匹兹堡：杜肯大学出版社,1966

149.J.B.沃特森,《行为主义》,纽约,诺顿出版社,1924（修订版,1930）

150.《从行为主义者角度认知心理学》,费城：利平科特出版社,1924

151.A.W.沃茨,《东西方心理疗法》,纽约：万神殿书局,1961

152.A.韦恩伯格,《对大科学的思考》,剑桥,马萨诸塞州：麻省理工大学出版社,1967

153.F.A.韦斯,《心理分析疗法对健康的强调》,《美国心理分析疗法杂志》,1966,26：194-198

154.W.威斯克普夫,《经济成长及人类健康》,《玛纳斯》,8月21日刊,1963

155.M.怀特海德默,《神学理论中的一些问题》,《格式塔心理学档案》,伯克利：加利福尼亚大学出版社,1961

156.《创造性思维》, 纽约: 哈珀与兄弟出版社, 1959

157.A.威利斯,《寻求者》, 纽约: 兰登书屋, 1950

158.N.L.惠顿,《墨西哥乡村》, 芝加哥: 芝加哥大学出版社, 1948

159.C.威尔史密斯,《新存在主义简介》, 波士顿: 霍顿米福林出版社, 1967

160.《超越外来者》, 伦敦: 巴克出版社, 1965

161.《性冲动的源头》, 伦敦: 巴克出版社, 1963

162.《人类的地位》, 波士顿: 霍顿米福林出版社, 1959

163.G.伍顿,《工会与国家》, 纽约: 肖肯出版社, 1967

164.L.亚布隆斯基,《锡南浓: 回程》, 纽约: 麦克米伦出版社, 1965

165.P.T.杨,《动机与情感》, 纽约: 约翰威利出版社, 1961

索　引